"十三五"环境科学与工程系列规划教材

环境保护概论

主　编　陈　林　徐　慧

副主编　张世能　彭晓文　皮国民

主　审　汪家权

合肥工业大学出版社

图书在版编目(CIP)数据

环境保护概论/陈林,徐慧主编．—合肥:合肥工业大学出版社,2012.11(2017.7 重印)

ISBN 978-7-5650-0745-3

Ⅰ.①环… Ⅱ.①陈…②徐… Ⅲ.①环境保护—概论 Ⅳ.①X

中国版本图书馆 CIP 数据核字(2012)第 124548 号

环境保护概论

主 编 陈 林 徐 慧　　副主编 张世能 彭晓文 皮国民

出 版	合肥工业大学出版社	版 次	2012 年 11 月第 1 版
地 址	合肥市屯溪路 193 号	印 次	2017 年 7 月第 2 次印刷
邮 编	230009	开 本	710 毫米×1010 毫米 1/16
电 话	理工编辑部:0551-62903204	印 张	24
	市场营销部:0551-62903198	字 数	470 千字
网 址	www.hfutpress.com.cn	印 刷	合肥现代印务有限公司
E-mail	hfutpress@163.com	发 行	全国新华书店

主编信箱 chenlin8808@163.com　责编信箱/热线 zrsg2020@163.com 13965102038

ISBN 978-7-5650-0745-3　　定价:45.00 元

前　言

随着人口的迅速增长和生产力水平的不断提高，科学技术突飞猛进，工业及生活排放的废弃物也在大量的增多，从而使大气、水体、土壤等受到剧烈的冲击与破坏，同时，许多资源日益减少，并面临着枯竭的危险；水土流失与沙漠化的加剧，温室效应不断出现，酸雨、酸雾的严重威胁等一系列环境问题产生，因此，保护环境，维护生态平衡是关系到人类生存、社会发展的根本性问题。为此，很多高等学校都开设了环境保护方面的课程，以提高环境保护意识，掌握环境保护基础知识。本书可作为高等院校环境或非环境专业教材。

本书共分十一章，第一章主要介绍环境的一般概念、当代环境问题及环境保护和环境科学的基本知识；第二章论述了生态学、生态系统和生态平衡在解决环境问题中的具体应用情况，同时介绍了生态经济的特殊意义；第三章至第六章，分别阐述了大气、水、固体废物和其他物理污染物的来源、危害和防治措施；第七章叙述了环境管理的含义、特点和范围以及环境法规的制定原则；第八章概述了环境监测的目的、分类特点及监测技术，对环评的原则与要求等作了论述；第九章介绍了清洁生产的定义、内容、重要性和实施的阶段，同时，对绿色技术加以概述；第十章探讨了可持续发展的内涵以及我国可持续发展战略；第十一章讲述了循环经济和低碳经济的概念、原则、意义及两者之间的关系，提出了全社会资源循环利用体系。每章均设本章要点、思考题和拓展阅读材料。

本书由江西理工大学部分老师和黄山学院张世能老师共同编写完成。全书由陈林、徐慧主编。各章节编写分工如下：张世能（第一章、第二章）、陈林（第三章、第五章和第九章）、徐慧（第六章、第七章和第十一章）、彭晓文（第四章、第十章）、皮国民（第八章）。陈林负责全书统稿。本书由合肥工业大学汪家权教授主审，胡淑恒老师对部分内容提出了修改意见。

在本书编写过程中，参阅并引用国内外许多学者的文献、研究成果及图表资料，在此，对这些资料的作者表示衷心感谢！

本书附有课件（见封底二维码和出版社网站配套资源下载），方便老师、学生和相关人士教学和自学。本书内容涉及范围广，同时，新技术、新工艺的不断提高与改善，加上编者的水平和时间有限，书中不当或错误之处在所难免，敬请读者批评指正。

目　录

第一章　环境与环境保护 …………………………………… (001)

第一节　环境 …………………………………… (001)
第二节　环境问题 …………………………………… (011)
第三节　环境保护 …………………………………… (018)
第四节　环境科学 …………………………………… (030)

第二章　生态学基础 …………………………………… (037)

第一节　生态学概述 …………………………………… (037)
第二节　生态系统的基本概念与功能 …………………………………… (043)
第三节　生态平衡 …………………………………… (059)
第四节　生态经济 …………………………………… (062)

第三章　大气污染及其防治 …………………………………… (071)

第一节　概述 …………………………………… (071)
第二节　大气污染物的来源、危害及产生机理 …………………………………… (079)
第三节　影响大气污染物扩散的因素 …………………………………… (092)
第四节　大气污染物综合防治技术 …………………………………… (098)

第四章　水污染及其防治 …………………………………… (115)

第一节　水资源的现状 …………………………………… (115)
第二节　水质指标与水质标准 …………………………………… (119)
第三节　水体污染与自净 …………………………………… (122)
第四节　水污染的综合防治技术 …………………………………… (125)

第五节　水资源的开发与利用 …………………………………………… (139)
第六节　地下水污染及其防治 …………………………………………… (140)

第五章　固体废物的处理与处置 …………………………………… (150)

第一节　概述 ……………………………………………………………… (150)
第二节　固体废物的处理 ………………………………………………… (156)
第三节　固体废物的处置 ………………………………………………… (168)
第四节　危险废物的处理与处置 ………………………………………… (173)
第五节　典型固体废物的处理、处置及资源化利用 …………………… (181)

第六章　物理性污染及其防治 ……………………………………… (186)

第一节　噪声污染及其防治技术 ………………………………………… (186)
第二节　放射性污染及其防治技术 ……………………………………… (202)
第三节　电磁污染、光污染及其防治技术 ……………………………… (208)
第四节　光污染及其防护 ………………………………………………… (213)

第七章　环境管理与环境法规 ……………………………………… (217)

第一节　环境管理 ………………………………………………………… (217)
第二节　环境与资源保护法律法规 ……………………………………… (221)
第三节　环境标准 ………………………………………………………… (226)

第八章　环境监测与环境影响评价 ………………………………… (235)

第一节　环境监测 ………………………………………………………… (235)
第二节　环境现状调查与评价 …………………………………………… (248)
第三节　环境影响预测与评价 …………………………………………… (258)

第九章　清洁生产 …………………………………………………… (266)

第一节　概述 ……………………………………………………………… (266)
第二节　清洁生产审核与评价 …………………………………………… (270)
第三节　清洁生产的实施 ………………………………………………… (275)
第四节　绿色技术 ………………………………………………………… (281)

第十章　可持续发展战略 …………………………………………………………（297）

第一节　可持续发展理论的形成 ………………………………………………（297）
第二节　可持续发展战略的内涵与指标体系 …………………………………（301）
第三节　我国可持续发展战略 …………………………………………………（307）

第十一章　循环经济、低碳经济面临的机遇与挑战 ……………………………（323）

第一节　循环经济、低碳经济的基本概念及基础理论 ………………………（323）
第二节　循环经济和低碳经济的实施途径 ……………………………………（331）
第三节　我国发展循环经济和低碳经济的机遇与挑战 ………………………（344）

附　录 ……………………………………………………………………………（353）

参考文献 …………………………………………………………………………（374）

第一章　环境与环境保护

本章要点

本章第一节从环境的一般概念出发，在解析其内涵的基础上，明确指出：环保中所谈论的环境，都是以人类为中心的。人类环境的组成中，除了自然因素（含各种自然现象）之外，还包括人工环境、人类的社会因素。理解社会因素也是人类环境的组成部分，很有必要，其意义重大。环境立法时，需要对环境作出明确解释的。环境要素及其属性、环境质量、环境的功能与特性，以及相关的一系列基本概念，是我们充分认识人类环境的基本出发点。第二节在对人类环境问题进行归类介绍后，着重阐述了当代环境问题的特点、性质与实质。准确地把握它们，有助于寻找科学的解决问题途径。第三节先对环境保护进行概述，并分析了环境保护作为我国一项基本国策的内涵，之后则重点解读我国当前的环境形势以及应采取的方方面面对策，目的是让大家明白我国的环境现状、我们现在该做些什么。第四节是对环境科学作个简要介绍，使大家了解环境科学及其研究任务。

第一节　环　　境

一、环境的一般概念

环境（environment）一词在当代是一个常用词，常可听到人们对诸如社会环境、生活环境、学习环境、投资与经营环境、环境保护等问题的议论，但是在不同的背景下，不同的人、不同的行业、不同的学科，对环境的解释是各不相同的。环境在不同的场合中，既可以被描绘为一个有限的范围，又可以被描绘为几乎是无限的空间或者要素。

我们知道，宇宙中任何事物的存在都要占据一定的空间并和位于其周围的其他各种事物发生直接或间接的联系。因此，从一般意义上来说，所谓环境，总是相对于某个要研究的事物，即中心事物而言的，把该中心事物存在的空间以及在该空间中围绕该中心事物的，与该中心事物有着直接或间接联系的其他事物构成的整体，叫做该中心事物的环境。此定义的内涵包括：

（1）环境总是对某中心事物而言的。不同的中心事物有不同的环境且只有该中心事物存在时，才有该中心事物的环境。

（2）环境是一个整体的概念。围绕中心事物的外部空间、条件和状况等，其总和构成了中心事物的环境。某单独的因子只是环境的组成部分之一。

（3）环境的空间伸缩性大。某中心事物环境的大小与设定要研究的空间范围大小有关。

（4）环境是可以互设的。宇宙中每一个事物因为都可被设定为中心事物，因而都具有它自己的环境，在这种环境中，它是主体，即中心事物。同时，它也可以成为别的中心事物环境的一个组成部分，在这种环境中，它只是客体。

从哲学的角度看，环境是一个相对于主体而言的客体。环境与其主体是相互依存的。环境因主体的不同而不同，随主体的变化而变化，是一个人为的可变的概念。明确主体是正确把握环境概念及其实质的前提。

二、人类环境

环境科学和环境保护领域，所研究与保护的环境，其中心事物是人类，是以人类为主体的外部世界，即人类生存、繁衍所必需的、相适应的环境，因而称之为人类环境。

（一）人类环境的含义

指人群周围的境况及其中可以直接、间接影响人类生活和发展的各种自然因素和社会因素的总体，包括自然因素的各种物质、现象和过程，以及人类历史中的社会、经济成分。可以说，人类环境既包含了自然因素，也包含了社会和经济的因素。

（二）人类环境的组成

包括自然环境和人工环境两部分。自然环境是指一切直接或间接影响人类的、自然形成的物质、能量和现象的总体，即由地球环境及其外围空间环境所组成的，包括阳光、温度、地磁、空气、气候、水、土壤、岩石、动植物、微生物以及太阳的稳定性、地壳的稳定性、大气力量、水循环、水土演变等自然因素的总和。人工环境是指由于人类的活动而形成的环境要素，它包括由人工形成的物质、能量和精神产品，以及人类活动中形成的人与人之间的关系或称上层建筑，包括综合生产力、技术进步、人工构筑物、人工产品和能量、政治体制、社会行为、宗教信仰、文化与地方因素等。

(三) 人类环境的简要分类

从系统论的观点来看，人类环境是由若干个规模大小不同、复杂程度有别、等级高低有序、彼此交错重叠、彼此互相转化变换的子系统所组成，是一个具有程序性和层次结构的网络。人们可以从不同的角度或以不同的原则，按照人类环境的组成和结构关系，将它划分为一系列层次。因而，在环境科学的研究与环境保护的实际工作中，人们对环境的称呼，有多种多样的叫法。其分类方式主要有：

1. 按环境的主体分

人类环境：以人为主体；

生态环境：以生物为主体。

2. 按环境的要素分

可分为自然环境与社会环境两大类。其中，自然环境包括大气环境、水体环境、土壤环境、海洋环境、地质环境、生态环境、流域环境等；社会环境包括聚居环境（如院落、村镇、城市）、生产环境（如厂矿、农场）、交通环境（如车站、港口）、文化环境（如学校、文化生态保护区、风景名胜区）等。

3. 按人类对环境的作用分

依是否作用可分为人工环境和天然环境；

依作用的性质或方式可分为生活环境、工业环境、农业环境、旅游环境等。

4. 按环境范围的大小分

由近及远可将其分为聚落环境、地理环境、地质环境、宇宙环境（星际环境）。其中，聚落环境又可进一步细分为居室环境、院落环境、村落环境、城市环境、区域环境等；地理环境是指位于地球的表层，围绕人类的自然地理环境和人文地理环境的统一体。

(四) 环境的法律定义

立法对专门术语的解释不能含糊。如果有关术语未在立法上作出明确的解释，在法律适用时人们便会按照自己的理解去解释和适用法律，从而导致对概念理解的歧义以至于法律适用的偏差。

环境的定义，是环境立法所要解决的立法技术问题之一，因为其直接影响着环境立法的目的、范围及其效果，并且反映着一定时期人类对环境概念内涵和外延的思想认识。环境立法也将环境的范畴定义在以人类为中心的环境范围内。

目前，世界各国环境立法中对环境的定义有三种基本方式：

1. 演绎法

这种方法是将环境的定义在立法上作扩充性、概括性的解释。如 1991 年保加利亚《环境保护法》第1节之（1）增补条款对“环境”所下的定义是：“相互联系并影响生态平衡与生活质量、人体健康、历史文化遗产以及自然风光和人类基因要素和元素的综合体”。

2. 枚举法

这种方法是将环境的定义只在环境基本法上作一一列举，而将具体范畴留待于单项立法解释。例如，1993年日本《环境基本法》对环境只作了列举性的规定，环境即大气、水、土壤、静稳（peace and sabilization）、森林、农地、水边地、野生生物物种、生态系统的多样性等。我国1979年颁布的《中华人民共和国环境保护法》（试行）中规定：“本法所称的环境是指：大气、水、土地、矿藏、森林、草原、野生动物、野生植物、名胜古迹、风景游览区、温泉、疗养区、自然保护区、生活居住区等”。

3. 综合法

这种方法是将环境的定义在立法上用概括加列举相结合的方式解释，给予界定。例如，美国的《国家环境政策法》（1969年）规定：“该法所称的环境包括天然环境和人工改造过了的环境，其中包括但不限于，空气和水——包括海域、港湾、河口和淡水；陆地环境——森林、干地、湿地、山脉、城市、郊区和农村环境”。英国的《环境保护法》（1990年）第一条规定：“环境是由下列媒介的全部或者部分组成的，也就是指大气、水以及土地；大气的媒介包括建筑物内的空气以及其他高于或者低于地面的自然或者人为构造物内的空气”。我国现行的，即1989年12月颁布施行的《中华人民共和国环境保护法》，也采用了这种方式，其第二条规定：“本法所称的环境，是指影响人类生存和发展的各种天然的和经过人工改造的自然要素的总体，包括大气、水、海洋、土地、矿藏、森林、草原、野生生物、自然遗迹、人文遗迹、自然保护区、风景名胜区、城市和乡村等”。

三、环境要素与环境质量

（一）环境要素的概念

环境要素，又称环境基质，是构成人类生存环境整体的各个独立的、性质不同而又服从整体演化规律的基本物质组分。环境要素可分为自然环境要素和人工环境要素。其中自然环境要素通常指水、大气、生物、阳光、岩石、土壤等。

环境要素组成环境结构单元，环境结构单元又组成环境整体或环境系统。例如，由水组成江、河、湖、海等水体，全部水体组成水圈；由大气组成大气层，整个大气层总称为大气圈；由生物体组成生物群落，全部生物群落构成生物圈，等等。

(二) 环境要素的基本属性

环境要素具有一些十分重要的特点。它们不仅是制约各环境要素间互相联系、互相作用的基本关系，而且是认识环境、评价环境、改造环境的基本依据。环境要素的基本属性可概括如下：

1. 最差（小）因子限制律

在这里，最差（小）因子限制律是针对环境质量而言。这个定律是由德国化学家 J. V. 李比西于 1804 年首先提出，20 世纪初英国科学家布来克曼所发展而趋于完善。该定律指出："整体环境的质量，不能由环境诸要素的平均状态决定，而是受环境诸要素中那个与最优状态差距最大的要素所控制"。就如在"木桶原理"中，那块最短的木板决定这个木桶的装水量。这就是说，环境质量的好坏取决于诸要素中处于"最低状态"的那个要素，而不能用其余处于良好状态的环境要素去替代，去弥补。因此，在改进环境质量时，必须对环境诸要素的优劣状态进行数值分类，遵循由差到优的顺序依次改进，使之均衡地达到最佳状态。

2. 等值性

各个环境要素，无论它们本身在规模或数量上如何不同，但只要是一个独立的要素，那么对于环境质量的限制作用并无质的差异。各个环境要素对环境质量的限制，在它们处于最差状态时，具有等值性。

3. 整体性大于各个体之和

一处环境的性质，不等于组成该环境的诸要素性质简单相加之和，而是比这个"和"丰富得多、复杂得多，也就是说，环境的整体性大于环境诸要素之和。环境诸要素互相联系、互相作用产生的整体效应，是在个体效应基础上的质的飞跃。研究环境要素不但要研究单个要素的作用，还要探讨整个环境的作用机制，综合分析和归纳整体效应的表现。

4. 互相联系及互相依赖

环境诸要素在地球演化史上的出现，有先后之别，但它们又是相互联系、相互依存的。从演化的意义上看，某些要素孕育着其他要素。岩石圈的形成为大气圈的出现提供了条件；岩石圈和大气圈的存在，又为水圈的产生提供了条件；岩石圈、大气圈和水圈孕育了生物圈，而生物圈又会影响岩石圈、大气圈和水圈的变化。

(三) 环境质量

所谓环境质量，一般是指在一个具体的环境内，环境的总体或环境的某些要素，对人群的生存和繁衍以及社会经济发展的适宜程度，是反映人群的具体要求而形成的对环境评定的一种概念。人们常用"环境质量"的好坏来表示环境遭受污染的程度。

环境质量是对环境状况的一种描述，这种状况的形成，有来自自然的原因，也有来自人为的原因，而且从某种意义上说，后者是更重要的原因。人为原因包括废物排放、资源利用的合理与否、人群的规模和文化状态等。

环境质量包括环境综合质量和各种环境要素的质量，如大气环境质量、水环境质量、土壤环境质量、城市环境质量、生产环境质量、文化环境质量等。环境质量是不断变化的，也是可以改善的。环境质量通常要通过选择一定的环境指标，并对其用量化来表达，也就是进行环境质量评价，借以表征环境质量。

四、环境的功能与特性

(一) 环境的特点

自古以来，环境似乎一直是一种公共财产，人们可以自由地、免费地、长期地使用它而不必付出任何的代价。这种认识及其引导的行为方式，其弊端已愈来愈突显。随着人们对自然环境作为一种公用品或公共财产的特点，有了更多的理解，这种状况迫切需要改变了。

1. 稀缺性

一些不可再生资源（如煤、石油、矿藏等）会逐渐耗竭。即使如空气和水等可再生资源，如遭到了污染，人们想要寻求干净的、无损于人体健康的空气和淡水也并不是那样容易的。

2. 非独占性与非排他性

如空气，每个人都可以享受，而且在一定限度内，在你享用的同时也不会降低其他人的可利用性。

3. 外部性

社会之所以往往不能在经济产值同环境质量之间建立起一种适当的、均衡的经济联系，其原因就在于，许多污染引起的费用并非由污染者来承担，这称之为“外部性”。结果，环境污染与生态破坏这种“外部性”的费用并没有反映在造成这些污染（或破坏）的生产成本之中。只要污染的代价不是由污染者来承担或由其产品的消费者来承担的现象继续存在，社会经济活动所创造的福利中间的一部分，总会在再分配的过程中，从污染受害者手中转移到社会的其他一些人（如污染者）的手里。如果污染的总代价（资源、生态与公众健康的损失）超过了污染者及其产品的消费者所获得的利益时，这样的生产活动便是“无效”劳动，即社会的总财富并没有由于进行了该生产活动而得到增加。

比如说公用的牧场问题，由于牧场是公用的，而牲畜是个人的，所以当牲畜的头数已经超过草地承载力的时候，每个牧民都还认为，继续增加他所拥有的牲畜头数，对他个人来说是有利的。增加一头或更多牲畜的全部效益都归他个人所有，而草场过度放牧的绝大部分代价却由其他牧民分担了。由于所有的牧民都会这样想和这样做，结果公用牧场上的这种个人自由给全体牧民带来了灾难，也严重影响了畜牧业的发展和草原地区的生态环境。又比如，有一些排污的工厂，将污水直接排放，减少了作为工厂应该承担的治污费用，而将这笔费用转嫁给了社会。

（二）环境的功能

人们对环境的作用与价值是逐步认识的。迄今为止，人们认识到，自然环境至少有以下四大功能。

1. 提供资源

人们的衣、食、住、行和生产所需的各种原料，无一不是取自自然要素，如煤、石油、天然气、粮食等。环境是人类从事生产的物质基础，也是各种生物生存的基本条件。

2. 消纳废物

限于经济、技术条件和人们的认识，有些副产品不能被利用，而成为废物排入环境。环境通过各种各样的物理、化学、生物反应，容纳、稀释、转化这些废弃物，并由存在于大气、水体和土壤中的大量微生物将其中的一些有机物分解成为无机物，又重新进入不同元素的循环中。这个过程，我们称之为环境的自净过程。如果环境不具备这种消纳废物的能力，即环境若没有这种自净功能的话，整个自然界早就充斥了废弃物。

3. 提供美学与精神享受

环境不仅能为经济活动提供物质资源，还能满足人们对舒适性的要求。清洁的空气和水既是工农业生产必需的要素，也是人们健康愉快生活的基本需求。全世界有许多优美的自然与人文景观，如中国的黄山风景区、美国的黄石公园、埃及的金字塔等，每天吸引着成千上万的游客。优美舒适的环境使人们心情愉快，精神放松，有利于提高人体素质，更有效地工作。经济越增长，人们对于环境舒适性的要求越高。

4. 作为生命支持系统

人类不可能孤零零地生活在这个星球上。自然界中，由上千万种生物物种及其生态群落和各种各样环境因素构成的系统正在支持着人类的生存。1995 年，美国“生物圈 2 号”试验的失败，说明人类离不开地球环境这个生命支持系统。

（三）自然资本

从国家层面来考察，自然环境上述四大功能的综合体，构成了一国的自然资本。世界银行于 1995 年向全球公布了新的衡量可持续发展的指标体系，并宣称：“这一新体系在确定国家发展战略时，不仅是用收入（income），而是用财富

(wealth) 作为出发点”。并将自然资本列为四种财富资本之一，从而充分肯定了环境的价值。

1. 衡量国家财富的四种资本

(1) 产品资本或人造资本

指的是所使用的机器、厂房、道路以及所生产的产品与所提供的服务等，这在以往一直用 GDP 来表示。它代表可转换为市场需求的能力。

(2) 自然资本

包括水资源、农田、草原、森林、自然保护区、非木材的森林价值、金属与矿产以及石油、煤与天然气等。它代表生存与发展的物质基础。

(3) 人力资本或人力资源

包括种类不同的劳动力、知识与技能，对教育、保健与营养方面的投资等。它代表对于生产力发展的创造潜能。

(4) 社会资本

指的是一个社会能够发挥作用的文化基础、社会关系和制度等。它代表国家或地区的组织能力与稳定程度。

2. 自然资本的价值

国民生产总值（GDP）只能反映产品资本，而可持续发展理论则尤其重视自然资本及人力资本的作用及其价值，强调自然资本是人类能否生存与永续发展的基础。过去传统的价值理论均未赋予自然资源以价值的概念，人们在使用自然资源过程中也从未考虑其成本，结果造成了自然资源的过度消耗、水源枯竭、空气恶化，等等。自然资源的使用价值与存在价值及其本身的有限性、稀缺性决定了它们确实是很有价值的。自然资本的价值如何衡量？现在环境经济学已经发展了一系列方法用来估算这些价值（如生产价格法、成本法、净价法、间接定价法等)。

(四) 环境系统的功能特性

环境作为一个整体或系统，是由复杂多样的子系统所组合的。各子系统及其组成成分之间，存在着相互作用，并构成一定的网络结构。正是这种网络结构，使环境具有整体功能，形成集体效应，起着协同作用。环境系统是一个复杂的，有时、空、量、序变化的动态系统和开放系统。系统内外存在着物质和能量的变化和交换。系统的组成和结构越复杂，它的稳定性越大，越容易保持平衡；反之，系统越简单，稳定性越小，越不容易保持平衡。环境系统各组成成分之间具有相互作用的机制，这种相互作用越复杂，彼此的调节能力就越强，反之则弱。

环境系统在行使诸多功能的过程中，具有不容忽视的特性。

1. 整体性

又称环境的系统性，是指各环境要素或环境各组成部分之间，因有其相互确定的数量与空间位置，并以特定的相互作用而构成的具有特定结构与功能的系统。环境的整体性体现在环境系统的结构与功能上。

整体性是环境的最基本特性，正是由于环境具有整体性，才会表现出其他特性，这是因为人类或生物的生存是受多种因素综合作用的结果。另一方面，两种或两种以上的环境因素同时产生作用，其结果不一定等于各因素单独作用之和，因为各因素之间可能存在相乘或拮抗的作用。

整体性告诉我们，人与地球环境是一个整体，地球的任一部分，或任一个系统，都是人类环境的组成部分。各部分之间存在着紧密的相互联系、相互制约关系。局部地区的环境污染或破坏，总会对其他地区造成影响和危害。所以人类的生存环境及其保护，从整体上看是没有地区界线、省界和国界的。

2. 区域性

是指环境的区域差异。具体来说，就是环境因地理位置的不同或空间范围的差异，会有不同的差异。环境的区域性不仅体现了环境在地理位置上的变化，而且还反映了区域经济、社会、文化、历史等的多样性。

3. 变动性

是指环境在自然的、人类社会行为的，或两者的共同作用下，环境的内部结构与外部状态，通过各环境要素或各组成部分之间的物质、能量流动网络以及彼此关联的变化规律，在不同的时刻呈现出不同的状态，即始终处于不断变化之中。变动是绝对的。

4. 稳定性

由于人类环境存在连续不断的、巨大和高速的物质、能量和信息的流动，表现出其对人类活动的干扰与压力，具有一定的自我调节功能。稳定是相对的。

5. 有限性

有限性主要指人类环境的稳定性有限、资源有限、容纳污染物质的能力有限(或对污染物质的自净能力有限)。人类开发活动产生的污染物或污染因素，进入环境的量超越环境容量或环境自净能力时，就会导致环境质量恶化，出现环境污染。

与环境容纳污染物质有关的几个概念如下：

环境本底值——环境在未受到人类干扰的情况下，环境中化学元素及物质和能量分布的正常值。以前也有人称做环境背景值。

环境自净能力——环境对于进入其内部的污染物质或污染因素，具有一定的迁移、扩散和同化、异化的能力。

环境自净作用——环境对于进入其内部的污染物质或污染因素，通过一系列物理的、化学的和生物的作用，将污染物逐步清除出去，从而达到自然净化的目的。

环境容量——在人类生存和自然环境不致受害的前提下，环境可能容纳污染物质的最大负荷量。由于环境的时、空、量、序的变化，导致物质和能量的不同分布和组合，使环境容量发生变化，其变化幅度的大小，表现出环境的可塑性和适应性。环境容量可作为一种资源进行开发利用，如美国的“泡泡政策”。但因为环境容量的大小，与其组成成分和结构、污染物的数量及其物理和化学性质有关，与特定的环境及其功能要求有关，很复杂，要想弄清不同地区、不同时间、不同功能要求的各种具体环境的容量，需要大量的研究工作和人力物力的投入。若没有科学依据，将某具体环境的容量定得高或低，都是有害的。

环境承载力（Environmental Bearing Capacity）——是在一定时期、范围和环境条件下，维持人-环境系统不发生引起环境功能破坏的质的改变，即维系人与环境和谐的前提下，环境系统所能承受的人类活动的阈值。通过环境承载力来度量人与环境和谐程度主要有自然资源供给指标、社会支持条件指标、污染承受能力指标等三大类指标。

6. 不可逆性

人类的环境系统在其运行过程中，存在两个基本过程：能量流动和物质循环。后一过程是可逆的，但前一过程不可逆，因此根据热力学理论，整个过程是不可逆的。所以环境一旦遭到破坏，利用物质循环规律，可以实现局部的恢复，但不能彻底回到原来的状态。

7. 隐显性

环境污染与环境破坏对人们的影响，其后果的显现，要有一个过程，需要经过一段时间，有时甚至是较长的时间。

8. 灾害放大性

污染物进入环境后，会发生迁移和转化，并通过这种迁移和转化与其他环境要素和物质（包括环境中原有的物质、其他种污染物、各种反应的中间产物等）发生化学的和物理的，或物理化学的作用。迁移是指污染物在环境中发生空间位置和范围的变化，这种变化往往伴随着污染物在环境中浓度的变化。污染物迁移的方式主要有以下几种：物理迁移、化学迁移和生物迁移。化学迁移一般都包含着物理迁移，而生物迁移又都包含着化学迁移和物理迁移。物理迁移就是污染物在环境中的机械运动，如随水流、气流的运动和扩散，在重力作用下的沉降等。化学迁移是指污染物经过化学过程发生的迁移，包括溶解、离解、氧化还原、水解、络合、螯合、化学沉淀等等。生物迁移是指污染物通过有机体的吸收、新陈代谢、生育、死亡等生理过程实现的迁移。有的污染物（如一些重金属元素、有机氯等稳定的有机化合物）一旦被生物吸收，就很难被排出生物体外，这些物质就会在生物体内积累，使得生物体中该污染物的含量达到物理环境的数百倍、数千倍甚至数百万倍，这种现象叫做生物富集。同一食物链上的生物，处于高位营养级的生物体内某元素或难分解的化合物的浓度高于低位营养级的生物体内的浓度且随营养级的增高而不断增大的现象，叫做生物放大。

污染物的转化是指污染物在环境中经过物理、化学或生物的作用改变其存在形态或转变为另外的不同物质的过程。污染物的转化必然伴随着它的迁移。污染物的转化可分为物理转化、化学转化和生物化学转化。物理转化包括污染物的相变、渗透、吸附、放射性衰变等。化学转化则以光化学反应、氧化还原反应及水解反应和络合反应最为常见。生物化学转化就是代谢反应。

污染物的迁移转化受其本身的物理化学性质和它所处的环境条件的影响，其迁移的速率、范围和转化的快慢、产物以及迁移转化的主导形式等都会变化。

污染物经过上述一系列复杂的迁移和转化，使其影响范围和程度进一步扩大，从而导致其危害性或灾害性，无论从深度和广度，都会明显放大。

作为具有高度智能的人类，是干扰和调控环境的一个重要因素。以上所述的目的是要求人们正确地掌握环境的组成和结构、环境的功能和演变规律，努力使人口、经济、社会和环境协调发展。如果违背环境的功能和特性，不遵循客观的自然规律、经济规律和社会规律，则环境质量恶化，生态环境破坏，自然资源枯竭，人类必然受到自然界的惩罚。

第二节　环境问题

一、环境问题的概念和分类

（一）概念

环境问题指的是任何不利于人类生存和发展的环境结构和功能的变化。从广义上理解：由自然力或人力引起环境结构和功能的改变，最后直接或间接影响人类生存和发展的一切客观存在的问题，都是环境问题。从狭义上理解：是由于人类的生产和生活活动所引起的环境结构和功能的改变，反过来直接或间接影响人类生存和发展的客观存在的问题。

（二）分类

第一环境问题：也称原生环境问题，是指由自然力引起的环境问题。

第二环境问题：也称次生环境问题，是指由人类活动引起的环境问题。

第三环境问题：也称社会环境问题，是指由发展不足所引起的环境问题。如住房紧张、交通拥挤、贫困等。

环境科学主要研究由人类活动所引起的次生环境问题，如各种环境污染、资源破坏、人类干扰所引发的生态系统失调等。

二、环境问题的基本类型

（一）自然灾害

自然灾害是自然环境自身变化所引起的，主要受自然力的操控，在人类失去控制能力的情况下，使人类生存和发展的环境受到一定的损害，一般也叫原生环境问题或第一环境问题。如地震、海啸、洪涝灾害、干旱、滑坡、太阳黑子的大量活动等。

（二）环境破坏（或称生态破坏）

是指由于人类不恰当地开发利用环境，包括过度地开发利用自然资源和兴建工程项目而造成的生态退化及由此衍生的环境效应，导致了环境结构和功能的变化，对人类生存发展以及环境本身发展产生不利影响的现象。主要包括：水土流失，风蚀，土地退化（土地沙漠化、荒漠化、石漠化，土壤盐碱化、潜育化），森林锐减，生物多样性减少，淡水资源紧缺，湖泊富营养化，地下水漏斗，地面下沉等。

（三）资源耗竭

自然资源是人类生存发展不可缺少的物质依托和条件，也是实现可持续发展首先要解决的问题之一。

全球资源匮乏的主要表现在：可利用土地资源紧缺、森林资源不断减少、淡水资源严重不足、生物多样性资源严重减少、某些重要矿产资源（包括能源）濒临枯竭等。

（四）环境污染

环境污染是指由于人为的或自然的因素，使得有害物质或者因子进入环境，并在环境中扩散、迁移、转化，破坏了环境系统正常的结构和功能，降低了环境质量，对人类生存和发展或者环境系统本身产生不利影响的现象。

从法律意义上来说，环境污染是指由于人类活动向环境中排放了物质或能量，使环境中这些物质或能量的浓度或含量，超过了国家所颁布的环境质量标准的现象。

因而，在实际的环境管理工作中，通常以环境质量标准为尺度，来评定环境是否发生污染以及受污染的程度。但由于社会、经济、技术等方面存在着差异，世界各国所制定和使用的环境质量标准也有所不同，因而各国在衡量环境是否发生污染以及受污染的程度方面也存在着一定的差别。

1. 环境污染的分类

按照引起污染的途径可分为：天然污染、人为污染。

按照污染因子的性质可分为：化学污染、生物污染和物理污染。

按照被污染的环境要素可分为：大气污染、水体污染、土壤污染、海洋污染、地下水污染等。

按照污染产生的原因可以分为：工业污染、农业污染、交通污染、生活污染等。

按照污染物的形态可分为：废气（气态）污染、废水（液态）污染、固体废弃物污染。

按照污染涉及的范围可分为：局部污染、区域性污染、全球污染等。

按照引起污染的物质可分为：砷污染、汞污染、镉污染、铬污染、多氯联苯污染、食品添加剂污染、氟污染、农药污染等。（物质可按类别或具体物质名称来命名污染类型，如重金属污染，可细分为汞污染、镉污染、铬污染、砷污染；农药的类型也很多，如 DDT、六六六、有机氯、有机磷农药等）。

2. 污染源

造成环境污染的污染物发生源称之为污染源。它通常指向环境排放有害物质或对环境产生有害物质的场所、设备和装置。或凡排放污染物的设备、设施或场所，即污染物的来源处，称为污染源。

污染源的分类：

按污染源能否移动分为：固定污染源、流动污染源；

按污染源在社会生活中的用途分为：工业污染源、农业污染源、生活污染源、交通运输污染源等；

按污染源引起的环境污染的种类分为：大气污染源、水污染源、噪声污染源、固体废弃物污染源、热污染源、放射性污染源、病原体污染源等；

按排放污染物的空间分布方式分为：点污染源（集中一个点或可当做一个点的排放方式，主要指城市和工业污染源）、面污染源（在一个较大面积范围排放污染物，常指农业上施用化肥、农药所造成的污染）；

按污染源引起污染的频率分为：偶发性污染源、经常性污染源；

按污染源是否需要特别管制分为：一般性污染源、特殊性污染源；

按污染源排放污染物质的量分为：大污染源、中污染源、小污染源。

3. 污染物

凡是进入环境后能引起环境污染的物质或者能量，均称为污染物。污染物的分类：

按来源分为：自然污染物、人为污染物；

按被污染的环境要素分为：大气污染物、水体污染物、土壤污染物等；

按污染物的性质分为：物理性污染物、化学性污染物、生物性污染物；

按污染物的状态分为：气态污染物、液态污染物、固态污染物；

按污染物的毒性分为：无毒污染物、有毒污染物；

按污染物来源的部门或部门性质分为：工业污染物、农业污染物、生活污染物等；

按是否是由排入环境中的污染物转化而来的分为：一次污染物和二次污染物。一次污染物：又称原发性污染物，即由污染源直接排入环境且排入环境后它的物理、化学性质没有发生变化的污染物。二次污染物：又称继发性污染物，是指那些并非由污染源直接排入环境，而是由排入环境中的污染物与环境中原有物质或者排入环境中的其他种污染物反应后形成的，其物理和化学性质同一次污染物不同的污染物。一般来说，二次污染物比一次污染物的成分更复杂，危害性更大。

（五）人口过快增长

在人类影响环境的诸多要素中，人口是最主要、最根本的因素。人口问题是产生一切环境问题的根源。人口问题是一个复杂的社会问题，也是人类生态学的一个基本问题。对“弱小的地球”来说，最近几十年来世界人口按指数规律增长，导致目前供养的人口已超过 70 亿了，其环境与资源的压力可想而知。

我国的人口基数大，虽然目前的增长速度在减缓，但仍然让我们的国土承受着巨大的压力，并随着我国工业化、城镇化的发展，人们生活水平与消费能力的提高，该压力将愈来愈重，因为我国的人均资源少。我国的人口问题不仅是环境与资源的问题，还有一系列的社会问题也愈来愈突显，如就业问题、老龄化社会的养老问题、人口出生性别比增高问题、人口质量问题等。比如，人口质量是一个民族精神面貌、文化修养、心理素质、道德水准和体质健康状况等方面的综合反映，人口质量问题是我国走向现代化进程中必须要解决的瓶颈问题之一。因此，控制人口对于加速我国经济与社会发展以及环境保护都具有重大意义。

三、环境问题的产生与发展

随着人类的出现，生产力的发展和人类文明的提高，环境问题也相伴产生且不断发展，并由小范围、低程度危害，发展到大范围、对人类生存造成不容忽视的危害，即由轻度污染、轻度破坏、轻度危害向重污染、重破坏、重危害方向发展。老的环境问题解决了，又会出现新的环境问题。人类与环境这一对矛盾，是不断运动、不断变化、永无止境的。

导致环境问题日益严重化的原因，是复杂的，既有人口激增的因素，又有人类片面追求经济增长的思想认识、社会经济体制、生产与生活方式、城市化和生产力布局、科学技术、世界经济秩序等方面的因素。需要人类去深入反思各种原因，并不断地予以更正。

环境问题贯穿于人类发展的整个阶段，在不同的历史阶段，由于生产方式和生产力水平的差异，环境问题的类型、影响范围和程度也不尽一致。依据环境问题产生的先后和轻重程度，环境问题的发生和发展，可大致分为三个阶段。

1. 生态环境早期破坏阶段（产业革命以前即 1784 年之前）

环境问题可以说在古代就有了。西亚的美索不达米亚，中国的黄河流域，是人类文明的发祥地，由于大规模地毁林垦荒，而又不注意培育林木，造成严重的水土流失，以致良田美地逐渐沦为贫瘠土壤。在世界人口数量不多、生产规模不大的时候，人类活动对环境的影响并不太大，即使发生环境问题也只是局部性的。

2. 城市环境问题突出和“公害”加剧阶段（从 1784 年的产业革命之后到 1984 年发现南极臭氧洞时为止）

产业革命以后，社会生产力的迅速发展，机器的广泛使用，为人类创造了大量财富，而工业生产排出的废弃物却造成了环境污染。19 世纪下半叶，世界最大工业中心之一的伦敦，曾多次发生因排放煤烟引起的严重的烟雾事件。正如恩格斯所指出的，人类对自然界的“每一次胜利，在第一步都确实取得了我们预期的结果，但是在第二步和第三步却有了完全不同的、出乎预料的影响，常常把第一个结果又取消了”。

在产业化（主要是工业化）和城市化的发展过程中，出现了“城市病”这样的环境问题。所谓“城市病”就是城市基础设施落后，跟不上城市工业和人口发展的需要。城市基础设施主要是水（供水、排水）、电（供电、电信）、热（供热、排热）、气（供气、排气）、路（道路和交通），此外还包括环境建设、城市防灾、园林绿化等。城市基础设施是城市社会化生产和居民生活的基本条件。城市基础设施落后，就会出现道路堵塞、交通拥挤、供水不足、排水不畅、电灯不亮、电话不畅、“三废”成灾、污染严重等“城市病”的症状。

此阶段，出现了人们常说的“八大公害”事件。

3. 全球性环境问题阶段，即当代环境问题阶段（从 1984 年至今）

所谓全球性环境问题，是指对全球产生直接影响的，或具有普遍性，随后又发展为对全球造成危害的环境问题。这些问题包括人口过快增长问题、城市化问题、淡水资源短缺问题、植被破坏、物种灭绝问题、海洋污染问题、危险废弃物越境转移问题和全球变暖、臭氧层破坏、酸沉降等全球性大气环境问题，以及世纪之交爆发的食品安全问题。三大全球性大气环境问题是这一阶段环境问题的核心。上述问题可归结为三大块：全球性、广域性的环境污染；大面积的生态破坏；突发性的严重污染事件和危险废弃物越境转移。

当代环境问题阶段呈现出四个特点：

1. 影响的范围与性质不同

现在的环境问题，已不仅是对某个国家或地区造成危害，而是对人类赖以生存的整个地球环境造成危害，已影响到整个人类的生存与发展。因此，国际社会都在大声疾呼保护环境、保卫人类生存的家园。

2. 人们关心的重点不同

现在，人们不仅是关心环境污染对人体健康的影响，更关心生态破坏对人类的生存与可持续发展的威胁。

3. 重视环境问题的国家不同

以前是经济发达国家比较重视，现在又包括众多的发展中国家，都在重视环境保护问题。但在国际环境事务中，由于各国的发展程度不同，历史上对环境的干扰程度不同，因而经常采用"共同但有差别"的责任原则。

4. 解决问题的难易程度不同

一是环境污染的主要责任者直观性减弱。之前的环境问题，污染来源比较少，来龙去脉都可以搞清楚，只要一个工厂、一个地区、一个国家下决心，采取措施，污染就可以得到控制和解决。而现在出现的环境问题，污染源和破坏源众多，不仅分布广，且来源杂，既来自人类的经济活动，又来自人类的日常活动；既来自发达国家，也来自发展中国家。解决这些环境问题只靠一国的努力很难奏效，需要众多的国家，甚至全球的共同努力才行。二是从治理技术的角度来看，过去的环境问题可以使用常规技术解决，而当前的环境问题却需要许多新型技术。但迄今为止，有些环境问题还缺乏经济、高效的新型治理技术。

也有人将当代环境问题的特点总结为：全球化、综合化、社会化、高科技化、积累化、政治化。

四、环境问题的性质与实质

（一）性质

1. 具有不可根除和不断发展的属性

它与人类的欲望、经济的发展、科技的进步同时产生，同时发展，呈现孪生关系。那种认为"随着科技进步，经济实力雄厚，人类环境问题就不存在了"的观点，显然是幼稚的想法。

2. 环境问题范围广泛而全面

它存在于人类生产、生活、政治、工业、农业、科技等全部领域中。

3. 环境问题对人类行为具有反馈作用

它使人类的生产方式、生活方式、思维方式等引起新变化。

4. 具有可控性

通过教育，提高人们的环境意识，充分发挥人的智慧和创造力，借助法律的、经济的和技术的手段，把环境问题控制在影响最小的范围内。认识这点很重要。若环境问题不可控的话，人类就谈不上环境管理、治理、修复等环保工作了。

(二) 实质

可从三个角度来探讨这个问题。

(1) 从自然科学的角度来看，环境问题的实质，一是人类经济活动索取资源的速度超过了资源本身及其替代品的再生速度，二是人类向环境排放废弃物的数量超过了环境的自净能力。这是因为：环境容量是有限的；自然资源的补给和再生、增加都是需要时间的，一旦超过了极限，要想恢复是困难的，有时甚至是不可逆转的。

(2) 从经济学角度看，环境问题实质上也是一个经济问题。这是基于：其一，环境问题是随经济活动开展而产生的，它是经济活动的副产品。经济活动需要从环境中开采资源，因此会造成生态破坏，经济活动所排放的废弃物，又造成环境污染。其二，环境问题又使人类遭受到巨大经济损失，且限制了经济的进一步发展。其三，环境问题的最终解决还有待于经济的进一步发展，经济的发展，为解决环境问题奠定了物质基础。因为解决环境问题需要大量的人力、物力、财力的投入，否则环境问题是无法解决的。

(3) 从社会学角度来看，环境问题的实质还是一个社会问题。因为环境问题关系到人类身体的健康，关系到人类生活质量的好坏，也关系到社会的稳定等。

所以，环境问题是社会、经济、环境之间的协调发展问题以及资源的合理开发利用问题，其实质可表述为：环境问题的实质是由于人类活动超出了环境的承受能力，进而引发为人类的经济问题和社会问题，是人类自然的、而且是自觉的建设人类文明的问题。

总之，了解环境问题的产生和发展，掌握当代环境问题的特点、性质与实质，有助于我们找到解决环境问题的途径。从根本上说，这些途径主要体现为：需要控制人口并不断提高人口素质；需要增强环境意识，强化环境管理；需要经济的发展，增加投入；需要科技的进步；需要经过长期的努力。

第三节　环境保护

一、环境保护概述

（一）环境保护的历史由来

1962年美国生物学家蕾切尔·卡尔逊出版了一本书，名为《寂静的春天》，书中阐释了农药杀虫剂DDT对环境的污染和破坏作用，由于该书的警示，美国政府开始对剧毒杀虫剂进行调查，并于1970年成立了环境保护局，各州也相继通过禁止生产和使用剧毒杀虫剂的法律。1972年6月5日至16日由联合国发起，在瑞典斯德哥尔摩召开"第一届联合国人类环境会议"，发表了著名的《人类环境宣言》，是环境保护事业正式引起世界各国政府重视的开端，其后，"环境保护"（简称环保）这一术语被广泛地采用。

由此可见，环境保护（environmental protection）是由于生产发展导致的环境污染问题日益严重，首先引起发达国家的重视而产生的，利用国家法律法规约束和舆论宣传而逐步引起全社会重视，由发达国家到发展中国家兴起的一个保护生态环境和有效处理污染问题的措施。

（二）环境保护的概念

环境保护是指人类为解决现实的或潜在的环境问题，利用现代环境科学的理论与方法，协调人类与环境的关系，保障经济社会的可持续发展而采取的保护、改善和创建等各种行动的总称。其方法和手段有工程技术的、行政管理的，也有法律的、经济的、宣传教育的等。

根据《中华人民共和国环境保护法》的规定，环境保护的内容包括保护自然环境和防治污染及其他公害两个方面。也就是说，要运用现代环境科学的理论和方法，在更好地利用资源的同时深入认识、掌握污染和破坏环境的根源和危害，有计划地保护环境，恢复生态，预防环境质量的恶化，控制环境污染，促进人类与环境的协调发展。

环境保护涉及的范围广、综合性强，它涉及自然科学、社会科学、工程技术等许多领域的知识和方法；在实际工作中，还牵涉到各行各业以及许多政府部门。比如，现在的环境外交，需要宏观经济决策部门、外交部、环境保护行政主管部门、科研机构、专家学者等共同参与。人类社会在不同历史阶段和不同国家或地区，有各种不同的环境问题，因而环境保护工作的目标、内容、任务和重点，在不同时期和不同国家是不同的。

（三）环境保护的主要内容

（1）防治由生产和生活活动引起的环境污染。包括防治工业生产排放的“三废”（废水、废气、废渣）、粉尘、放射性物质以及产生的噪声、振动、恶臭和电磁微波辐射，交通运输活动产生的有害气体、废液、噪声，海上船舶运输排出的污染物，工农业生产和人民生活使用的有毒有害化学品，城镇生活排放的烟尘、污水和垃圾等造成的污染。

（2）防止由建设和开发活动引起的环境破坏。包括防止由大型水利工程、铁路、公路干线、大型港口码头、机场和大型工业项目等工程建设对环境造成的污染和破坏，农垦和围湖造田活动、海上油田、海岸带和沼泽地的开发、森林和矿产资源的开发对环境的破坏和影响，新工业区、新城镇的设置和建设等对环境的破坏、污染和影响。

（3）保护有特殊价值的自然环境，包括对珍稀物种及其生活环境、特殊的自然发展史遗迹、地质现象、地貌景观等提供有效的保护。

另外，城乡规划、控制水土流失和沙漠化、植树造林、控制人口的增长和分布、合理配置生产力等，也都属于环境保护的内容。

二、环境保护是我国的一项基本国策

（一）保护环境的基本国策

环境保护已成为当今世界各国政府和人民的共同行动和主要任务之一。我国在1983年12月31日至1984年1月7日召开的第二次全国环境保护会议上，把保护环境宣布为我国的一项基本国策，并制定和颁布了一系列环境保护的法律、法规，以保证这一基本国策的贯彻执行。

所谓国策，就是立国、治国之策，是那些对国家经济社会发展和人民物质文化生活提高具有全局性、长久性和决定性影响的重大战略决策。我国的人口问题、发展问题和环境问题就是具有这种性质的重大问题。因此，计划生育、改革开放和保护环境都是我国的基本国策。坚持这些基本国策，就可以很好地解决人口、发展、环境之间的相互关系。

环境保护作为一项基本国策，其意义重大。因为，制止环境进一步恶化，不断改善环境质量，是我国持续发展的重要前提；防治污染，维护生态平衡，是保障农业发展的基本前提；创建一个适宜的、健全的生存和发展环境，是我国全面建设小康社会的重要目标之一；远近结合，统筹兼顾，既要满足当代人的需要，又不损害后代人需要的能力，是我国社会主义建设的基本方针。

（二）环境保护要与经济发展同步

我国在较长的时期内，都将以经济建设为中心。在着力发展经济的过程中，要注重经济与社会与环境的协调发展，以提高经济发展的质量。

一个国家摆脱贫困落后状态，走向经济和社会生活现代化的过程即称为经济发展。经济发展不仅意味着国民经济规模的扩大，更意味着经济和社会生活素质的提高。所以，经济发展涉及的内容超过了单纯的经济增长，比经济增长更为广泛。发展和增长是两个概念，发展要丰富得多。

就当代经济而言，发展的含义相当丰富复杂。发展总是与发达、与工业化、与现代化、与增长之间交替使用。一般所指的经济发展包含四种含义：一是经济增长。即一个地区在一定时期内的产品和服务的实际产量的增加，经济增长的实质是规模不断扩大的社会再生产过程和社会财富的增殖过程。测量指标一般用国民生产总值来衡量经济增长水平和速度。二是指结构变迁，即指产业结构的变化。这是广义的产业结构变化，包括分配结构、职业结构、技术结构、产品结构等，以及各个层次上的经济结构的变化。三是指福利的改善，即社会成员生活水平的提高。发达地区与欠发达地区居民收入水平存在巨大差异，政府必须采取有力的政策措施使欠发达地区的教育、医疗、文化、营养、健康、公益事业等有基本的保障。四是环境与经济可持续发展。即经济发展不能以危害环境为代价，可持续发展要求一个国家或地区的发展不应影响其他国家或地区的发展，使生态环境和经济社会协调发展。

我国坚持保护环境基本国策，大力推动环境保护的“三个转变”（是指从重经济增长轻环境保护转变为保护环境与经济增长并重；从环境保护滞后于经济发展转变为环境保护和经济发展同步；从主要用行政办法保护环境转变为综合运用法律、经济、技术和必要的行政办法解决环境问题），对优化经济发展的作用，已逐步显现。

（三）环境保护需要全社会参与

保护环境不仅需要政府的决心与行动，也需要企事业单位、社会团体或其他组织、公民个人的关心与身体力行，因为保护环境既是大家的愿望，也牵涉到大家的切身利益。比如，对生活环境的保护，使之更适合人类工作和生活的需要，这就涉及人们的衣、食、住、行、玩的方方面面，都要符合科学、卫生、健康、绿色的要求。这个层面属于微观的，既要靠公民的自觉行动，又要依靠政府的政策法规作保证，依靠社区的组织教育来引导，要各行各业齐抓共管，才能解决。

环保不只是一句口号、一种观念，而应该是一种生活方式，付诸每个小小的行动，珍惜任何可再利用的资源，将环保真正落实于生活的每个角落。

三、我国当前的环境形势与主要对策

（一）我国当前的环境形势

党中央、国务院高度重视环境保护工作，将其作为贯彻落实科学发展观的重要内容，作为转变经济发展方式的重要手段，作为推进生态文明建设的根本措施。国家提出了建设生态文明和建设资源节约型、环境友好型社会的战略任务，环境保护在经济社会全面协调可持续发展中的作用显著增强。

当前，我国环境状况总体恶化的趋势尚未得到根本遏制，环境矛盾凸显，压力继续加大。一些重点流域、海域水污染严重，部分区域和城市大气灰霾现象突出，许多地区主要污染物排放量超过环境容量。农村环境污染加剧，重金属、化学品、持久性有机污染物以及土壤、地下水等污染显现。部分地区生态损害严重，生态系统功能退化，生态环境比较脆弱。核与辐射安全风险增加。人民群众环境诉求不断提高，突发环境事件的数量居高不下，环境问题已成为威胁人体健康、公共安全和社会稳定的重要因素之一。生物多样性保护等全球性环境问题的压力不断加大。环境保护法制尚不完善，投入仍然不足，执法力量薄弱，监管能力相对滞后。同时，随着人口总量持续增长，工业化、城镇化快速推进，能源消费总量不断上升，污染物产生量将继续增加，经济增长的环境约束日趋强化。

（二）我国现阶段环境保护工作的基本原则

1. 科学发展，强化保护

坚持科学发展，加快转变经济发展方式，以资源环境承载力为基础，在保护中发展，在发展中保护，促进经济社会与资源环境协调发展。

2. 环保惠民，促进和谐

坚持以人为本，将喝上干净水、呼吸清洁空气、吃上放心食物等摆上更加突出的战略位置，切实解决关系民生的突出环境问题。逐步实现环境保护基本公共服务均等化，维护人民群众环境权益，促进社会和谐稳定。

3. 预防为主，防治结合

坚持从源头预防，把环境保护贯穿于规划、建设、生产、流通、消费各环节，提升可持续发展能力。提高治污设施建设和运行水平，加强生态保护与修复。

4. 全面推进，重点突破

坚持将解决全局性、普遍性环境问题与集中力量解决重点流域、区域、行业环境问题相结合，建立与我国国情相适应的环境保护战略体系、全面高效的污染防治体系、健全的环境质量评价体系、完善的环境保护法规政策和科技标准体系、完备的环境管理和执法监督体系、全民参与的社会行动体系。

5. 分类指导，分级管理

坚持因地制宜，在不同地区和行业实施有差别的环境政策。鼓励有条件的地区采取更加积极的环境保护措施。健全国家监察、地方监管、单位负责的环境监管体制，落实环境保护目标责任制。

6. 政府引导，协力推进

坚持政府引导，明确企业主体责任，加强部门协调配合。加强环境信息公开和舆论监督，动员全社会参与环境保护。探索以市场化手段推进环境保护。

(三) 我国现阶段环境保护工作的主要对策

1. 进一步深化对环境保护重要性紧迫性的认识

我国是世界上最大的发展中国家，正处于全面建设小康社会、加快转变经济发展方式的关键时期。我国的基本国情、所处的发展阶段和现实情况都表明，发展经济改善民生的任务十分繁重，经济转型的要求日益迫切，环境保护任重道远。保护环境是关系当前与长远、国计与民生、和谐与稳定的大事，关系党和政府的形象和公信力，进一步加强环境保护具有十分重大的意义。

首先，加强环境保护是加快转变经济发展方式的重大任务。改革开放以来，我国经济社会发展取得举世瞩目的成就，同时也付出了过大的资源环境代价，资源与环境已经成为发展的最大瓶颈制约。如再按照这种拼资源、拼消耗的模式发展下去，资源就难以支撑，经济难以持续。资源消耗大的结果是环境污染，环境问题的背后是资源的过度消耗。现在一些地区生态环境质量严重退化，需要经过十几年甚至几十年的努力才有可能恢复。资源相对不足、环境容量有限，已成为我国国情的基本特征。对此我们必须高度警醒，加快转变经济发展方式，切实改变资源消耗大、环境污染重的增长模式，推动经济增长向主要依靠科技进步、劳动者素质提高、管理创新转变。加强环境保护，既是转方式的内在要求，也是转方式的重要推动力量，是稳增长的重要引擎。对资源环境来讲，可以破解瓶颈制约，增强可持续发展能力；对结构调整来讲，有利于产业优化和技术升级，再造新优势；对发展空间来讲，能够扩大市场需求，形成新的增长动力。总之，经济发展方式转变是否见到实效，一个基本的衡量标准是发展的资源代价是否降低、环境质量是否改善，一个重要的因素是生态环保力度有多大，一个明显的标志是节能环保产业是否发展壮大起来。

第二，加强环境保护是推进生态文明建设的根本途径。党中央明确提出，全面推进社会主义经济建设、政治建设、文化建设、社会建设以及生态文明建设，把建设生态文明纳入了中国特色社会主义事业的总体布局。环境保护是生态文明建设的主阵地。环境作为发展的基本要素，良好的生态环境是先进、可持久的生产力，是一种稀缺资源。自然环境好就意味着投资创业环境有更大优势，有利于聚集优秀人才，吸纳先进生产要素，发展现代产业特别是科技产业和服务业，调整和优化经济结构。随着时代的进步，生态文明越来越得到国际社会的普遍认同。一些发达国家在工业化进程中创造了丰富的物质财富，但也走过了先污染后治理、以牺牲环境换取经济增长的弯路，付出了沉痛代价。正如国外学者所指出的，“没有环境保护的繁荣是推迟执行的灾难”；不保护环境，经济就会陷入“增长的极限”；通过保护环境优化发展，经济则会有“无限的增长”。加强生态环保不是放弃对发展的追求，而是要在更高层次上实现人与自然、经济社会与资源环境的和谐。我们既要走工业化道路，又要加强生态文明建设，这关系中华民族长远发展的根基，贯穿于现代化建设的整个进程。

第三，加强环境保护是人民群众的迫切愿望。随着经济的发展，我国人均国内生产总值已接近5000美元，进入中等偏上收入国家阶段，人民群众对提高生活水平和质量有了更多期盼和要求。身体健康是事业的本钱，是个人和家庭生活的基础。对群众来说，没有健康，生活水平和质量就无从谈起。对国家来说，没有健康，人力资源的优势就难以发挥。人们生存和发展的基本载体是环境，环境状况与人的健康状况息息相关，优良的环境越来越成为城乡居民的普遍追求。我们必须坚持以人为本，认真回应人民群众的迫切愿望，切实抓好环境保护。还要看到，基本的环境质量、不损害群众健康的环境质量是一种公共产品，是一条底线，是政府应当提供的基本公共服务。而现在影响和损害群众健康的环境问题还不少，农村仍有8000多万人饮水不安全，一些大城市灰霾天数接近全年的30%～50%，由环境问题引发的群体性事件不断增多。我们要在2020年全面建成小康社会，最重要的标志之一、也是最大的制约因素之一就是生态环境。我们坚持立党为公、执政为民的宗旨，就必须加大环境保护力度，改善环境质量，增进人民群众的福祉，保护赖以生存的家园。

第四，加强环境保护是参与国际竞争与合作的必然要求。环境问题是一个涉及经济、政治、社会、文化、科技等多层次多维度的复杂体，当前世界各国的竞争已经从传统的经济、技术、军事等领域延伸到环境领域。在世界经济复杂多变的背景下，各种贸易保护主义明显抬头，一些西方国家对进口产品提出了“碳关税”、“碳足迹”的要求，绿色壁垒逐渐成为维护本国利益的手段。欧盟境内经停航班征收碳排放费，澳大利亚也通过了对碳排放征税的法案，就是例证。这种趋势可能还会发展和蔓延。我国经济已经深度融入世界经济，对外依存度高。如果我们不加强应对和适应，不大力发展绿色经济，对外贸易就可能受阻，国际发展空间就可能受到挤压。现在，气候变化、生物多样性等全球性问题已经成为国际社会关注的热点和博弈的新焦点。我国二氧化碳、二氧化硫等排放量已居世界前列，发达国家要求我减排的压力不断加大。我们应当抓住应对全球气候变化的契机，变挑战为机遇，加快经济发展方式转变，提高我国可持续发展能力。同时，在世界科技和产业调整变革中，绿色经济、低碳技术扮演着越来越重要的角色，成为抢占未来发展制高点的新平台，这本质上也是发展空间的争夺。从增强综合竞争力、维护国家利益、保障能源资源安全、承担国际责任考虑，都需要我们切实做好节约资源、保护环境工作。

2. 坚持在发展中保护，在保护中发展

处理好发展经济与创新转型、节约环保的关系，是摆在我们面前一个现实而紧迫的重大课题。环境保护是经济增长、结构调整、民生改善的汇聚点。我们必须坚持在发展中保护、在保护中发展，把环境保护作为稳增长转方式的重要抓手，把解决损害群众健康的突出环境问题作为重中之重，把改革创新贯穿于环境保护的各领域各环节，积极探索代价小、效益好、排放低、可持续的环境保护新道路，实现经济效益、社会效益、资源环境效益的多赢，促进经济长期平稳较快发展与社会和谐进步。

之所以强调在发展中保护、在保护中发展，这是因为：一方面，我国发展中不平衡、不协调、不可持续的矛盾十分突出，同时又跨入经济社会结构加速变动、各种矛盾和风险明显增多的中等收入发展阶段，环境已成为制约进一步发展的突出问题，也是我们面临的一大考验。另一方面，我国仍处于并将长期处于社会主义初级阶段，发展不足的问题依然十分突出，部分群众生活还不富裕，按照中央扶贫工作会议确定的新的贫困标准，还有1.28亿人尚未脱贫。必须牢牢坚持把发展作为第一要务，这是解决一切问题的总钥匙，要用发展的办法去解决前进中存在的问题。发展必须转型，要坚持以人为本，促进全面协调可持续发展，加强生态环保，实现科学发展。转型也是发展，是一种有促有控、调优调强的发展，通过推进环保，可以培育新的增长领域、提高发展的质量和效益。环境问题本质上是发展方式、经济结构和消费模式问题；从根本上解决环境问题，必须在转变发展方式上下工夫，在调整经济结构上求突破，在改进消费模式上促变革。在当前复杂严峻的国际经济形势下，必须把稳增长与促转型有机结合起来，兼顾当前和长远，在转型中巩固当前增长势头、实现长期平稳较快发展。

坚持在发展中保护，在保护中发展，就是要把经济发展与节约环保紧密结合起来，推动发展进入转型的轨道，把环境容量和资源承载力作为发展的基本前提，同时充分发挥环境保护对经济增长的优化和保障作用、对经济转型的倒逼作用，把节约环保融入经济社会发展的各个方面，加快构建资源节约、环境友好的国民经济体系。

3. 推进主要污染物减排

(1) 加大结构调整力度

加快淘汰落后产能，着力减少新增污染物排放量，大力推行清洁生产和发展循环经济。

(2) 着力削减化学需氧量和氨氮排放量

加大重点地区、行业水污染物减排力度，提升城镇污水处理水平，推动规模化畜禽养殖污染防治。

(3) 加大二氧化硫和氮氧化物减排力度

持续推进电力行业污染减排，加快其他行业脱硫脱硝步伐，开展机动车船氮氧化物控制。

4. 切实解决突出环境问题

(1) 改善水环境质量

严格保护饮用水水源地，深化重点流域水污染防治，抓好其他流域水污染防治，综合防控海洋环境污染和生态破坏，推进地下水污染防控。

(2) 实施多种大气污染物综合控制

深化颗粒物污染控制，加强挥发性有机污染物和有毒废气控制，推进城市大气污染防治，加强城乡声环境质量管理。

(3) 加强土壤环境保护

加强土壤环境保护制度建设，强化土壤环境监管，推进重点地区污染场地和土壤修复。

(4) 强化生态保护和监管

强化生态功能区保护和建设，提升自然保护区建设与监管水平，加强生物多样性保护，推进资源开发生态环境监管。

5. 加强重点领域环境风险防控

(1) 推进环境风险全过程管理

开展环境风险调查与评估，完善环境风险管理措施，建立环境事故处置和损害赔偿恢复机制。

(2) 加强核与辐射安全管理

提高核能与核技术利用安全水平，加强核与辐射安全监管，加强放射性污染防治。

(3) 遏制重金属污染事件高发态势

加强重点行业和区域重金属污染防治，实施重金属污染源综合防治。

(4) 推进固体废物安全处理处置

加强危险废物污染防治，加大工业固体废物污染防治力度，提高生活垃圾处理水平。

(5) 健全化学品环境风险防控体系

严格化学品环境监管，加强化学品风险防控。

6. 完善环境保护基本公共服务体系

(1) 推进环境保护基本公共服务均等化

制定国家环境功能区划，加大对优化开发和重点开发地区的环境治理力度，实施区域环境保护战略，推进区域环境保护基本公共服务均等化。

(2) 提高农村环境保护工作水平

保障农村饮用水安全，提高农村生活污水和垃圾处理水平，提高农村种植、养殖业污染防治水平，改善重点区域农村环境质量。

(3) 加强环境监管体系建设

完善污染减排统计、监测、考核体系，推进环境质量监测与评估考核体系建设，加强环境预警与应急体系建设，提高环境监管基本公共服务保障能力。

7. 实施重大环保工程

(1) 主要污染物减排工程

包括城镇生活污水处理设施及配套管网、污泥处理处置、工业水污染防治、畜禽养殖污染防治等水污染物减排工程，电力行业脱硫脱硝、钢铁烧结机脱硫脱硝、其他非电力重点行业脱硫、水泥行业与工业锅炉脱硝等大气污染物减排工程。

(2) 改善民生环境保障工程

包括重点流域水污染防治及水生态修复、地下水污染防治、重点区域大气污染联防联控、受污染场地和土壤污染治理与修复等工程。

(3) 农村环保惠民工程

包括农村环境综合整治、农业面源污染防治等工程。

(4) 生态环境保护工程

包括重点生态功能区和自然保护区建设、生物多样性保护等工程。

(5) 重点领域环境风险防范工程

包括重金属污染防治、持久性有机污染物和危险化学品污染防治、危险废物和医疗废物无害化处置等工程。

(6) 核与辐射安全保障工程

包括核安全与放射性污染防治法规标准体系建设、核与辐射安全监管技术研发基地建设以及辐射环境监测、执法能力建设、人才培养等工程。

(7) 环境基础设施公共服务工程

包括城镇生活污染、危险废物处理处置设施建设，城乡饮用水水源地安全保障等工程。

(8) 环境监管能力基础保障及人才队伍建设工程

包括环境监测、监察、预警、应急和评估能力建设，污染源在线自动监控设施建设与运行，人才、宣教、信息、科技和基础调查等工程建设，建立健全省市县三级环境监管体系。

8. **完善政策措施**

(1) 落实环境目标责任制

地方人民政府是规划实施的责任主体，要把规划目标、任务、措施和重点工程纳入本地区国民经济和社会发展总体规划，把规划执行情况作为地方政府领导干部综合考核评价的重要内容。制定生态文明建设指标体系，并纳入地方各级人民政府政绩考核。

(2) 完善综合决策机制

完善政府负责、环保部门统一监督管理、有关部门协调配合、全社会共同参与的环境管理体系。把主要污染物总量控制要求、环境容量、环境功能区划和环境风险评估等作为区域和产业发展的决策依据。

(3) 加强法规体系建设

加强环境保护法、大气污染防治法、清洁生产促进法、环境影响评价法等法律修订的基础研究工作，研究拟订污染物总量控制、饮用水水源保护、土壤环境保护、排污许可证管理、畜禽养殖污染防治、机动车污染防治、有毒有害化学品管理、核安全与放射性污染防治、环境污染损害赔偿等法律法规。统筹开展环境质量标准、污染物排放标准、核电标准、民用核安全设备标准、环境监测规范、环境基础标准制修订规范、管理规范类环境保护标准等制（修）订工作。完善大气、水、海洋、土壤等环境质量标准，完善污染物排放标准中常规污染物和有毒有害污染物排放控制要求，加强水污染物间接排放控制和企业周围环境质量监控要求。推进环境风险源识别、环境风险评估和突发环境事件应急环境保护标准建设。

(4) 完善环境经济政策

落实燃煤电厂烟气脱硫电价政策，研究制定脱硝电价政策，对污水处理、污泥无害化处理设施、非电力行业脱硫脱硝和垃圾处理设施等企业实行政策优惠。对非居民用水要逐步实行超额定累进加价制度，对高耗水行业实行差别水价政策。研究鼓励企业废水“零排放”的政策措施。健全排污权有偿取得和使用制度，发展排污权交易市场。推进环境税费改革，完善排污收费制度。全面落实污染者付费原则，完善污水处理收费制度，收费标准要逐步满足污水处理设施稳定运行和污泥无害化处置需求。改革垃圾处理费征收方式，加大征收力度，适度提高垃圾处理收费标准和财政补贴水平。建立企业环境行为信用评价制度，加大对符合环保要求和信贷原则企业和项目的信贷支持。建立银行绿色评级制度。推行政府绿色采购，逐步提高环保产品比重，研究推行环保服务政府采购。制定和完善环境保护综合名录。探索建立国家生态补偿专项资金。研究制定实施生态补偿条例。建立流域、重点生态功能区等生态补偿机制。推行资源型企业可持续发展准备金制度。

(5) 加强科技支撑

提升环境科技基础研究和应用能力。夯实环境基准、标准制订的科学基础，完善环境调查评估、监测预警、风险防范等环境管理技术体系。推进国家环境保护重点实验室、工程技术中心、野外观测研究站等建设。组织实施好水体污染控制与治理等国家科技重大专项，大力研发污染控制、生态保护和环境风险防范的高新技术、关键技术、共性技术。研发氮氧化物、重金属、持久性有机污染物、危险化学品等控制技术和适合我国国情的土壤修复、农业面源污染治理等技术。大力推动脱硫脱硝一体化、除磷脱氮一体化以及脱除重金属等综合控制技术研发。强化先进技术示范与推广。

(6) 发展环保产业

围绕重点工程需求，强化政策驱动，大力推动以污水处理、垃圾处理、脱硫脱硝、土壤修复和环境监测为重点的装备制造业发展，研发和示范一批新型环保材料、药剂和环境友好型产品。推动跨行业、跨企业循环利用联合体建设。实行环保设施运营资质许可制度，推进烟气脱硫脱硝、城镇污水垃圾处理、危险废物处理处置等污染设施建设和运营的专业化、社会化、市场化进程，推行烟气脱硫设施特许经营。制定环保产业统计标准。研究制定提升工程投融资、设计和建设、设施运营和维护、技术咨询、清洁生产审核、产品认证和人才培训等环境服务业水平的政策措施。

(7) 加大投入力度

把环境保护列入各级财政年度预算并逐步增加投入。适时增加同级环境保护能力建设经费安排。加大对中西部地区环境保护的支持力度。围绕推进环境基本公共服务均等化和改善环境质量状况，完善一般性转移支付制度，加大对国家重点生态功能区、中西部地区和民族自治地方环境保护的转移支付力度。深化"以奖促防"、"以奖促治"、"以奖代补"等政策，强化各级财政资金的引导作用。推进环境金融产品创新，完善市场化融资机制。探索排污权抵押融资模式。推动建立财政投入与银行贷款、社会资金的组合使用模式。

(8) 严格执法监管

完善环境监察体制机制，明确执法责任和程序，提高执法效率。建立跨行政区环境执法合作机制和部门联动执法机制。深入开展整治违法排污企业保障群众健康环保专项行动，改进对环境违法行为的处罚方式，加大执法力度。持续开展环境安全监察，消除环境安全隐患。强化承接产业转移环境监管。深化流域、区域、行业限批和挂牌督办等督查制度。开展环境法律法规执行和环境问题整改情况后督察，健全重大环境事件和污染事故责任追究制度。

(9) 发挥地方人民政府积极性

进一步深化环境保护激励措施，充分发挥地方人民政府预防和治理环境污染的积极性。进一步完善领导干部政绩综合评价体系，引导地方各级人民政府把环境保护放在全局工作的突出位置，及时研究解决本地区环境保护重大问题。

(10) 部门协同推进环境保护

环境保护部门要加强环境保护的指导、协调、监督和综合管理。发展改革、财政等综合部门要制定有利于环境保护的财税、产业、价格和投资政策。科技部门要加强对控制污染物排放、改善环境质量等关键技术的研发与示范支持。工业部门要加大企业技术改造力度，严格行业准入，完善落后产能退出机制，加强工业污染防治。国土资源部门要控制生态用地的开发，加强矿产资源开发的环境治理恢复，保障环境保护重点工程建设用地。住房城乡建设部门要加强城乡污水、垃圾处理设施的建设和运营管理。交通运输、铁道等部门要加强公路、铁路、港口、航道建设与运输中的生态环境保护。水利部门要优化水资源利用和调配，统筹协调生活、生产经营和生态环境用水，严格入河排污口管理，加强水资源管理和保护，强化水土流失治理。农业部门要加强对科学施用肥料、农药的指导和引导，加强畜禽养殖污染防治、农业节水、农业物种资源、水生生物资源、渔业水域和草地生态保护，加强外来物种管理。商务部门要严格宾馆、饭店污染控制，推动开展绿色贸易，应对贸易环境壁垒。卫生部门要积极推进环境与健康相关工作，加大重金属诊疗系统建设力度。海关部门要加强废物进出境监管，加大对走私废物等危害环境安全行为的查处力度，阻断危险废物非法跨境转移。林业部门要加强林业生态建设力度。旅游部门要合理开发旅游资源，加强旅游区的环境保护。能源部门要合理调控能源消费总量，实施能源结构战略调整，提高能源利用效率。气象部门要加强大气污染防治和水环境综合治理气象监测预警服务以及核安全与放射性污染气象应急响应服务。海洋部门要加强海洋生态保护，推进海洋保护区建设，强化对海洋工程、海洋倾废等的环境监管。

(11) 积极引导全民参与

实施全民环境教育行动计划，动员全社会参与环境保护。推进绿色创建活动，倡导绿色生产、生活方式。完善新闻发布和重大环境信息披露制度。推进城镇环境质量、重点污染源、重点城市饮用水水质、企业环境和核电厂安全信息公开，建立涉及有毒有害物质排放企业的环境信息强制披露制度。引导企业进一步增强社会责任感。建立健全环境保护举报制度，畅通环境信访、12369 环保热线、网络邮箱等信访投诉渠道，鼓励实行有奖举报。支持环境公益诉讼。

(12) 加强国际环境合作

加强与其他国家、国际组织的环境合作，积极引进国外先进的环境保护理念、管理模式、污染治理技术和资金，宣传我国环境保护政策和进展。大力推进国际环境公约、核安全和放射性废物管理安全等公约的履约工作，完善国内协调机制，加大中央财政对履约工作的投入力度，探索国际资源与其他渠道资金相结合的履约资金保障机制。积极参与环境与贸易相关谈判和相关规则的制定，加强环境与贸易的协调，维护我国环境权益。研究调整“高污染、高环境风险”产品的进出口关税政策，遏制高耗能、高排放产品出口。全面加强进出口贸易环境监管，禁止不符合环境保护标准的产品、技术、设施等引进，大力推动绿色贸易。

第四节　环境科学

一、环境科学的概念与发展简述

（一）环境科学的概念

环境科学是研究人类社会发展活动与环境演化之间相互作用关系及其规律，寻求人类社会与环境协同演化、持续发展途径与方法的科学。即环境科学是以“人类-环境”系统为其特定的研究对象，是研究“人类-环境”系统发生和发展、调节和控制、改造和利用的科学。

人类给予环境的影响有正面影响也有负面影响，环境又反过来作用于人类。环境科学就是因为负面影响通过环境又损及人体健康，人类为了解决面临的环境问题，为了创造更适宜、更美好的环境而逐渐发展起来的。“环境科学”这一名词最早由是美国学者于 1956 年在美国的普林斯顿大学召开的一次宇航会议上提出的，当时所提出的“环境科学”主要指研究宇宙飞船中的人工环境，与现在的环境科学显然不同。就世界范围来说，环境科学成为一门科学还是近三四十年的事情。环境科学是一门年轻而具有活力的学科，它的兴起和发展，标志着人类对环境的认识、利用和改造进入了一个新的阶段。

（二）环境科学的发展简史

虽然环境科学的名称出现得比较晚，但人类对环境问题的关注与研究，还是比较早的。19 世纪中叶以后，随着社会经济的发展，环境问题逐渐受到人们的重视，地学、生物学、物理学、医学和一些工程技术学科的学者分别从本学科研究的角度开始对环境问题进行探索和研究。如德国植物学家 C. N. 弗拉斯在 1847 年出版的《各个时代的气候和植物界》中，论述了人类活动影响到植物界和气候的变化；美国学者 G. P. 马什在 1864 的出版的《人的自然》，从全球观点出发论述人类活动对地理环境的影响，特别是对森林、水、土壤和野生动植物的影响，并呼吁开展对它们的保护运动。英国生物学家 C.R. 达尔文在 1859 年出版的《物种起源》中，论证了生物进化同环境的变化有很大关系，生物只有适应环境才能生存。公共卫生学从 20 世纪 20 年代开始注意环境污染对人群健康的危害，如在 1775 年英国医生认为扫烟囱工人阴囊癌与接触煤烟有关，1915 年日本学者极胜三郎用试验证明煤焦油可诱发皮肤癌，从此环境因素致癌成为公共卫生学的重要研究课题之一。1850 年人们开始用化学消毒法杀灭饮水中的病菌，1897 年英国建立了污水处理厂，消烟除尘技术在 19 世纪末期已有所发展，20 世纪初开始采用布袋除尘器和旋风除尘器。这些基础科学和应用技术的进展为环境问题的解决做出了最初的尝试。

20 世纪 50 年代以来，社会生产力和科学技术突飞猛进，人口数量激增，人类征服自然界的能力大大增强，环境的反作用便日益强烈地显露出来，环境质量逐渐恶化，环境公害事件频频发生，环境问题得到了社会各界的广泛关注（如 1962 年美国蕾切尔·卡尔逊博士的《寂静的春天》面世及其轰动效应，引起人类的深深思索；1970 年前后罗马俱乐部发表的《增长的极限》和《生存的战略》，1972 年及其后联合国发表的《人类环境宣言》、《只有一个地球》、《我们共同的未来》等，都具有重要意义；其中，《只有一个地球》是环境科学中一部最著名的绪论性著作，环境科学开始出现并迅速发展起来。包括地学、化学、物理、生物、医学、工程学、社会学、经济学、法学等学科的科学家，分别在各自原有学科的基础上，运用原有学科的理论和方法，研究环境问题。通过研究产生了广泛分布于其他学科中的环境科学分支学科，如环境地学、环境化学、环境物理学、环境生物学、环境毒理学、环境流行病学、环境医学、环境工程学、环境系统工程学、环境伦理学、环境社会学、环境管理学、环境经济学、环境法学等，形成了以环境问题为中心，探讨环境问题产生、演化和解决机制，几乎无所不包的环境科学学科群，在此基础上孕育产生了环境科学。1968 年国际科学联合会理事会设立了环境问题科学委员会，20 世纪 70 年代出现了以环境科学为书名的综合性专著。在 20 世纪 50 年代到 60 年代，环境科学侧重于自然科学和工程技术方面，后来逐渐扩展到社会科学、经济科学等方面。

二、环境科学的研究任务

20 世纪 70 年代以来，人们在控制环境污染方面取得了一定成果，某些地区的环境质量也有所改善。这证明环境问题是可以解决的，环境污染的危害是可以防治的。

随着人类在控制环境污染方面所取得的进展，环境科学这一新兴学科也日趋成熟，并形成自己的基础理论和研究方法。它将从分门别类研究环境和环境问题，逐步发展到从整体上进行综合研究。例如关于生态平衡的问题，如果单从生态系统的自然演变过程来研究，是不能充分阐明它的演变规律的。只有把生态系统和人类经济社会系统作为一个整体来研究，才能彻底揭示生态平衡问题的本质，阐明它从平衡到不平衡，又从不平衡到新的平衡的发展规律。人类要掌握并运用这一发展规律，有目的地控制生态系统的演变过程，使生态系统的发展越来越适宜于人类的生存和发展。通过这种研究，逐渐形成生态系统和经济社会系统的相互关系的理论。环境科学的方法论也在发展。例如在环境质量评价中，逐步建立起一个将环境的历史研究同现状研究结合起来，将微观研究同宏观研究结合起来，将静态研究同动态研究结合起来的研究方法；并且运用数学统计理论、数学模式和规范的评价程序，形成一套基本上能够全面、准确地评定环境质量的评价方法。

环境科学的研究领域，在 20 世纪五六十年代侧重于自然科学和工程技术的方面，目前已扩大到社会学、经济学、法学等社会科学方面。对环境问题的系统研究，要运用地学、生物学、化学、物理学、医学、工程学、数学以及社会学、经济学、法学等多种学科的知识。所以，环境科学是一门综合性很强的学科，它横跨自然科学、社会科学与工程技术领域。它在宏观上研究人类同环境之间的相互作用、相互促进、相互制约的对立统一关系，揭示社会经济发展和环境保护协调发展的基本规律；在微观上研究环境中的物质，尤其是人类活动排放的污染物的分子、原子等微小粒子在有机体内迁移、转化和蓄积的过程及其运动规律，探索它们对生命的影响及其作用机理等。

环境是一个有机的整体，环境污染又是极其复杂的、涉及面相当广泛的问题。在现阶段，环境科学主要是运用自然科学、社会科学和工程技术领域的有关学科的理论、技术和方法来研究环境问题，形成与有关学科相互渗透、交叉的许多分支学科。环境科学的各个分支学科虽然各有特点，但又互相渗透，互相依存，它们是环境科学这个整体的不可分割的组成部分。环境科学现有的各分支学科，正处于蓬勃发展时期。这些分支学科在深入探讨环境科学的基础理论和解决环境问题的途径和方法的过程中，还将出现更多的新的分支学科。

环境科学的主要任务是：

第一，探索全球范围内环境演化的规律。环境总是不断地演化，环境变异也随时随地发生。在人类改造自然的过程中，为使环境向有利于人类的方向发展，避免向不利于人类的方向发展，就必须了解环境变化的过程，包括环境的基本特性、环境结构的形式和演化机理等。

第二，揭示人类活动同自然生态之间的关系。环境为人类提供生存条件，其中包括提供发展经济的物质资源。人类通过生产和消费活动，不断影响环境的质量。人类生产和消费系统中物质和能量的迁移、转化过程是异常复杂的。但必须使物质和能量的输入同输出之间保持相对平衡。这个平衡包括两项内容。一是排入环境的废弃物不能超过环境自净能力，以免造成环境污染，损害环境质量。二是从环境中获取可更新资源不能超过它的再生增殖能力，以保障永续利用；从环境中获取不可更新资源要做到合理开发和利用。因此，社会经济发展规划中必须列入环境保护的内容，有关社会经济发展的决策必须考虑生态学的要求，以求得人类和环境的协调发展。

第三，探索环境变化对人类生存的影响。环境变化是由物理的、化学的、生物的和社会的因素以及它们的相互作用所引起的。因此，必须研究污染物在环境中的物理、化学的变化过程，在生态系统中迁移转化的机理，以及进入人体后发生的各种作用，包括致畸作用、致突变作用和致癌作用。同时，必须研究环境退化同物质循环之间的关系。这些研究可为保护人类生存环境、制定各项环境标准、控制污染物的排放量提供依据。

第四，研究区域环境污染综合防治的技术措施和管理措施。20 世纪工业发达国家防治污染经历了几个阶段：50 年代主要是治理污染源（末端治理）；60 年代转向区域性污染的综合治理；70 年代侧重预防，强调区域规划和合理布局；90 年代可持续发展、清洁生产等逐渐成为人类共同的选择，推动了环境科学向更加综合的方向发展。引起环境问题的因素很多，实践证明需要综合运用多种工程技术措施和管理手段，从区域环境的整体出发，调节并控制人类和环境之间的相互关系，利用系统分析和系统工程的方法寻找解决环境问题的最优方案。

复习思考题

1. 社会因素也是人类环境的组成部分之一，试述其理论意义与实际作用。

2. 环境、自然资源和生态系统在概念上有何区别与联系？对它们的保护在目的上有什么异同？

3. 试分析人类环境的组成、结构、功能和特性等诸方面因素的内在联系。

4. 试分析我国当前环境问题的特点及主要成因，并建构你的解决路径图。

5. 解析人口、资源与环境三大危机之间的关系。

6. 人类已召开了 4 次全球性环境会议，也召开了如世界气候大会等重要环境会议，请你对这些会议的背景、主题等进行了解。今后这类会议将越来越多、越来越频繁，我国在参会时，应当采取怎样的环境外交策略与手段，请阐述你的观点。

7. 概述历年世界环境日、世界地球日的主题及意义。

8. 中国的环境保护经历了哪些阶段？取得了哪些成效？

9. 环境科学的研究对象与有关的自然科学有何区别与联系？

10. 你认为理想的人居模式应该是怎样的？

拓展阅读建议

1. 中国环境与发展国际合作委员会. 中国环境与发展世纪挑战与战略抉择. 北京：中国环境科学出版社，2007

2. 贾恭惠等. 环境友好型政府. 北京：中国环境科学出版社，2006

3. 黄国勤. 生态文明建设的实践与探索. 北京：中国环境科学出版社，2009

4. 吴良镛. 人居环境科学导论. 北京：中国建筑工业出版社，2001

5. 中国环境与发展国际合作委员会. 给中国政府的环境与发展政策建议. 北京：中国环境科学出版社，2005

6. 霍根. 自然资本论：关于下一次工业革命. 上海：上海科学普及出版社，2000

7. 环境保护经典著作与重要文献阅读讨论，如《寂静的春天》、《增长的极限》、《只有一个地球》、《我们共同的未来》以及《人类环境宣言》、《里约环境与发展宣言》、《21 世纪议程》等。

拓展阅读材料

1. 我国环境外交的不足

环境外交是 20 世纪 70 年代发展起来的一种新兴的外交形式。经济全球化的发展一方面促进了世界经济的发展，另一方面不可避免地导致了全球环境的恶化。环境问题的日益恶化和各国对环境问题的重视使环境外交成为必要和可能。我国作为一个世界大国、环境大国积极开展环境外交，取得了一定的成就。但仍存在着不足之处，需要我国正确的面对现状，促进环境外交。

(1) 概念和特征

环境外交是指主权国家作为主体，通过正式代表国家的机构和人员的官方行为，运用谈判、交涉等各种外交形式，处理和调整环境领域国家关系的一切活动。其主要有以下基本特征：

① 环境外交涉及领域十分广泛。由于环境问题和外交关系的复杂性，在环境外交领域对于人员的要求性比较高，既需要全面的基本知识又要具备杰出的外交才能。环境问题的全球性和复杂性决定了环境外交涉及领域的广泛性。

② 环境外交目标的双重性。国家进行外交活动的第一目标是国家利益。环境外交的目标也是最大限度地维护国家利益，但不限于此。由于环境和生态系统的整体性特征，一国的环境利益不仅包括本国利益，他国利益甚至全球利益都是国家环境外交的一部分。

③ 环境外交方式的和平性和多样性。环境外交是以和平的方式展开外交维护国家利益的，由于环境外交涉及领域的广泛性从而决定了方式的多样性。环境外交的方式主要有访问、谈判、缔结条约、斡旋、发起或参加国家会议和国家组织等。

(2) 我国环境外交的不足

① 中国环境外交具有内向性，外向性不足。内向性主要表现在两个方面：在国内环境问题和国家环境问题上，主要关注国内问题，在国际合作上以争取援助为主要形式，对外援助较少；在环境问题的解决机制上，更多重视的是国内机制，而不是国际解决机制。而随着全

球环境问题的日益恶化和我国经济实力的进一步增强，我国应该将环境外交的重点由内转外，在争取援助的同时，应该更多地关注全球环境问题，进一步加强环境保护的国家合作，为环境问题的有效解决作出积极贡献。

② 中国环境外交不灵活。环境问题具有复杂性，环境问题与社会、经济、政治等有着密切的联系。环境问题不仅仅是一个环境问题，更是社会问题、经济问题和政治问题。这就要求我们在环境外交时，灵活地应对各种问题。随着我国环境外交的日益成熟，我国的环境外交取得了一定的成就，但在一些问题的处理上仍然不够灵活。

③ 中国环境外交主动性不足，具有被动性。在中国整体的外交工作中，环境外交具有次要性和辅助性。我国的环境外交是在世界各国充分认识到环境问题的重要性和紧迫性、世界人民要求积极保护环境进行可持续发展的背景下发展起来的。目前，我国对世界环境问题的关注和研究较少，在国际上处于从属地位。这与我国在世界上的地位是不相称的，作为一个世界大国，我国应该参加到国际交流与合作去，积极展开环境外交，为国际环境问题的解决尽一份义务。

④ 中国环境外交专业性不强，基础较为薄弱。我国的环境外交主要由外交部和国家环保总局及相关职能部门负责。参与机构的多元化不可避免地导致协调不足的问题；政策制定机构不够健全，从而导致了政策冲突、立法冲突的发生；基础理论较为薄弱，不能为环境问题提供有效的建议和解决方法。

［摘引自：张立东．中国环境外交初探［J］．知识经济，2011（21）：88］

2. 生态文明建设是中国的当务之急

十七大首次将“生态文明”写进党的报告，人们在欢欣鼓舞的同时，更应该意识到，中国当下的生态环境问题，事实上已经又一次将中国置于危险的境地。

圣雄甘地曾说过，如果中国和印度立志学习西方的消费文化，两国人民将像蝗虫般迅速将世界掠夺一空。当下的问题是，西方的工业文化和消费文化同时以迅雷不及掩耳之势席卷中国，我们还来不及醒悟，更来不及采取有效措施，就已经身处污染的包围之中。时至今日，中国70%以上的河流与湖泊已遭到污染，中国70%的能源需求依赖煤炭，而依据世界银行的估计，中国每年有数以十万计的人因污染而早亡。中国近60%的城市人口居住城市的空气污染水平，是美国平均水平的两倍，是世界卫生组织（WHO）推荐水平的5倍。

人类社会发展到今天，生态文明观念已经超越原始文明、农业文明和工业文明，成为一种普世的价值观。生态环保运动也早已超越主义之争和国家界限，成为全人类最具号召力凝聚力的“共同语言”。诚如国家环保总局副局长潘岳所言：“生态文明应成为社会主义文明体系的基础。物质文明、政治文明和精神文明离不开生态文明，没有良好的生态条件，人不可能有高度的物质享受、政治享受和精神享受。没有生态安全，人类自身就会陷入不可逆转的生存危机。生态文明是物质文明、政治文明和精神文明的前提。”

生态文明建设已经成为中国的当务之急，它的建设及优化发展，必须跨越三重境界：

第一重境界，是努力实现公民环境权利平等。人与自然的矛盾冲突，最终将是导致人与人之间、人与社会之间矛盾冲突的导火索。现在，工业环境污染的负担不成比例地落在了贫困的农村人口身上，在“世界工厂”的旗号下，污染的成本不由得利者承担，而由地方百姓承担，地方百姓未必增加了就业机会，而地方增加的那点财政收入也许远不及环境破坏和污染的损失。这实际上相当于少数人向多数人征税，而且是不入国库只入极少数人腰包的税，同时也是发达国家向不发达国家征税。

因此，环境问题本质上是社会公平问题。必须从法律上确认公民的环境民主权利和环境损害巨额索赔权利，否则，普通公民的环境权利得不到保障，一些企业和官员“我走后哪管洪水滔天”的短期行为导致的环境破坏和污染就会越来越严重，人与自然、人与社会的紧张而非和谐的关系就难以避免。

生态文明的第二重境界，是人与自然和平共处、平等相待的境界。生态文明并不要求人类做清心寡欲的苦行僧，不主张极端生态中心主义。它首先强调以人为本原则，但它同时反对极端人类中心主义。生态文明认为人是价值的中心，但不是自然的主宰，人是“万物之灵长”，其智能必须促进人与自然的高度和谐。最近有一条来自美国的新闻令人注目：因为一个白头鹰巢，美国温特斯普林斯市一项耗资 8 亿美元的大型建筑工程被迫停工，因为根据相关法律规定，鹰巢周围 600 英尺（约 183m）以内不得有任何大型建筑工程。另一个事件是：不久前，德国德累斯顿一座 635m 长的钢铁大桥，让一种 4cm 长的珍稀蝙蝠给弄下了马。这些，都是强调人与自然和平相处的例证。

生态文明的第三重境界，是适度消费、环境共生的城市文明境界。如果说由工业生产导致的污染和环境破坏可以轻易转嫁给穷国和穷人，那么，由不合理的消费欲望的膨胀带来的环境污染却不问贫富贵贱，人人都必须共同承受。最典型的就是城市的汽车拥堵和尾气污染。小汽车的消费欲望得不到有效遏制，未来所有的城市都将可能成为巨型停车场和“毒气”弥漫之地。大力发展公交和倡导乃至用政策和法律去规范小汽车的节制使用，是未来城市文明和汽车文明的必然生态。

［童大焕．生态文明建设是中国的当务之急［N］．中国青年报，2007 年 10 月 26 日］

第二章　生态学基础

本章要点

生态学理论与观点，是分析和解决环境问题的基础与依据之一。本章第一节首先简要介绍生态学的概念、基本规律与分支学科，生态学近年来的发展趋势以及研究热点；随后从应用思路与应用实证两个方面，阐述生态学原理在解决环境问题中的应用。第二节是以生态系统为对象，介绍其定义、特点、组成、类型、结构和生物量等方面的基本知识，并以较多篇幅来阐明生态系统的三大功能。第三节是生态平衡问题，在将其含义和特点指明后，分析人类活动对生态平衡的影响。人类有意识地建立新的生态平衡问题，其意义与作用，书中虽着笔不多，但能引导人们对其进行深入地思考。第四节的生态经济，既介绍了其内涵以及发展历程，也介绍了其理论基础——生态经济学，又进一步论述了我国当前发展生态经济的特殊意义。将生态经济列入这一章中，可作为生态学基本理论指导人类生产和生活活动、更好地保护环境的典型代表。

第一节　生态学概述

生物的生存、活动、繁殖需要一定的空间、物质与能量。生物在长期进化过程中，逐渐形成对周围环境某些物理条件和化学成分，如空气、光照、水分、热量和无机盐类等的特殊需要。各种生物所需要的物质、能量以及它们所适应的理化条件是不同的，这种特性称为物种的生态特性。任何生物的生存都不是孤立的：同种个体之间有互助有竞争；植物、动物、微生物之间也存在复杂的相生相克关系。人类为满足自身的需要，不断改造环境，环境反过来又影响人类。应当指出，由于人口的快速增长和人类活动干扰对环境与资源造成的极大压力，人类与环境的关系问题越来越突出，人类迫切需要掌握生态学理论来调整人与自然、资源以及环境的关系，协调社会经济发展和生态环境的关系，促进可持续发展。

一、生态学概念

生态学（Ecology）一词最早是由德国生物学家恩斯特·赫克尔（Ernst Heinrich Haeckel）于1869年定义的：生态学是研究生物体与其周围环境（包括非生物环境和生物环境）相互关系的科学。其他定义还有很多：生态学是研究生物（包括动物和植物）怎样生活和它们为什么按照自己的生活方式生活的科学（埃尔顿，1927）；生态学是研究有机体的分布和多度的科学（Andrenathes，1954）；生态学是研究生态系统的结构与功能的科学（E. P. Odum，1956）；生态学是研究生命系统之间相互作用及其机理的科学（马世骏，1980）；生态学是综合研究有机体、物理环境与人类社会的科学（E. P. Odum，1997）。到20世纪30年代，已有不少生态学著作和教科书阐述了一些生态学的基本概念和论点，如种群、群落、食物链、生态演替、生态位、生物量、生态系统等。

生态学与环境学是既有区别又有联系的两个学科。环境学是以人类为中心，以人与环境的矛盾为研究对象，研究人类与环境关系的科学。生态学是以生物为中心，着重研究自然环境因素与生物的相互关系。

环境与生态在概念上是不同的。“环境”是指独立存在于某一主体对象（人或生物等中心事物）以外的所有客体总和，而“生态”则是指某一生物（或生物种群，或生物群落等）与其环境以及其他生物之间的相对状态或相互关系。两者的侧重点不同，环境单方面强调客体，而生态则强调主体与客体之间的相互关系。

二、生态学的规律与分支学科

（一）生态学的规律

1. 三定律

美国科学家小米勒总结出的生态学三定律如下：生态学第一定律：我们的任何行动都不是孤立的，对自然界的任何侵犯都具有无数的效应，其中许多是不可预料的。这一定律是G. 哈定（G. Hardin）提出的，可称为多效应原理。生态学第二定律：每一事物无不与其他事物相互联系和相互交融。此定律又称相互联系原理。生态学第三定律：我们所生产的任何物质均不应对地球上自然的生物地球化学循环有任何干扰。此定律可称为勿干扰原理。

2. 一般规律

对生态学的一般规律，讨论和总结的文献资料很多，一般认为其规律主要有：①相互依存与相互制约规律；②物质循环转化与再生规律；③物质输入输出的动态平衡规律；④相互适应与补偿的协同进化规律；⑤环境的有效极限规律；

⑥种群的自然调节规律。《中国自然保护纲要》将生态学的基本规律归纳为六类：①“物物相关”律；②“相生相克”律；③“能流物复”律；④“负载定额”律；⑤“协调稳定”律；⑥“时空有宜”律。

（二）生态学的简要分科

（1）按所研究的生物类别分，有微生物生态学、植物生态学、动物生态学、人类生态学等。动物生态学还可细分为昆虫生态学、鱼类生态学等。

（2）按生物系统的结构层次分，有分子生态学、个体生态学、种群生态学、群落生态学、生态系统生态学、全球生态学等。

（3）按生物栖居的环境类别分，有陆地生态学和水域生态学；前者又可分为森林生态学、草原生态学、荒漠生态学等，后者可分为海洋生态学、湖沼生态学、河流生态学等；还有更细的划分，如植物根际生态学、肠道生态学等。

（4）按生态学与其他学科的交叉情况分，生态学与非生命科学相结合的，有数学生态学、化学生态学、物理生态学、地理生态学、经济生态学、生态工程学、文化生态学、人居生态学、生态哲学、生态伦理学、生态政治学、生态美学、生态安全学等；与生命科学其他分支相结合的有生理生态学、行为生态学、遗传生态学、进化生态学、古生态学等。

（5）应用性分支学科有：农业生态学、医学生态学、工业资源生态学、污染生态学（环境保护生态学）、城市生态学、景观生态学等。

三、生态学近年来的发展

由于世界上的生态系统大都受人类活动的影响，社会经济生产系统与生态系统相互交织，实际形成了庞大的复合系统。随着社会经济和现代工业化的高速度发展，自然资源、人口、粮食和环境等一系列影响社会生产和生活的问题日益突出，为了寻找解决这些问题的科学依据和有效措施，国际生物科学联合会（IUBS）制定了“国际生物计划”（IBP），对陆地和水域生态系统的结构、功能和生物生产力进行生态学研究。1972 年联合国教科文组织等继 IBP 之后，设立了人与生物圈（MAB）国际组织，制定“人与生物圈”规划，组织各参加国开展森林、草原、海洋、湖泊等生态系统与人类活动关系以及农业、城市、污染等有关的科学研究。生态系统保持协作组（ECG）的中心任务是研究生态平衡与自然环境保护，以及维持改进生态系统的生物生产力。许多国家都设立了生态学和环境科学的研究机构。

20 世纪 50 年代以来，生态学吸收了数学、物理、化学、工程技术科学以及人文社会科学的研究成果，数理化方法、精密灵敏的仪器（如遥感技术、地理信息系统、全球定位系统等）和电子计算机的应用，使其研究方法经过描述—实验一物质定量三个过程，向精确定量方向前进；也使生态学的研究深度和广度、研究领域的时空跨度，得以不断拓展，从而使研究人员能更广泛、深入地探索生物与环境之间相互作用的物质基础，对复杂的生态现象进行定量、连续的观测分析。应用模拟和模型方法来研究大尺度、多因素的大系统，使生态学的研究内容从注重结构和功能的静态描述向注重过程与预测的动态分析方向发展。系统论、控制论、信息论的概念和方法的引入，促进了生态学理论的发展。整体概念的发展，以及与其他学科的交叉融合，因此而产生出如系统生态学等众多新分支。由此，生态学已成为一门有自己的研究对象、任务和方法的比较完整和独立的学科，也创立了自己独立研究的理论主体与理论体系。

当代生态学研究更加紧密地结合社会和生产中的实际问题，不断突破其初始时期以生物为中心的学科界定，愈来愈注意走近大众，与生产实践和社会发展的需要相结合，并成为政府决策与行动的基础。当生态学介入生产与社会发展的问题时，特别是涉及可持续发展的问题时，就不可避免地与政策、经济、法律以及美学、道德、伦理等方面相结合，甚至进入哲学领域的更深层次的思考。可以说：生态学已经成为在解决当前社会和环境问题时广泛应用的名词和象征。如今，由于与人类生存与发展的紧密相关而产生了多个生态学的研究热点，如生物多样性的研究、全球气候变化等全球性生态问题的研究、生态系统服务价值的研究、生态系统调控机制的研究、生态系统退化机制的研究、生态足迹的研究、受损生态系统的恢复与重建研究、城市生态研究、景观生态研究、污染生态研究、人类生态研究、生态系统可持续发展研究等。

四、生态学原理在解决人类环境问题中的应用

生态学理论是保护环境的基础，也是解决人类面临的各种重大环境问题的主要依据。

（一）应用思路

人类应用生态学基本原理来解决发展问题的基本思路：模仿自然生态系统的生物生产、能量流动、物质循环和信息传递，逐步使人类的生产和生活方式，以自然能流为主，尽量减少人工附加能源，寻求以尽量小的消耗产生最大的综合效益，解决目前人类面临的各种环境危机。较为流行的几种思路如下：

1. 实施可持续发展

1987 年世界环境与发展委员会提出“满足当代人的需要，又不对后代满足其发展需要的能力构成威胁的发展”。可持续发展观念协调社会与人的发展之间的关系，包括生态环境、经济、社会的可持续发展，但最根本的是生态环境的可持续发展。

2. 人与自然和谐发展

事实上造成当代世界面临的空前严重的生态危机的重要原因就是以往人类对自然的错误认识。工业文明以来，人类凭借自认为先进的“高科技”试图主宰、征服自然，这种严重错误的观念和行为虽然带来了经济的飞跃，但造成的环境问题却是不可弥补的。人类是生物界中的一分子，因此必须与自然界和谐共生，共同发展。

3. 尊崇生态伦理道德观

大量而随意地破坏环境、消耗资源的发展道路是一种对后代和其他生物不负责任和不道德的发展模式。新型的生态伦理道德观应该是发展经济的同时还要考虑这些人类行为不仅有利于当代人类生存发展，还要为后代留下足够的发展空间。从生态学中分化出来的产业生态学、恢复生态学以及生态工程、城市生态建设等，都是生态学基本原理推广的成果。在计算经济生产中，不应认为自然资源是没有价值的或者无限的，而是用生态价值观念，应考虑到经济发展对环境的破坏影响，利用科技的进步，将破坏降到最大限度，同时倡导一种有利于物质良性循环的消费方式，即适可而止、持续、健康的消费观。

(二) 应用举证

将生态学原理应用于环境保护事业，具体的方式方法有很多，而且还在不断地发展和完善。目前，较常见的应用例证有：

1. 全面考察人类活动对环境的影响

处于一定时空范围内的生态系统，都有其特定的能流和物流规律。只有顺从并利用这些自然规律来改造自然，人们才能持续地取得丰富而又合乎要求的资源来发展生产并保持洁净、优美和宁静的生活环境。因此，我们要按照生态学的整体性原理和全局性观念，对人类拟对生态系统实施的活动，进行全面考察和充分论证，要在时间和空间上全面考察其对环境可能产生的影响，不仅考虑现在，还要考虑未来，不仅考虑本地区，还要考虑有关的其他地区。全面审视活动的性质和强度是否超过生态系统的忍耐极限或调节复原的弹性范围，并由此决定对该项活动应采取的对策，以防患于未然，避免招致生态平衡的破坏、引起不利的环境后果。

2. 充分利用生态系统的调节能力

生态系统的生产者、消费者和分解者在不断进行能量流动和物质循环过程中，受到自然因素或人类活动的影响时，系统具有保持其自身相对稳定的能力。在环境污染的防治中，这种调节能力又称为生态系统的自净能力。人类有目的地、广泛地、充分地利用好这种能力，应该包括三个基本层次：一是我们要充分利用好环境容量，将排污以及其他环境干扰活动控制在环境容量的许可范围内，使环境不致出现问题，因而一般也就不需要进行人工治污或生态修复了；二是采取科学措施，如植树造林等，提高环境对污染物的承载负荷，增加环境容量；三是在处理污染物时，或已产生环境污染并需要进行人工治污时，应尽量考虑采用投资省、处理效果好的生态模式来处理或治理。即人工构筑生态系统并利用其自净能力来发挥作用。如利用土壤及其中微生物和植物根系对污染物的综合净化能力，来处理城市污水和一些工业废水的土地处理系统（有时也称为人工湿地），可作为应用典型。

土地处理系统是以治理水污染为目的，以土地为处理构筑物，利用土壤—微生物—植物组成的生态系统对污染物进行一系列物理、化学和生物学的净化过程，使污水得到净化。同时通过该系统中营养物质和水分的循环利用，促进绿色植物的生长繁殖，从而实现污水的无害化、资源化的生态系统工程。土地处理系统一般包括：预处理、水量调节与贮存、配水和布水、土地处理田、种植的植物、排水及监测七个部分。土地处理系统的净化机制：植物根系的吸收、转化、降解与合成等作用；土地中真菌、细菌等微生物还原的降解、转化及生物固定化等作用；土壤中有机和无机胶体的物理化学吸附、络合和沉淀等作用；土壤的离子交换作用；土壤的机械截留过滤作用；土壤的气体扩散或蒸发作用。土地处理系统的净化效果取决于施加负荷、土壤、作物、气候、设计目的和运行条件等许多因素。

3. 编制生态规划

生态规划是指在编制国家或地区的发展规划时，不是单纯考虑经济因素，而是把它与地球物理因素、生态因素和社会因素等紧密结合在一起考虑，使国家和地区的发展能顺应环境条件，不致使当地的生态平衡遭受重大破坏。地球物理因素包括大地构造运动、气象情况、水资源、空气的扩散作用等；生态因素包括绿地现状、植物覆盖率、生物种类、食物情况等；社会因素包括工农业活动、消费水平和方式、公民福利以及城市发展和城市活动等。

4. 发展生态工艺

依据生态学原理，来重新构建人类的生产方式和生活方式，是近期的研究热点，也是人们在积极倡导的。循环经济、低碳经济、低碳生活、清洁生产等概念也应运而生，人类也在努力地实施它们。

在工业生产领域，积极提倡生态工艺和闭路循环工艺等工艺类型。其中，生态工艺是从整体出发考虑问题，不仅要求在生产过程中输入的物质和能量获得最大限度的利用，即资源和能源的浪费最少，排出的废弃物最少，而且是这些废弃物完全能被自然界的动植物所分解、吸收或利用。闭路循环工艺要求把两个以上的流程组合成一个闭路体系，使一个过程中产生的废料或副产品成为另一过程的原料，从而使废物减少到生态系统的自净能力限度以内。在农业生产领域，积极提倡生态农场模式，如中国生态农业第一村——北京东南郊大兴区留民营村，即是典型之一。生态农场是利用人、生物与环境之间的能量转换定律和生物之间的共生、互养规律，结合本地资源结构，建立一个或多个“一业为主、综合发展、多级转换、良性循环”的高效无废料系统。

清洁生产是一种新的创造性的思想，该思想将整体预防的环境战略持续应用于生产过程、产品和服务中，以增加生态效率和减少人类及环境的风险。其中，对生产过程，要求节约原材料和能源，淘汰有毒原材料，减少降低所有废弃物的数量和毒性；对产品，要求减少从原材料提炼到产品最终处置的全生命周期的不利影响；对服务，要求将环境因素纳入设计和所提供的服务中。

5. 利用生物来监测和评价环境质量

由于生物长时间生活在环境中，经受着环境中各种物质的影响和侵害，因此它们不仅可以反映出环境中各种物质的综合影响，而且也能反映出环境污染的历史状况。利用生物在污染环境下所发生的信息，来判断环境污染状况，因其具有综合性、真实性、长期性、灵敏性、简单易行等特点，可以弥补化学监测和仪器监测存在的不足，也比它们更能接近实际。利用植物对大气进行监测和评价、利用水生生物监测和评价水体污染，目前已得到了较广泛的应用。

第二节　生态系统的基本概念与功能

一、生态系统的基本概念与特点

（一）基本概念

在自然界，任何生物群落都不是孤立存在的，它们总是通过能量和物质的交换与其生存的环境不可分割地相互联系相互作用着，共同形成一个统一的整体。1935年，英国植物生态学家坦斯利（A. G. Tansley）提出了生态系统（ecosystem）的概念。后来，美国生态学家奥德姆（E. P. Odum）给生态系统下了一个更完整的定义：生态系统是指生物群落与生存环境之间，以及生物群落内的生物之间密切联系、相互作用，通过物质交换、能量转化和信息传递，成为占据一定空间、具有一定结构、执行一定功能的动态平衡整体。简言之，在一定空间内，生物和它们的非生物环境（物理环境）之间进行着连续的能量和物质交换所形成的统一体，就是生态系统。它是一个生态学功能单位。

自然界中生态系统多种多样，大小不一。小至一滴湖水、一条小沟、一个小池塘、一个花丛，大至森林、草原、湖泊、海洋以至整个生物圈，都是一个生态系统。我们既可以从类型上去理解，例如森林、草原、荒漠、冻原、沼泽、河流、海洋、湖泊、农田和城市等；也可以从区域上理解它，例如分布有森林、灌丛、草地和溪流的一个山地地区或是包含着农田、人工林、草地、河流、池塘和村落与城镇的一片平原地区都是生态系统。整个地理壳便是由大大小小各种不同的生态系统镶嵌而成。生态系统是地理壳的基本组成单位，它的面积大小很悬殊，其中最大的生态系统就是生物圈，它实质上等于地理壳。

从人类的角度理解，生态系统包括人类本身和人类的生命支持系统——大气、水、生物、土壤和岩石，这些要素也在相互作用构成一个整体，即人类的自然环境。除了上述自然生态系统以外，还存在许多人工生态系统，例如农田、果园以及宇宙飞船和用于生态学试验的各种封闭的微宇宙（亦称微生态系统，例如美国的生物圈 2 号）。

任何一个能够维持其机能正常运转的生态系统必须依赖外界环境提供输入（太阳辐射能和营养物质）和接受输出（热、排泄物等），其行为经常受到外部环境的影响，所以它是一个开放系统。但是生态系统并不是完全被动地接受环境的影响，在正常情况下即在一定限度内，其本身都具有反馈机能，使它能够自动调节，逐渐修复与调整因外界干扰而受到的损伤，维持正常的结构与功能，保持其相对平衡状态。因此，它又是一个控制系统或反馈系统。一个健康的生态系统是稳定的和可持续的：在时间上能够维持它的组织结构和自治，也能够维持对胁迫的恢复力。健康的生态系统能够维持它们的复杂性同时能满足人类的需求。

生态系统概念的提出，使我们对生命自然界的认识提到了更高一级水平。它的研究为我们观察分析复杂的自然界提供了有力的手段，并且成为解决现代人类所面临的环境污染、人口增长和自然资源的利用与保护等重大问题的理论基础之一。

（二）特点

生态系统是一种有生命的系统，它与一般的系统比较，具有以下特点：

（1）生态系统中必须有生命存在。生态系统的组成不仅包括无生命的环境成分，还包括有生命的生物组分。只有在有生命的情况下，才有生态系统的存在。

（2）生态系统是具有一定地区特点的空间结构。生态系统通常与特定的空间相联系，不同空间有不同的环境因子，从而形成了不同的生物群落，因而具有一定的地域性。

（3）生态系统具有一定的时间变化特征。由于生物具有生长、发育、繁殖和衰亡的特性，使生态系统也表现出从简单到复杂、从低级到高级的更替演变过程，其早期阶段和晚期阶段具有不同特性。

(4) 生态系统的代谢活动是通过生产者、消费者和分解者这三大功能类群参与的物质循环和能量转化过程而完成的。

(5) 生态系统处于一种复杂的动态平衡之中。生态系统中的生物种内、种间以及生物与环境之间的相互关系，这些关系不断发展变化，使生态系统处于一种动态平衡之中。任何自然力和人类活动对生态系统的某一环节或环境因子的影响，都会导致生态系统的剧烈变化，从而影响系统的生态平衡。

(6) 各种生态系统都是程度不同的开放系统。生态系统不断从外界输入物质和能量，经过转化变为输出，从而维持着生态系统的有序状态。各种生态系统的最重要的外界输入是太阳光能。

(7) 具有自我调节的能力。生态系统受到外力的胁迫或破坏，在一定范围内可以自我调节和恢复，趋向于达到一种稳态或平衡状态。调节主要是通过反馈进行的。

反馈：当生态系统中某一成分发生变化时，它必然会引起其他成分出现相应的变化，这种变化又会反过来影响最初发生变化的那种成分，使其变化减弱或增强，这种过程就叫反馈。负反馈能够使生态系统趋于平衡或稳态。生态系统中的反馈现象十分复杂，既表现在生物组分与环境之间，也表现于生物各组分之间，以及结构与功能之间，等等。

所以当生态系统受到外界干扰破坏时，只要不过分严重，一般都可通过自我调节使系统得到修复，维持其稳定与平衡。系统内物种数目越多，结构越复杂，则自我调节能力越强。但是，生态系统的自我调节能力是有限度的。当外界压力很大，使系统的变化超过了自我调节能力的限度即"生态阈限"时，它的自我调节能力随之下降，以至消失。此时，系统结构被破坏，功能受阻，以致整个系统受到伤害甚至崩溃，此即通常所说的生态平衡失调。

二、生态系统的组成、类型和结构

(一) 生态系统的组成

生态系统是一个多成分的极其复杂的大系统，包括以下六种组分：

(1) 无机物：包括氮、氧、二氧化碳和各种无机盐等。

(2) 有机化合物：包括蛋白质、糖类、脂类和土壤腐殖质等。

(3) 气候等环境现象与运动因素：包括温度、湿度、风和降水等，来自宇宙的太阳辐射也可归入此类。

(4) 生产者：指能进行光合作用的各种绿色植物、蓝绿藻和某些细菌，又称为自养生物。它们通过叶绿素吸收太阳光能进行光合作用，把从环境中摄取的无机物质合成为有机物质，并将太阳光能转化为化学能贮存在有机物质中，为地球上其他一切生物提供得以生存的食物。它们是有机物质的最初制造者，是自养的。

（5）消费者：指以其他生物为食的各种动物（植食动物、肉食动物、杂食动物和寄生动物等）。它们不能自己生产食物，只能直接或间接利用植物所制造的现成有机物，取得营养物质和能量，维持其生存。所以是异养的消费者。

（6）分解者：指分解动植物残体、粪便和各种有机物的细菌、真菌、原生动物、蚯蚓和秃鹫等食腐动物。它们依靠分解动植物的排泄物和死亡的有机残体取得能量和营养物质，同时把复杂的有机物降解为简单的无机化合物或元素，归还到环境中，被生产者有机体再次利用，所以它们又称为还原者有机体。分解者有机体广泛分布于生态系统中，时刻不停地促使自然界的物质发生循环。分解者也是异养生物。

这些组分可分为生物成分和非生物成分两大类。生物成分按照其获取能量的方式以及在生态系统中的功能可划分为三大类群：生产者（自养生物）、消费者（异养生物）和分解者（又称还原者）。但是有些生物成分与非生物成分交织在一起，难以截然划分。例如，土壤中既含有矿物无机成分，又含有以腐殖质为代表的有机物，是生态系统中物质循环的重要养分库。

（二）生态系统的类型

地球表面的生态系统多种多样，人们可以从不同角度把生态系统分成若干种类型。

（1）按生态系统形成的原动力和影响力，可分为自然生态系统、半自然生态系统和人工生态系统三类。凡是未受人类干预和扶持，在一定空间和时间范围内，依靠生物和环境本身的自我调节能力来维持相对稳定的生态系统，均属自然生态系统。如原始森林、冻原、海洋等生态系统；按人类的需求建立起来，受人类活动强烈干预的生态系统称为人工生态系统，如城市、农田、人工林、人工气候室等；经过了人为干预，但仍保持了一定自然状态的生态系统称为半自然生态系统，如天然放牧的草原、人类经营和管理的天然林等。

（2）根据生态系统的环境性质和形态特征来划分，把生态系统分为水生生态系统和陆地生态系统两大类。水生生态系统又根据水体的理化性质不同分为淡水生态系统（包括：流水水生生态系统、静水水生生态系统）和海洋生态系统（包括：海岸生态系统、浅海生态系统、珊瑚礁生态系统、远洋生态系统）；陆地生态系统根据纬度地带和光照、水分、热量等环境因素，分为森林生态系统（包括：温带针叶林生态系统、温带落叶林生态系统、热带森林生态系统等）、草原生态系统（包括：干草原生态系统、湿草原生态系统、稀树干草原生态系统）、荒漠生态系统、冻原生态系统（包括：极地冻原生态系统、高山冻原生态系统）、农田生态系统、城市生态系统等。陆地生态系统有鲜明的空间结构，在空间上有明显的垂直和水平分布，即具有三维的空间结构和二维的水平结构。

(三) 生态系统的结构

构成生态系统的各个组分，尤其是生物组分的种类、数量和空间配置，在一定时期内通过相互联系和相互作用而处于相对稳定的有序状态（图 2－1）。通常把生态系统构成要素的组成、数量及其在时间、空间上的分布和能量、物质转换循环的有序状态称为生态系统结构。

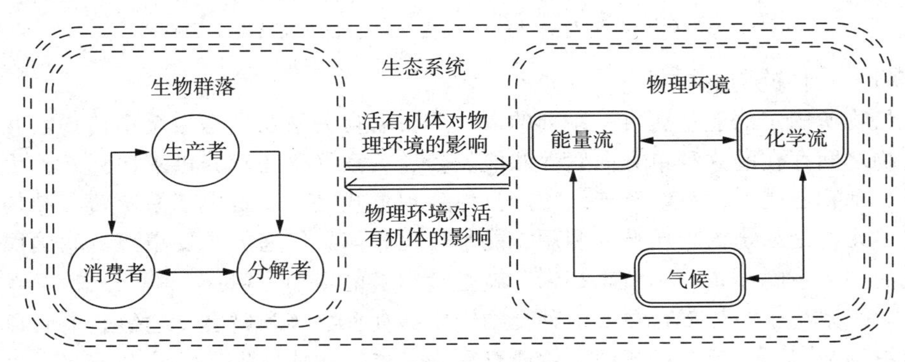

图 2－1　生态系统中生物组分和非生物组分间的相互关系
（引自：赵运林，邹冬生；2005）

1. 形态结构

生物种类、种群数量、种的空间配置（水平分布、垂直分布）、群落的时间变化（发育、季相）等构成了生态系统的形态结构。例如，在一个特定边界的森林生态系统中，其动物、植物和微生物的种类和数量基本上是稳定的。同时，在空间分布上，自上而下存在明显的成层现象，即地上有乔木、灌木、草本和苔藓，地下有浅根系、深根系及其根际微生物。

在森林中栖息的各种动物，也都有各自相对固定的空间位置，如许多鸟类在树上营巢，不少兽类在地面筑窝，鼠类则在地下掘洞栖息。从水平分布看，林缘、林内植物和动物的分布也明显不同。此外，从时间变化看，随着春夏秋冬的季节变化，动植物和微生物的生长发育发生相应的变化并使整个森林生态系统出现春夏绿树成荫、鸟语花香，秋冬落叶满地、鸟兽缠眠的季相交替。

生态系统的形态结构是生态系统作为一个统一整体的基本骨架，它不仅影响着生态系统营养结构的形成，而且对系统内的能量转化方式、物质循环利用和信息传递途径都会产生导向作用。

2. 营养结构

生态系统的营养结构，是指生态系统各组分之间建立起来的营养供求关系，其一般结构模式如图 2－2 所示。当从食物对象的角度研究营养结构时，生态系统的营养结构实质上是由生物食物链所形成的食物网构成。

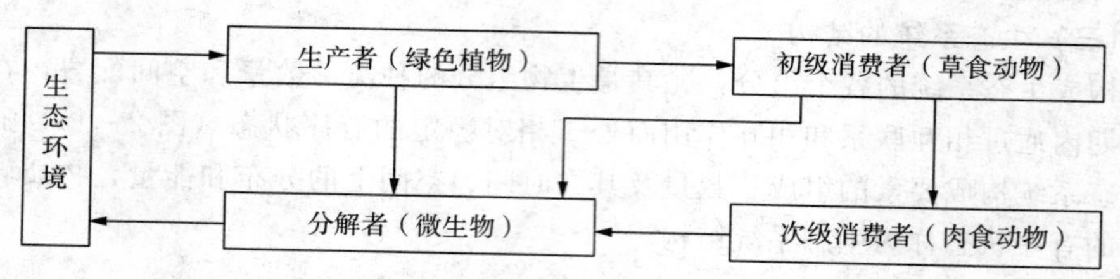

图 2－2　生态系统营养结构一般模式（引自：邹冬生，2005）

（1）食物链和食物网

植物所固定的能量通过一系列的取食和被取食关系在生态系统中传递，我们把生物之间存在的这种单方向营养和能量传递关系（食物营养供求序列）称为食物链。食物链是生态系统营养结构的具体表现形式之一，是生态系统营养结构的基本单元，是系统内物质循环利用、能量转化和信息传递的主要渠道。我国民谚所说的“大鱼吃小鱼，小鱼吃虾米”就是食物链的生动写照。

生态系统中一般都存在着两种食物链：捕食食物链和腐食食物链。前者以活的动植物为起点，后者以死的生物或腐屑为起点。在陆地生态系统和许多水生生态系统中，能量流动主要通过腐食食物链，净初级生产量中只有很少一部分通向捕食食物链。只有在某些水生生态系统中，例如在一些由浮游藻类和滤食性原生动物组成食物链的湖泊中，捕食食物链才成为能量流动的主要渠道。其他的还有碎食性食物链、寄生性食物链、混合食物链（又称杂食食物链）等。

当然，自然界中实际存在的取食关系要复杂得多。例如，小鸟不仅吃昆虫，也吃野果；野兔不仅被狐狸捕食，也被其他食肉兽捕食。因此，许多食物链经常互相交叉，形成一张无形的网络，把许多生物包括在内，这种复杂的捕食关系就是食物网。食物网即是指由多条食物链相联而成的食物供求网络关系。一般来说，食物网越复杂，生态系统就越稳定。因为食物网中某个环节（物种）缺失时，其他相应环节能起补偿作用。相反，食物网越简单，则生态系统越不稳定。例如，某个生态系统中只有一条食物链：林草→鹿→狼。如果狼被消灭，没有天敌的鹿大量繁殖，超过林草的承载力，草地和森林遭到破坏，鹿群也被饿死，结果是整个生态系统的破坏。这正是美国亚利桑那州一个林区曾经发生的情况。如果当地还存在另一种食肉动物，鹿群的大量增长就能刺激这种食肉动物的繁殖，从而减少鹿群的数量，使健康的生态系统得以维持。

食物网现象及其规律的揭示，在生态学上具有以下重要意义：食物网在自然界是普遍存在的，它使生态系统中的各种生物成分之间产生直接或间接的联系；食物网中的生物种类多、成分复杂，也就是说食物网的组成和结构往往具有多样性和复杂性，这对于增加生态系统的稳定性和持续性非常重要；食物网在本质上体现生态系统中生物之间一系列反复吃与被吃的相互关系，它不仅维持着生态系统的相对平衡，而且是推动生物进化、促进自然界不断发展演替的强大动力。

(2) 营养级和生态金字塔

尽管食物链和食物网在理论上反映了生态系统中物种和物种间的营养关系，但这种关系是如此复杂，迄今尚未有一种食物网能如实地反映出自然界食物网的复杂性。为了研究的方便和更真实地描述生态系统中的能量流动和物种循环，生态学家提出了营养级的概念。

某个营养级就是食物链某一环节上全部生物种的总和，是处在某一营养层次上一类生物和另一营养层次上另一类生物的关系。例如，所有绿色植物和自养生物均处于食物链的第一环节，构成第一营养级；所有以生产者为食的动物属于第二营养级，又称植食动物营养级；所有以植食动物为食的肉食动物为第三营养级；以上还可能有第四（第二级肉食营养级）和第五营养级等。生态系统中的物质和能量就这样通过营养级向上传递。不同的生态系统往往具有不同数目的营养级，一般为 3～5 个营养级。在一个生态系统中，不同营养级的组合就是营养结构。

但是，当能量在食物网中流动时，其转移效率是很低的。下级营养级所储存的能量只有大约 10%能够被其上一级营养级所利用。其余大部分能量被消耗在该营养级的呼吸作用上，以热量的形式释放到大气中去。这在生态学上被称为10%定律或 1/10 律。这一规律是著名的美国生态学家林德曼在明尼苏达 Cedet Beog 湖的研究中发现的。

生态金字塔（ecological pyramid）是生态学研究中用以反映食物链各个营养级之间生物个体数量、生物量和能量比例关系的一个图解模型。由于能量沿食物链传递过程中的衰减现象，使得每一个营养级被净同化的部分都要大大地少于前一营养级。因此，当营养级由低到高，其个体数目、生物现存量和所含能量一般呈现出基部宽、顶部尖的立体金字塔形，用数量表示的称为数量金字塔，用生物量表示的称为生物量金字塔，用能量表示的称为能量金字塔。在这三类生态金字塔中，能较好地反映营养级之间比例关系的是能量金字塔。

(四) 生态系统的生产量和生物量

生态系统的一个主要特征就是能够通过生产者有机体生产有机物质和固定太阳能，为系统的其他成分和生产者本身所利用，维持生态系统的正常运转。由于绿色植物是有机物质的最初制造者，而植物物质是能量的最初和最基本的储存者，所以绿色植物被称为生态系统的初级生产者。其生产量称为初级生产量，植物在地表单位面积和单位时间内经光合作用生产的有机物质数量叫做总初级生产量。可是总初级生产量并未全部积存下来，植物通过呼吸作用分解和消耗了其中一部分有机物质和包含的能量，剩余部分才用于积累，并形成各种组织和器官。绿色植物在呼吸之后剩余的这部分有机物质的数量叫做净初级生产量，即净初级生产量等于总初级生产量减去植物呼吸消耗量。只有净初级生产量才有可能被人或其他动物所利用。

净初级生产量日积月累，到任一观测时刻为止，单位面积上积存的有机物质的数量被称为植物生物量。但这也只是理论上的数值，实际上在植物生物量的积累过程中，一部分净生产量被动物所食，一部分已被分解者腐烂，余下的只是其中的一部分，这部分有机物质称作现存量，它比生物量小。通常对这二者不加区分，作为同义语使用。严格说来，生态系统的生物量除植物部分外，还应包括动物和微生物的有机物质数量，只因后者的数值很小（地球上全部动物的生物量仅占全部植物生物量的1‰），又难以测定，常略去不计。地球上净初级生产量并不是均匀分布的，它不仅因生态系统类型不同而有很大差异，同一类型在不同年份也常有变化。

植物通过光合作用只能生产出植物有机物质，那么动物的肉、蛋、奶、毛皮、血液、蹄、角以及内脏器官是从哪里来的呢？这些构成动物身体有机物质显然不是光合作用生产出来的，而是动物靠吃植物，吃其他动物和吃一切现成的有机物质而产生出来的。这类生产在生态系统中是第二次的有机物质生产和能量固定的，称为次级生产量。

三、生态系统的功能

生态系统具有三大功能：能量流动、物质循环和信息传递。

（一）能量流动

地球是一个开放系统，存在着能量的输入和输出。能量输入的根本来源是太阳能，食物是光合作用新近固定和储存的太阳能，化石燃料则是过去地质年代固定和储存的太阳能。

光合作用是植物固定太阳能的唯一有效途径，其全过程很复杂，包括100多步化学反应，但其总反应式却非常简明：

$$6CO_2+12H_2O=\!=\!=C_6H_{12}O_6+6O_2+6H_2O$$

能够通过光合作用制造食物分子的植物被称为“自养生物”，主要是绿色植物。其他生物靠自养生物取得其生存所必需的食物分子，这些生物称为“异养生物”。例如，食草的动物和昆虫，它们是绿色植物的消费者。它们无法固定太阳能，只能直接（如食草兽）或间接（如食肉兽）从绿色植物中获取富能的化学物质，然后通过“呼吸作用”把能量从这些化学物质中释放出来。

呼吸作用也包括 70 多步反应，但其总反应式同样非常简明：

$$C_6H_{12}O_6+6O_2 = ATP+6CO_2+6H_2O+热量$$

生成物中的 ATP 即三磷酸腺苷，是生物化学反应中通用的能量，可保存供未来之需，也可以构成和补充细胞的结构以及执行各种各样的细胞功能。

除太阳辐射能外，对生态系统所补加的一切其他形式的能量统称辅助能。在自然生态系统中，辅助能的作用不明显，输入量小到可以忽略不计的程度。但是，在半自然生态系统，特别是人工生态系统中，人类为了达到特定的目的，往往需要人为地引入大量辅助能，包括人工输入的各种物化能（输入系统中的有机物质或无机物质所含能量）和动力能（使用有机或无机动力所直接消耗的能量）。研究表明，农业生态系统辅助能输入量已达到整个系统能量输入总量的 42.1%，高的可达 61.8%。辅助能在生态系统中的作用是多方面的，概括起来主要有三：其一是维持部分生物的生命；其二是改善生物的生活环境；其三是改变生态系统中的各种生物组分的比例关系。

能量流动途径：生态系统的能量流动，通常是沿着生产者→消费者→分解者进行单方向流动，在能量流动过程中，由于存在呼吸消耗、排泄、分泌和不可食、未采食和未利用等“浪费”现象，从而使生态系统中上一营养级的能量只有一少部分能够流到下一营养级，形成下一营养级的有机体（图 2－3）。实际上，在生态系统中，某一营养级的采食“浪费”部分，基本上进入腐生食物链由分解者还原，并以热能的方式返回环境。

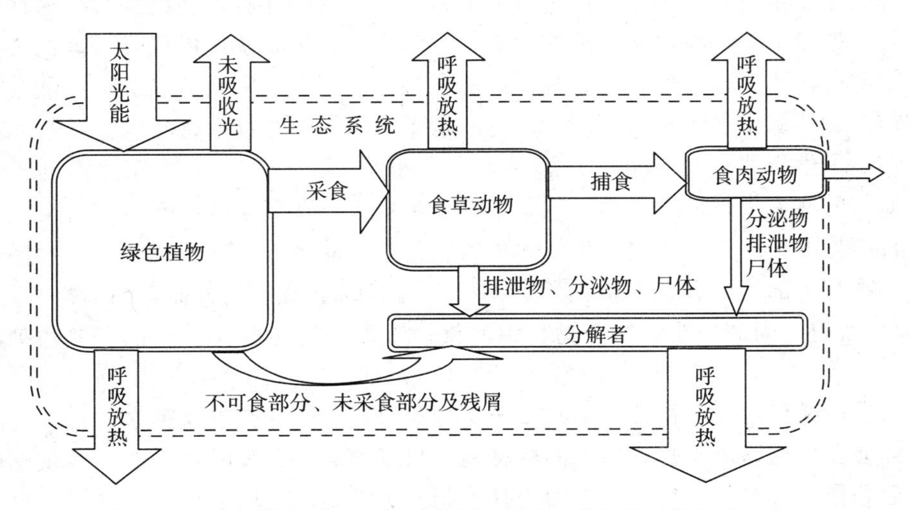

图 2－3　生态系统的能流路径示意图（引自：赵运林，邹冬生；2005）

生态系统中的能量流动都是按照热力学第一定律和第二定律进行的。根据热力学第一定律，能量可以从一种形式转化为另一种形式，在转化过程中，能量既不会消失，也不会增加，这就是能量守恒原理。根据热力学第二定律，能量的流动总是从集中到分散，从能量高向能量低的方向传递。在传递过程中总会有一部分能量成为无用能被释放出去。能量在生态系统中的传递规律：生态系统通过光合作用所增加的能量必定等于环境中太阳所减少的能量，总能量不会改变。对生态系统来说，当能量以食物的形式在生物之间传递时，食物中相当部分能量将被降解为热而消散掉，其余则用于合成新的组织作为潜能储存下来。

地球生物圈中能量的转移是热力学定律的极好说明。据测定，进入地球大气圈的太阳能为每分钟每平方厘米 8.368J。其中约 30%被反射回去，20%被大气吸收，其余的 46%到达地面。地球表面上大部分地区没有植物，到达绿色植物上的太阳辐射只有 10%左右。植物叶面又反射一部分，能被植物利用太阳能的只有 1%左右。就是这极其微小的部分太阳能每年制造出（1500～2000）$\times 10^8$t 有机物质（干重），是绿色植物提供给全球消费者的有机物总量。绿色植物实现了从辐射能向化学能的转化，然后以有机质的形式通过食物链把能量传递给草食性动物，再传递给肉食性动物。动植物死亡后，其躯体被微生物分解，把复杂的有机物转化为简单的无机物，同时把有机物中储存的能量释放到环境中去。生产者、消费者和分解者的呼吸作用也要消耗部分能量，被消耗的能量也以热量的形式释放到环境中。这就是全球生态系统中能量的流动。能量在营养级之间的流动有两个特点：能量在流动过程中会急剧减少，这一方面是因为生物对较低营养级的资源利用率不高，另一个原因是每一个营养级生物的呼吸都会消耗相当多的能量，这些能量最终都将以热的形式消散到空间中去。生态系统中能量流动的方向是单方向的和不可逆转的，这就是说，能量将一去不返，后面营养级中的能量不能被前面营养级中的生物所利用，所有的能量迟早都会通过生物呼吸被耗散掉。

在热力学定律的约束下，自然界中大大小小的生态系统处于完美的和谐之中。如果没有人类过分的干预，这些生态金字塔不会在短期内遭到破坏。

自然界的生存竞争，包括种间和种内的竞争，使生态系统更趋完美：种间竞争使一物种中的病弱者首先被消灭（例如，病弱的羊最先被狼捕杀）；种内竞争（例如，雄兽之间的争斗）使一物种中的佼佼者才能遗传后代，保证了该物种的改良。

大自然赋予生物多样性使生态系统更加和谐。由于存在着这种多样性，每种生物都会在生态系统中找到适宜的栖息地。当某种病害袭来时，只有某些敏感的物种遭到伤害。灾害过后，幸存的物种可能使生态系统得以复苏。

不幸的是，这种生态平衡虽然很精巧，但很脆弱，易遭外力破坏。人类虽无力改变热力学定律，但往往能轻易地破坏生态金字塔和生物多样性，使不少地区陷入“生态危机”之中。

(二) 物质循环

生态系统的物质循环，就其本质而言又称生物地球化学循环（biogeochemical cycles)。所谓生物地球化学循环，即是指地球上的各种化学元素和营养物质在自然动力和生命动力的作用下，在不同层次的生态系统内，乃至整个生物圈里，沿特定的途径从环境到生物体，再从生物体到环境，周而复始地不断进行流动的过程。根据循环物质涉及的范围不同，生物地球化学循环包括地质大循环和生物小循环两个密切联系、相辅相成的过程。

地质大循环是指物质或元素经生物体的吸收作用，从环境进入生物有机体内，然后生物有机体以死体、残体或排泄物形式将物质或元素返回环境，进而加入五大自然圈的循环。五大自然圈是指大气圈、水圈、岩石圈、土壤圈和生物圈。地质大循环的特点是物质循环历时长、范围广，而且呈闭合式循环。例如，整个大气圈中的CO_2通过地质大循环，约需300年循环一次；O_2约需2000年循环一次；水圈中的水（包括占地球表面积71%的海洋)，通过生物圈生物的吸收、排泄、蒸发、蒸腾，约需200万年循环一次；至于由岩石土壤风化出来的矿物元素，通过地质大循环循环一次则需要更长的时间，有的长达几亿年。

生物小循环是指环境中元素和物质经初级生产者吸收作用，继而被各级消费者转化和分解者还原，并返回到环境中。其中部分很快又被初级生产者再次吸收利用，如此不断地循环。生物小循环的特点是历时短、范围小，而且呈开放式循环，即在循环过程中，有一些物质和元素沿循环路线而进入地质大循环；同时部分来自地质大循环的物质和元素又进入生物小循环。

生态系统除了需要能量外，还需要水和各种矿物元素。这首先是由于生态系统所需要的能量必须固定和保存在由这些无机物构成的有机物中，才能够沿着食物链从一个营养级传递到另一个营养级，供各类生物需要。否则，能量就会自由地散失掉。其次，水和各种矿质营养元素也是构成生物有机体的基本物质。因此，对生态系统来说，物质同能量一样重要。

有机体中几乎可以找到地壳中存在的全部90多种天然元素。但是，对生命必需的元素只有大约24种，即碳、氧、氮、氢、钙、硫、磷、钠、钾、氯、镁、铁、碘、铜、锰、锌、钴、铬、锡、钼、氟、硅、硒、钒，可能还有镍、溴、铝和硼。上述元素中的四种，即碳、氢、氧和氮，占生物有机体组成的99%以上，在生命中起着最关键的作用，被称为“关键元素”或“能量元素”。其他元素分为两类：大量（常量）元素和微量元素。其中的微量元素虽然数量少，但其作用不亚于常量元素，一旦缺少，动植物就不能生长。反之，微量元素过多也会造成危害。当前的环境污染问题中，有些就是由于某些微量元素过多引起的。这些基本元素首先被植物从空气、水、土壤中吸收利用，然后以有机物的形式从一个营养级传递到下一个营养级。当动植物有机体死亡后被分解者生物分解时，它们又以无机形式的矿质元素归还到环境中，再次被植物重新吸收利用。这样，矿质养分不同于能量的单向流动，而是在生态系统内一次又一次地利用、再利用，即发生循环。

能量流动和物质循环都是借助于生物之间的取食过程进行的，在生态系统中，能量流动和物质循环是紧密地结合在一起同时进行的，它们把各个组分有机地联结成为一个整体，从而维持了生态系统的持续存在。在整个地球上，极其复杂的能量流和物质流网络系统把各种自然成分和自然地理单元联系起来，形成更大更复杂的整体——地理壳或生物圈。

物质在运动过程中被暂时固定、贮存的场所称为库。生态系统中的各个组分都是物质循环的库。因此，生态系统物质循环的库可分为植物库、动物库、大气库、土壤库和水体库等。但在生物地球化学循环中，物质循环的库可归为两大类：其一是贮存库（reservoir pool），它容积较大，物质交换活动缓慢，一般为非生物成分的环境库；其二是交换库（exchange pool），它容积较小，与外界物质交换活跃，一般为生物成分。例如，在一个水生生态系统中，水体中含有磷，水体是磷的贮存库；浮游生物体内含有磷，浮游生物是磷的交换库。物质在库与库之间的转移运动状态称为流。生态系统中的能流、物流、信息流，不仅使系统各组分密切联系起来，而且使系统与外界环境联系起来。没有库，环境资源不能被吸收、固定、转化为各种产物；没有流，库与库之间不能联系、沟通，则物质循环短路，生命无以维持，生态系统必将瓦解。

全球的物质循环可分为3种类型：水循环、气体循环、沉积型循环。物质循环的特点是循环式，与能量流动的单方向性不同。

1. 全球水循环

水循环是水分子从水体和陆地表面通过蒸发进入到大气，然后遇冷凝结，以雨、雪等形式又回到地球表面的运动。水循环的生态学意义在于通过它的循环为陆地生物、淡水生物和人类提供淡水来源。水还是很好的溶剂，绝大多数物质都是先溶于水，才能迁移并被生物利用。因此其他物质的循环都是与水循环结合在一起进行的。可以说，水循环是地球上太阳能所推动的各种循环中的一个中心循环。没有水循环，生命就不能维持，生态系统也无法开动起来。

2. 碳循环

碳是构成生物体的基本元素，占生物总质量约25%。在无机环境中，以二氧化碳和碳酸盐的形式存在。

生态系统中碳循环的基本形式是大气中的CO_2通过生产者的光合作用生成碳

水化合物，其中一部分作为能量为植物本身所消耗，植物呼吸作用或发酵过程中产生的CO_2通过叶面和根部释放回到大气圈，然后再被植物利用。植物通过光合作用从大气中摄取碳的速率和通过呼吸作用把碳释放给大气的速率大体相同。

碳水化合物的另一部分被动物消耗，食物氧化产生的CO_2通过动物的呼吸作用回到大气圈。动物死亡后，经微生物分解产生CO_2也回到大气中，再被植物利用。这是碳循环的第二种形式。

生物残体埋藏在地层中，经漫长的地质作用形成煤、石油和天然气等化石燃料。它们通过燃烧和火山活动放出大量CO_2，进入生态系统的碳循环。这是碳循环的第三种形式。

上述循环的三种形式是同时进行的。在生态系统中，碳循环（图2-4）的速度很快，有的只需几分钟或几小时，一般多在几个星期或几个月内即可完成。

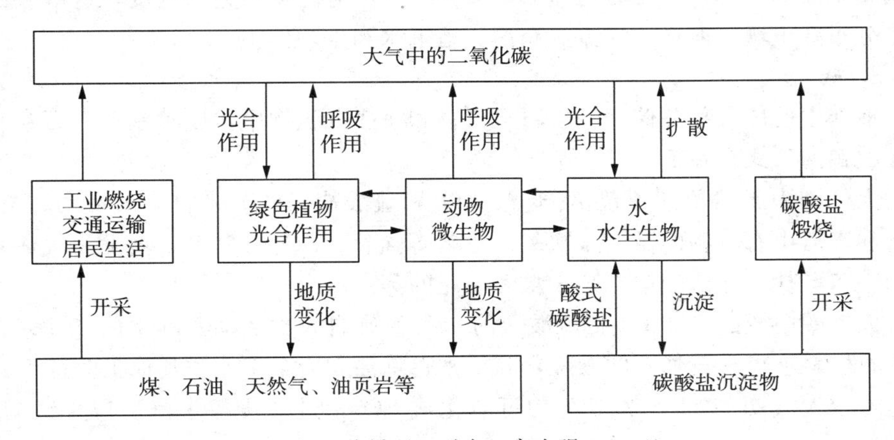

图2-4　碳循环（引自：高志强，2001）

除了大气以外，碳的另一个储存库是海洋。海洋是一个重要的储存库，它的含碳量是大气含碳量的50倍。更重要的是，海洋对于调节大气中的含碳量起着非常重要的作用。森林也是生物碳库的主要储存库，相当于目前地球大气含碳量的2/3。

CO_2在大气圈和水圈之间的界面上通过扩散作用而互相交换着，如果大气中CO_2发生局部短缺，就会引起一系列的补偿反应，水圈里溶解态的CO_2就会更多地进入大气圈。同样，如果水圈里的碳酸氢根离子在光合作用中被植物耗尽，也可从大气中得到补充。总之，碳在生态系统中的含量过高或过低，都能通过碳循环的自我调节机制而得到调整并恢复到原来的平衡状态。

3. 氮循环

氮是形成蛋白质、氨基酸和核酸的主要成分，是生命的基本元素。

大气中含量丰富的氮绝大部分不能被生物直接利用。大气氮进入生物有机体的主要途径有四：①生物固氮（豆科植物、细菌、藻类等）；②工业固氮（合成氨）；③岩浆固氮（火山活动）；④大气固氮（闪电、宇宙线作用）。其中第一种能使大气氮直接进入生物有机体，其他则以氮肥的形式或随雨水间接地进入生物有机体。

进入植物体内的氮化合物与复杂的碳化合物结合形成氨基酸，随后形成蛋白质和核酸，构成植物有机质的重要组成部分。植物死亡后，一部分氮直接回归土壤，经微生物分解重新被植物利用；另一部分作为食物进入动物体内，动物的排泄物和尸体经微生物分解后归还土壤或大气，从而完成氮循环。

在全球氮循环中，通过上述四种途径的固氮作用，每年进入生物圈的氮为 92×10^6 t，经反硝化作用（含氮化合物还原成亚硝酸盐和氮气的过程）回归大气的氮每年为 83×10^6 t。二者之差 9×10^6 t 代表着生物圈固氮的速度，这些被固定的氮分布在土壤、海洋、河流、湖泊、地下水和生物体中。

4. 硫循环

地球中的硫大部分储存在岩石、矿物和海底沉积物中，以黄铁矿、石膏和水合硫酸钙的形式存在。

大气圈中天然源的硫包括 H_2S、SO_2 和硫酸盐。H_2S 来自火山活动、沼泽、稻田和潮滩中有机物的嫌气（缺氧）分解等途径；SO_2 来自火山喷发的气体；大气圈中硫酸盐（如硫酸铵）则来自海浪花的蒸发。

大气圈中硫的 1/3（包括硫酸盐的 99%）来自人类活动，其中的 2/3 来自含硫化石燃料（煤和石油）的燃烧，其余来自炼油和冶金工业和其他工业过程。

进入大气圈的 H_2S 和 SO_2 均可氧化成 SO_3，进一步与水汽反应生成硫酸。SO_2 和 SO_3 也可与大气圈中的其他化学品反应生成亚硫酸盐和硫酸盐。这些硫酸和硫酸盐都是酸沉降的组成部分。

5. 沉积型循环——磷的全球性循环

生态系统中磷是生物的重要营养成分，主要以磷酸盐形式存在。磷元素是动物骨骼、牙齿和贝壳的重要组分。

生态系统中的磷具有不同于上述元素的特点。第一，它的主要来源是磷酸盐类岩石和含磷的沉积物（如鸟粪等）。它们通过风化和采矿进入水循环，变成可溶性磷酸盐被植物吸收利用，进入食物链。但生态系统中可利用的磷很少，因为磷酸盐难溶于水，地球上含磷的岩石也不多。因此，在许多土壤和水体中，缺磷常常是植物生长的限制性因素。另一方面，水体中磷的过度增加又可能引起富营养化。第二，它在循环过程中和微生物的关系不像碳和氮那样大。生物死亡后，躯体中的磷酸盐逐渐释放出来，回到土壤和海洋中去。第三，磷不进行大气迁移，因为在地表的温度和压力下，磷及其化合物不以气态存在。虽然磷酸盐的颗粒能被风吹扬至远距离，但它并不是构成大气的组分。

动物从植物或其他动物中获取磷，其排泄物和遗体腐解后，把其中的有机磷转化为无机形式的可溶性磷酸盐，又回到土壤和水体中，接着其中的一部分再次被植物利用，纳入食物链进行循环；另一部分随水流进入海洋，最终在海底成为含磷沉积岩。经过漫长的地质作用海底抬升成为陆地，完成磷的大循环。这种循环规模很大，历时漫长。

由海到陆循环的另一途径是通过鸟类，如鹈鹕和鸬鹚等食鱼鸟，摄取海洋生物中的磷酸盐，它们的排泄物在特殊的地点形成鸟粪磷矿，是高质量的商品磷肥。当然，与磷酸盐从陆向海的大规模迁移相比，这种反向迁移在数量上很微小。

人类对自然磷循环的干扰表现在两方面。第一，大量开采磷矿制造磷肥和洗涤剂。第二，通过农田退水、大型养殖场排水和城市污水，将大量磷酸盐排放到水环境中，造成水中蓝菌、藻类和水生植物的爆炸性生长，在陆地淡水水体中称为“藻花”或“水华”，在海洋中称为“赤潮”，是富营养化的极端表现。

（三）信息传递

自然生态系统中的生物体通过产生和接收形、声、色、光、气、电、磁等信号，并以气体、水体、土体为媒介，频繁地转换和传递信息，形成了自然生态系统的信息网。例如，动物的眼睛、耳朵、毛发、皮肤等都能感知，并通过神经系统做出反应，引导动物产生移动、捕食、斗殴、残杀、逃脱、迁移、性交等行为。部分植物如含羞草、捕虫草也有类似的感觉功能，从而调节着生物本身的行为。

人工生态系统保留了自然生态系统的这种信息网的特点，并且还增加了知识形态的信息，如文化知识和技术，这类信息通过广播、电视、电讯、出版、邮电、计算机等方式，建立了有效的人工信息网，使科学技术这一生产力在生态系统中发挥更大的作用。

1. 生态系统中的信息形式

（1）物理信息

物理信息由声、光和颜色等构成。例如，动物的叫声可以传递惊慌、警告、安全和求偶等信息；某些光和颜色可以向昆虫和鱼类提供食物信息。

（2）化学信息

化学信息由生物代谢作用产物（尤其是分泌物）组成的化学物质。同种动物间释放的化学物质能传递求偶、行踪和划定活动范围等信息。

（3）营养信息

营养信息由食物和养分构成。通过营养交换的形式，可以将信息从一个种群传递给另一个种群。食物网和食物链就是一个营养信息系统。

(4) 行为信息

无论是同一种群还是不同种群，它们的个体之间都存在行为信息的表现。不同的行为动作传递不同的信息。例如，某些动物以飞行姿势和舞蹈动作传递觅食和求偶信息，以鸣叫和动作传递警戒信息等。

2. 生态系统信息传递过程

一个生态系统是否能高效持续发展，在相当程度上取决于其信息的生产量、信息获取量、信息获取手段、信息加工与处理能力、信息传递与利用效果，以及信息反馈效能；或者说取决于生态系统的信息流状态。生态系统信息传递过程主要由三个基本环节构成：信源的信息产生、信道的信息传输和信宿的信息接收。多个信息过程相连就形成生态系统的信息网。当信息在信息网中不断被转换和传递时，就形成了生态系统的信息流。

(1) 生态系统中的自然信息流主要发生在环境与动、植物之间、植物与植物之间、植物与动物之间，以及动物与动物之间。

环境与动、植物的信息关系：天体运行引起的日照时间长短、月亮和恒星的位置、地球的磁场和重力等的变化，都是生物感应的重要信息，分别可以成为植物生殖发育的信号、候鸟飞行方向的信号和植物生长方向的信号。实验表明：莴苣种子在600～900nm 红光（R）下发芽率很高，而在 720～780nm 的远红外光(FR) 下几乎不发芽。

植物与植物间的信息联系：研究表明植物与植物之间有丰富的信息联系。例如甘蔗、玉米、棉花能分泌一种含两个内酯的萜类化合物——独脚金酚(strigol)，只要其他条件合适，浓度在 1×10^{-6} mol/L 就能促进寄生植物黄独脚金（Sriga hermonthica）50%的种子发芽。寄生向日葵、蚕豆和烟草的向日葵列当（Orbanche cumana）也有类似的情况。没有寄主的信息，寄生植物的种子在土壤中十年也不丧失发芽力，只要一获得寄主植物的化学信息就迅速发芽。

植物与动物之间的信息联系：植物的花通过其色、香、味来吸引传粉昆虫。植物的果实则通过其色、香、味来吸引传播种子的鸟类。研究表明，植物的花为粉红色、紫色和蓝色时吸引较多的蜜蜂和黄蜂，黄花吸引较多蝇类和甲虫，白花能吸引不少夜间活动的蛾类，红花则吸引较多蝴蝶。

动物与动物之间的信息联系：动物的信息发送和接收的机制更完备，物理、化学和生物信号都可以在动物间传递。领域性动物，如雄豹，常在领域边缘用自己的尿作为警告同类不要侵犯的信息。有 200 多种昆虫可以向体外分泌性信息素，异性同种昆虫接受到数个信息分子，就可以产生反映，并追踪到信源，进行交配繁殖。此外，动物通过无声的身体语言和有声的发声器官语言来表达各种意图，沟通各种意愿的例子不胜枚举。例如，蜜蜂的“舞蹈”语言。当采了花粉的工蜂在蜂巢上面“跳舞”，其他个体在这个工蜂的后面采集有关方向和距离的信息，了解蜜源信息，然后直飞蜜源。当蜜源在附近，蜜蜂跳舞的轨迹是圆形；当蜜源的位置在百米以外，蜜蜂舞蹈的轨迹是第一个半圆＋直线＋第二个半圆。蜜蜂用摆尾频率作距离信号，摆动频率越慢蜜源距离越远。舞蹈直线轨迹与地球磁力线的夹角等于蜜源与太阳的夹角，为蜜源方向提供信息。

（2）生态系统中的人工信息流主要包括人类模仿自然、用于控制生物的信息和人类采集并供人类分析判断的信息。

人工模仿自然信息：利用人工光源或暗室控制日长变化，从而达到控制植物花期的方法已经在花卉生产和作物育种中广泛应用。利用人工合成的昆虫体外性激素已经成功应用到害虫预测预报、迷惑昆虫和诱捕害虫上。如果人类能更深入了解自然信息流机制，并适当加以利用，就一定可以起到事半功倍的作用。

人工采集和生成的信息：为了更好地了解生态系统的状况，提出适当的调整措施，传统的方法是肉眼直接观察和收获信息，用头脑加工信息和用口头直接传递信息。例如，有经验的农民下田看作物生长，通过叶色、叶姿就可以判断下一步栽培措施，除了自己动手外，还把情况和判断告诉别人。先进的方法是用自动或半自动设备采集信息，用计算机加工信息，并用专用信息传输渠道准确地传送到远近不同的用户。例如，用我国研制的风云 2 号卫星自动采集南海生成台风信息，经过计算机表明其未来可能登陆范围和时间，并通过电视系统传到千家万户。

第三节　生态平衡

一、生态平衡的含义

生态平衡（ecological balance）是指在一定时间内生态系统中的生物和环境之间、生物各个种群之间，通过能量流动、物质循环和信息传递，使它们相互之间达到高度适应、协调和统一的状态。也就是说当生态系统处于平衡状态时，系统内各组成成分之间保持一定的比例关系，能量、物质的输入与输出在较长时间内趋于相等，结构和功能处于相对稳定状态，在受到外来干扰时，能通过自我调节恢复到初始的稳定状态。在生态系统内部，生产者、消费者、分解者和非生物环境之间，在一定时间内保持能量与物质输入、输出动态的相对稳定状态。

生态系统为什么能够保持动态的、相对的平衡状态呢？关键在于生态系统具有自动调节的能力。生态系统的自动调节能力有大有小。一般地说，生态系统的成分越单纯，营养结构越简单，自动调节能力就越小，生态平衡就越容易被破坏；生态系统的生物种类越多，食物网和营养结构越复杂便越稳定。所以说，生态系统的稳定性是与系统内的多样性和复杂性相联系的。

二、生态平衡的特点

（一）生态平衡是一种动态平衡

生态平衡是一种动态的平衡而不是静态的平衡，这是因为变化是宇宙间一切事物的最根本的属性，生态系统这个自然界复杂的实体，当然也处在不断变化之中，是一种动态系统。这种动态性主要体现在三个方面：①生态系统中的生物与生物、生物与环境以及环境各因子之间，不停地在进行着能量的流动与物质的循环。②环境总是处在不断地变化中。③生态系统也在不断地发展和进化。当给以足够的时间和在外部环境保持相对稳定的情况下，生态系统总是按照一定规律向着组成、结构和功能更加复杂化的方向演进的，即生物量由少到多、食物链由简单到复杂、群落由一种类型演替为另一种类型等。在发展的早期阶段，系统的生物种类成分少，结构简单，食物链短，对外界干扰反应敏感，抵御能力小，所以是比较脆弱而不稳定的。当生态系统逐渐演替进入到成熟时期，生物种类多，食物链较长，结构复杂，功能效率高，对外界的干扰压力有较强的抗御能力，因而稳定程度高。这是由于系统经过长期的演化，通过自然选择和生态适应，各种生物都占据有一定的生态位，彼此间关系比较协调而依赖紧密，并与非生物环境共同形成结构较为完整、功能比较完善的自然整体，外来生物种的侵入比较困难；此时，还由于复杂的食物网结构使能量和物质通过多种途径进行流动，一个环节或途径发生了损伤或中断，可以由其他方面的调节所抵消或得到缓冲，不致使整个系统受到伤害。

因此，生态平衡不是静止的，总会因系统中某一部分先发生改变，引起不平衡，然后依靠生态系统的自我调节能力使其又进入新的平衡状态。正是这种从平衡到不平衡到又建立新的平衡的反复过程，推动了生态系统整体和各组成部分的发展与进化。

（二）生态平衡是一种相对平衡

生态平衡是一种相对平衡而不是绝对平衡，因为任何生态系统都不是孤立的，都会与外界发生直接或间接的联系，会经常遭到外界的干扰。生态系统对外界的干扰和压力具有一定的弹性，其自我调节能力也是有限度的，如果外界干扰或压力在其所能忍受的范围之内，当这种干扰或压力去除后，它可以通过自我调节能力而恢复原初的稳定状态；如果外界干扰或压力超过了它所能承受的极限，其自我调节能力也就遭到了破坏，生态系统就会衰退，甚至崩溃，可谓之为生态失调或生态平衡的破坏。通常把生态系统所能承受压力的极限称为“阈限”。例如，草原应有合理的载畜量，超过了最大适宜载畜量，草原就会退化；森林应有合理的采伐量，采伐量超过生长量，必然引起森林的衰退；污染物的排放量不能超过环境的自净能力，否则就会造成环境污染，危及生物的正常生活，甚至死亡等。

三、人类活动对生态平衡的影响

（一）破坏性影响

破坏生态平衡的因素有自然因素和人为因素。自然因素如水灾、旱灾、地震、台风、山崩、海啸等。人为因素是造成生态平衡失调的主要原因。

作为生物圈一分子的人类，对生态环境的影响力目前已经超过自然力量，而且主要是负面影响，成为破坏生态平衡的主要因素。人类对生物圈的破坏性活动主要表现在三个方面：一是大规模地把自然生态系统转变为人工生态系统，严重干扰和损害了生物圈的正常运转，农业开发和城市化是这种影响的典型代表；二是大量取用生物圈中的各种资源，包括生物的和非生物的，严重破坏了生态平衡，森林砍伐、水资源过度利用是其典型例子；三是向生物圈中超量输入人类活动所产生的产品和废物，严重污染和毒害了生物圈的物理环境和生物组分，包括人类自己，化肥、杀虫剂、除草剂、“三废”是其代表。

人类活动对生态平衡的破坏性作用，主要有以下三方面：

1. 使环境因素发生改变

如人类的生产和生活活动产生大量的废气、废水、垃圾等，不断排放到环境中；人类对自然资源不合理利用或掠夺性利用，例如盲目开荒；滥砍森林、水面过围、草原超载等，都会使环境质量恶化，产生近期或远期效应，使生态平衡失调。

2. 使生物种类发生改变

在生态系统中，盲目增加一个物种，有可能使生态平衡遭受破坏。例如美国于1929年开凿的韦兰运河，把内陆水系与海洋沟通，导致八目鳗进入内陆水系，使鳟鱼年产量由2000万kg减至5000kg，严重破坏了内陆水产资源。在一个生态系统减少一个物种也有可能使生态平衡遭到破坏。20世纪50年代中国曾大量捕杀过麻雀，致使一些地区虫害严重。究其原因，就在于害虫天敌麻雀被捕杀，害虫失去了自然抑制因素所致。

3. 对生物信息系统的破坏

生物与生物之间彼此靠信息联系才能保持其集群性和正常的繁衍。人为地向环境中施放某种物质，干扰或破坏了生物间的信息联系，有可能使生态平衡失调或遭到破坏。例如，自然界中有许多昆虫靠分泌释放性外激素引诱同种雄性成虫交尾，如果人们向大气中排放的污染物能与之发生化学反应，则雌虫的性外激素就失去了引诱雄虫的生理活性，结果势必影响昆虫交尾和繁殖，最后导致种群数量下降甚至消失。

（二）有意识地建立新的生态平衡

生态平衡的破坏往往会带来严重的后果。因此，人类应当首选的是：积极采取措施，保持自然界原有的生态平衡，这样才能从生态系统中获得持续稳定的产量，才能使人与自然和谐地发展。这样做的意义，极其重要。

但人类也应从自然界中（生态平衡是动态的。在生物进化和群落演替过程中就包含不断打破旧的平衡，建立新的平衡的过程）受到启示，不要消极地看待生态平衡，维护生态平衡不只是保持其原初稳定状态，而是发挥主观能动性，一方面去维护适合人类需要的生态平衡（如建立自然保护区），另一方面还可以在遵循生态平衡规律的前提下，有意识地打破不符合自身要求的旧平衡，建立新的生态平衡，使生态系统结构更合理、功能更完善、效益更高，朝着更有益于人类的方向发展。有目的地使生态系统建立起新的生态平衡，对人类的生产和生活也具有长远的重要意义。例如，把沙漠改造成绿洲。例如，大力开展植树造林，不仅能够美化环境、改善气候，还能使鸟类等动物的种类和数量增加。再例如，我国南方某些地区搞的桑基鱼塘，就是人工建立的高产稳产的农业生态系统：人们将部分低洼稻田挖深作塘，塘内养鱼；提高并加宽塘基，在塘基上种桑，用来养蚕；这样可以做到蚕粪养鱼，鱼粪肥塘，塘泥肥田、肥桑，从而获得稻、鱼、蚕茧三丰收。

第四节　生态经济

一、生态经济的内涵

（一）概念

生态经济是指在生态系统承载能力范围内，运用生态经济学原理和系统工程方法，以生态环境建设和社会经济发展为核心，遵循生态规律和经济规律，把生态建设、环境保护、自然资源的合理利用与社会经济发展及城乡建设有机结合起来，通过统筹规划、综合建设，改变生产和消费方式，发展高效低耗的生态产业，建设体制合理、社会和谐的文化以及生态健康、景观适宜的环境。生态经济是实现经济腾飞与环境保护、物质文明与精神文明、自然生态与人类生态的高度统一和可持续发展的经济。

生态经济的本质，就是把经济发展建立在生态环境可承受的基础之上，实现经济发展和生态保护的“双赢”，建立社会、经济、自然良性循环的复合型生态系统。因为人类本身只是全球生态系统的一个子系统，人类社会的正常运转需要以生态系统的正常运转作为保证。考量“社会-经济-自然”复合生态系统是否良性循环，既包括考量其物质代谢关系，能量转换关系及信息反馈关系，结构、功能和过程的关系，又包括考量其生产、生活、供给、接纳、控制和缓冲等功能。

(二) 生态经济的主要特征

1. 时间性

指资源利用在时间维上的持续性。在人类社会再生产的漫长过程中，后代人对自然资源应该拥有同等或更美好的享用权和生存权，当代人不应该牺牲后代人的利益换取自己的舒适，应该主动采取“财富转移”的政策，为后代人留下宽松的生存空间，让他们同我们一样拥有均等的发展机会。

2. 空间性

指资源利用在空间维上的持续性。区域的资源开发利用和区域发展不应损害其他区域满足其需求的能力，并要求区域间农业资源环境共享和共建。

3. 效率性

指资源利用在效率维上的高效性。即“低耗、高效”的资源利用方式，它以技术进步为支撑，通过优化资源配置，最大限度地降低单位产出的资源消耗量和环境代价，来不断提高资源的产出效率和社会经济的支撑能力，确保经济持续增长的资源基础和环境条件。

二、生态经济的理论基础——生态经济学

(一) 生态经济学的概念

生态经济学（ecological economics），从经济学和生态学的结合上，围绕着社会再生产过程中人类经济活动与自然生态之间物质循环、能量转化、信息交流和价值增值的关系，研究生态系统和经济系统的复合系统的结构、功能、规律、平衡、生产力及生态经济效益，生态经济的宏观管理和数学模型等，探索生态、经济、社会复合系统协调和可持续发展的客观规律，寻求人类经济发展和自然生态发展相互适应、保持平衡的对策和途径。简言之，生态经济学是研究生态经济系统的结构及其矛盾运动发展规律的学科。它属于一门边缘学科。从应用上来说，生态经济学可分为部门生态经济学、专业生态经济学、区域和地域生态经济学三个部分。

(二) 生态经济学的主要研究内容

研究生态经济的基本理论。主要有：社会经济发展同自然资源和生态环境的关系，人类的生存、发展条件与生态需求，生态价值理论，生态经济效益，生态经济协同发展等。

研究环境污染、生态退化、资源浪费的产生原因和控制方法；环境治理的经济评价；经济活动的环境效应等综合性问题。

研究生态经济区划、规划与优化模型：以便根据不同地区的自然经济特点发挥其生态经济总体功能，获取生态经济的最佳效益；并根据不同地区城市和农村的不同特点，研究其最佳生态经济模式和模型。

研究生态经济管理：生态经济标准和评价生态经济效益的指标体系；生态环境经济评价；生态与经济协同发展的管理体制与政策；生态经济立法与执法；生态经济的教育、科研和行政管理体系。

研究生态经济的计量问题。运用数学方法，对生态经济系统内物质与能量的各种运动进行的计算，包括自然资源的经济评价、资源利用的生态经济效益计算、生态经济预测等。计算的程序通常是：建立反映生态经济综合效益的目标函数，建立反映环境对系统各种约束条件的方程式及反映系统内各主要变量间关系的函数式，通过直接求出目标函数极值或若干方案对比的方法，得到优化方案，并在此基础上制定整个系统的规划。计量的常用方法有：投入产出法、控制论方法、运筹方法、计量经济方法、系统动态分析及其他系统仿真方法、统计分析方法等。

(三) 生态经济学的由来

20 世纪 60 年代，美国经济学家鲍尔丁发表了一篇题为《一门科学——生态经济学》的文章，首次提出了“生态经济学”这一概念。美国另一经济学家列昂捷夫则是第一个对环境保护与经济发展的关系进行定量分析研究的科学家，他使用投入-产出分析法，将处理工业污染物单独列为一个生产部门，除了原材料和劳动力的消耗外，把处理污染物的费用也包括在产品成本之中。他在污染对工业生产的影响方面进行了详尽的分析。

从此，不少经济学家开始从理论上深入探讨环境污染产生的经济根源。他们认识到：传统的经济学理论已经不能很好地解释环境污染和资源枯竭问题，因为这一理论不考虑“外部不经济性”，它在生产成本中不计入废料处理和污染损失的费用，其结果就是生产厂家在赚取高额利润的同时将大量隐蔽的污染费用转嫁给了社会，加重了社会公共费用的负担，牺牲了公众生活的环境质量。况且，在传统的经济学理论中，国民生产总值和国内生产总值都没有设立环境指标和资源指标，不能反映一个国家的环境资源状况对经济发展的影响程度。因而，关于经济发展与环境质量的关系，美国学者巴克莱和塞克勒在经过研究之后提出了以下方程式：

$$NSW=NNP+(B-GC)-AL$$

式中：NSW——净社会福利；

NNP——净国民生产增值；

B——未被认识的经济发展的非市场性有利条件（如知识的积累、保健的改善等）；

GC——为经济发展（包括信息、管理等）、减少污染所付出的劳力和费用；

AL——环境恩惠损失（如噪声增加、烟雾增多、风景区的商业化改变等）。

两位学者从中得出结论说：在一个国家的经济发展过程中，效益的追加部分增长时，为它追加的各种费用也必须增长，而当追加费用与追加效益数量相等时，这个国家就必须减缓或停止发展，否则会引起大范围环境恶化。

三、生态经济的发展

自《寂静的春天》问世以来，轰轰烈烈的环保运动对全球的影响并不仅仅停留在生物学界。经济学、哲学以及日常生活，都不同程度地受到环保运动的冲击，莱斯特·布朗提出了生态经济的概念，哲学家也将视线投向生态环境，生态伦理应运而生。

生态经济是20世纪60年代初期提出的旨在摆脱现实社会面临的诸多困境的一种理念、一个目标和一条路径。但最初的生态经济，其理念没有确切的含义，其目标缺乏系统的构想，其路径也缺乏现实可行性。经过多年的发展，生态经济作为一种理念正在被越来越多的人所理解和接受，而且由理念上升为一种理论体系，随着实业家和政治家的介入，生态经济开始朝着人类社会中的一种经济形态的方向发展。人们越来越认识到：片面追求经济增长必然导致生态环境的崩溃，单纯追求生态目标也处理不了社会经济发展的诸多问题，只有确保自然-经济-社会复合系统持续、稳定、健康运作，方有可能同时实现这两个目标，从而实现人类社会的可持续发展。生态经济既是生产不断发展与资源环境容量有限的矛盾运动的必然产物，也是实现可持续发展的一种具体形式，是把经济社会发展和生态环境保护和建设有机结合起来，使之互相促进的一种新型的经济活动形式。生态经济强调生态资本在经济建设中的投入效益，生态环境既是经济活动的载体，又是生产要素，建设和保护生态环境也是发展生产力。生态经济强调生态建设和生态利用并重，在利用时抓环境保护，力求经济社会发展与生态建设和保护在发展中动态平衡，实现人与自然和谐的可持续发展。总之，生态经济是生态和经济并重、双赢的经济形式，而不仅仅以其中之一为目标。

目前，中国正在大力推进循环经济，其实生态经济正是循环经济的本质和核心，而且生态经济的理论与实践的发展，无论在国际、国内均早于循环经济。循环经济是按照生态规律利用自然资源和环境容量，将清洁生产和废弃物综合利用融为一体，以实现经济活动的生态化转向。循环是一种运动方式，而生态是一个科学体系。所以就发展经济而言，生态经济形态的含义要远比循环经济形态的含义全面。从学术和实践的发展看，清洁生产、工业生态学和循环经济是一组具有内在逻辑的理论和实践创新。其中，清洁生产是最基础的目标，工业生态学和循环经济既是对清洁生产内容的两次扩展，也是实现清洁生产目标的新的方法和途径。而生态经济提出的时间最早，涵盖面最大，是一个更为完整的体系。它的内容与清洁生产、工业生态学、循环经济既有一定的联系，又有显著的不同，即它所关注的是诸如协调人与人、人与自然的关系这样的软措施，并对影响人的行为的制度和组织进行创新和评价，而其他三者关注的更多是诸如工艺、技术这样的硬措施。所以，一方面，生态经济为清洁生产、工业生态学和循环经济提供了理念和方法论上的支持，另一方面，清洁生产、工业生态学、循环经济则是生态经济理念成为现实的重要途径。

四、我国走生态经济之路的重要意义

全球性的生态危机和资源危机对人类的影响，使人们不得不对自己只追求经济效益的思维方式和行为方式进行深刻的反思。生态经济已经成为一种新的理念，一种新的战略，一种新的经济社会发展模式，对生产观、消费观、发展观产生着革命性的影响。生态经济的生产观强调在保护生态环境和自然物质资源的前提下，合理地改造自然，创造物质资料，这是一个包括人类自身生产、精神生产和物质生产以及生态系统的再生产的全面综合的生产观，克服了传统生产观的狭隘和不足。生态经济消费观反对过度消费，提倡绿色消费观。这种消费观要求人们走出人与自然对立状态下的消费误区，因为大自然无法毫无节制地满足人们无限的欲望，人们应当在人与自然和谐发展的理性原则下去规范消费行为。生态经济发展观强调要实现从经济增长的发展观，到经济与社会相协调的发展观，再到经济、社会、自然相协调的可持续发展观的重要转变。

在中国大力发展生态经济尤其具有特殊意义。中国是一个发展中大国，人口与资源的矛盾十分突出。走什么样的发展道路不仅关系到子孙万代的前途命运，而且对全球的发展都将产生重大影响。在反对发达国家无节制的消耗资源的同时，我国已经确定了构建和谐社会、建设生态文明、建设资源节约型、环境友好

型社会的战略任务，实施可持续发展战略。大力发展生态经济，无疑是其中的关键选择。

（1）人与自然的关系和人与社会的关系，是现代人类社会的两种基本关系，而人、社会与自然的和谐统一是密不可分的整体。从人与自然之间的和谐、人与人之间的和谐这两个层面来理解和谐社会，“和谐”应是尊重自然规律、经济规律、社会规律的必然结果，是可持续发展的客观要求。和谐社会也是一种有层次的和谐，其核心层是人与人之间关系的和谐，即人与人的和睦相处，平等相待，协调地生活在社会大家庭之中；其保证层就是社会的政治、经济和文化协调发展，与和谐社会的要求相配套；基础层是必须有一个稳定和平衡的生态环境。和谐社会必须在一个适宜的生态环境中才能保持发展，没有平衡的生态环境，社会的政治、经济和文化不能生存和发展，和谐的人际关系也会变成空中楼阁，无存在基础。因而，生态和谐是和谐社会的基石，没有生态和谐的社会不是真正的和谐社会。

（2）坚持科学发展观，构建和谐社会的立足点在于促进经济社会和人的全面发展。这就要用和谐的眼光、和谐的态度、和谐的思路和对和谐的追求来发展生态经济，走人与自然和谐之路，不断改善生态环境，提高自然利用效率；就要加快改变环境与经济发展相对立的传统经济学观念，树立生态环境也是生产力，环境与发展两者应是协调统一的整体的生态经济学新观念，深刻领会人口、资源、环境与社会经济在发展中是相互关联、相互制约、相互依存的矛盾对立统一体；充分强调生态保护对国民经济和社会发展的重要作用，充分认识保护生态环境就是保护生产力，改善生态环境，就能发展生产力。

（3）在我国当前条件下，大力倡导发展生态经济确实具有不同寻常的意义。首先，这是因为我国正处于高速增长的时期，要特别注意发展道路再也不能重蹈“覆辙”。这方面我们过去是有深刻教训的。我们也要避免重蹈发达国家在现代化进程中有增长无发展的消极发展模式。实践证明这种传统的模式是难以为继甚至是危险的。我们应当自觉地走生态经济协调发展的道路。其次，经济增长是有代价的。我们以什么样的经济增长模式来选择低代价的经济增长方式？这种低代价的经济增长方式就是生态经济方式。否则，即使有了高的经济增长，如果以破坏和牺牲生态环境为代价，这种增长的代价也是极其高昂的。第三，我国的发展要发挥后发优势，一个很重要的方面就是要充分认识和发挥生态经济的裂变效应。它会带来工业的一种新的发展模式，即清洁生产；它会带来农业的新的生产方式，即生态农业；它还会带来服务业的新的增长方式。

（4）发展生态经济，必须进一步解放思想，更新观念。要把发展生态经济作为21世纪的一项重大发展战略，明确发展目标，确立“立足生态，着眼经济、全面建设、综合开发”的发展思路，实现资源开发与资源培植相结合，生态建设与经济发展相结合，实现经济效益、生态效益、社会效益的协调统一，创立生态经济的发展模式。要根据我国的国情，发展生态林业、发展水电等清洁能源、发展生态农业、发展有机食品工业、发展生态建筑及材料产业、发展生态旅游业和环境保护产业等。这些产业的发展不仅将有力地推动我国生态经济的发展，提升我国经济竞争力，而且还有利于扩大就业，而充分就业又是人口、经济、生态相协调平衡的重要内容，是生态经济的本质要求。我们要在尽量少破坏生态环境的前提下高标准、高起点、大力度的加强基础设施建设，建设绿色通道，发展生态交通，为生态经济发展提供支撑和依托，使生态经济与基础设施相互促进。要以发展生态经济为契机，对经济结构进行大力度调整。要利用发展生态经济进一步吸引和利用外资，扩大开放，同时通过进一步扩大开放促进生态经济发展。

（5）生态经济不同于以往的农业经济和工业经济，从理论到实践都是新生事物。这种发展源于现代科技的日新月异，也源于群众智慧的创造发挥。所以，发展生态经济的关键在于创新，在于发展过程、发展机制和发展环境的优化，在于人的素质的不断提高、科技创新的高效转化、企业和基地的带动辐射、服务网络的全面覆盖。这是我国在推进生态经济发展过程中应着力抓好的关键环节。

复习思考题

一、名词解释

人工湿地系统　生态位　生态演替　生态足迹　生态服务　循环经济　碳排放　碳汇

二、问答题

1. 生态学具有哪些规律？这些规律对于指导生产活动和环境保护有何意义？
2. 如何理解生态学基本原理与环境科学之间的关系？
3. 试举例说明，为什么利用生态学原理解决环境保护问题时，其核心思想是整体观点？
4. 何谓生态系统，它具有哪些结构与功能特性？研究生态系统的结构功能对环境保护有何意义？
5. 试论述生态平衡失调的特征、引起失调的因素，以及调节机制。
6. 试述我国发展生态经济的必要性与发展路径。
7. 试分析森林碳汇在全球碳循环中的作用。

拓展阅读建议

1. 刘茂松主编．生态哲学．北京：化学工业出版社，2004
2. 杨士弘主编．城市生态环境学．北京：科学出版社，2004
3. 戈峰主编．现代生态学．北京：科学出版社，2002
4. 赵桂慎主编．生态经济学．北京：化学工业出版社，2008
5. 聂华林，高新才等编著．发展经济学导论．北京：中国社会科学出版社，2006

拓展阅读材料

1. 生态补偿

生态补偿（Eco-compensation）是以保护和可持续利用生态系统服务为目的，以经济手段为主调节相关者利益关系的制度安排。更详细地说，生态补偿机制是以保护生态环境，促进人与自然和谐发展为目的，根据生态系统服务价值、生态保护成本、发展机会成本，运用政府和市场手段，调节生态保护利益相关者之间利益关系的公共制度。

生态补偿应包括以下几方面主要内容：一是对生态系统本身保护（恢复）或破坏的成本进行补偿；二是通过经济手段将经济效益的外部性内部化；三是对个人或区域保护生态系统和环境的投入或放弃发展机会的损失的经济补偿；四是对具有重大生态价值的区域或对象进行保护性投入。生态补偿机制的建立是以内化外部成本为原则，对保护行为的外部经济性的补偿依据是保护者为改善生态服务功能所付出的额外的保护与相关建设成本和为此而牺牲的发展机会成本；对破坏行为的外部不经济性的补偿依据是恢复生态服务功能的成本和因破坏行为造成的被补偿者发展机会成本的损失。

生态补偿是一个新的课题，生态补偿机制的建立是一项复杂而长期的系统工程，涉及生态保护和建设资金筹措和使用等各个方面。对补偿标准体系等关键技术，如生态系统服务功能的物质量和价值的核算，生态系统服务与生态补偿的衔接，生态补偿的对象、标准、方式方法，以及资源开发和重大工程活动的生态影响评价等，都需要跨学科综合研究，需要组织进一步的科技攻关。还需要加强生态监测体系研究，为建立切实有效的生态补偿机制提供有力的技术支撑。

2010 年 12 月，国家财政部和环境保护部正式将新安江流域水环境补偿作为全国跨省大江大河流域水环境保护的首个试点，当年拨付启动资金 5000 万元，并于 2011 年 3 月正式实施。新安江流域生态补偿试点暂定 3 年。2011 年中央财政安排补助资金 2 亿元，浙江省安排 1 亿元，合计 3 亿元。2012 年和 2013 年，每年中央财政安排 3 亿元，皖浙两省各安排 1 亿元，每年合计 5 亿元。

跨省流域水环境保护，往往涉及行政、经济、法律、社会管理和水利技术等多方面问题，面临着诸如上下游之间利益如何平衡、监测指标和标准如何制订、资金来源如何确定、共建共管共享机制如何搭建等诸多“瓶颈”。

[根据中国环境与发展国际合作委员会的《生态补偿机制课题组报告》等资料编写]

2. 森林碳汇

2009 年 12 月，全世界最热点的词汇当属“应对气候变化”。许多专家指出，应对气候变化应该“两条腿走路”，一是工业、建筑、交通减排，二是森林碳汇。森林碳汇是指森林植物吸收大气中的二氧化碳并将其固定在植被或土壤中，从而减少大气中二氧化碳的浓度。与工业直接减排相比，森林碳汇虽然是间接减排，但它的固碳投资少，代价低，综合效益大，经济可行性和现实操作性较强。每公顷森林每年可吸收二氧化碳 20～40t，释放氧气 15～20t。

森林是地球上最主要的碳汇，森林碳汇对人类生产生活、经济发展、国家富强的影响日益突出，同时森林也是可通过人类参与而增加、调整其固碳量的最活跃的碳库，作为林业的一部分，碳汇概念的提出以及二氧化碳排放权产权化、市场化等新鲜事物的出现，必然成为世界林业绚烂的新篇章，发展碳汇林业也已成为各国的首要任务。对现有森林进行保护管理，改变采伐制度，减缓并终止毁林，尽量减少人为破坏，同时增加天然林、人工林、增加木材产品是保存和扩大森林碳贮存的重要途径。森林碳汇的发展将促进林业发展。

2009年11月，国家林业局公布了第七次全国森林资源清查结果，我国森林面积已达19545.22万公顷，森林覆盖率达20.36%。在2007年APEC会议上，中国对世界承诺到2010年森林覆盖率达20%。如今这一承诺已提前实现。森林碳汇，中国的努力理应引起世界瞩目。

[根据阚祝林的《森林碳汇——林业发展的新趋势》(上海农业科技，2011年第4期)等资料编写]

第三章 大气污染及其防治

本章要点

本章从大气的组成和结构入手，介绍了大气和空气的组成以及大气圈的结构（分为对流层、平流层、中间层、暖层和逸散层），对国内外大气污染现象进行了概括和总结，并以臭氧层破坏和温室效应为例说明全球大气污染现象。

大气污染现象重点来源于人类的生产、生活活动以及自然过程，大气污染物对人体、植物、器物及材料和大气产生不同程度的危害，大气污染防治原则是全面规划、合理布局，源头控制为主、实施全过程控制。对于大气中的颗粒物、气态污染物的种类及产生机理进行了分析。大气污染物在扩散过程中，受到气象因素、地理因素的影响。

大气污染物的防治技术包括两个方面，一方面对于气态污染物可以采用吸收法、吸附法、催化法、燃烧法等方法加以处理。另一方面，对于颗粒污染物可以采用不同类型的除尘装置除去或收集。

第一节 概 述

按照国家标准组织（ISO）对大气的定义，大气是指环绕地球的全部空气的总和，而空气是指人类、植物、动物和建筑物暴露于其中的室外空气。空气的范围比大气小很多，但是空气的质量却占大气的75%左右，在环境保护中，两者往往具有相同的含义。地球上的大气是环境的重要组成部分，是维持生命的重要要素，大气质量的好坏，对于这个生态系统和人体的健康有着直接的影响。然而在人类的生产、生活及某些自然要素的作用下，大气中的物质和能量不断地进行着循环与交换，故此直接或间接地影响了大气质量。

一、大气的组成与结构

（一）空气与大气

大气和空气这两个术语常在不同的场合出现。一般说对于室内或特指某个场所

（如车间、教室、会议室、厂区等）供人和动植物生存的气体，习惯上称为空气。而在大气物理学、自然地理学，以及环境科学的研究中，常常以大区域或全球性气流为研究对象，则常用大气一词。目前有些国家，其局部地区空气污染与区域性大气污染的标准和评价方法仍然存在区别，因而对于目前常用空气污染一词，而对于后者常用大气污染一词。总的来说，空气与大气均指围绕地球周围的混合气体。

（二）大气圈的结构

大气圈就是指包围着地球的大气层，由于受到地心引力的作用，大气圈中空气质量的分布是不均匀的。总体看，海平面处的空气密度最大，随着高度的增加空气密度逐渐变小。当超过 1000～1400km 的高空时，气体已经非常稀薄，因此，通常把从地球表面到 1000～1400km 的气层作为大气圈的厚度。

大气在垂直方向上不同高度时的温度、组成和物理性质也是不同的。根据大气温度垂直分布的特点，在结构上可以将大气圈分为五个气层，如图 3-1 所示。

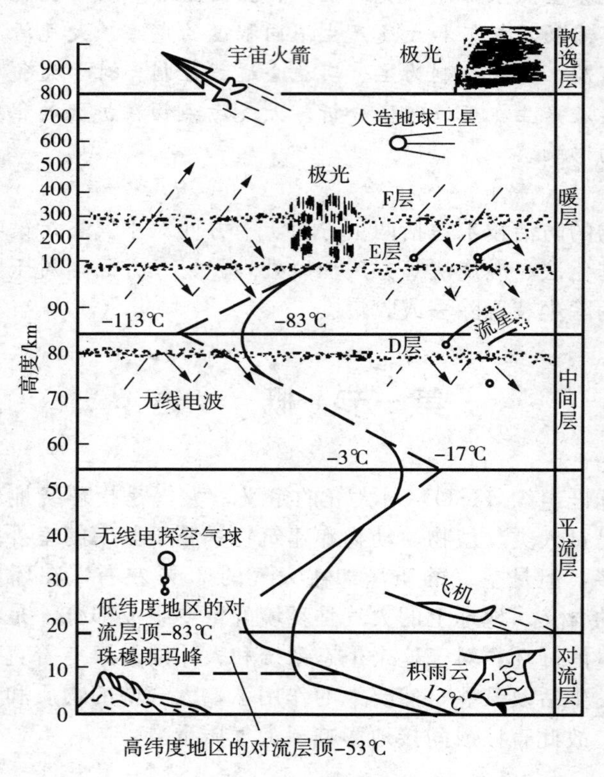

图 3-1 大气圈层的结构

1. 对流层

对流层是大气圈中最接近大面的一层，对流层平均厚度约为 12km。对流层中空气的质量约占大气层质量的75%左右，是天气变化最复杂的层次。对流层具有两个特点：一是对流层中的温度随高度增加而降低，由于对流层中的大气不能直接吸收太阳辐射的能量，但能吸收地面反射的能量而使大气增温，因而靠近地面的温度高，远离地面的空气温度低，高度每增加100m时，气温下降约0.65℃；二是空气具有强烈的对流运动，近地层的空气接受地面的热辐射后温度升高，与高空冷空气发生垂直方向上的对流，构成对流层空气强烈的对流运动。

对流层中存在着极其复杂的气象条件，各种天气现象也都出现在这一层，因而在该层中有时形成污染物易于扩散的条件，有时又会形成污染物不易扩散的条件。人类活动排放的污染物主要是对流层中聚集，大气污染主要也在这一层发生。因而对流层的状况对人类生活影响最大，与人类关系最密切，是研究的主要对象。

2. 平流层

对流层层顶之上的大气为平流层（stratosphere），从地面向上延升到50～55km处。该层的特点是下部随高度变化而变化不大，到30～35km处，温度均维持在278.15K左右，故也叫等温层（isothermal layer）。再向上温度随高度增加而升高。这一方面是由于它受地面辐射影响小；另一方面也是由于该层存在着一个厚度约为10～15km的臭氧层，臭氧层可以直接吸收太阳的紫外线辐射，造成了气温的增加。

臭氧层的存在对地面免受太阳紫外辐射和宇宙辐射起着很好的防护作用，否则地面上所有的生命将会由于这种强烈的辐射而致死。然而，近年来，由于地面向大气排放氯氟烃（chlorofuluorocarbons）化合物过多，局部臭氧层被销蚀成洞，太阳及宇宙辐射可直接穿过臭氧空洞对地球上的生物造成伤害。若这种情况继续下去，其后果将是极其严重的，因此保护臭氧层是当今世界面临的紧迫任务之一。

平流层没有对流层中的云、雨、风暴等天气现象，大气透明度好，气流也稳定。同时，进入平流层中的污染物，由于在平流层中扩散速度较慢，污染物停留时间较长，有时可达数十年。

3. 中间层

由于平流层顶以上距地面85km范围内的一层大气叫中间层（inter layer）。由于该层没有臭氧层这类可直接吸收太阳辐射能量的组分，因此其温度随高度的增加而迅速降低，其顶部温度可低至190K。

中间层底部的空气通过热传导接受平流层传递的热量，因而温度最高。这种温度分布下高上低的特点，使得中间层空气再次出现强烈的垂直对流运动。

4. 暖层

暖层（warming layer）位于85～800km的高度之间。该层空气密度很小，气体在宇宙射线作用下处于电离状态，也称作电离层（ionosphere）。由于电离后的氧气能强烈地吸收太阳的短波辐射，使空气温度迅速升高，因此该层气温的分布是随高度的增加而增高，其顶部可达750～1500K。电离层能够反射无线电电波，对远距离通信极为重要。

5. 逸散层（fugacious layer）

该层是大气圈的最外层，是从大气圈逐步过渡到星际空间的气体。该层大气极为稀薄，气温高，分子运动速度快，有的高速运动的粒子能克服地球引力的作用而逃逸到太空中去。

如果按照空气组成成分划分大气圈层结构，又可以将其分为均质层和非均质层。

1. 均质层

其顶部高度可达90km，包括了对流层、平流层和中间层。在均质层中，大气中的主要成分氧和氮的比例基本保持不变，只有水汽及微量成分的含量有较大的变动。因此，大气成分均匀是均质层的主要特点。

2. 非均质层

在均质层以上范围的大气统称为非均质层。其特点是气体的组成随高度的增加有很大的变化。非均质层包括暖层和逸散层。

如果是按照大气的电离状态还可以将大气分为电离层和非电离层。

(三) 大气组成

大气是由多种成分组成的混合气体，该混合气体的组成通常应包括以下几大部分。

1. 干洁空气

干洁空气即干燥清洁空气。它的主要成分为氮、氧和氩，它们在空气的总容积中约占99.96%。此外，还有少量的其他成分，如二氧化碳、氖、氦、氪、氙、氢、臭氧等。以上各组分含量见表3-1。

表3-1 干洁空气的组成

气体类别	含量（体积分数）/%	气体类别	含量（体积分数）/%
氮（N_2）	78.09	氪（Kr）	1.0×10^{-4}
氧（O_2）	20.95	氢（H_2）	0.5×10^{-4}
氩（Ar）	0.93	氙（Xe）	0.08×10^{-4}
二氧化碳（CO_2）	0.03	臭氧（O_2）	0.01×10^{-4}
氖（Ne）	18×10^{-4}	甲烷（CH_4）	2.2×10^{-4}
氦（He）	5.24×10^{-4}	干空气	100

干空气中各组分的比例，在地球表面的各个地方几乎是不变的。因此又把它们称为大气恒定组分。

2. 水汽

大气中的水汽含量（体积分数），比氮、氧等主要成分的含量要低得多，但在大气中的含量随时间、地域、气象条件的不同而变化很大，在干旱地区可低到0.02%，而在温湿地带可高达6%。大气中的水汽含量虽然不大，但对大气变化却起着重要的作用，因而也是大气的主要组成之一。

3. 悬浮颗粒

悬浮颗粒是由于自然因素而生成的颗粒物，如岩石的风化、火山爆发、宇宙落物以及海水溅沫等。无论是它的含量、种类，还是化学成分都是变化的。

以上物质的含量称为大气的本底值（background）。有了这些数值就可以很容易地判定大气中外来污染物。若大气中某种组分的含量远远地超过上述标准含量时，或自然大气中本来不存在的物质在大气中出现时，即可判定他们是大气的外来污染物。但一般不把水分含量的变化看做外来污染物。

二、大气污染

大气污染是指由于人类活动或自然过程引起某些物质介入大气中，呈现出足够的浓度，达到了足够的时间，并因此而危害了人体的舒适、健康和福利或危害了环境。这里所说的人类活动不仅包括生产活动，而且也包括生活活动，如做饭、取暖、交通等。自然过程，包括火山活动、山林火灾、海啸、土壤和岩石的风化及大气圈中空气运动等。一般说来，由于自然环境所具有的物理、化学和生物机能（即自然环境的自净作用），会使自然过程造成的大气污染经过一定时间后自动消除（即使生态平衡自动恢复）。所以可以说，大气污染主要是人类活动造成的。

大气污染对人体的舒适、健康的危害，包括对人体的正常生活环境和生理机能的影响，引起急性病、慢性病以至死亡等；而所谓福利，指与人类协调并共存的生物、自然资源以及财产、器物等。按照大气污染的范围来分，大致可分为四类：①局限于小范围的大气污染，如受到某些烟囱排气的直接影响；②涉及一个地区的大气污染，如工业区及其附近地区或整个城市大气受到污染；③涉及比一个城市更广泛地区的广域污染；④必须从全球范围考虑的全球性（或国际性）污染，如大气中的飘尘和二氧化碳气体的不断增加，就成了全球性污染，受到世界各国的关注。

三、大气污染现象

(一) 国内外大气污染概况

由于人类活动造成大气环境污染与破坏，最早可追溯到人类开始用火的上古时代。木材的燃烧、草地和森林火灾都会造成不同程度的大气污染。人类真正认识大气污染是在18世纪中叶产业革命之后。蒸汽机的发明与广泛应用，使社会生产力得到飞速发展，在人类历史上产生了一次伟大的技术革命。随着生产力的迅速发展，煤和石油逐渐上升为主要能源燃料，由此造成的大气污染也随之日益加剧，严重的大气污染事件接连发生。恩格斯在《英国工人阶级状况》一书详细地描述了当时英国工业发源地曼彻斯特市的大气污染状况，他指出："从烟囱里喷出的浓烟弥漫于城市上空，使大气浑浊"。英国伦敦在手工业时期就曾出现过因燃煤造成的大气污染，1873年、1880年、1892年、1952年先后又多次发生由于燃烧造成的烟雾中毒事件。最严重的一次毒雾事件是发生在1952年12月5日早晨，伦敦一带上空受高气压的影响，地面处于无风状态，浓雾笼罩整个城市。由于高空出现逆温，使得大量烟尘和二氧化硫等污染物被封闭在逆温层下。污染物得不到扩散而迅速的累积，烟尘浓度约为平时的10倍，二氧化硫浓度约为平时的6倍。这种污染事件造成了大量市民患病及死亡。

根据大气污染的特点，国外大气污染历史大体上可分为三个阶段：

第一阶段：18世纪末到20世纪中叶。这个阶段的大气污染属于煤烟型污染，主要污染物是烟尘、SO_2等。

第二阶段：20世纪50年代至70年代初。各国工业迅速发展，尤其是冶炼和化工业的发展，汽车数量倍增，大气污染日趋严重。这时的大气污染已不再局限于城市和工矿区，而呈现为广域污染，甚至成为全国性的污染和邻国间的污染。污染物是SO_2与含有重金属的飘尘、硫酸烟雾、光化学烟雾等共同作用的产物，属于复合污染。各国政府开始重视环境保护，制定有关环境法规和标准，着手治理和控制环境污染，并取得一定成效。

第三阶段：20世纪70年代以来，各国更加重视环境保护，进一步修改立法，投入大量的人力物力，经过严格的控制、综合治理，取得了显著的效果。

我国是世界上大气污染最严重的国家之一，大气污染是我国环境问题中的一个主要问题。根据1987年对57个市的调查显示，飘尘都超过标准，超过3倍以上的有28个城市。大气中的烟尘和各种有害气体，有的超过国家标准几倍、几十倍，甚至几百倍。据1981年的不完全统计，全国排放的废气中粉尘量为280万t/a，平均2.9t/km^2（全球陆地负荷0.7t/km^2），二氧化硫量160万t/a，平均1.6t/km^2（全球陆地负荷1.0t/km^2）。而烟尘、SO_x、NO_x和CO的数量占燃料燃烧排放的比例分别约为99%、93%、81%和97%。可见，煤的直接燃烧是我国大气污染的主要来源。

综上所述，当前我国大气污染状况及特点是：多数城市大气污染严重，危害严重的主要污染物是燃烧煤排放的烟尘和二氧化硫。烟尘污染是全国性和全年性的，污染主要发生在燃用高硫煤地区和北方城市的冬季取暖期。目前已发现的酸雨污染主要分布在长江以南，特别是西南的使用高硫煤地区，而郊区污染一般较轻。除上述由于燃烧产生的三种主要污染物以外，还有由于工业生产过程，交通运输等行业排放的工业污染物及废气排放物，诸如炭黑，氛及氮化物、硫化氢、氨、一氧化碳、苯并芘以及碳氢化合物等，其中有些污染物已构成局部的大气污染问题。

（二）全球性大气环境污染问题

1. 臭氧层破坏

臭氧是一种具有刺激性气味的气体，主要集中在距离地面15～50km之间的大气平流层中，在距离地面22～27km处为臭氧，浓度不高，但臭氧层在保护生态环境方面的作用十分重要。它一方面吸收太阳紫外辐射变为热能而增温，使生命得以维持；另一方面，它吸收太阳光中大部分紫外线，屏蔽地球表面生物，所以被誉为“地球保护伞”。

在大气平流层中，一方面氧分子因高能量的紫外辐射分解成氧原子而生成臭氧，另一方面，臭氧又会吸收对生态环境有害的紫外线而分解消失，这种不断的生成和分解，使大气平流层中的臭氧量维持一种动态平衡。然而由于人为的因素加速了平流层中臭氧的分解，导致臭氧层破坏，出现臭氧空洞。早在1985年，英国科学家总结发现自1975年以上来，南极每年早春臭氧的减少超过正常浓度的30%；当年美国“雨云—7”号气象卫星测到了这个“洞”，发现其面积相当于美国国土面积，深度相当于珠穆朗玛峰的高度。2006年10月20日，美国宇航局与美国国家海洋和大气局科学家发现南极上空臭氧空洞大小已经达到2740万km^2，接近美国陆地面积的3倍。

对于臭氧层破坏的原因，科学家有多种见解，但大多数认为主要是氮氧化合物和氟氯碳类物质引起的。氮氧化物和氟氯碳类物质能夺去臭氧中的氧原子，从而使臭氧生成氧气，失去吸收紫外线的功能。譬如氟氯碳类物质在强大的紫外线辐射下会光解放出氯原子，氯原子有强大的破坏臭氧分子能力（1个氯原子能破坏约10万个臭氧分子），使臭氧浓度降低，臭氧层遭到破坏。

臭氧被大量损耗后，吸收紫外线辐射能量大大减弱，抵达地面的紫外线增强，将引起地球生态系统的严重灾难。强烈的紫外线辐射，会引起白内障和皮肤癌，降低人体的抵抗能力，抑制人体免疫系统的功能，使许多疾病发生。据统计，臭氧浓度每降低1%，人类皮肤癌发病率将增加2%。1991年年底，由于南极臭氧空洞的扩大，智利最南部的城市出现了小学生皮肤过敏和不寻常的阳光灼烧现象，同时出现了许多绵羊和兔子失明。强烈的紫外线辐射还会使农作物和微生物受损，杀死海洋中的浮游生物，伤害生物圈中的食物链及高等植物的表皮细胞，抑制植物的光合作用和生产速度，对世界粮食产量和质量造成影响。

为了保护臭氧层，联合国环境规划署于1985年和1987年先后组织制定了《保护臭氧层维也纳公约》、《关于消耗臭氧层物质的蒙特利尔议定书》缔约国第一次会议在北欧一些国家的推动下，又发表了《保护臭氧层赫尔辛基宣言》。1989年5月召开的《议定书》。按照《议定书》规定，发达国家在1996年1月1日前，发展中国家到2010年，最终淘汰臭氧层消耗物质。中国政府严格执行《蒙特利尔议定书》的协议，中国的冰箱也已于2005年停止使用氟氯碳类物质。

2. 温室效应

大气中的某些微量物质无阻挡地让太阳的短波辐射到达地球，并能够部分吸收地面发出的长波辐射而使大气增温的作用，称为“温室效应”。主要的温室气体有二氧化碳、氟化烃、甲烷、氮氧化合物等，其中以二氧化碳的温室作用最为明显。

实际上在人为因素干扰大气组成之前，温室气体和温室效应就早已存在。拥有适量的温室气体是有益的，它可以帮助地球表面温度保持在一个宜人的水平——15℃，没有它，地球表层的平均温度只有−23℃，那将不是一个适合人类居住的地方。但是人类的活动，尤其是大量化石燃料燃烧、森林砍伐和工业生产等，使温室气体在大气中的浓度快速增加，导致全球气候变暖，因此，现在普通所说的“温室效应”实际上是“人为温室效应”。1995年8月联合国政府间气候变化专业委员会（IPCC）第一次明确指出，地球变暖主要是人为原因引起的。

冰川是地球上最大的淡水水库，但全球变暖正在使冰川以有记录以来的最大速度在世界越来越多的地区融化着。在将近40年间，冰塔林大幅度后退、稀疏变矮清晰可见，冰川消融显而易见。全球冰川呈现出加速融化的趋势，冰川融化的速度不断加快，意味着数以百万的人口将面临洪水、干旱以及饮用水减少的威胁。冰川消融必将带来海平面上升。全世界大约有1/3的人口生活在沿海岸线60km的范围内，经济发达，城市密集。温室效应导致的海洋水体膨胀和两极冰雪融化，可能在2100年使海平面上升50cm，危及全球沿海地区，使这些地区遭受淹没或海水入侵，海滩和海岸遭受侵蚀，土地恶化，海水倒灌和洪水加剧，港口受损，并影响沿海养殖业，破坏给排水系统。

面对全球气候变暖的挑战，国际社会签订了《联合国气候变化框架公约》、

《京都议定书》等一系列公约，旨在采取一切手段减少二氧化碳等温室气体的排放。其基本对策有四：一是调整能源战略，通过提高现有能源利用率及向清洁能源转化等方面发展，减少二氧化碳的排放；二是植树造林，利用植物的光合作用吸收二氧化碳，达到阻止大气中二氧化碳浓度增长的目的；三是控制全球人口增长，提高人口素质，严控不发达国家的人口失控和发达国家的无节制消费方式；四是加强环境意识教育，促进全球合作，让全人类都来认真对待地球变暖问题。

第二节 大气污染物的来源、危害及产生机理

一、大气污染物的来源

大气污染物种类繁多，主要来源于自然过程和人类活动见表 3 - 2 所列。

表 3 - 2 地球上自然过程及人类活动的排放源及排放量

污染物名称	自然排放		人类活动排放		大气背景浓度/（mg/m^3）
	排放量	排放量/（t/a）	排放源	排放量	
SO_2	火上活动	未估计	煤和油的燃烧	146×10^6	0.2×10^{-9}
H_2S	火上活动、沼泽中的生物作用	100×10^6	化学过程污水处理	3×10^6	0.2×10^{-9}
CO	森林火灾、海洋、萜稀反应	33×10^6	机动车和其他燃烧过程排气	304×10^6	0.1×10^{-6}
$NO-NO_2$	土壤中细菌作用	NO：430×10^6 NO_2：658×10^6	燃烧过程	53×10^6	NO：（0.2～4）$\times10^{-6}$ NO_2：（0.5～4）$\times10^{-6}$
NH_3	生物腐烂	1160×10^6	废物处理	4×10^6	（6～20）$\times10^{-9}$
N_2O	土壤中的生物作用	590×10^6	无	无	0.25×10^{-5}
C_mH_n	生物作用	CH_4：1.6×10^9 萜稀：200×10^6	燃烧和化学过程	88×10^6	CH_4：1.5×10^{-6} 非 $CH_4<1\times10^{-9}$
CO_2	生物腐烂、海洋释放	10^{12}	燃烧过程	1.4×10^{19}	320×10^{-9}

由自然过程排放污染物所造成的大气污染多为暂时的和局部的，人类活动排放污染物是造成大气污染的主要根源。因此我们对大气污染所作的研究，针对的主要是人为造成的大气污染问题。

（一）污染源分类

为满足污染调查、环境评价、污染物治理等环境科学研究的需要，对人工污染进行如下分类。

1. 按污染源存在的形式分

（1）固定污染源　位置固定，如工厂的排烟或排气。

（2）移动污染源　在移动过程中的排放大量废气，如汽车等。

这类方法适用于进行大气质量评价时满足绘制污染源分析图的需要。

2. 按污染物排放的方式分

（1）高架源　污染物通过高烟囱排放。

（2）面源　许多低矮烟囱集中起来而构成一个区域性的污染源。

（3）线源　许多污染源在一定街道上造成的污染。

这类方法适用于大气扩散计算。

3. 按污染物排放时间分

（1）连续源　污染物连续排放，如化工厂排气等。

（2）间断源　时断时续排放，如取暖锅炉的烟囱。

（3）瞬时源　短暂时间排放，如某些工厂事故性排放。

4. 按污染物产生的类型分

（1）工业污染源　包括工业燃烧燃料排放废气，成分复杂，危害性大。

（2）农业污染源　农用燃料燃烧的废气、有机氯农药、氮肥分解产生的 NO_x 等。

（3）生活污染源　民用炉灶、取暖锅炉、垃圾焚烧等放出的废气，具有量大、分布广、排放高度低等特点。

（4）交通污染源　交通运输工具燃烧燃料排放废气，成分复杂，危害性大。

（二）大气污染物的来源

1. 燃料燃烧

火力发电厂、钢铁厂、炼焦厂等工矿企业和各种工业窑炉、民用炉灶、取暖锅炉等燃料燃烧均向大气排放大量污染物。发达国家能源以石油为主，大气污染物主要是二氧化碳、二氧化硫、氮氧化合物和有机化合物。我国以煤为主，约占能源消费的75%，主要污染物是二氧化硫和颗粒物。

2. 工业生产过程

化工厂、炼油厂、钢铁厂、焦化厂、水泥厂等各类工业企业，在原料运输、粉碎以及各种成品生产过程中，都会有大量的污染物排入大气中。这类污染物主要有粉尘、碳氢化合物、含硫化合物以及卤素化合物等。生产工艺、流程、原材料及操作管理条件和水平的不同，所排放污染物的种类、数量、组成、性质等也有很大的差异。

3. 农业生产过程

农药和化肥的使用可以对大气产生污染。如 DDT 施用后能在水面漂浮，并同水分子一起蒸发而进入大气；氮肥在施用后，可直接从土壤表面挥发成气体进入大气；以有机氮或无机氮进入土壤内的氮肥，在土壤微生物的作用下转化为氮氧化物进入大气，从而增加了大气中氮氧化物的含量。

4. 交通运输过程

各种机动车辆、飞机、轮船等均排放有害废物到大气中。交通运输产生的污染物主要有碳氢化合物、一氧化碳、氮氧化物、含铅污染物、苯并｛a｝芘等。这些污染物在阳光照射下，有的可经光化学反应，产生光化学烟雾，形成二次污染物，对人类的危害更大。

（三）大气污染物的分类

按照污染物存在的形态，大气污染可分为颗粒物与气态污染物。

依照与污染源的关系，可将其分为一次污染物和二次污染物。从污染源直接排出的原始物质，进入大气后其性质没有发生变化，称为一次污染物；若一次污染物与大气中原有成分或几种一次污染物之间发生了一系列的化学反应，形成了与原污染物性质不同的新污染物，称为二次污染物。

1. 颗粒污染物

进入大气的固体粒子和液体粒子均属于颗粒污染物，有以下几种类型。

（1）尘粒　粒径大于 75μm 的颗粒物。粒径较大，易于沉降。

（2）粉尘　粒径大于 10μm 而小于 75μm，靠重力作用能在较短时间内沉降到地面，称为降尘，粒径小于 10μm，不易沉降，能长期在大气中漂浮着，称为飘尘。粉尘一般是在固体物料输送、粉碎、分级、研磨、装卸等机械过程或由于岩石、土壤风化等自然过程中产生的颗粒物。

（3）烟尘　粒径均小于 1μm。在燃料燃烧、高温熔融和化学反应等过程中所形成的颗粒物，漂浮于大气中称为烟尘。它包括升华、焙烧、氧化等过程形成的烟气，也包括燃料不完全燃烧所造成的黑烟以及蒸气凝结所形成的烟雾。

（4）雾尘　小液体粒子悬浮于大气中的悬浮体的总称。一般是由于蒸汽的凝结、液体的喷雾、雾化以及化学反应过程所形成，如水雾、酸雾、碱雾、油雾等。粒子粒径小于 100μm。

（5）煤尘　燃烧过程中未被燃烧的煤粉尘、大中型煤码头的扬尘及露天煤矿的煤扬尘等。

2. 气态污染物

气态污染物种类极多，能够检出上百种，对我国大气环境产生危害的主要污染物有五种。

(1) 含硫化合物　主要指 SO_2、SO_3 和 NH_3 等，以 SO_2 的数量最大，危害也最大。

(2) 含氮化合物　最主要是 NO、NO_2、NH_3 等。

(3) 碳氧化合物　CO、CO_2 是主要污染大气的碳氧化合物。

(4) 碳氢化合物　主要指有机废气。有机废气中的许多成分构成了对大气的污染，如烃、醇、酮、酯、胺等。

(5) 卤素化合物主要是含氯化合物及含氟化合物，如 HCl、HF、SiF_4 等。如表 3-3 所示。

表 3-3　气体状态大气污染物的种类

污染物	一次污染物	二次污染物	污染物	一次污染物	二次污染物
含硫化合物	CO_2、H_2S	SO_3、H_2SO_4、MSO_4	碳氢化合物	C_mH_n	醛、酮、过氧乙酰基硝酸酯
碳氧化合物	CO、CO_2	无	卤素化合物	HF、HCl	无
含氮化合物	NO、NH_3	NO_2、HNO_3、MNO_3、O_3			

3. 二次污染物

最受人们重视的二次污染物是光化学烟雾。

(1) 伦敦型烟雾　大气中为燃烧的煤尘、SO_2，与空气中的水蒸气混合并发生化学反应所形成的烟雾，也称为硫酸烟雾。

(2) 洛杉矶烟雾　汽车、工厂等排入大气中的氮氧化物或碳氢化合物，经光化学作用形成的烟雾，也称为光化学烟雾。

(3) 工业型烟雾光化学烟雾　在我国兰州西固地区，氮肥厂排放的 NO_x、炼油厂排放的碳氢化合物，经光化学作用所形成的光化学烟雾。

二、大气污染物的危害及防治原则

(一) 大气污染的危害

1. 对人体健康的危害

大气污染后，由于污染物质的来源、性质、浓度和持续时间的不同，污染地区的气象条件、地理环境等因素的差别，甚至人的年龄、健康状况的不同，对人均会产生不同的危害。大气污染对人体的影响，首先是感觉上不舒服，随后生理上出现可逆性反应，再进一步就出现急性危害症状。大气污染对人的危害大致可分为急性中毒、慢性中毒和致癌三种。

急性中毒：大气中的污染物浓度较低时，通常不会造成人体急性中毒，但在某些特殊条件下，如工厂在生产过程中出现特殊事故，大量有害气体泄露外排，外界气象条件突变等，便会引起人群的急性中毒。如印度帕博尔农药厂甲基异氰酸酯泄露，直接危害人体，导致2500人丧生，十多万人受害。

慢性中毒：大气污染对人体健康慢性毒害作用，主要表现为污染物质在低浓度、长时间连续作用于人体后，出现的患病率升高等现象。近年来中国城市居民肺癌发病率很高，其中最高的是上海市，城市居民呼吸系统疾病明显高于郊区。

致癌作用：这是长期影响的结果，是由于污染物长时间作用于肌体，损害体内遗传物质，引起突变，如果生殖细胞发生突变，使后代机体出现各种异常，称致畸作用；如果引起生物体细胞遗传物质和遗传信息发生突然改变作用，又称致突变作用；如果诱发成肿瘤的作用称致癌作用。这里所指的“癌”包括良性肿瘤和恶性肿瘤。环境中致癌物可分为化学性致癌物、物理性致癌物和生物性致癌物等。致癌作用过程相当复杂，一般有引发阶段和促长阶段。能诱发肿瘤的因素，统称致癌因素。由于长期接触环境中致癌因素而引起的肿瘤，称环境瘤。大气污染会导致人的寿命下降。

正常的大气中主要含对植物生长有好处的氮气（占78%）和人体、动物需要的氧气（占21%），还含有少量的二氧化碳（0.03%）和其他气体。当本不属于大气成分的气体或物质，如硫化物、氮氧化物、粉尘、有机物等进入大气之后，大气污染就发生了。大气污染主要由人的活动造成，大气污染源主要有：工厂排放、汽车尾气、农垦烧荒、森林失火、炊烟（包括路边烧烤）、尘土（包括建筑工地）等。

大气污染物主要分为有害气体（二氧化碳、氮氧化物、碳氢化物、光化学烟雾和卤族元素等）及颗粒物（粉尘和酸雾、气溶胶等）。

2. 对植物的危害

当大气污染物浓度超过植物的忍耐限度，会使植物的细胞和组织器官受到伤害，生理功能和生长发育受阻，产量下降，产品品质变坏，群落组成发生变化，甚至造成植物个体死亡，种群消失。

植物容易受大气污染危害，首先是因为它们有庞大的叶面积同空气接触并进行活跃的气体交换。其次，植物不像高等动物那样具有循环系统，可以缓冲外界的影响，为细胞和组织提供比较稳定的内环境。此外，植物一般是固定不动的，不像动物可以避开污染。植物受大气污染物的伤害一般分为两类：受高浓度大气污染物的袭击，短期内即在叶片上出现坏死斑，称为急性伤害；长期与低浓度污染物接触，因而生长受阻，发育不良，出现失绿、早衰等现象，称为慢性伤害。

大气污染物中对植物影响较大的是二氧化硫（SO_2）、氟化物、氧化剂和乙烯。氮氧化物也会伤害植物，但毒性较小。氯、氨和氯化氢等虽会对植物产生毒害，但一般是由于事故性泄漏引起的，危害范围不大。大气污染对植物的影响表现在群落、个体、细胞和器官组织等方面。群落方面，不同的植物种和变种对污染物的抗性不同，同一种植物对不同污染物的抗性也大有差异。在污染物的长期作用下，植物群落的组成会发生变化，一些敏感种类会减少或消失；另一些抗性强的种类会保存下来甚至得到一定的发展。个体的影响方面，表现为生长减慢、发育受阻、失绿黄化、早衰等症状，有的还会引起异常的生长反应。在发生急性伤害的情况下，叶面部分坏死或脱落，光合面积减少，影响植株生长，产量下降。在发生慢性伤害的情况下，代谢失调，生理过程如光合作用、呼吸机能等不能正常进行，引起生长发育受阻。对器官组织的影响方面，叶组织坏死，表现为叶面出现点、片伤斑，这是植物受大气污染物急性伤害的主要症状。各种污染物对叶片的伤害往往各有其特有的症状，成为大气污染“伤害诊断”的主要依据。器官（叶、蕾、花、果实）脱落是污染伤害的常见现象。植物接触大气污染物如SO_2、O_3（臭氧）等以后，体内产生应激乙烯或伤害乙烯，是器官脱落的原因。对细胞和细胞器的影响，细胞的膜系统在一些污染物的作用下，差别透性被破坏，引起水分和离子平衡的失调，造成代谢紊乱。破坏严重时，细胞内分隔作用消失，细胞器崩溃，最后导致死亡。膜类脂是污染物的一个主要作用点，例如臭氧使膜类脂发生过氧化，干扰它的生物合成。新近的研究表明，SO 的伤害也与膜类脂的过氧化过程有关。通过电子显微镜观察得知，叶绿体的膜结构是在 O 和 SO 的作用下被破坏的。

3. 对器物及材料的危害

大气污染对金属制品、油漆涂料、皮革制品、纸制品、纺织品、橡胶制品和建筑物的损害也是很严重的。这种损害包括玷污性损害和化学性损害两个方面。玷污性损害主要是粉尘、烟等颗粒物落在器物上面造成的，有的可以清扫冲洗除去，有的很难除去，如煤、油中的焦油等。化学性损害是由于污染物的化学作用，使器物和材料腐蚀或损坏。

颗粒物因其固有的腐蚀性，或惰性颗粒物进入大气后因吸收或吸附了腐蚀性化学物质产生直接的化学性损害。存在空气中的吸湿性颗粒物，能直接对金属表面产生腐蚀作用。

大气中的SO_2、NO_x及其生成的烟雾、酸雾等，能使金属表面产生严重的腐蚀，使纺制品、皮革制品等腐蚀破损，使金属涂料变质，降低其保护效果。一般来说，造成金属腐蚀危害最大的污染物是SO_2。温度和相对湿度都显著影响着腐蚀速度，铝对SO_2的腐蚀作用具有很好的抵抗力。但是，当相对湿度高于70％时，其腐蚀率就会明显上升。含硫物质和硫酸会侵蚀多种建筑材料，如石灰石、大理石、花岗岩、水泥砂浆等，这些材料先形成较易溶解的硫酸盐，然后被雨水冲刷掉。SO_2或硫酸气溶胶加速了尼龙织物管道的老化。

光化学氧化剂中的臭氧，会使橡胶绝缘性能的寿命缩短，使橡胶制品迅速老化脆裂。预侵蚀纺织品的纤维素，使其强度减弱。所有氧化剂都能使纺织品发生程度不同的褪色。

4. 对大气的影响

大气污染物质还会影响天气和气候。颗粒物使大气能见度降低，减少到达地面的太阳光辐射量。尤其是在大工业城市中，在烟雾不散的情况下，日光比正常情况减少40％。高层大气中的氮氧化物、碳氢化合物和氟氯烃类等污染物使臭氧大量分解，引发的“臭氧洞”问题，成为了全球关注的焦点。

从工厂、发电站、汽车、家庭小煤炉中排放到大气中的颗粒物，大多具有水汽凝结核或冻结核的作用。这些微粒能吸附大气中的水汽使之凝成水滴或冰晶，从而改变了该地区原有降水（雨、雪）的情况。人们发现在离大工业城市不远的下风向地区，降水量比四周其他地区要多，这就是所谓“拉波特效应”。如果微粒中央夹带着酸性污染物，那么，在下风地区就可能受到酸雨的侵袭。

大气污染除对天气产生不良影响外，对全球气候的影响也逐渐引起人们关注。由大气中二氧化碳浓度升高引发的温室效应，是对全球气候的最主要影响。地球气候变暖会给人类的生态环境带来许多不利影响，人类必须充分认识到这一点。

（二）大气污染综合防治的原则

排放源、大气状态、接受体是大气污染形成的三个环节，因此，控制大气污染可从三个方面着手，一是对排放源进行控制，减少大气污染物的排放量；二是对进入大气中的污染物进行治理；三是对接受体进行防护。控制大气污染的最佳途径是阻止或减少进入大气中的污染物排放量，这条途径既是可行的又是最实际的。

大气污染控制是一门综合性很强的技术，仅考虑某个污染源的治理技术是远远不够的，必须视一个城市或特定区域为一个整体，统一规划以预防为主、防治结合、标本兼治为原则综合应用管理防治和控制措施。大气污染综合防治的措施可以概括为以下几点。

1. 全面规划、合理布局

大气环境质量受各种各样的自然因素和社会因素影响，必须进行全面规划、合理布局，才能获得长期效益。如工业布局应考虑厂址与居民区之间留有绿化空地，以有利于污染物的自然净化：严格划分城市功能区，在居民区、风景游览区、水源地上游不能建污染严重的单位等。

2. 以源头控制为主，实施全过程控制

要从根本上解决大气污染问题，就必须从源头开始控制并实行全过程监控，改善能源结构，大量采用太阳能、风能、潮汐能、海能、水能等清洁能源，大力清洁生产，减少能源消耗，提高能源利用率，在生产过程中最大限度地减少污染物排放量。

3. 技术措施与管理措施相结合

大气污染综合防治一定要管治结合。大气污染治理固然十分重要，但还必须通过加强环境管理来解决环境问题，即运用管理手段，如坚持实行排污申报登记、排污收费、限期治理等各项环境管理制度来促进大气污染治理。为加强大气污染管理，我国在 1987 年通过了《大气污染防治法》，1989 年颁布了《环境保护法》，1991 年颁布了《大气污染防治实施细则》，2009 年修订了《大气污染防治法》等一系列环境法规。除此以外，从中央到地方逐步建立起比较完善的大气环境监测系统，为大气环境的科学管理提供了大量资料。

4. 绿化造林

绿地被称为城市的肺，是城市大气净化的呼吸系统。绿化造林不仅可以美化环境、调节大气温度和湿度、保持水土等，而且在净化大气环境及降低噪声方面也有显著成效，因而是大气污染防治的有效措施。绿色植物不仅可以吸收 CO_2 进行光合作用而放出 O_2，而且对空气中的粉尘及各种有害气体都有阻挡、过滤或吸收作用。有统计资料表明，若城市居民平均每人有 $10m^2$ 树林或 $50m^2$ 草地，即可保持空气清晰。因此城市环境应保持一定比例的绿地面积，以达到既美化城市环境，又净化和缓冲城市区域大气污染的作用。

三、大气污染物及其发生机制

在我国大气环境中，具有普遍影响的污染物，最主要的来源是燃料燃烧。影响较大的污染物有总悬浮微粒、飘尘、二氧化碳、一氧化碳和总氧化剂六种。我国已制定出这六种主要污染物的大气质量标准。对于局部地区有特定污染源排放的其他危害较重的污染物，如某地区冶炼厂排放的氟化物，可作为该地区的主要污染物。表 3-4 为某些工业部门排放的主要污染物。

表 3－4　某些工业部门排放的主要污染物

工业部门	工厂种类	大气污染物
电　力	火力发电	烟尘、二氧化硫、一氧化碳、氮氧化物、多环烃、五氧化二钒
冶　金	钢铁	烟尘、二氧化硫、一氧化碳氧化锰和氧化镁粉尘
	炼焦	烟尘、二氧化硫、一氧化碳、酶、苯、奈、硫化氢、碳氢化物
	有色冶炼	烟尘（含有各种金属，如铅、锌、镉、铜）、二氧化硫、汞蒸汽、氟化物
化　工	石油化工	二氧化硫、硫化氢、氰化物、氮氧化物、碳氢化物
	氮肥	烟尘、氮氧化物、一氧化碳、氨、硫酸气溶胶
	磷肥	烟尘、氟化氢、硫酸气溶胶
	硫酸	二氧化硫、氮氧化物、砷、硫酸气溶胶
	氯碱	氯、氯化氢
	化学纤维	烟尘、硫化氢、二氧化硫、氨、甲醇、丙酮、二氯甲烷
	合成橡胶	丁间二烯、苯乙烯、异戊二烯、二氯乙烷、二氯乙醚、乙硫醇
	农药	砷、汞、氯
	冰晶石	氯化氢
机　械	机械加工	烟尘
轻　工	造纸	烟尘、硫醇、硫化氢、臭气
	仪器仪表	汞、氰化物、铬酸气溶胶
	灯泡	烟尘、汞
建　材	水泥	水泥尘、烟尘

（一）颗粒污染物

1. 粉尘（dust）

粉尘系指分散于气体中的细小固体粒子，这些粒子通常有煤、矿石和其他固体物料在运输、筛分、碾磨、加料和卸料等机械处理过程或有风扬起的土壤尘等所致。粉尘的粒径一般在 1～200μm 之间。大于 10μm 的粒子，在重力作用下，能在较短时间内沉降到地面，称为降尘。小于 10μm 的粒子，能长期漂浮于大气，称为飘尘。

2. 烟（fume）

烟系指由固体升华、液体的蒸发、化学反应等过程蒸汽，在空气或气体中凝结成的浮游粒子的气溶胶。烟气溶胶粒子的粒径通常小于 1μm。

3. 飞灰（fly ash）

飞灰系指燃料燃烧后，在烟道气中所悬浮呈灰状的细小粒子。以粉煤为燃料燃烧时排出的飞灰比较多。

4. 黑烟（smoke）

黑烟系指在燃烧固体或液体燃料过程中所产生的细小粒子，在大气总漂浮出现的气溶胶现象。黑烟中烟煤和硫酸微粒，黑烟微粒成为大气中水蒸气的凝结核后可形成烟雾。在一些国家里，是以林格曼数、黑烟的遮光率、玷污的黑度或捕集沉降物的质量来表示黑烟的污染程度。黑烟微粒的粒径大约为 0.05～1μm。

5. 雾（fog）

雾系指有蒸汽状态凝结成液体的微粒，悬浮在大气中所出现的现象。其粒径小于 100μm。此时的相对湿度为 100%，影响 1km 以外的大气水平可见度。

6. 煤烟尘（soot）

煤烟尘又指烟炱，俗称黑烟子。煤烟尘是指伴随燃料和其他物质燃烧所产生的黑色烟尘，其中含有 50%的碳。粒径在 1～20μm。目前对煤烟尘的发生机制还不十分清楚。煤烟尘生成过程与燃料的种类、燃烧火焰的状态有关。一般来说，燃烧天然气，煤烟尘生成量最少；燃烧煤或木材等碳化物，特别是燃烧其干馏生成物，如焦油（沥青）燃料时，煤烟尘生成量就多。

7. 总悬浮物微粒（TSP）

总悬浮微粒系指大气中粒径小于 100μm 的所有固体颗粒。

（三）气态污染物

气态污染物种类很多。已经经过鉴定的大气污染物有 100 多种，其中有由污染源直接排入大气的一次污染物和由一次污染物经过化学或光化学反应，生成的二次污染物。

一次污染物主要有以二氧化硫为主的含硫化合物、一氧化氮和二氧化氮为主的含氮化合物、碳的化合物、碳氢化合物及卤素化合物等。表 3-4 列出某些污染物的发生源及其相关的行业。

1. 硫氧化合物

硫氧化合物主要是指 SO_2 和 SO_3。大气中的 H_2S 是不稳定的硫氢化物，在有颗粒物存在下，可迅速地被氧化成三氧化硫。大气中近一半多的硫氢化合物是人为因素造成的，主要是由燃烧含硫煤和石油等燃料所产生的。此外，有色金属冶炼厂、硫酸厂等也排放出相当数量的硫氧化物气体。

根据煤含硫量的多少，有高硫煤和低硫煤之分。煤中含硫量大于 3%的叫高硫煤，小于 3%的叫低硫煤。通常 1t 煤中含有 5～50kg 硫。燃料中的硫不完全是以单体硫存在，多以有机和无机硫化合物的形式存在。有机硫化合物（如硫醇、硫醚等）和无机硫化物（如黄铁矿）在燃烧过程中，可氧化生成 SO_2，这种硫化合物称为可燃性硫化合物。而无机硫化合物中的硫酸盐是不参与燃烧反应的，多残存于灰烬中，此种硫化合物为非可燃性硫化合物。

可燃性硫及硫化合物在燃烧时，主要是生成 SO_2，只有 1%～5%氧化成 SO_3。其主要化学反应如下：

单体硫燃烧：

$$S+O_2 = SO_2$$

$$SO_2+1/2O_2 = SO_3$$

硫铁矿的燃烧：

$$4FeS_2+11O_2 = 2Fe_2O_2+8SO_2$$

$$SO_2+1/2O_2 = SO_3$$

硫醚、硫醇等有机硫化物的燃烧：

$$CH_3CH_2CH_2CH_2SH = H_2S+2H_2+2C+C_2H_4$$

分解出的 HS 再氧化为：

$$2H_2S+3O_2 = 2SO_2+2H_2O$$

SO_2在洁净干燥的大气中氧化成 SO_3 的过程是很缓慢的，但是，在相对湿度比较大，特别是在有颗粒物存在时，可发生催化氧化反应，从而加快生成 SO_3。

由人为和天然污染源每年排放至大气中的 SO_2约有 2.5×10^{10} t 之多，人为污染源排放的 SO_2大约占总排放量的 41%。

自 20 世纪 70 年代以来，全球 SO_2排放总量平均每年递增 5%，预计 20 世纪末超过 3.7×10^8 t。1995 年我国 SO_2排放量大于 2.370×10^7 t，居世界第一。

2. 氮氧化物

NO_x 种类很多，它是 NO、N_2O、NO_2、N_2O_3、N_2O_4、N_2O_5等的总称。造成大气污染的 NO_x主要是指 NO 和 NO_2。大气中的 NO_x几乎 1/2 以上是由人为污染源产生的。人为污染源一年向大气排放 NO_x约为 5.21×10^7 t。它们大部分来源于化石燃料的燃烧过程（如燃烧炉、汽车、飞机及内燃机等的燃烧过程）。此外，硝酸的生产或使用过程，氮肥厂、有机中间体厂、有色及黑色金属冶炼厂的某些生产过程等也有 NO_x 的产生。

由燃烧过程产生的 NO_x有两类：一类是在高温燃烧时，助燃空气的 N 和 O 发生反应而生成 NO_x，由此生成的 NO_x 叫做热致 NO_x；另一是燃料中的吡啶（C_5H_5N）、哌啶（$C_5H_{11}N$）、咔唑（$C_{12}H_9N$）等含氮化合物，经高温分解成 N_2 和 O_2后再反应生成 NO_x，由此生成的 NO_x叫做燃料 NO_x。燃料燃烧生成的 NO_x主要是 NO。在一般锅炉烟道中只有不到 10%的 NO 氧化成 NO_2。

在不同氧浓度下，从燃烧生成的热致 NO 平衡浓度与稳定的关系中，生成

NO的浓度随着稳定和氧气浓度的升高而增加。因此，为了减少燃烧生成的热NO，应尽可能降低燃烧稳定和燃烧时气体中的氧气浓度（降低过剩空气系数），并缩短在高温区的停滞时间。高温生成的NO，在排烟的过程中，有少量NO因冷却再分解成N_2和O_2，也有部分的被烟气中过剩氧而氧化，生成NO_2，即

$$2NO+O_2 = 2NO_2$$

燃料中的氮化合物净燃烧，有20%～70%转化成燃料NO。燃料NO的生成机制到目前为止还不清楚。有人认为燃料中氮化合物在燃烧时，首先是发生热分解形成中间产物，然后经氧化生成NO。

3. 一氧化碳

大气中CO既来源于天然污染源，也来源于人为污染源，是排放量最大的污染物之一。人为污染源排放的CO，主要由于燃料燃烧不完全所生成。

燃料燃烧时供氧不足将发生如下反应：

$$C+1/2O_2 = CO$$

$$C+CO_2 = 2CO$$

在缺氧条件下，CO氧化生成CO_2的速率很慢。由于近代不断对燃烧装置及燃烧技术的改进，从固定燃烧装置排放的CO量逐渐有所减少，而由汽车等移动污染源发生的CO有所增加。表3-5为不同污染源排放的CO对大气污染的贡献。

表3-5 不同污染源CO的排放量

来源	范围/（Tg/a）
工业	300～550
生物质燃烧	300～700
生物活动	60～160
海洋排放	20～200
甲烷氧化	400～1000
非甲烷碳氢化合物氧化	200～600
合计	1800～2700

向大气释放CO的天然来源：

甲烷的转化：有机体分解出的甲烷经OH自由基氧化形成的CO。

海水中 CO 的释放：由于海洋生物代谢，可不间断地向大气释放 CO，其量很大，海洋也是大气 CO 的主要释放源。

萜烯反应：植物释放出的萜烯类物质在大气中被自由基氧化生成 CO。

植物中叶绿素的光解：由植物叶绿素光分解产生的 CO 量稍高于萜烯反应生成的量。

汽车尾气排放的 CO 量与汽车运行工况有关。汽车在不同行驶工况下排放的 CO 浓度中，汽车在空挡时产生的 CO 量最多，这也足以说明，在大城市交通繁忙路口处一氧化碳污染相当严重的主要原因。

4. 碳氢化合物

大气中的碳氢化合物（HC）通常指 $C_1 \sim C_8$ 可挥发的所有碳氢化合物，属于有机烃类。据估算，每年由天然和人为污染源向大气放的碳氢化合物量是非常巨大的。

5. 硫酸烟雾

硫酸烟雾是大气中 SO_2 在相对湿度比较高，气温比较低，并有颗粒气溶胶存在时而发生的。

大气中颗粒气溶胶具有凝聚大气中水分和吸收 SO_2 与氧气的能力。在颗粒气溶胶表面上发生 SO_2 的催化氧化反应，生成亚硫酸和硫酸，即 SO_2 溶解于水发生的化学反应。

生成的亚硫酸在颗粒气溶胶中的 Fe、Mn 等催化作用下，继续被氧化生成硫酸：

$$2HSO_3^- + 2H^+ + O_2 = 2H_2SO_4 \text{（雾）}$$

若大气中 NH_3 存在时，即可形成硫酸铵气溶胶。硫酸雾是强氧化剂，对人和动植物有极大危害。英国从 19 世纪到 20 世纪中叶，曾多次发生这类烟雾事件，最严重的一次硫酸烟雾事件，发生在 1962 年 12 月 5 日，历时 5 天，死亡 4000 多人。

6. 光化学烟雾

光化学烟雾最早发生在美国洛杉矶市，随后在墨西哥的墨西哥市，日本的东京市以及我国的兰州市也相继发生这类光化学烟雾事件。其表现是城市上空笼罩着白色烟雾（有时带有紫色或黄色），大气能见度降低，具有特殊气味，刺激眼睛和呼吸道黏膜，造成呼吸困难。生成的强氧化剂臭氧（O_3）可使橡胶制品开裂，植物叶片受害，变黄甚至枯萎。烟雾一般发生在相对湿度低的夏季晴天，高峰期出现在中午或刚过中午，夜间消失。

美国加利福尼亚大学哈根·斯密特博士提出的光化学烟雾理论认为，光化学烟雾是大气中 NO_x、HC 及 CO 等污染物，在强太阳光作用下，发生光化学反应而形成的。

根据光化学反应规律，光化学烟雾的形成与二氧化氮的光分解有关系，二氧化氮的光分解必须有290～430nm波长的光辐射作用才有可能。因此，纬度的高低、季节的变化、光照的强弱都影响光化学烟雾的形成。一般纬度大于60度的地区，由于入射角较小，光线通过大气层时受大气微粒的散射作用，使小于430nm波长的光很难到达地面，所以，不易发生光化学烟雾。夏天，太阳入射角比冬天大，所以夏天发生光化学烟雾的可能性比冬天高。一天中，尤其是夏天中午前后，光线最强，出现光化学烟雾的可能性较大。此外，在晴朗、高温、低湿度和有逆温而风力不大时，有利于污染物的积累，易产生光化学烟雾。因此，在副热带高压控制地区的夏天和早秋季节，常常成为光化学烟雾产生的有利时期。

光化学烟雾形成和大气中二氧化氮、一氧化碳、碳氢化合物等污染物的存在有密切关系，所以，在以石油为动力燃料的工厂、汽车排气等污染源的存在是光化学烟雾形成的前提条件。因此，当前一些发达国家的城市大气污染，光化学烟雾已经成为大气污染的主要环境问题。

第三节　影响大气污染物扩散的因素

一个地区的大气污染物主要与下列三个因素有关。

1. 污染源参数

是指污染源排放污染物的数量、组成、排放方式、排放源的位置及密集程度等。它决定了进入大气污染物的数量和所涉及的范围，是影响大气污染的因素。

2. 气象条件

大气污染物自污染源排放后，在大气中经过物理变化过程和气象因子作用而引起的扩散稀释，决定了大气对污染物的扩散速率和迁移转化的途径。

3. 下垫面状况

是指大气底层接触面的性质、地形及建筑物的构成情况。下垫面的状况不同会影响到气流的运动，也影响着当地的气象条件，从而对大气污染物的扩散造成影响。

一、影响大气污染扩散的气象因素

一个地区大气污染的程度，不仅与该地区污染源所排放的污染物的成分和数量密切相关，而且受气象因素的影响。相同的污染源和污染物，在不同气象条件下，大气污染的程度显著不同，因为大气污染物运输、扩散和稀释程度不同。影响大气污染物扩散的因素有：风向和湍流、温度层结合大气稳定度、逆温和降水等，但风向和湍流对污染物在大气中的输送、扩散、稀释起着决定性的作用。

太阳辐射在地面不同地区、在大陆和海洋之间、在大气中高层和低层之间不是均匀分布的，因而它们之间形成一定的温差。由于温差作用，各地空气密度不同，形成不同的气压。冷空气较热空气的气压高，高压区的冷空气便流向低压区。因此大气的运动包括了有规则的平直的水平运动和不规则的、紊乱的湍流运动。气象上把水平方向的空气运动称为风，垂直方向的空气运动则称为升降气流。风是一个矢量，具有大小和方向，风向是指风吹来的方向。例如，风从北方来称北风；风从南吹称南风。风向可用 8 个方位或 16 个方位表示，也可用角度表示。

风速是指单位时间内空气在水平方向运动的距离，单位为 m/s 或 km/s，通常气象台站所测定的风向、风速，都是指一定时间（2min 或 10min）内的平均值。如果气压在大范围内均匀分布，那么空气几乎就不流动了。这种大气状态叫“静风”，最不利于大气污染物的扩散。

从污染源排入大气的污染物，会顺着风向下输送、扩散和稀释。大气污染不仅受风向频率，而且受风速的影响。大气污染程度与风向频率成正比，某一风向频率越大，其下向受到污染的几率越高；反之，则几率越低。大气污染程度与风速成反比，某一风向的风速越大，则下风向的污染程度越小，因为来自上风向的污染物输送、扩散和稀释能力加大，使大气中污染物浓度降低。

在实际生活中我们可以感到风速时大时小，有阵性，并在主导风向的左右上下出现无规则的摆动，风的这种无规则的阵性和摆动叫做大气湍流。所谓湍流是流体不同尺度的不规则运动。大气运动具有十分明显的湍流特性。

大气湍流是大气短时间的、不同尺度的无规则运动。大气是由大小不同的旋涡（又称旋涡）构成的，一个大旋涡包含许多小旋涡。大气湍流运动便是由这些大大小小的旋涡所形成的。处于湍流的污染物，被不同大小的旋涡携带而逐渐扩散。尺度小于污染物烟团的小旋涡不能改变烟团的整体位置，尺度大于污染烟团的大旋涡能够移动整个污染烟团。尺度大小与污染烟团相当的旋涡最有利于污染物扩散过程。大气中的湍流运动时各部分气体得到充分的混合，所以进入大气的污染物，因湍流混合的作用而逐渐稀疏，我们称这一过程为大气扩散。大气湍流强弱与下垫面状况密切相关，下垫面粗糙起伏不平，湍流较强；下垫面光滑平坦，湍流较弱。

近地层大气湍流的形成和它的强度决定于两种因素：一种是机械的或动力的作用，引起的湍流叫做机械湍流，机械湍流主要决定于风速的分布和地面的粗糙度。当空气流过粗糙的表面时，将随地面的起伏而升抬或下沉，于是产生垂直方向的湍流：风速越大，机械湍流越强。另一种因素是热力因素，是指大气的垂直方向温度变化引起的湍流，亦称热力湍流，热力湍流主要是大气的垂直稳定度引起的。

1. 温度层结

温度层结是指垂直方向的温度梯度，它对大气湍流的强弱有很大的影响。稳定层结会造成湍流抑制，扩散不畅；而在无稳定层结时，由于热力湍流得到加强，扩散强烈，因而气温的垂直分布（温度层结）与大气污染有密切的联系。

在对流层内，气温垂直变化的总趋势是：随着高度的增加气温逐渐降低，这是因为地面是大气的主要的直接的热源，所以近地面的温度比上层要高；另一方面，水汽和固体杂质的分布从低空向高空减少，它们吸收地面辐射的能力很强，也使得近地面气温比上层要高。气温随高度的变化通常以气温垂直递减率（r）来表示，指在垂直方向上上升 100m 气温的变化值。在标准大气情况下，对流层的下层为 0.3～0.4℃/100m，中层为 0.5～0.6℃/100m，上层为 0.65～0.75℃/100m，整个对流层中的气温垂直递减率平均为 0.6℃/100m。气温沿垂直高度的分布，可用坐标图上的曲线表示。这种曲线称为气温沿高度分布曲线或温度层结曲线，简称温度层结。

实际上，在贴近地面的低层大气中，气温垂直变化远比上述情况复杂得多，气温垂直分布有三种情况：

（1）气温随高度递减（$r>0$），这种情况一般出现在风速不大的晴朗白天，地面受太阳照射，贴近地面的空气增温混合较弱。

（2）气温基本不随高度变化（$r=0$），这种情况一般出现在风速不大的阴天，风速比较大的情况下，这时下层空气混合较好，气温分布较均匀。

（3）气温随高度递增（$r<0$），这种情况出现在风速比较小的晴朗夜间，即出现逆温。

实际上气温的垂直分布除上面所讲的三种基本情况外，还存在着介于这几种情况之间的过渡状况，它们不仅受太阳辐射变化的影响，还受天气形势、地形条件等因素的影响。

2. 逆温

通常情况下，大气的温度随高度的上升而降低，但在某些情况下，大气的温度随着高度升高反而增加，即气温产生逆转，这种情况称作逆温。

逆温是发生大气污染的重要气象因素。逆温层的气温垂直分布是下面为冷空气，上面为热空气，很难使大气发生上下扰动，不利于排入大气的污染物冲破逆温层的束缚向上扩散，只能在逆温层的下面依靠有限的一层空间中的水平运动

(风)，使污染物扩散；但是，当强逆温存在时，往往又伴随着静风或小风天气状况，所以污染物就极不容易扩散稀释。随着逆温层厚度的增加，强度的增大，维持时间的延长，逆温层的这种作用也就越大。根据逆温形成的原因，可以把逆温分成以下六类：

(1) 辐射逆温

辐射逆温经常发生在无风或小风少云的夜晚，地面因强烈的有效辐射而很快冷却，同样近地面的大气冷却最强烈，而高处的大气冷却较慢，因而逐渐形成自地面开始向上发展的逆温层，出现上暖下冷的逆温现象。在变化不大的天气系统下，辐射逆温日变化是：傍晚，逆温层在近地面逐渐生成；午夜，逆温强度达到最大，之后逆温层高度不断升高，清晨达到最高值；日出后地面受太阳的辐射，使地面和近地面大气增温，逆温渐渐消失。辐射逆温全年均可出现，但在秋、冬季更易产生，强度大，高度也高，可从几米到二三百米。

(2) 地形逆温

地形逆温是由于局部地区的地形而形成的。主要在盆地底部的大气温度低，这样冷空气就沿斜坡下滑，使谷地或盆地的暖气流抬升，这就形成了上部气温比底部气温高的逆温。

(3) 下沉逆温

在高压控制区，高空存在着大规模的下沉气流，由于下沉气流的绝热增温作用，致使下沉运动的终止高度出现了逆温。这种逆温的特点是范围大，厚度也很大，不连接地面而出现在某一高度上，一般可达数百米。下沉气流一般达到某一高度停止了，所以下沉逆温多发生在高空大气中。

(4) 湍流逆温

低层空气湍流混合形成的逆温称为湍流逆温。实际大气的运动都是湍流运动，其结果是使大气中包含的热量、水分及污染物得以充分的交换和混合，这种因湍流运动引起的属性混合称为湍流运动。

(5) 锋面逆温

在对流层中的冷空气团相遇时，暖空气因其密度小就会爬到冷空气上面去，形成一个倾斜的过渡区，称为锋面。在锋面上，如果冷暖空气的温差较大，也可以出现逆温。

(6) 平流逆温

有暖空气平流到冷地面上而形成的逆温称为平流逆温。这是由于低层空气受地表影响大、降温多，而上层空气降温小形成的。暖空气与地面之间温差越大，逆温越强。平流逆温主要发生在冬季中纬度沿海地区，由于存在海陆温差，当海上的暖气流到陆地上空时，便形成了平流逆温。

怎样了解某地区上空大气的温度层结或是否存在逆温层？可以通过气象观测，了解大气在各个高度上的温度状况从而知道有无逆温层存在、逆温层的高度和厚度。目前常用的气象探测工具有系留气球、铁塔观测、红外线、激光、微波、声雷达、多普勒雷达等。此外，在实践应用上，通常还有一个简易方法，就是利用烟囱排出的污染物扩散的烟流形状来判断温度层结。

二、影响大气扩散的地理因素

地形和地物状况的不同，即下垫面情况的不同，会影响到当地的气象条件，形成局部地区的热力环流，从而影响大气污染扩散，其影响分为动力效应和热力效应。动力效应主要是地形和地物的粗糙度不同，改变了机械湍流、局地流场和气流运动，影响了污染物扩散。热力效应是由于下垫面的性质不同，使得地面受热和散热不均匀，引起温度场和风场的变化，从而影响污染物的扩散。

(一) 地形和地物

地面是一个凹凸不平的粗糙面，当气流沿地表流过时，与各种地形和地物发生摩擦作用，使风向、风速同时发生变化，其影响程度与各障碍物的体积、形状、高低有密切关系。

地形对大气污染的影响，主要是谷地、盆地地形对气流的影响。封闭的山谷和盆地，由于四周群山的屏障作用，风速减小，阻滞空气流动，容易形成逆温，温度层结稳定，不利于大气污染物的扩散。

地物对大气污染扩散的影响，主要是指城市类建筑物和构筑物，尤其是高层建筑阻碍局部气流运行，减低风速，在建筑物背风区可能形成小范围的涡流，不利于污染物扩散。

(二) 局地气流

局地气流是下垫面的性质差异导致地面热力状况不均造成的。它对大气污染的扩散有显著的影响，影响范围一般在几千米到几十千米。最常见的局部气流有山谷风、海陆风和城市岛热效应等。

1. 山谷风

山谷风是山风和谷风的总称。它发生在山区，是以24h为周期的局地环流。山谷风主要是山坡和谷底受热不均形成的，风向有明显的昼夜变化：白天太阳先照射到山坡，所以山坡上的空气受热增温快，密度小；而与山坡同高度的自由大气增温较慢，密度大，风从谷口吹向山上，称为谷风。夜间，山坡空气辐射冷却比同高度自由大气快，空气密度增大，冷空气就由山坡向下滑，流向山口，称为山风。这种昼夜循环交替的风叫山谷风。山风和谷风的方向是相反的，但比较稳定。在山风与谷风的转换期，风方向是不稳定的，山风和谷风均有机会出现，时而山风，时而谷风。这时若有大量污染物排入山谷中，由于风向的摆动，污染物不易扩散，在山谷中停留时间很长，特别是夜晚，山风风速小，并伴随有逆温出现，大气稳定，污染物停滞少动，最不利于颗粒物和有害气体的扩散，造成严重的大气污染。

2. 海陆风

海陆风是海风和陆风的总称。它发生在海陆交界地带，是以24h为周期的一种局地环流。它是由海洋和陆地之间的热力差异引起的，风向也有明显的昼夜变化：白天，由于太阳辐射，地表受热，陆地增温比海面增温快，陆地气温高于海面气温，热空气上升，使高空的气压增高，因此在海陆大气之间产生了温度差、气压差，使低空气大气由海洋流向陆地，称为海风；夜晚，由于有效辐射发生了变化，陆地散热冷却比海面快，空气冷却，密度变大，空气下沉，上层气压减低，而此时海面上的气温较高，空气上升，上空气压增高，形成热力环流，上层风向岸上吹，而在地面则由陆地吹向海洋，称为陆风。海陆风的环状气流，不能把污染源排出的污染物完全扩散出去，而使一部分污染物在大气中循环往复，对大气污染扩散极其不利。

在大湖泊、江河的水陆交界地带也会产生水陆风局地环流，称为水陆风，但水陆风的活动范围和强度比海陆风要小。

由上述可知，在海边建工厂时，必须考虑海陆风的影响，因为有可能出现在夜间随陆风吹到海面上的污染物，在白天又随海风吹回来，或者进入海陆风局地环流中，使污染物不能充分地扩散稀释而造成严重的污染。

3. 城市热岛效应

气温除随高度变化外，还有水平差异。城市热岛效应就是气温的水平差异产生的局地环流。产生城乡温度差异的主要原因如下：

（1）城市人口密集、工业集中，使得能耗水平高。

（2）城市的覆盖物（如建筑、水泥路面等）热容量大，白天吸收太阳辐射热，夜间放热缓慢，使低层空气冷却变缓。

（3）城市上空笼罩着一层烟雾和二氧化碳，使地面有效辐射减弱。

因此城市净热量吸收比周围乡村多，城市气温比周围郊区和乡村高。人们把这个气温较高的市中心区称为“城市热岛”。这种局地环流的气流从城市热岛上升而在周围乡村下沉，风从城市四周吹向城市中心，这种风称为“城市风”。它把郊区污染源排出的大量污染物输送到城市中心，因此，若城市周围有较多生产污染物的工厂，就会使污染物在夜间向市中心输送，造成严重污染。

第四节　大气污染物综合防治技术

一、常用的气态污染物的治理方法

工农业生产、交通运输和人类生活活动中所排放的有害气态物质种类繁多，根据这些物质不同的化学性质和物理性质，采用不同的技术方法进行治理。

（一）吸收法

吸收法是采用适当的液体作为吸收剂，使含有有害物质的废气与吸收剂接触，废气中的有害物质被吸收于吸收剂中，使气体得到净化的方法。在吸收过程中，用来吸收气体中有害物质的液体叫做吸收剂，被吸收的组分成为吸收质，吸收了吸收质后的液体叫做吸收液。吸收操作可分为物理吸收和化学吸收。在处理以气量大、有害组分浓度低为特点的各种废气时，化学吸收的效果要比单纯的物理吸收好得多，因此在用吸收法治理气体污染物时，多采用化学吸收法进行。

直接影响吸收效果的是吸收剂的选择。所选择的吸收剂一般应具有以下特点：吸收容量大，即在单位体积的吸收剂中吸收有害气体的数量要大；饱和蒸气压低，以减少因挥发而引起的吸收剂的损耗；选择性高，即对有害气体吸收能力强，而对无害气体吸收较少；沸点要适宜，热稳性高，黏度及腐蚀性要小，价廉易得。

根据以上原则，若去除氯化氢、氨、二氧化硫、氟化氢等可选用水作吸收剂；若去除二氧化硫、氮氧化物、硫化氢等酸性气体可选用碱液（如烧碱溶液、石灰乳、氨水等）作吸收剂；若去除氨等碱性气体可选用酸液（如硫酸溶液）作吸收剂。另外，碳酸丙烯酯、N-甲基吡咯烷酮及冷甲醇等有机溶剂也可以有效地去除废气中的二氧化碳和硫化氢。

吸收一般采用逆流操作，被吸收的气体由下向上流动，吸收剂由上而下流动，在气、液逆流接触中完成传质过程。吸收工艺流程有非循环和循环过程两种，前者吸收剂不予再生，后者吸收剂封闭循环使用。

吸收法具有设备简单、捕集效率高、应用范围广、一次性投资低等特点，已被广泛用于有害气体的治理，例如含 SO_2、H_2S、HF 和 NO_x 等污染物的废气，均可用吸收法净化。吸收是将有害气体中的有害物质转移到了液相中，因此必须对吸收液进行处理，否则容易引起二次污染。此外，低温操作下吸收效果好，在处理高温烟气时，必须对排气进行降温处理，可以采取直接冷却、间接冷却、预置洗涤器等降温手段。

1. SO_2废气的吸收法治理

燃烧过程及一些工业生产排出的废气中SO_2浓度较低，而废弃量大、影响面广，因此主要采用化学吸收才能满足净化要求。在化学吸收过程中，SO_2作为吸收物质在液相中与吸收剂起化学反应，生成新物质，使SO_2在液相中的含量降低，从而增加了吸收过程的推动力；另一方面，由于溶液表面SO_2的平衡分压降低很多，从而增加了吸收剂吸收气体的能力，使排出的吸收设备气体中所含的SO_2浓度进一步降低，能达到很高的净化要求。目前具有工业实用意义的SO_2化学吸收方法主要有如下几种。

(1) 亚硫酸钾（钠）吸收法（WL 法）

此法是英国威尔曼-洛德动力气体公司于 1996 年开发的，以亚硫酸钾或亚硫酸钠为吸收剂，SO_2的脱除率达 90%以上。吸收母液经冷却、结晶、分离出亚硫酸氢钾（钠），再用蒸汽将其加热分解生成亚硫酸钾（钠）和SO_2。亚硫酸钾（钠）可以循环使用，SO_2回收去制硫酸。

WL 法的优点是吸收液循环使用，吸收剂损失少；吸收液对SO_2的吸收能力高，液体循环量少，泵的容量少；副产品SO_2的纯度高；操作负荷范围大，可以连续运转；基建投资和操作费用较低，可实现自动化操作。

WL 法的缺点是必须将吸收液中可能含有的Na_2SO_4去除掉，否则会影响吸收速率；另外吸收过程中会有结晶析出而造成设备堵塞。

(2) 碱液吸收法

采用苛性钠溶液、纯碱溶液或石灰浆液作为吸收剂，吸收SO_2后制得亚硫酸钠或亚硫酸钙。

① 以苛性钠溶液作为吸收剂

含SO_2废弃先经除尘以防止堵塞吸收塔，冷却的目的在于提高吸收效率。但吸收液的 pH 达 5.6～6.0 后，送至中和结晶槽，加入 50%的 NaOH 调整 pH＝7，加入适量硫化钠溶液以去除铁和重金属离子，然后再用 NaOH 将 pH 调整到 12。蒸发结晶后，用离子分离机将亚硫酸钠结晶分离出来，干燥之后，经旋风分离可得无水亚硫酸钠产品。

此法SO_2的吸收率可达 95%以上，且设备简单，操作方便。但苛性钠供应紧张，亚硫酸钠销路有限，此法仅适用于小规模［$10\times10^4 m^3$（标态）/h 废气］的生产。

② 用纯碱溶液作为吸收剂（双碱法）

此法是用Na_2CO_3或 NaOH 溶液（第一碱）来吸收废气中的SO_2，再用石灰石或石浆液灰（第二碱）再生，制得石膏，再生后的溶液可继续循环使用。

另一种双碱法是采用碱式硫酸铝［$Al_2(SO_4)\cdot xAl_2O_3$］作为吸收剂，吸收 SO_2后再氧化成硫酸铝，然后用石灰石与之中和再形成碱性硫酸铝循环使用，并得到副产品石膏。

(3) 氨液吸收法

此法是以氨水或液态氨作吸收剂，吸收 SO_2后生成亚硫酸铵和亚硫酸氢铵。其反应如下：

$$NH_3+H_2O+SO_2 = NH_4HSO_3$$

$$2NH_3+H_2O+SO_2 = (NH_4)_2SO_3$$

$$(NH_4)_2SO_3+H_2O+SO_2 = 2NH_4HSO_3$$

当 NH_4HSO_3 比例增大时，吸收能力降低，需补充氨将亚硫酸氢铵转化成亚硫酸铵，即进行吸收液的再生。

$$NH_3+NH_4HSO_3 = (NH_4)_2SO_3$$

此外，还需引出一部分吸收液，可以采用氨-硫酸铵法、氨-亚硫酸铵法等方法回收硫酸铵或亚硫酸铵等副产品。

(4) 液相催化氧化吸收法（千代田法）

此法是以含 Fe^{3+} 催化剂的浓度为 2%～3%稀硫酸溶液作吸收剂，直接将 SO_2氧化成硫酸。吸收液一部分回吸收塔循环使用，另一部分与石灰石反应生成石膏。故此法也称稀硫酸-石膏法，其反应为：

$$2SO_2+O_2+2H_2O = 2H_2SO_4$$

$$H_2SO_4+CaCO_3+H_2O = CaSO_4\cdot 2H_2O\downarrow +CO_2\uparrow$$

千代田法操作简单，不需特殊设备和控制仪表，能适应操作条件的变化，脱硫率可达 98%，投资和转运费用较低。缺点是稀硫酸腐蚀性较强，必须采用合适的防腐材料。同时，所得稀硫酸浓度过低，不便于运输和使用。

(5) 金属氧化物吸收法

此法是用 MgO、ZnO、MnO_2、CuO 等金属氧化物的碱性氧化物浆液作为吸水剂。吸收 SO_2后的溶液中含有亚硫酸盐、亚硫酸氢盐和氧化产物硫酸盐，它们在较高温度下分解并生出浓度较高的 SO_2气体。现以 MgO 为例进行介绍，称作氧化镁法。

吸收过程反应：

$$MgO+H_2O = Mg(OH)_2$$

$$Mg(OH)_2+SO_2+5H_2O = MgSO_3\cdot 6H_2O$$

$$MgSO_3 + 6H_2O + SO_2 = Mg(HSO_3)_2 + 5H_2O$$

$$Mg(HSO_3)_2 + Mg(OH)_2 + 10H_2O = 2(MgSO_3 \cdot 6H_2O)$$

若烟气中 O_2 过量时：

$$2Mg(HSO_3)_2 + O_2 + 12H_2O = 2(MgSO_4 \cdot 7H_2O + 2SO_2$$

$$2MgSO_3 + O_2 + 14H_2O = 2(MgSO_4 \cdot 7H_2O)$$

我国的氧化镁（菱苦土）资源丰富，该法在我国有发展前途。

(6) 海水吸收法

该法是近年来发展起来的一项新技术，它利用海水和烟气中的 SO_2，经反应生成可溶性的硫酸盐排回大海。海水 pH 为 8.0～8.3，所含碳酸盐对酸性物质有缓冲作用，海水吸收 SO_2 生成的产物是海洋中的天然成分，不会对环境造成严重污染。

海水脱硫的主要反应是：

$$2SO_2 + 2H_2O + O_2 = 2SO_4^{2-} + 4H^+$$

$$CO_3^{2-} + 2H^+ = H_2O + CO_2$$

海水脱硫工艺依靠现场的自然碱度，产生的硫酸盐完全溶解后返回大海，无固体生成物；所需设备少，运行简单。但此法只能在海洋地区使用，有一定的局限性。挪威西海岸 Mongstadt 炼油厂于 1989 年建成第一套海水吸收 SO_2 装置，SO_2 脱硫率可达 98.8%。我国深圳西部电力有限公司于 1998 年 7 月建成运行海水脱硫装置，脱硫率也大于 90%。

(7) 尿素吸收法

此法是用尿素溶液作吸收剂 pH 为 5～9，SO_2 的去除率与其在烟气中的浓度无关，吸收液可回收硫酸铵。此法可同时去除 NO_x，去除率大于 95%。尿素吸收 SO_2 工艺由俄罗斯门捷列夫化学工艺学院开发，SO_2 去除率可达 100%。

2. NO_x 废气的吸收法治理

采用吸收法脱出氮氧化物是化学工业生产中比较常用的方法。可以归纳为：水吸收法；酸吸收法，如硫酸、稀硝酸作吸收剂；碱液吸收法，如烧碱、纯碱、氨水作吸收剂；还原吸收法，如氯-氨、亚硫酸盐法等；氧化吸收法，如次氯酸钠、高锰酸钾、臭氧作氧化剂；生成配合物吸收法，如硫酸亚铁法；分解吸收法，如酸性尿素水溶液作吸收剂。

现具体简单介绍几种。

(1) 水吸收法

NO_2 或 N_2O_4 与水接触反应生成硝酸和亚硝酸，亚硝酸分解形成一氧化氮和二氧化氮。

水对氮氧化物的吸收率很低，主要由一氧化氮被氧化成二氧化氮的速率决定。当一氧化氮浓度高时，吸收速率有所增高。一般水吸收法的效率为30%～50%。

此法制得浓度为5%～10%的稀硝酸，可用于中和碱性污水，作为废水处理的中和剂，也可用于生产化肥等。另外，此法是在588kPa～686kPa的高压下操作，操作费及设备费均较高。

（2）稀硝酸吸收法

此法是用30%左右的稀硝酸作为吸收剂，现在20℃和1.5×10^5 Pa压力下，NO_x被稀硝酸进行物理吸收，生成很少的硝酸；然后将吸收液在30℃下用空气进行吹脱，吹出NO_x后，硝酸被漂白；漂白酸经冷却后再用于吸收NO_x。由于氮氧化物在漂白稀硝酸中的溶解度要比在水中溶解度高，一般采用此法NO_x的去除率可达80%～90%。

（3）碱性溶液吸收法

此法的原理是利用碱性物质来中和所生成的硝酸和亚硝酸，使之变为硝酸盐和亚硝酸盐。使用的吸收剂主要有氢氧化钠、碳酸钠和石灰乳等。

（4）还原吸收法

此法是利用氯的氧化能力与氨的中和还原能力治理氮氧化物，称氯-氨法。

此种方法NO_x的去除率较高，可达80%～90%，产生的N_2对环境也不存在污染问题。但是，由于同时还有氯化铵及硝酸铵的产生，呈白色烟雾，需要进行电除尘分离，使本方法的推广使用受到限制。

（5）氧化吸收法

用氧化剂先将NO氧化成NO_2，然后再用吸收液加以吸收。例如日本的NE法采用碱高锰酸钾溶液作为吸收剂。

此法NO_x去除率达93%～98%。这类方法效率高，但运转费用也比较高。

综上所述，尽管有许多物质可以作为吸收NO_x的吸收剂，但含NO_x废气的治理可以采用多种不同的吸收方法，但从工艺、投资及操作费用等方面综合考虑，目前使用较多的还是碱性溶液吸收和氧化吸收这两种方法。

（二）吸附法

吸附法就是使废气与大表面多孔性固体物质相接触，使废气中的有害组分吸附在固体表面上，使其与气体混合物分离，从而达到净化的目的。具有吸附作用的固体物质成为吸附剂，被吸附的气体组分称为吸附质。

吸附过程是可逆的过程，在吸附质被吸附的同时，部分已被吸附的吸附质分子还可因分子的热运动而脱离固体表面回到气相中去，这种现象称为脱附。当吸附与脱附速度相等时，就达到了吸附平衡，吸附的表观过程停止，吸附剂就丧失了吸附能力，此时应当对吸附剂进行再生，即采用一定的方法使吸附质从吸附剂上解脱下来。吸附法治理气态污染物包括吸附及吸附剂的再生的全部过程。

吸附净化法的净化效率高，特别是对低浓度气体仍具有很强的净化能力。吸附法常常应用于排放标准要求严格或有害物浓度低，用其他方法达不到净化要求的气体净化。但是由于吸附剂需要重复再生利用，以及吸附剂的容量有限，使得吸附方法的应用受到一定的限制，如对高浓度废气的净化，一般不宜采用该法，否则需要对吸附剂频繁进行再生，既影响吸附剂的使用寿命，同时会增加操作费用及操作上的繁杂程序。

合理选择与利用高效率吸附剂，是提高吸附效果的关键。应从几方面考虑吸附剂选择：大的比表面积和空隙率；良好的选择性；吸附能力强，吸附容量大；便于再生；机械强度大；化学稳定性强；热稳定性好；耐磨损，寿命长；价廉易得。

吸附效率较高的吸附剂如活性炭、分子筛等，价格一般都比较昂贵。因此必须对失效吸附剂进行再生而重复使用，以降低吸附法的费用。常用的再生方法有热再生（或升温脱附）、降压再生（或减压脱附）、吹扫再生、化学再生等。由于再生的操作比较麻烦，且必须专门供应蒸汽或热空气等满足吸附剂再生的需要，使设备费用和操作费用增加，限制了吸附法的广泛应用。

1. 吸附法烟气脱硫

应用活性炭作吸附剂吸附烟气中的 SO_2 较为广泛。当 SO_2 气体分子与活性碳相遇时，就被具有高度吸附力的活性炭表面所吸附，这种吸附是物理吸附，吸附的数量是非常有限的。由于烟气中有氧气存在，因此已吸附的 SO_2 就被氧化成 SO_3，活性炭表面起着催化氧化的作用。如果有水蒸气存在，则 SO_3 就和水蒸气结合形成 H_2SO_4，吸附于微孔中，这样就增加了对 SO_2 的吸附量。

2. 吸附法排烟脱硝

吸附法排烟脱硝具有很高的净化效率。常用的吸附剂有分子筛、硅胶、活性炭、含氨泥煤等，其中分子筛吸附 NO_x 是最有前途的一种。

丝光沸石就是分子筛的一种。它是一种硅铝比大于 10～13 的铝硅酸盐，其化学式为 $Na_2O \cdot Al_2O_3 \cdot 10SiO_2 \cdot 6H_2O$，耐热，耐酸性能好，天然蕴藏量较多。用 H^+ 代替 Na^+ 即得氢型丝光沸石。

丝光沸石脱水后孔隙很大，其比表面积达 500～1000m^2/g，可容纳相当数量的被吸附物质。其晶穴内有很强的静电场和极性，对低浓度的 NO_x 有较高的吸附能力。当含 NO_x 的废气通过丝光沸石吸附层时由于水和 NO_2 分子极性极强，被选择性地吸附在丝光沸石分子筛的内表面上，两者在内表面上进行如下反应：

$$3NO_2 + H_2O = 2HNO_3 + NO\uparrow$$

放出的NO连同废气中的NO和O_2在丝光沸石分子筛的内表面上被催化氧化成NO_2而被继续吸附：

$$2NO+O_2=2NO_2$$

经过一定的吸附层高度，废气中的水和NO_x均被吸附。达到饱和的吸附层用热空气或水蒸气加热，将被吸附的NO_x和在沸石表面上生成的硝酸脱附出来。脱附后的丝光沸石经干燥后得以再生。流程中设置两台吸附器交替吸附和再生。影响丝光沸石吸附过程的因素主要有废气中的NO_x的浓度、水蒸气的含量、吸附温度和吸附器内的空间速度。影响吸附层再生过程的因素主要有脱吸温度、时间、方法和干燥时间的长短。总之，吸附法的净化效率高，可回收NO_x制取硝酸。缺点是装置占地面积大，能耗高，操作麻烦。

(三) 催化法

催化净化气态污染物是利用催化剂的催化作用，将废气的有害物质转化为无害物质或易于去除的物质的一种废气治理技术。

催化法与吸收法、吸收法不同在治理污染过程中，无需将污染物与主气流分离，可直接将有害物质转化为无害物质，这不仅可避免产生二次污染，而且可简化操作过程。此外，所处理的气体污染物的初始浓度都很低，反应的热效应不大，一般可以不考虑催化床层的传热问题，从而大大简化了催化反应器的结构。由于上述特点，可使用催化法使废气中的碳氢化合物转化为二氧化碳和水，氮氧化物转化为氮，二氧化硫转化为三氧化硫后加以回收利用，有机废气和臭氧催化燃烧，以及气体尾气的催化净化等。该法的缺点是催化剂价格较高，废气预热需要一定的能量，即需添加附加的燃料使得废气催化燃烧。

催化剂一般是由多种物质组成的复杂体系，按各成分所起作用的不同，主要分为活性组分、载体、助催化剂。催化剂的活性除表现为对反应速度具有明显的改变之外，还具有如下特点。

(1) 催化剂只能缩短反映到平衡的时间，而不能使平衡移动，更不能是热力学上不能发生的反应进行。

(2) 催化剂性能具有选择性，即特定的催化剂只能催化特定的反应。

(3) 每一种都有它的特定活性温度范围。低于活性温度，反应速度慢，催化剂不能发挥作用；高于活性温度，催化剂会很快老化甚至被破坏。

(4) 每一种催化剂都有中毒、衰老的特性。根据活性、选择性、机械强度、热稳定性、化学稳定性及经济性等来筛选催化剂是催化净化有害气体的关键。常用催化剂一般为金属盐类或金属，如钒、铂、铅、镉、氧化铜、氧化锰等物质，载在具有巨大表面积的惰性载体上，典型的载体为氧化铝、铁矾土、石棉、陶土、活性炭和金属丝等。

催化法包括催化氧化和催化还原两种，主要用于SO_2和NO_x的去除。

1. 催化氧化脱除SO_2

NO_2在150℃时，可以使SO_2氧化成SO_3。烟气中有SO_2、NO_x、H_2O和O_2等，它们在催化剂存在下有如下反应：

$$SO_2 + NO_2 = SO_3 + NO$$

$$SO_3 + H_2O = H_2SO_4$$

$$2NO + O_2 = 2NO_2$$

$$NO + NO_2 = N_2O_3$$

$$N_2O_3 + 2H_2SO_4 = 2HNSO_5 + H_2O$$

$$4HNSO_5 + O_2 + 2H_2O = 4H_2SO_4 + 4NO_2 \uparrow$$

此法为低温干式催化氧化脱硫法，既能净化氧气中的SO_2，又能部分脱除烟气中NO_x，所以在电厂烟气脱硫中应用较多。

2. 催化还原法排烟脱硝

用氨作还原剂，铜铬作催化剂，废气中NO_x被NH_3有选择性地还原为N_2和H_2O。

本法脱硝效率在90%以上，技术上是可行的，不过NO_x未能得到利用，而要消耗一定量的氨。本法适用硝酸厂尾气中NO_x的治理。

以甲烷作还原剂，铂、钯或铜、镍等金属氧化物为催化剂，在400℃～800℃条件下，也可将氮氧化物还原为氮气。

$$CH_4 + 4NO_2 = 4NO + CO_2 + 2H_2O$$

$$CH_4 + 4NO = 2N_2 + CO_2 + 2H_2O$$

$$CH_4 + 2O_2 = CO_2 + 2H_2O$$

此法效率高，但需消耗大量还原剂，不经济。

(四) 燃烧法

燃烧法是对含有可燃有害组分的混合气体加热到一定温度后，组分与氧反应进行燃烧，或在高温下氧化分解，从而使这些有害组分转化为无害物质。该方法主要用于碳氢化合物、一氧化碳、恶臭、沥青烟、黑烟等有害物质的净化治理。燃烧法工艺简单，操作方便，净化程度高，并可回收热能，但不能回收有害气体，有时会造成二次污染。实用中的燃烧净化有如下三种方法。见表 3－6 所列。

表 3－6 燃烧法分类比较

方法	适用方法	燃烧温度/℃	燃烧产物	设备	特点
直接燃烧	含可燃烧组分浓度高或热值高的废气	＞1100	CO_2、H_2O、N_2	一般窑炉或火炬管	有火焰燃烧，燃烧温度高，可燃烧掉废气中的碳粒
热力燃烧	含可燃烧组分浓度低或热值低的废气	720～820	CO_2、H_2O	热力燃烧炉	有火焰燃烧，需加辅助燃料，火焰为辅助燃料的火焰，可烧掉废气中的碳粒
催化燃烧	基本上不受可燃组分的浓度与热值限制，但废气中不许有尘粒、雾滴及催化剂毒物	300～450	CO_2、H_2O	催化燃烧炉	无火焰燃烧，燃烧温度最低，有时需电加热点火或维持反应温度

1. 直接燃烧法

将废气中的可燃有害组分当作燃料直接烧掉，此法只是用于净化含可燃性组分浓度较高或有害组分燃烧时热值较高的废气。直接燃烧是有火焰的燃烧，燃烧温度高（大于 1100℃），一般的窑炉均可作为直接燃烧的设备。在石油工业和化学工业中，主要是"火炬"燃烧，它是将废气连续通入烟囱，在烟囱末端进行燃烧。此法安全、简单、成本低，但不能回收热能。

2. 热力燃烧

利用辅助燃料燃烧放出的热量将混合气体加热到要求的温度，使可燃的有害物质进行高温分解变为无害物质。其可分三步：①燃烧辅助燃料提供预热能量；②高温燃气与废气混合以达到反应温度；③废气在反应温度下充分燃烧。

热力燃烧可用于可燃性有机物含量较低的废气及燃烧热值低的废气治理，可同时去除有机物及超微细颗粒，结构简单，占用空间小，维修费用低。缺点是操作费用高。

3. 催化燃烧

此法是在催化剂的存在下，废气中可燃组分能在较低的温度下进行燃烧反应，这种方法能节约燃料的预热，提高反应速度，减少反应器的容积，提高一种或几种反应物的相对转化率。

催化燃烧的主要优点是操作温度低，燃料耗量低，保温要求不严格，能减少回火及火灾危险。但催化剂较贵，需要再生，基建投资高，而且大颗粒物及液滴应预先除去，不能用于易使催化剂中毒的气体。

（五）冷凝法

冷凝法是利用物质在不同温度下具有不同饱和蒸气压这一性质，采用降低废气温度或提高废气压力的方法，使处于蒸汽状态的污染物冷凝并从废气中分离出来的过程。该法特别适用于处理污染物浓度在 $10000cm^3/m^3$ 以上的高浓度有机废气。冷凝法不宜处理低浓度的废气，常作为吸附、燃烧等净化高浓度废气的前处理，以便减轻这些方法的负荷。如炼油厂、油毡厂的氧化沥青生产中的尾气，先用冷凝法回收，然后送去燃烧净化；氯碱及炼油厂中，常用冷凝法使汞蒸气成为液体而加以回收；此外，高湿度废气也用冷凝法使水蒸气冷凝下来，大大减少了气体量，便于下步操作。

二、颗粒污染物的控制技术

颗粒污染物控制技术是从废物中将颗粒污染物分离出来并加以捕集、回收的技术，即除尘技术。从气体中除去或收集固态或液态粒子的设备称为除尘装置或除尘器。根据除尘原理，常用的除尘装置可分为机械式除尘器、洗涤式除尘器、过滤式除尘器和电除尘器几种类型。在选择除尘装置时不仅要考虑所处理的粉尘特性，还应考虑除尘装置的气体处理量、除尘装置的效率及压力损失等技术指标和有关经济性能指标。

（一）常见除尘装置

1. 机械式除尘器

机械除尘器是借助质量力的作用来去除尘粒的除尘器。质量力包括重力、惯性力、离心力，主要除尘器形式为重力沉降室、旋风除尘器和惯性除尘器等类型。机械式除尘器构造简单、投资少、动力消耗低，除尘效率一般在 40%～90%，是国内目前常用的一种除尘设备，但这种除尘器的除尘效率有待提高。

2. 湿式除尘器

湿式除尘器是使含尘废气与液体（一般是水）相互接触，利用水滴和颗粒的惯性碰撞及拦截、扩散、静电等作用捕集颗粒或使粒径增大的装置。湿式除尘器可以有效地将直径 0.1～0.2μm 的液态或固态粒子从气流中除去，同时也能脱出部分气态污染物，这是其他类型除尘器无法做到的。它具有结构简单、造价低、占地面积小、操作及维修方便和净化效果好等优点，能够处理高温、高湿的气流，将着火、爆炸的可能性减至最低，在除尘的同时还可以去除气体中的有害物。其缺点是必须要特别注意设备和管道腐蚀以及污水、污泥的处理，不利于副产品的回收，而且可能造成二次污染。

3. 过滤式除尘器

过滤式除尘器又称为空气过滤器，是使含尘气流通过多孔滤料，利用多空滤料的筛分、惯性碰撞、扩散、黏附、静电和重力等作用而将粉尘分离捕集的装置。采用滤纸或玻璃纤维等填充层作滤料的空气过滤器，主要用于通风及空气调节方面的气体净化；采用廉价的砂、砾、焦炭等颗粒物层除尘器，主要用于高温烟气除尘；采用纤维织物作滤料的袋式除尘器，广泛用于工业尾气的除尘。

4. 电除尘器

电除尘器是利用静电力从气流中分离悬浮粒子的装置，就是使含尘气流在通过高压电场进行电离的过程中，使尘粒荷电，并在电场力的作用下沉积在集尘极上，从而将尘粒从含尘气流留中分离出来的一种除尘设备。

(二) 除尘装置的选择和组合

作为除尘器的性能指标，通常有下列六项：

(1) 除尘器的除尘效率；

(2) 除尘器的处理气体量；

(3) 除尘器的压力损失；

(4) 设备基建投资与运转管理费用；

(5) 使用寿命；

(6) 占地面积或占用空间体积。

以上六项性能指标中，前三项属于技术性能指标，后三项属于经济指标。这些项目是互相关联、相互制约的。其中压力损失与除尘效率是一对主要矛盾，前者代表除尘器所消耗的能量，后者表示除尘器所给出的效果，从除尘器的除尘技术角度来看，总是希望所消耗的能量最少，而达到最高的除尘效率。

表 3-7、表 3-8 分别列出了各种主要设备的优缺点和性能情况，便于比较和选择。

表 3-7 常见除尘装置的比较

除尘器	原理	适用粒径/μm	除尘效率 η/%	优点	缺点
沉降室	重力	50～100	40～60	①造价低； ②结构简单； ③压力损失小； ④磨损小； ⑤维修容易； ⑥节省运转费	①不能除小颗粒粉尘； ②效率较低
挡板式（百叶窗）除尘器	惯性力	10～100	50～70	①造价低； ②机构简单； ③处理高温气体； ④几乎不用运转费	①不能除小颗粒粉尘； ②效率较低

（续表）

除尘器	原理	适用粒径/μm	除尘效率 η/%	优点	缺点
旋风式分离器	离心式	5 以下 3 以上	50～80 10～40	①设备较便宜； ②占地小； ③处理高温气体； ④效率较高； ⑤适用于高浓度烟气	①压力损失大； ②不适于湿、黏气体； ③不适于腐蚀性气体
湿式除尘器	湿式	1 左右	80～99	①除尘效率高； ②设备便宜； ③不受温度、湿度影响	①压力损失大，运转费高； ②用水量大，有污水需要处理； ③容易堵塞
过滤式除尘器（袋式除尘器）	过滤	1～20	90～99	①效率高； ②使用方便； ③低浓度气体适用	①容易堵塞，滤布需替换； ②操作费用高
除尘器	静电	0.05～20	80～99	①效率高； ②处理高温气体； ③压力损失小； ④低浓度气体适用	①设备费用高； ②粉尘黏附在电极上时，对粉尘有影响，效率降低； ③需要维修费用

表 3－8　常用除尘装置的性能一览表

除尘装置名称	捕集粒子的能力/%			压力损失/Pa	设备费	运行费	装置的类别
	50μm	5μm	1μm				
重力除尘器	—	—	—	100～150	低	低	机械
惯性力除尘器	95	16	3	300～700	低	低	机械
旋风式除尘器	96	73	27	500～1500	中	中	机械
文丘里除尘器	100	>99	98	3000～10000	中	高	湿式
静电除尘器	>99	98	92	100～200	高	中	静电
袋式除尘器	100	>99	99	100～200	较高	较高	过滤
声波除尘器	—	—	—	600～1000	较高	中	声波

根据含尘气体的特性，可以从以下几方面考虑除尘器装置的选择和组合。

（1）若尘粒粒径较小，几微米以下粒径占多数时，应选用湿式、过滤式或电除尘式除尘器；若粒径较大，以 10μm 以上粒径占多数时，可选用机械除尘器。

(2) 若气体含尘浓度较高时，可用机械除尘器；若含尘浓度低时，可采用文丘里除尘器；若气体的进口含尘浓度较高而又要求气体出口的含尘浓度低时，可采用多级除尘器串联组合方式除尘，先用机械式除去较大尘粒，再用电除尘或过滤式除尘器等，去除较小粒径的尘粒。

(3) 对于黏附性较强的尘粒，最好采用湿式除尘器。不宜采用过滤式除尘器，因为易造成滤布堵塞；也不宜采用静电除尘器，因为尘粒黏附在电极表面上将使电除尘器的效率降低。

(4) 若采用电除尘器，一般可以预先通过温度、湿度调节或添加化学药品的方法，使尘粒的电阻率在 $10^4 \sim 10^{11}\ \Omega \cdot cm$ 范围内。另外，电除尘器只适用在500℃以下的情况。

(5) 气体的温度增高，黏性将增大，流动时的压力损失增加，除尘器效率也会下降。而温度过低，低于露点温度时，会有水分凝出，增大尘粒的黏附性，故一般应在比露点温度高 20℃的条件下进行除尘。

(6) 气体成分中如含有易爆、易燃的气体，如 CO 等，应将 CO 氧化为 CO_2 后再进行除尘。

由于除尘技术的方法和设备种类很多，各具有不同的性能和特点。除需考虑大气环境质量、尘的环境容许标准、排放标准、设备的除尘效率及有关经济技术指标外，还必须了解尘的特性，如它的粒径、粒度分布、形状、密度、比电阻、黏性、可燃性、凝集特性以及含尘气体的化学成分、温度、压力、湿度、黏度等。总之，只有充分了解所处理含尘气体的特性，又能充分掌握各种除尘装置的性能，才会合理地选择出既经济又有效的除尘装置。

三、室内空气污染治理技术

室内空气污染是指室内空气中存在的对人体有害的气体或颗粒物。室内空气污染不仅破坏了人们的工作和生活环境，而且，直接威胁着人们的身体健康。按存在状态，可将室内空气污染物概括为两大类：一类是悬浮固体污染物，包括颗粒物、灰尘、总悬浮颗粒物（TSP）、植物花粉、微生物细胞（细菌、病毒、霉菌、尘螨等）、烟雾等；另一类是气体污染物，包括 SO_2、NO_x、O_3、NH_3、挥发性有机物（VOCs）（如甲醛、苯系物）、氡气等。

（一）室内空气污染的来源

1. 人体呼吸、烟气

研究结果表明，人体在新陈代谢过程中，会产生 500 多种化学物质，经呼吸道排出的有 149 种，人体呼吸散发出的病原菌及多种气味，其中混有多种有毒成分，决不可忽视。人体通过皮肤汗腺排出的体内废物多达171种，例如尿素、氨等。此外，人体皮肤脱落的细胞，大约占空气尘埃的90%。若浓度过高，将形成室内生物污染，影响人体健康，甚至诱发多种疾病。

吸烟是室内空气污染的主要来源之一。烟雾成分复杂，有固相和气相之分。经国际癌症研究所专家小组鉴定，并通过动物致癌实验证明，烟草烟气中的“致癌物”达40多种。吸烟可明显增加心血管疾病的发病机率，是人类健康的“头号杀手”。

2. 装修材料、日常用品

室内装修使用各种涂料、油漆、墙布、胶黏剂、人造板材、大理石地板以及新购买的家具等，都会散发出酚、甲醛、石棉粉尘、放射性物质等，它们可导致人们头疼、失眠、皮炎和过敏等反应，使人体免疫功能下降，因而国际癌症研究所将其列为可疑致癌物质。

3. 微生物、病毒、细菌

微生物及微尘多存在于温暖潮湿及不干净的环境中，随灰尘颗粒一起在空气中飘散，成为过敏源及疾病传播的途径。特别是尘螨，是人体支气管哮喘病的一种过敏源。尘螨喜欢栖息在房间的灰尘中，春秋两季是尘螨生长、繁殖最旺盛时期。

4. 厨房油烟

过去，厨房油烟对室内空气的污染很少被人们重视。据研究表明，城市女性中肺癌患者增多，经医院诊断大部分患者为腺癌，它是一种与吸烟极少有联系的肺癌病例。进一步的调研发现，致癌途径与厨房油烟导致突变性和高温食用油氧化分解的致变物有关。厨房内的另一主要污染源为燃料的燃烧。在通风差的情况下，燃具产生的一氧化碳和氮氧化物的浓度远远超过空气质量标准规定的极限值，这样的浓度必然会造成对人体的危害。

5. 空调综合征

长期在空调环境中工作的人，往往会感到烦闷、乏力、嗜睡、肌肉痛，感冒的发生机率也较高，工作效率和健康明显下降，这些症状统称为“空调综合征”。造成这些不良反应的主要原因是在密闭的空间内停留过久，CO_2、CO、可吸入颗粒物、挥发性有机化合物以及一些致病微生物等的逐渐聚集而使污染加重。上述种种原因造成室内空气质量不佳，引起人们出现很多疾病，继而影响了工作效率。

（二）室内空气污染防治措施

1. 强化通风

强化通风就是室内外空气互换，可分为自然通风和机械通风。加强通风换气，用室外新鲜空气来稀释室内空气污染物，使浓度降低，从而改善室内空气质量，是最为方便、经济的方法。美国劳伦斯克利实验室的 Offefman 等人研究机械通风对室内氡、甲醛浓度的影响，结果表明，机械通风会导致室内氡浓度显著降低，而甲醛的浓度下降了 0%～44%。强化通风换气对室内污染物的处理能够达到一定的效果。

2. 吸附法

利用吸附剂对室内有害物质进行吸附，达到降低、减少污染的目的。例如，吊兰、芦荟、虎尾兰能适量吸收室内甲醛等污染物质，改善室内空气污染状态；茉莉、丁香、金银花、牵牛花等花卉分泌出来的杀菌素能够杀死空气中的某些细菌，抑制结核、痢疾病原体和伤寒病菌的生长，使室内空气清洁卫生。但植物本身吸附作用较为微弱，一般作为辅助方式。固体活性炭具有孔隙多的特点，对甲醛等有害物质具有很强的吸附和分解作用，活性炭的颗粒越小吸附效果越好。

3. 光触媒法

20 世纪 70 年代发展起来的一门新兴技术。光触媒也叫光催化剂，是一类以二氧化钛（TiO_2）为代表的，在光的照射下自身不起变化，却可以促进化学反应，具有催化功能的半导体材料的总称。光触媒技术被认为是室内空气污染净化技术的一次革命。TiO_2 作为一种光触媒，具有超亲水性、无毒性、永久性和自净性，在吸收太阳光或照明光源中的紫外线后，在紫外线能量的激发下发生氧化还原反应，表面形成强氧化性的氢氧自由基和超氧阴离子自由基，把空气中游离的有害物质如氯代物、醛类、酮类以及芳香族化合物及微生物分解成无害的 CO_2 和水，从而达到空气净化、除臭、杀菌、防霉、防污以及抗紫外线等目的。

4. 其他方法

采用清洁无害的绿色建筑材料，适度装饰、慎重装修，减少 VOCs 的排放。减少各种气雾剂，清洁剂的使用，现在有的家庭习惯在室内喷洒空气清洁剂，其实在享受芳香的同时也受到污染，这是得不偿失的。减少室外气体污染源的排放，降低室内气体污染物的浓度。适当种植绿色植物，净化空气，可减少不同的化学污染。

复习思考题

一、名词解释

大气　大气污染　黑烟　光化学烟雾　温度层结　逆温　城市热岛效应　吸附

二、问答题

1. 举例说明全球大气环境污染问题。
2. 大气污染的来源有哪些？
3. 大气污染的危害是怎样的？其综合防治的原则是什么？

4. 影响大气扩散的地理因素有哪些?
5. 请你谈谈 SO_2废气的治理方法?
6. 燃烧法是如何处理有害气体的?
7. 常见除尘装置有哪些? 其工作原理是什么?
8. 请你谈谈室内空气污染有哪些? 采用哪些方法除去?

拓展阅读材料

$PM_{2.5}$英文全称为 particulate matter（颗粒物），是指大气中直径小于或等于 2.5μm 的颗粒物，也称为可入肺颗粒物。它的直径还不到人的头发丝粗细的 1/20。虽然 $PM_{2.5}$只是地球大气成分中含量很少的组分，但它对空气质量和能见度等有重要的影响。与较粗的大气颗粒物相比，$PM_{2.5}$粒径小，富含大量的有毒、有害物质且在大气中的停留时间长、输送距离远，因而对人体健康和大气环境质量的影响更大。2012 年 2 月，国务院同意发布新修订的《环境空气质量标准》增加了 $PM_{2.5}$监测指标。科学家用 $PM_{2.5}$表示每立方米空气中这种颗粒的含量，这个值越高，就代表空气污染越严重。

在城市空气质量日报或周报中的可吸入颗粒物和总悬浮颗粒物是人们较为熟悉的两种大气污染物。可吸入颗粒物又称为 PM_{10}，指直径大于 2.5μm、等于或小于 10μm，可以进入人的呼吸系统的颗粒物；总悬浮颗粒物也称为 PM_{100}，即直径小于或等于 100μm 的颗粒物。

$PM_{2.5}$产生的主要来源，是日常发电、工业生产、汽车尾气排放等过程中经过燃烧而排放的残留物，大多含有重金属等有毒物质。

一般而言，粒径 2.5～10μm 的粗颗粒物主要来自道路扬尘等；2.5μm 以下的细颗粒物（$PM_{2.5}$）则主要来自化石燃料的燃烧（如机动车尾气、燃煤）、挥发性有机物等。

气象专家和医学专家认为，由细颗粒物造成的灰霾天气对人体健康的危害甚至要比沙尘暴更大。粒径 10μm 以上的颗粒物，会被挡在人的鼻子外面；粒径在 2.5～10μm 之间的颗粒物，能够进入上呼吸道，但部分可通过痰液等排出体外，另外也会被鼻腔内部的绒毛阻挡，对人体健康危害相对较小；而粒径在 2.5μm 以下的细颗粒物，直径相当于人类头发的 1/10 大小，不易被阻挡。被吸入人体后会直接进入支气管，干扰肺部的气体交换，引发包括哮喘、支气管炎和心血管病等方面的疾病。

每个人每天平均要吸入约 1 万 L 的空气，进入肺泡的微尘可迅速被吸收，不经过肝脏解毒直接进入血液循环分布到全身；其次，会损害血红蛋白输送氧的能力，丧失血液。对贫血和血液循环障碍的病人来说，可能产生严重后果。例如可以加重呼吸系统疾病，甚至引起充血性心力衰竭和冠状动脉等心脏疾病。总之这些颗粒还可以通过支气管和肺泡进入血液，其中的有害气体、重金属等溶解在血液中，对人体健康的伤害更大。人体的生理结构决定了对 $PM_{2.5}$没有任何过滤、阻拦能力，而 $PM_{2.5}$对人类健康的危害却随着医学技术的进步，逐步暴露出其恐怖的一面。

在欧盟国家中，$PM_{2.5}$导致人们的平均寿命减少 8.6 个月。而 $PM_{2.5}$还可成为病毒和细菌的载体，为呼吸道传染病的传播推波助澜。目前国际上主要发达国家以及亚洲的日本、泰国、印度等均将 $PM_{2.5}$列入空气质量标准。而最为悲催的是，$PM_{2.5}$尚未被列入我国环境空气质量指标，因此这就成了美国大使馆数据和政府官方数据直接冲突的根本原因。

中国工程院院士、中国环境监测总站原总工程师魏复盛研究结果还表明，$PM_{2.5}$和PM_{10}浓度越高，儿童及其双亲呼吸系统病症的发生率也越高，而$PM_{2.5}$的影响尤为显著。

国务院总理温家宝2012年2月29日主持召开国务院常务会议，同意发布新修订的《环境空气质量标准》。历时4年修改后，$PM_{2.5}$终于写入“国标”，纳入各省市强制监测范畴。

与现行的标准相比，“新国标”最大的变化在于增加了细颗粒物（$PM_{2.5}$）和臭氧8h浓度限值监测指标。这也是公众对纳入国标呼声最高的两项指标。

在国务院常务会议上，还再次强调了全国开展$PM_{2.5}$监测的时间表。会议要求，2012年要在京津冀、长三角、珠三角等重点区域以及直辖市和省会城市开展细颗粒物与臭氧等项目监测，2013年在113个环境保护重点城市和国家环境保护模范城市开展监测，2015年覆盖所有地级以上城市。

第四章　水污染及其防治

本 章 要 点

本章主要介绍了水资源的现状、水污染的来源、水质的指标和标准、水体污染与自净、水污染的综合防治技术、水资源的开发与利用等。通过本章的学习，要求重点掌握水污染的综合防治技术和水资源的开发与利用等内容，同时对我国水资源的现状和污染水平及综合治理的发展方向有一定的认识。

第一节　水资源的现状

水是关系人类生存和发展的宝贵的自然资源，也是实现人类经济社会可持续发展的重要保证。水包括天然水（河流、湖泊、大气水、海水、地下水等），人工制水（通过化学反应使氢氧原子结合得到水）。水（化学式：H_2O）是由氢、氧两种元素组成的无机物，在常温常压下为无色无味的透明液体。水是地球上最常见的物质之一，是包括人类在内所有生命生存的重要资源，也是生物体最重要的组成部分。

一、水资源的状况

（一）水体

水体是由天然或人工形成的水的聚积体。例如海洋、河流（运河）、湖泊（水库）、沼泽、冰川、积雪、地下水和大气圈中的水等。水体不仅包括水，而且还包括其中的悬浮物、底泥、水生生物等。

（二）全球水资源

地球表面有71%被水覆盖，从空中来看，地球是个蓝色的星球。水侵蚀岩石土壤，冲淤河道，搬运泥沙，营造平原，改变地表形态。

地球表层水体构成了水圈，包括海洋、河流、湖泊、沼泽、冰川、积雪、地下水和大气中的水。由于注入海洋的水带有一定的盐分，加上常年的积累和蒸发作用，海和大洋里的水都是咸水，不能被直接饮用。某些湖泊的水也是含盐水。世界上最大的水体是太平洋。北美的五大湖是最大的淡水水系。欧亚大陆上的里海是最大的咸水湖。

在地球为人类提供的“大水缸”里，可以饮用的水实际上只有一汤匙。地球上水的体积大约有 $1.36\times10^9km^3$，但其中 97.5%的水是咸水，无法饮用。在余下的 2.5%的淡水中，有 87%是人类难以利用的两极冰盖、高山冰川和永冻地带的冰雪。人类真正能够利用的是江河湖泊以及地下水中的一部分，仅约占地球总水量的 0.26%。

从各大洲水资源的分布来看，年径流量亚洲最多，其次为南美洲、北美洲、非洲、欧洲、大洋洲。从人均径流量的角度看，全世界河流径流总量按人平均，每人约合 $10000m^3$。在各大洲中，大洋洲人均径流量最多，其次为南美洲、北美洲、非洲、欧洲、亚洲。即使如此，总体而言，世界上是不缺水的。但是，世界上淡水资源分布极不均匀，约 65%的水资源集中在不到 10 个国家，而约占世界人口总数 40%的 80 个国家和地区却严重缺水。人类使用水资源的方式以及污染更加剧了水资源的紧张形势。20 世纪 90 年代中期以来，全世界每年约有 5000 亿 m^3 污水排入江河湖海，造成 35.5 亿 m^3 以上的水体受到污染。

（三）我国水资源特点

我国水资源总量较丰富，人均拥有量少。我国多年平均降水量约 6 万亿 m^3，其中 54%即 3.2 万亿 m^3 左右通过土壤蒸发和植物散布又回到大气中，余下的约有 2.8 万亿 m^3 绝大部分形成了地面径流和极少数渗入地下。这就是我国拥有的淡水资源总量，这一总量低于巴西、俄罗斯、加拿大、美国和印度尼西亚，居世界第六位。但因人口基数大，人均拥有水资源量是很少的，仅为 $2200m^3$，占世界人均占有量的 1/4，分别是美国人均占有量的 1/6，俄罗斯的 1/8，巴西的 1/9 和加拿大的 1/58，列世界第 88 位。

我国水资源时空分布不均衡。我国幅员辽阔，地形复杂，受季风影响强烈，降水分布极不均衡。我国水资源分布的总趋势是南多北少，东多西少，年内分配不均，年际变化很大。我国南方的长江流域和珠江流域水量丰富，而北方则少雨干旱，全国年降水量的分布由东南的超过 3000mm 向西北递减到少于 50mm。由于受季风气候的影响，我国降水和径流的年内分配很不均匀，年际变化大。有时候还连续出现枯水年和丰水年的现象，更给水资源的合理利用增加了困难。

水污染问题严重。以 2008 年为例，全国工业废水排放量为 241.7 亿 t，城镇生活污水排放量 330.0 亿 t。国家环保部《2008 年中国环境状况》报告显示，中国污染减排工作取得突破性进展，部分环境质量指标明显改善，但地表水污染依然严重，总体面临的环境形势仍很严峻。

水资源利用效率低，浪费严重。目前全国水的利用系数仅0.3左右，水的重复利用率约50%，农业用水由于灌溉工程的老化以及灌溉技术落后等原因，利用率不到40%，与发达国家的80%相比差距太大，研究表明，黄河近年来的严重断流问题除了流域降水量偏少外，更重要的原因就是沿黄河地区春灌用量大幅度增加，用水浪费所致。

地下水开采过量。由于地下水具有水质好、温差小、提取易、费用低等特点，以及用水增加等原因，人们常会超量抽取地下水，以致抽取的水量远远大于它的自然补给量，造成地下含水层衰竭、地面沉降以及海水入侵、地下水污染等恶果。如我国苏州市区近30年内最大沉降量达到1.02m，上海、天津等城市也都发生了地面下沉问题。有些地方还造成了建筑物的严重损毁问题。

地下水过量开采往往形成恶性循环，过度开采破坏地下水层，使地下水层供水能力下降，人们为了满足需要还要进一步加大开采量，从而使开采量与可供水量之间的差距进一步加大，破坏进一步加剧，最终引起严重的生态退化，如美国得克萨斯州西部一些地区因抽水过量导致含水层衰竭，成为了经常遭受干旱和沙尘暴袭击的地区。

到20世纪末，全国600多座城市中，已有400多个城市存在供水不足问题，其中比较严重的缺水城市达110个，全国城市缺水总量为60亿m^3。

二、水资源的循环

在太阳能和地球表面热能的作用下，地球上的水不断被蒸发成为水蒸气，进入大气。水蒸气遇冷又凝聚成水，在重力的作用下，以降水的形式落到地面，这个周而复始的过程，称为水循环。

地球上的水圈是一个永不停息的动态系统。在太阳辐射和地球引力的推动下，水在水圈内各组成部分之间不停地运动着，构成全球范围的海陆间循环（大循环），并把各种水体连接起来，使得各种水体能够长期存在。海洋和陆地之间的水交换是这个循环的主线，意义最重大。在太阳能的作用下，海洋表面的水蒸发到大气中形成水汽，水汽随大气环流运动，一部分进入陆地上空，在一定条件下形成雨雪等降水；大气降水到达地面后转化为地下水、土壤水和地表径流，地下径流和地表径流最终又回到海洋，由此形成淡水的动态循环。这部分水容易被人类社会所利用，具有经济价值，正是我们所说的水资源。

水循环的主要作用表现在三个方面：

(1) 水是所有营养物质的介质，营养物质的循环和水循环不可分割地联系在一起；

（2）水对物质是很好的溶剂，在生态系统中起着能量传递和利用的作用；

（3）水是地质变化的动因之一，一个地方矿质元素的流失，而另一个地方矿质元素的沉积往往要通过水循环来完成。

水循环是联系地球各圈和各种水体的“纽带”，是“调节器”，它调节了地球各圈层之间的能量，对冷暖气候变化起到了重要的作用。水循环是“雕塑家”，它通过侵蚀，搬运和堆积，塑造了丰富多彩的地表形象。水循环是“传输带”，它是地表物质迁移的强大动力和主要载体。更重要的是，通过水循环，海洋不断向陆地输送淡水，补充和更新陆地上的淡水资源，从而使水成为了可再生的资源。

影响水循环的因素主要有：自然因素如气象条件（大气环流、风向、风速、温度、湿度等）和地理条件（地形、地质、土壤、植被等）；同时人为因素对水循环也有直接或间接的影响。人类活动不断改变着自然环境，越来越强烈地影响水循环的过程。人类修筑水库、开凿运河、拦河筑坝，以及大量开发利用地下水等，改变了水的原来径流路线，引起水的分布和水的运动状况发生变化。农业的发展，森林的破坏，引起蒸发、径流、下渗等过程的变化。城市和工矿区的大气污染和热岛效应也可改变本地区的水循环状况。

三、水污染的来源

在自然界中，完全纯净的水是不存在的。在水的循环过程中，水与大气、土壤和岩石表面接触的每一个环节都会有杂质混入和溶入，导致天然水实际上是一种成分复杂的溶液。

水污染是指水体因某种物质的介入，而导致其化学、物理、生物或者放射性等方面特征的改变，从而影响水的有效利用，危害人体健康或者破坏生态环境，造成水质恶化的现象。水污染控制工程中通常将水污染的来源分为三种。

（一）工业污染源

工业污染源是指工业生产中对环境造成有害影响的生产设备或生产场所，是造成水污染的最主要来源。在工业生产过程中排放出的废水、废液统称为工业废水，主要有工业冷却用水、生产工艺过程的废水，等等。随着工业的迅速发展，废水的种类和数量迅猛增加，对水体的污染也日趋广泛和严重，威胁人类的健康和安全。而且由于受原料、产品、工艺流程、设备构造和外部环境等多种因素的影响，工业废水具有量大面广、污染物多、成分复杂、不易净化、处理困难的特点。因此，对于保护环境来说，工业废水的处理比城市污水的处理更为重要。

（二）农业污染源

农业污染源是农业生产过程中对环境造成有害影响的农田和各种农业措施，

包括农药、化肥的施用，土壤流失和农业废弃物等。例如，化肥和农药的不合理使用，造成土壤污染，破坏土壤结构和土壤生态系统，进而破坏自然界的生态平衡；降水形成的径流和渗流将土壤中的氮、磷、农药以及牧场、养殖场、农副产品加工厂的有机废物带入水体，使水质恶化，造成水体富营养化等。农业污染源的特点是面广、分散、难以治理。

（三）生活污染源

生活污水是指人们日常生活中产生的各种污水的总称，包括厨房洗涤、沐浴、衣物洗涤和冲洗厕所的污水等。生活污水中含有大量有机物，如纤维素、淀粉、糖类、脂肪、蛋白质等；也常含有病原菌、病毒和寄生虫卵；无机盐类的氯化物、硫酸盐、磷酸盐、碳酸氢盐和钠、钾、钙、镁等。总的特点是含氮、含硫和含磷高，在厌氧细菌作用下，易生恶臭物质。由于城市化进程导致生活污水排放量呈逐年上升趋势。

第二节 水质指标与水质标准

一、水质指标

污水所含的污染物质千差万别，我们通常用水质指标来衡量水质的好坏或水体被污染的程度。水质指标大致可分为：物理指标、化学指标和生物指标三大类。

（一）物理性指标

1. 温度

许多工业排出的废水都有较高的温度，这些废水排入水体使其水温升高，引起水体的热污染。水温升高影响水生生物的生存和对水资源的利用。氧气在水中的溶解度随水温升高而减小，这样，一方面水中溶解氧减少，另一方面水温升高加速耗氧反应，最终导致水体缺氧或水质恶化。

2. 色度

色度是一项感官性指标。一般纯净的天然水是清澈透明的，即无色的。但带有金属化合物或有机化合物等有色污染物的污水呈各种颜色。将有色污水用蒸馏水稀释后与参比水样对比，一直稀释到二水样色差一样，此时污水的稀释倍数即为其色度。

3. 嗅和味

嗅和味同色度一样也是感官性指标，可定性反映某种污染物的多寡。天然水是无嗅无味的。当水体受到污染后会产生异样的气味。水的异臭来源于还原性硫和氮的化合物、挥发性有机物和氯气等污染物质。不同盐分会给水带来不同的异味。如氯化钠带咸味，硫酸镁带苦味，硫酸钙略带甜味等。

4. 固体物质

水中所有残渣的总和称为总固体（TS），总固体包括溶解物质（DS）和悬浮固体物质（SS）。水样经过过滤后，滤液蒸干所得的固体即为溶解性固体（DS），滤渣脱水烘干后即是悬浮固体（SS）。固体残渣根据挥发性能可分为挥发性固体（VS）和固定性固体（FS）。将固体在600℃的温度下灼烧，挥发掉的量即是挥发性固体（VS），灼烧残渣则是固定性固体（FS）。溶解性固体表示盐类的含量，悬浮固体表示水中不溶解的固态物质的量，挥发性固体反映固体中有机成分的量。

水体含盐量多将影响生物细胞的渗透压和生物的正常生长。悬浮固体将可能造成水道淤塞。挥发性固体是水体有机污染的重要来源。

（二）化学性指标

1. 有机物

生活污水和某些工业废水中所含的碳水化合物、蛋白质、脂肪等有机化合物在微生物作用下最终分解为简单的无机物质、二氧化碳和水等。这些有机物在分解过程中需要消耗大量的氧，故属耗氧污染物。耗氧有机污染物是使水体产生黑臭的主要原因之一。

污水的有机污染物的组成较复杂，现有技术难以分别测定各类有机物的含量，通常也没有必要。从水体有机污染物看，其主要危害是消耗水中溶解氧。在实际工作中一般采用生物化学需氧量（BOD）、化学需氧量（COD、OC）、总有机碳（TOC）、总需氧量（TOD）等指标来反映水中需氧有机物的含量。其中TOC、TOD的测定都是燃烧化学氧化反应，前者测定结果以碳表示，后者则以氧表示。TOC、TOD的耗氧过程与BOD的耗氧过程有本质的区别，而且由于各种水样中有机物质的成分不同，生化过程差别也比较大。各种水质之间TOC和TOD与BOD不存在固定的相关关系。在水质条件基本相同的条件下，BOD与TOC或TOD之间存在一定的相关关系。

2. 无机性指标

（1）植物营养元素

污水中的N、P为植物营养元素，从农作物生长角度看，植物营养元素是宝贵的物质，但过多的N、P进入天然水体却易导致富营养化。水体中氮、磷含量的高低与水体富营养化程度有密切关系，就污水对水体富营养化作用来说，磷的作用远大于氮。

（2）pH值

主要是指示水样的酸碱性。一般要求处理后污水的pH值在6～9之间。

(3) 重金属

重金属主要是指汞、镉、铅、铬、镍，以及类金属砷等生物毒性显著的元素，也包括具有一定毒害性的一般重金属，如锌、铜、钴、锡等。

(三) 生物性指标

1. 细菌总数

水中细菌总数反映了水体受细菌污染的程度。细菌总数不能说明污染的来源，必须结合大肠菌群数来判断水体污染的来源和安全程度。

2. 大肠菌群

水是传播肠道疾病的一种重要媒介，而大肠菌群被视为最基本的粪便传染指示菌群。大肠菌群的值可表明水样被粪便污染的程度，间接表明有肠道病菌（伤寒、痢疾、霍乱等）存在的可能性。

二、水质标准

为了保护水资源，控制水污染，保障人民用水安全，促进国家经济发展，我国有关部门与地方制订了一系列较详细的水环境标准，作为规划、设计、管理与监测的依据。水资源保护和水体污染控制要从两方面着手：一方面制订水体的环境质量标准，保证水体质量和水域使用目的；另一方面要制订污水排放标准，对必须排放的工业废水和生活污水进行必要而适当的处理。对水质要求最基本的是《地表水环境质量标准》(GB 3838—2002)，由国家环保总局发布。

依照《地表水环境质量标准》(GB 3838—2002) 中规定，按地面水使用目的和保护目标，我国地面水分五大类：

Ⅰ类：主要适用于源头水，国家自然保护区；

Ⅱ类：主要适用于集中式生活饮用水、地表水源地一级保护区，珍稀水生生物栖息地，鱼虾类产卵场，仔稚幼鱼的索饵场等；

Ⅲ类：主要适用于集中式生活饮用水、地表水源地二级保护区，鱼虾类越冬、回游通道，水产养殖区等渔业水域及游泳区；

Ⅳ类：主要适用于一般工业用水区及人体非直接接触的娱乐用水区；

Ⅴ类：主要适用于农业用水区及一般景观要求水域。

对污水排放国家环保总局也制订了《污水综合排放标准》(GB 8978—1996)。另外，为使环境恶化的趋势得到基本控制，2000 年国家环保总局又制订了“一控双达标”政策：“一控”——对主要污染物进行总量控制；“双达标”——重点企业、工业企业污染源处理达标，城市的地面水和空气质量实现按功能区达标。

第三节　水体污染与自净

一、水体污染及分类

水的污染有两类：一类是自然污染；另一类是人为污染。当前对水体危害较大的是人为污染。水污染可根据污染杂质的不同而主要分为化学性污染、物理性污染和生物性污染三大类。

(一) 化学性污染

化学性污染是污染杂质为化学物品而造成的水体污染。化学性污染根据具体污染杂质可分为6类：

1. 无机污染物质

污染水体的无机污染物质有酸、碱和一些无机盐类。酸碱污染使水体的pH值发生变化，妨碍水体自净作用，还会腐蚀船舶和水下建筑物，影响渔业，破坏生态平衡，并使水体不适于作生活饮用水源。

2. 无机有毒物质

污染水体的无机有毒物质主要是重金属等有潜在长期影响的物质，主要有汞、镉、铅、砷、铬等元素。重金属对人体健康及生态环境的危害极大。闻名于世的水俣病就是由汞污染造成的，而镉污染则会导致骨痛病，铅、砷、铬等会导致慢性中毒，使人痴呆、畸形、癌变等。重金属进入水体后不能减少或消失，但可以通过沉淀、吸附进入底泥或通过食物链而不断富集，从而达到对生态环境及人体健康有害的浓度。

3. 有机有毒物质

污染水体的有机有毒物质主要是各种有机农药、多环芳烃、芳香烃等。它们大多是人工合成的物质，化学性质很稳定，很难被生物所分解。

4. 需氧污染物质

生活污水和某些工业废水中所含的碳水化合物、蛋白质、脂肪和酚、醇等有机物质可在微生物的作用下进行分解。在分解过程中需要大量氧气，故称之为需氧污染物质。大量需氧性有机物排入水体，会引起微生物的繁殖和溶解氧的消耗。随着溶解氧的消耗，鱼类和水生生物将不能在水中生存。当水中溶解氧耗尽后，有机物将进入厌氧微生物为主的发酵阶段，会生成大量氨、硫化氢、硫醇等带恶臭的气体，使水质变黑发臭，造成水环境严重恶化。需氧有机物污染是水体污染中最常见的一种污染。

5. 植物营养物质

主要是生活与工业污水中的含氮、磷等植物营养物质，以及农田排水中残余的氮和磷。这些营养物质排入湖泊、水库、河流中，会造成某些藻类大量繁殖，致使水中溶解氧下降，水生生态系统被破坏，这种现象被称为富营养化。原因一方面是大量藻类的生长占据水体空间，减少了鱼类的生存空间；另一方面大量藻类覆盖水面阻碍水体表面的氧气的补给，藻类死亡腐败后会消耗溶解氧，并释放出更多的营养物质，如此周而复始，恶性循环。水体富营养化的防治是水环境保护中的重要问题，受到国内外的重视，水体富营养化主要防治的方法有：对废水作深度处理，控制氮、磷的排放；禁用含磷洗涤剂；打捞去除藻类；人工曝气，增加水中溶解氧；疏浚底泥；引入不含营养物的流水稀释；使用化学药剂或引入病毒杀藻类等。

6. 油类污染物质

主要指石油对水体的污染，尤其海洋采油和油轮事故污染最甚。水体遭受油污染后，油膜覆盖水面，阻止气液界面间的气体交换，造成溶解氧短缺，促使发生恶臭。油脂亦可堵塞鱼鳃，使鱼呼吸困难，引起死亡。鱼受石油污染，肉有异味，使食用品质降低或不堪食用。

（二）物理性污染

物理性污染包括：

1. 悬浮物质污染

悬浮物质是指水中含有的不溶性物质，包括固体物质和泡沫塑料等。它们是由生活污水、垃圾和采矿、采石、建筑、食品加工、造纸等产生的废物泄入水中或农田的水土流失所引起的。悬浮物质影响水体外观，妨碍水中植物的光合作用，减少氧气的溶入，对水生生物不利。

2. 热污染

来自各种工业过程的冷却水，若不采取措施，直接排入水体，可能引起水温升高、水中溶解氧含量降低、水中存在的某些有毒物质的毒性增加等现象，从而危及鱼类和水生生物的生长。

3. 放射性污染

由于原子能工业的发展，放射性矿藏的开采，核试验和核电站的建立以及同位素在医学、工业等领域的应用，使放射性废水、废物显著增加，造成一定的放射性污染。

（三）生物性污染

生活污水，特别是医院污水和某些工业废水污染水体后，往往可以带入一些病原微生物。例如某些原来存在于人畜肠道中的病原细菌，如伤寒、副伤寒、霍乱细菌等都可以通过人畜粪便的污染而进入水体，随水流动而传播。一些病毒，如肝炎病毒、腺病毒等也常在污染水中发现。某些寄生虫病，如阿米巴痢疾、血吸虫病、钩端螺旋体病等也可通过水进行传播。防止病原微生物对水体的污染也是保护环境，保障人体健康的一大课题。

二、水体的自净作用

（一）定义

污染物随污水排入水体后，一方面对水体产生污染，另一方面水体本身有一定的净化污水的能力，即经过水体的物理、化学与生物的作用，使污水中污染物的浓度得以降低，经过一段时间后，水体往往能恢复到受污染前的状态，并在微生物的作用下进行分解，从而使水体由不洁恢复为清洁，这一过程称为水体的自净过程。

（二）水体自净的作用机理

主要通过三方面作用来实现：

1. 物理作用

物理作用包括可沉性固体逐渐下沉，悬浮物、胶体和溶解性污染物稀释混合，浓度逐渐降低。其中稀释作用是一项重要的物理净化过程。

2. 化学作用

污染物质由于氧化、还原、酸碱反应、分解、化合、吸附和凝聚等作用而使污染物质的存在形态发生变化和浓度降低。

3. 生物作用

由于各种生物（藻类、微生物等）的活动特别是微生物对水中有机物的氧化分解作用使污染物降解。它在水体自净中起非常重要的作用。

水体中的污染物的沉淀、稀释、混合等物理过程，氧化还原、分解化合、吸附凝聚等化学和物理化学过程以及生物化学过程等，往往是同时发生，相互影响，并相互交织进行。一般说来，物理和生物化学过程在水体自净中占主要地位。

（三）水体自净作用的影响因素

水体的自净能力是有限的，如果排入水体的污染物数量超过某一界限时，将造成水体的永久性污染，这一界限称为水体的自净容量或水环境容量。影响水体自净的因素很多，其中主要因素有：受纳水体的地理、水文条件、微生物的种类与数量、水温、复氧能力以及水体和污染物的组成、污染物浓度等。

第四节　水污染的综合防治技术

一、水污染的综合防治原则

（一）水污染综合防治原则

水污染防治法第 3 条明确规定，水污染防治应当坚持预防为主、防治结合、综合治理的原则。

第一，预防为主就是将预防放在防治水污染的主要和优先位置，采取各种预防手段，防止水污染的发生。由于水污染影响范围大、影响时间长、影响程度强、致病危害大、污染容易治理难、治理成本高、代价大，必须对污染采取预防为主的原则，才能将污染和损害减至最低的程度。

第二，防治结合是指预防与治理相结合，既要对污染事先采取预防措施，同时也要对产生的污染积极予以治理。对水污染只有按照预防与治理相结合的原则，将预防手段和治理措施双管齐下，才能从根本上防治水污染，保护和改善环境。

第三，水污染防治是一项综合性很强的工作，必须进行综合治理，包括综合运用法律、经济、技术和必要的行政手段，从源头上预防和治理水污染。

（二）水污染综合防治的措施

水污染综合防治是综合运用各种措施以防治水体污染的措施。防治措施涉及工程的与非工程的两类，主要有：①减少废水和污染物排放量，包括节约生产废水，规定用水定额，改善生产工艺和管理制度、提高废水的重复利用率，采用无污染或少污染的新工艺，制定物料定额等。对缺水的城市和工矿区，发展区域性循环用水、废水再用系统等。②发展区域性水污染防治系统，包括制定城市水污染防治规划、流域水污染防治管理规划，实行水污染物排放总量控制制度，发展污水经适当人工处理后用于灌溉农田和回用于工业，在不污染地下水的条件下建立污水库，枯水期贮存污水减少排污负荷、洪水期内进行有控制地稀释排放等。③发展效率高、能耗低的污水处理技术来治理污水。

二、水污染处理的基本方法

水污染处理的目的就是对水体中的污染物以某种方法分离出来，或者将其转化为无害稳定物质，从而使污水得到净化。一般要达到防止毒物和病菌的传染，避免有异臭和恶感的可见物，以满足不同用途的要求。

现代水污染处理技术，按其原理可分为物理法、化学法、物理化学法和生物法等四类。见表 4－1 所列。

表 4－1 污水处理的方法分类

基本方法	基本原理	处理单元
物理处理法	物理或机械的分离	沉淀、上浮、离心分离、过滤等
化学处理法	污水中的有害物质与加入的化学药剂发生化学反应从而除去	混凝、中和、化学沉淀、氧化还原等
物理化学处理法	物理化学原理	吸附、离子交换、萃取、膜分离等
生物处理法	利用微生物对污水中的有机物进行氧化分解等代谢作用来净化	活性污泥法、生物膜法、厌氧消化、氧化塘等

（一）物理处理法

物理处理法是通过物理作用，以分离、回收污水中不溶解的呈悬浮状态污染物质（包括油膜和油珠）的污水处理法。根据物理作用的不同，又可分为重力分离法（如沉淀、上浮等）、离心分离法和过滤法（如隔栅、筛网和过滤等）。这里主要介绍沉淀、气浮、离心分离和过滤等方法。

1. 沉淀

利用水中悬浮颗粒与水的密度差，在重力作用下产生下沉作用，以达到固液分离的目的。按照污水的性质与所要求的处理程度不同，沉淀处理工艺有以下四种用法：用于污水的预处理（如沉砂池）；用于污水进入生物处理前的初步处理（初次沉淀池）；用于生物处理后的固液分离（二次沉淀池）；用于污泥处理阶段的污泥浓缩。生产上根据池内水流的方向不同，沉淀池的形式通常可以分为五种，即平流式、竖流式、辐流式、斜管式和斜板式。

2. 气浮

气浮设备是一类将空气或溶有空气的水通入污水中形成微小的气泡，污水中的悬浮物黏附于气泡而上浮于水面，从而实现固液和液液分离的水处理设备。常用于含油污水的油水分离，有用物质的回收及污泥的浓缩等工艺流程中。

3. 离心分离

利用污水高速旋转产生的离心力，将污水中的悬浮颗粒分离的处理方法称为离心分离法。按照产生离心力的方式不同，离心分离设备可分为水旋和器旋两类。前者称为旋流器，后者指各种离心机。

4. 过滤

过滤，在水处理技术中一般是指使污水通过石英砂等粒状滤料层，截留水中的悬浮物从而使水获得澄清的工艺过程。按其工作原理又可分为重力过滤法、压力过滤法、真空过滤法和离心过滤法四种。而筛滤法所采用的隔栅和筛网主要是对污水进行预处理的工艺。

（二）化学处理法

污水的化学处理是指采用化学药剂或化学材料对污水中溶解性或胶体状态的污染物，通过化学反应使污染物与水分离，或改变污染物的性质，如降低污水中的酸碱度、去除金属离子、氧化某些物质以及有机物等，以除去水中杂质的处理方法。主要有化学混凝法、中和法、化学沉淀法、氧化还原法等。

1. 化学混凝法

混凝就是在混凝剂的离解和水解产物作用下，使水中的胶体污染物和细微悬浮物脱稳并聚集为具有可分离性的絮凝体的过程，其中包括凝聚和絮凝两个过程，统称为混凝。

混凝澄清法，是给水和废水处理中应用得非常广泛的方法。它既可以降低原水的浊度、色度等感观指标，又可以去除多种有毒有害污染物；既可以自成独立的处理系统，又可以与其他单元过程组合，作为预处理、中间处理和最终处理过程，还经常用于污泥脱水前的浓缩过程。

胶体粒子和细微悬浮物的粒径分别为 1～100nm 和 100～10000nm。由于布朗运动、水合作用，尤其是微粒间的静电斥力等原因，胶体和细微悬浮物能在水中长期保持悬浮状态，静置而不沉。因此，胶体和细微悬浮物不能直接用重力沉降法分离，而必须首先投加混凝剂来破坏它们的稳定性，使其相互聚集为数百微米以至数毫米的絮凝体，才能用沉降、过滤和气浮等常规固液分离法予以去除。

2. 中和法

很多工业废水往往含酸性或碱性物质。根据我国《污水综合排放标准》，排放废水的 pH 值应在 6～9 之间。凡是废水含有酸或碱，从而使 pH 值超出规定范围的都应加以处理。中和法是利用碱性药剂或酸性药剂将废水从酸性或碱性调整到中性附近的一类处理方法。在工业废水处理中，中和处理既可以作为主要的处理单元，也可以作为预处理。

酸性废水中常见的酸性物质有硫酸、硝酸、盐酸、氢氟酸、磷酸等无机酸及醋酸、甲酸、柠檬酸等有机酸，并常溶解有金属盐。碱性废水中常见的碱性物质有苛性钠、碳酸钠、硫化钠及胺类等。

工业废水中所含酸（碱）的量往往相差很大，因而有不同的处理方法。酸含量大于 5%～10%的高浓度含酸废水，常称为废酸液；碱含量大于 3%～5%的高浓度含碱废水，常称为废碱液。对于这类废酸液、废碱液，可因地制宜采用特殊的方法回收其中的酸和碱，或者进行综合利用。例如，用蒸发浓缩法回收苛性钠；用扩散渗析法回收钢铁酸洗废液中的硫酸；利用钢铁酸洗废液作为制造硫酸亚铁、氧化铁红、聚合硫酸铁的原料等。对于酸含量小于5%～10%或碱含量小于3%～5%的低浓度酸性废水或碱性废水，由于其中酸、碱含量低，回收价值不大，常采用中和法处理，使其达到排放要求。酸性废水一般可采用：①加入碱性废水、石灰乳或液碱（氢氧化钠）；②废水通过由石灰石或白云石构成的过滤层等方法处理。碱性废水可以采用：①向碱性废水中鼓入烟道气；②向碱性废水中投入酸性废水等方法处理。

此外，还有一种与中和处理法相类似的处理操作，就是为了某种需要，将废水的 pH 值调整到某一特定值（范围），这种处理操作叫 pH 调节。若将 pH 值由中性或酸性调至碱性，称为碱化；若将 pH 值由中性或碱性调至酸性，称为酸化。

3. 化学沉淀法

化学沉淀法是指向废水中投加某些化学药剂（沉淀剂），使之与废水中溶解态的污染物直接发生化学反应，形成难溶的固体生成物，然后进行固液分离，从而除去水中污染物的一种处理方法。废水中的重金属离子（如汞、镉、铅、锌、镍、铬、铁、铜等）、碱土金属（如钙和镁）及某些非金属（如砷、氟、硫、硼）均可通过化学沉淀法去除，某些有机污染物亦可通过化学沉淀法去除。

化学沉淀法的工艺过程通常包括：①投加化学沉淀剂，与水中污染物反应，生成难溶的沉淀物而析出；②通过凝聚、沉降、浮上、过滤、离心等方法进行固液分离；③泥渣的处理和回收利用。

化学沉淀的基本过程是难溶电解质的沉淀析出，其溶解度大小与溶质本性、温度、盐效应、沉淀颗粒的大小及晶型等有关。在废水处理中，根据沉淀-溶解平衡移动的一般原理，可利用过量投药、防止络合、沉淀转化、分步沉淀等提高处理效率，回收有用物质。

4. 氧化还原法

通过药剂与污染物的氧化还原反应，把废水中有毒害的污染物转化为无毒或微毒物质的处理方法称为氧化还原法。

废水中的有机污染物（如色、嗅、味、COD）及还原性无机离子（如 CN^-、S^{2-}、Fe^{2+}、Mn^{2+} 等）都可通过氧化法消除其危害，而废水中的许多重金属离子（如汞、镉、铜、银、金、六价铬、镍等）都可通过还原法去除。

废水处理中最常采用的氧化剂是空气、臭氧、氯气、次氯酸钠及漂白粉；常用的还原剂有硫酸亚铁、亚硫酸氢钠、硼氢化钠及铁屑等。在电解氧化还原法中，电解槽的阳极可作为氧化剂，阴极可作为还原剂。

（三）物理化学处理法

1. 吸附

吸附法是利用多孔固体物质作为吸附剂，以吸附剂的表面吸附废水中的某种污染物的方法。

吸附法主要用于废水的脱色、除臭和去除重金属离子、可溶性有机物等深度处理。常用的吸附剂有活性炭、硅藻土、砂渣、炉渣、粉煤灰等。其中以活性炭最为常用。

吸附法处理废水的特点和用途：

(1) 特点

① 适应范围广；

② 处理效果好；

③ 可回收有用物料；

④ 吸附剂可重复使用；

⑤ 缺点是对进水预处理要求较高，运转费用较高，系统庞大，操作较麻烦。

(2) 应用范围

① 脱色，除臭味，脱除重金属、各种溶解性有机物和放射性元素等；

② 作为离子交换、膜分离等方法的预处理，以去除有机物、胶体物及余氯等；

③ 作为二级处理后的深度处理手段，以保证回用水的质量。

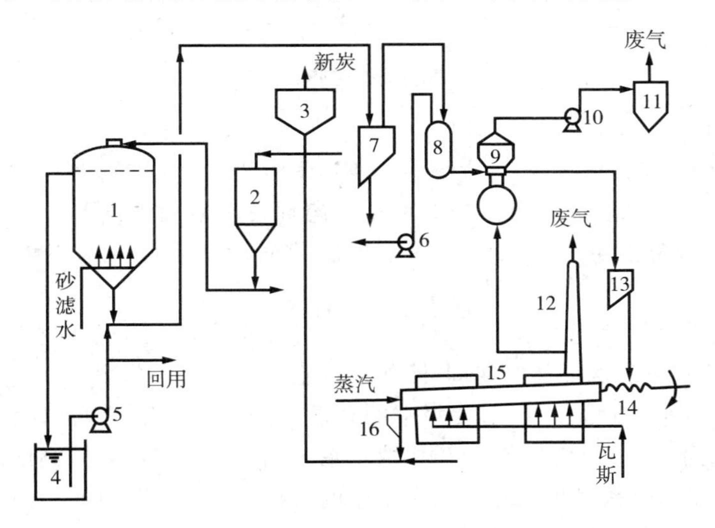

图 4-1　含油废水粒状活性炭吸附工艺流程

2. 离子交换

利用离子交换剂的可交换离子与水相中离子进行当量交换的过程称为离子交换，也叫离子交换反应。提供离子交换的物质叫离子交换剂。

离子交换法是水处理中软化和除盐的主要方法之一。在废水处理中，主要用于去除废水中的金属离子。离子交换的实质是不溶性离子化合物（离子交换剂）上的可交换离子与溶液中的其他同性离子的交换反应，是一种特殊的吸附过程，通常是可逆性化学吸附。

离子交换法优点为：离子的去除效率高，设备较简单，操作容易控制。

目前在应用中存在的问题是：应用范围还受到离子交换剂品种、产量、成本的限制，对废水的预处理要求较高，另外，离子交换剂的再生及再生液的处理有时也是一个难以解决的问题。

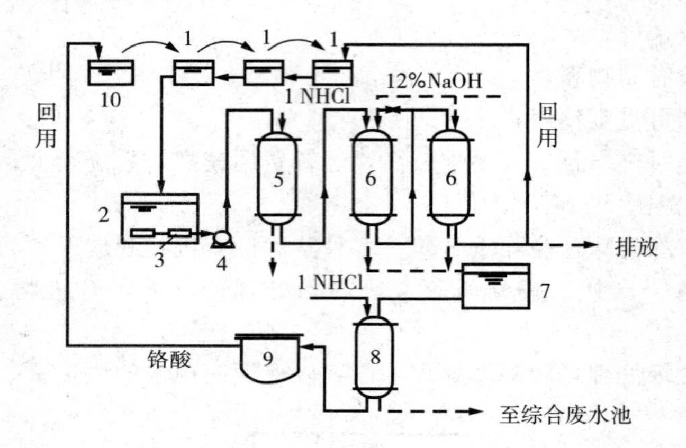

图 4－2　离子交换树脂回收铬酸流程

3. 萃取

将不溶于水的溶剂投入污水之中，使污水中的溶质溶于溶剂中，然后利用溶于水的密度差，将溶剂分离出来。再利用溶剂与溶质的沸点差，将溶质蒸馏回收，再生后的溶剂可循环使用。常采用的萃取设备有脉冲筛板塔、离心萃取机等。

在化工上，用适当的溶剂分离混合物的过程叫萃取。当混合物为溶液时叫液-液萃取，当混合物为固体时叫固-液萃取；使用的溶剂叫萃取剂，提取的物质叫萃取物，在废水处理上，利用废水中的杂质在水中和有机萃取剂中溶解度的不同，可以采用萃取的方法，将杂质提取出来。例如，含酚浓度较高的废水，由于酚在有机溶剂中的溶解度远远高于在水中的溶解度，我们可以利用酚的这种性质以及有机溶剂（如油）与水不相溶的性质，选用适当的有机溶剂从废水中把有害物质酚提取出来。

用萃取法处理废水时，有三个步骤：①把萃取剂加入废水，并使它们充分接触，有害物质作为萃取物从废水中转移到萃取剂中；②把萃取剂和废水分离开来，废水就得到了处理，也可以再进一步接受其他的处理；③把萃取物从萃取剂中分离出来，使有害物质成为有用的副产品，而萃取剂则可回用于萃取过程才算在技术上已经成立；其次，是经济上的考虑。技术上可靠，经济上合理，生产才能采用。

4. 膜分离

膜分离法是利用特殊的薄膜对液体中的某些成分进行选择性透过的方法的统称。溶剂透过膜的过程称为渗透（osmosis）。溶质透过膜的过程称为渗析（dialysis）。

膜分离技术在液体方面的应用最主要是在水处理领域，膜技术已成为水处理最终手段。当代最先进的膜技术可以很方便地把水净化到几乎只剩 H_2O 的程度，比 H_2O 分子量大的物体原则上都可滤去，从而使水成为导电能力极低的液体。膜分离技术具有广泛的应用领域，在水处理方面主要有：①海水和苦咸水淡化；②城市污水处理后的中水回用；③饮用水水质净化；④改造传统产业，提高工业用水回用率；⑤在医药卫生、食品饮料工业、IT 工业及火力发电的锅炉补给水等膜技术均有很大的应用空间。

目前有扩散渗析法（渗析法）、电渗析法、反渗透法和超过滤法等。

膜分离技术有以下共同的特点：

（1）膜分离过程不发生相变，因此能量转化的效率高。例如，在现在的各种海水淡化方法中反渗透法能耗最低。

（2）膜分离过程在常温下进行，因而特别适于对热敏性物料，如果汁、酶、药物等的分离、分级和浓缩。

（3）装置简单，操作简单，控制、维修容易，且分离效率高。与其他水处理方法相比，具有占地面积小、适用范围广、处理效率高等特点。

（4）由于目前膜的成本较高，所以膜分离法投资较高，有些膜对酸或碱的耐受能力较差。所以目前膜分离法在水处理中一般用于回收废水中的有用成分或水的回用处理。

(四) 生物处理法

生物处理法就是通过人工培养水中的微生物，利用其新陈代谢的功能，消化降解或吸收废水中的各种溶解的污染物（主要是有机污染物）。该法由于其操作成本低而获得广泛的应用。根据所培养的微生物种类可分为好氧生物处理和厌氧生物处理两大类。

1. 好氧生物处理

好氧生物法需要利用鼓风机等设备不断地向废水中通入空气（称为曝气），给水中微生物提供足够的氧气。常用的好氧生物处理法有活性污泥法和生物膜法两种。

（1）活性污泥法

通过连续曝气等人工培养，水中的好氧微生物不断繁殖形成絮凝体——活性污泥。活性污泥悬浮在水中，使废水得以净化，也称悬浮生长法。活性污泥法是水体生物自净作用的人工化，是处理城市生活污水最广泛使用的方法。

(2) 生物膜法

利用附着于填料（碎石、煤渣、化学纤维、竹笼等）表面的微生物膜不断消化降解水中的污染物。由于微生物是固定在填料表面的，生物膜法又称固定生长法，是一种被广泛采用的生物处理方法。生物膜法的主要设施是生物滤池、生物转盘、生物接触氧化池、生物流化床等。

2. 厌氧生物处理

厌氧生物处理即在无氧条件下，利用兼性菌和厌氧菌降解有机污染物，分解的主要产物为甲烷。厌氧生物处理主要用于处理浓度较高的有机废水，为进一步好氧生物处理打下基础。

普遍用于生活废水处理的化粪池就是典型的厌氧生物处理设施。我国农村广泛采用的沼气池也是利用厌氧生物处理的原理，以粪便、稻秆等为原料生产沼气的。

三、废水处理的工艺流程

废水中的污染物是多种多样的，且性质各异，往往需要采用几种方法的组合，才能处理不同性质的污染物与污泥，达到净化的目的与排放标准。我们一般是根据废水的性质、排放标准和不同处理方法的特点，选择不同的处理方法并组成不同的废水处理工艺流程。

现代废水处理技术，按照处理程度的不同，将废水处理工艺流程分为一级处理、二级处理和三级处理。

1. 一级处理

一级处理可由筛滤、重力沉淀和浮选等方法串联组成，除去废水中大部分粒径在 100μm 以上的大颗粒物质。

筛滤可除去较大物质；重力沉淀可去除无机粗粒和比重略大于 1 的有凝聚性的有机颗粒；浮选可去除比重小于 1 的颗粒物（油类等），往往采用压力浮选方式，在加压下溶解空气，随后在大气压下放出，产生细小气泡附着于上述颗粒上，使之上浮至水面而去除。

经一级处理后的废水，BOD 一般可去除 30%左右，达不到排放标准。故通常作为预处理阶段。

2. 二级处理

二级处理是在一级处理的基础上，增加生物处理的处理工艺。常用生物法和絮凝法。生物法主要是除去一级处理后废水中的有机物；絮凝法主要是去除一级处理后废水中无机的悬浮物和胶体颗粒物或低浓度的有机物。

絮凝法是通过加凝聚剂破坏胶体的稳定性，使胶体粒子发生凝聚，产生絮凝物，并发生吸附作用，将废水中污染物吸附在一起，然后经沉降（或上浮）而与水分离。

生物法是利用微生物处理废水的方法。通过构筑物中微生物的作用，把废水中可生化的有机物分解为无机物，以达到净化目的。同时，微生物又用废水中有机物合成自身，使其净化作用得以持续进行。

经过二级处理的废水，通常可以使有机污染物达到排放标准。

3. 三级处理

三级处理是在一级、二级处理后，进一步处理难降解的有机物、氮和磷等能够导致水体富营养化的可溶性无机物等。污水的三级处理目的是为了控制富营养化或达到使废水能够重新回用。所采用的技术通常分为上述的物理法、化学法和生物处理法三大类。如曝气、吸附、化学凝聚和沉淀、离子交换、电渗析、反渗透、氯消毒等。但所需处理费用较高，必须因地制宜，视具体情况确定。

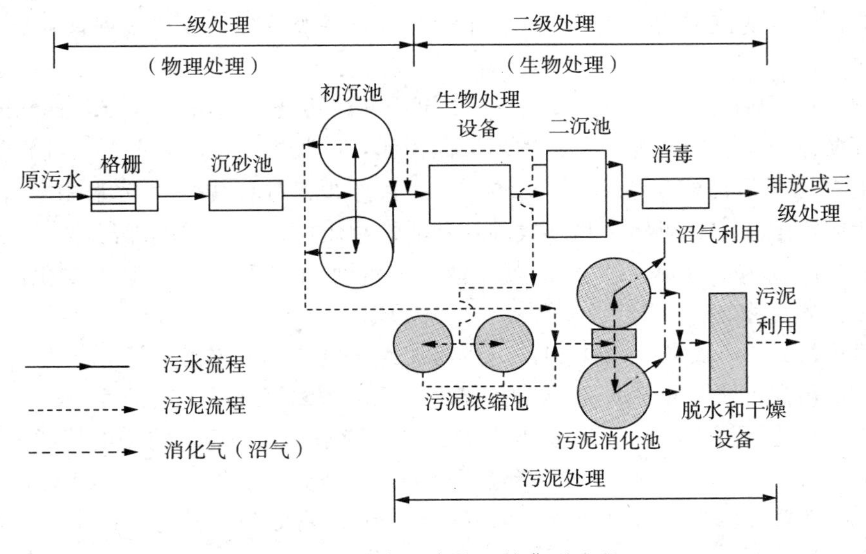

图 4－3　城市污水处理的典型流程

四、污泥的处理与处置技术

污泥是污水处理后的产物，是一种由有机残片、细菌菌体、无机颗粒、胶体等组成的极其复杂的非均质体。污泥的主要特性是含水率高（可高达 99%以上），有机物含量高，容易腐化发臭，并且颗粒较细，比重较小，呈胶状液态。

它是介于液体和固体之间的浓稠物，可以用泵运输，但它很难通过沉降进行固液分离。污泥的处理和处置目的就是要通过适当的技术措施，使污泥得到再利用或以某种不损害环境的形式重新返回到自然环境中。

污泥含水率高，体积庞大，常含有高浓度有机物，很不稳定，易在微生物作用下腐败发臭，并常常含有病原微生物、寄生虫卵及重金属离子等有害物质，必须进行相应的处理。

（一）污泥的分类

由于污泥的来源及水处理方法不同，产生的污泥性质不一，污泥的种类很多，分类比较复杂，目前一般可以按以下方法分类。

（1）按来源分，污泥主要有生活污水污泥、工业废水污泥和给水污泥。

（2）按处理方法和分离过程分，污泥可分为以下几类：

初沉污泥：指污水一级处理过程中产生的沉淀物；活性污泥（activitedsludge）：指活性污泥法处理工艺二沉池产生的沉淀物；腐殖污泥：指生物膜法（如生物滤池、生物转盘、部分生物接触氧化池等）污水处理工艺中二次沉淀池产生的沉淀物；化学污泥：指化学强化一级处理（或三级处理）后产生的污泥。

（3）按污泥的不同产生阶段分，可分为沉淀污泥（primarysettlingsludge）：初次沉淀池中截留的污泥，包括物理沉淀污泥，混凝沉淀污泥，化学沉淀污泥。

生物处理污泥（biologicalsludge）：在生物处理过程中，由污水中悬浮状、胶体状或溶解状的有机污染物组成的某种活性物质，称为生物处理污泥。

生污泥（freshsludge）：指从沉淀池（初沉池和二沉池）分离出来的沉淀物或悬浮物的总称。

消化污泥（di-gestedsludge）：为生污泥经厌氧消化后得到的污泥。

浓缩污泥（concentratesludge）：指生污泥经浓缩处理后得到的污泥。

脱水干化污泥（dehydrationsludge）：指经脱水干化处理后得到的污泥。

干燥污泥（Dryingsludge）：指经干燥处理后得到的污泥。

（4）按污泥的成分和性质分，污泥可分为有机污泥和无机污泥；亲水性污泥和疏水性污泥。

（二）污泥的处理与处置

污泥处理的主要内容包括稳定处理（生物稳定、化学稳定），去水处理（浓缩、脱水、干化）和最终处置与利用（填地、投海、焚化、湿式氧化及综合利用等）。污泥处理与废水处理相比，设备复杂、管理麻烦、费用昂贵。

污泥稳定处理的目的就是降解污泥中的有机物质，进一步减少污泥含水量，杀灭污泥中的细菌、病原体等，消除臭味，这是污泥能否资源化有效利用的关键步骤。污泥稳定化的方法主要有堆肥化、干燥、厌氧消化等。

厌氧消化：在污泥处理工艺中，厌氧消化是较普遍采用的稳定化技术。污泥厌氧消化也称为污泥厌氧生物稳定，它的主要目的是减少原污泥中以碳水化合物、蛋白质、脂肪形式存在的高能量物质，也就是通过降解将高分子物质转变为低分子物质。厌氧消化是在无氧条件下依靠各种兼性菌和厌氧菌的共同作用，使污泥中有机物分解的厌氧生化反应，是一个极其复杂的过程。

污泥处置的基本问题是利用适当的技术措施，为污泥提供出路，同时要认真考虑污泥处置所产生的各种环境和经济问题，并按一定的要求（法规、条例等）妥善地解决。

污泥的最终出路不外乎部分或全部利用，以及以某种形式返回到环境中去。在利用时，污泥中的部分物质也有可能以某种形式返回到环境中。

目前，较适合我国国情、常用的污泥处置方法有：农业利用、填埋、焚烧和投放海洋或废矿等。

1. 农业利用

污泥中的氮、磷、钾是农作物生长所必需的养分，熟污泥中的腐殖质是良好的土壤改良剂，因此，我国污泥的重要利用途径是在农业上的利用。但在使用前应采取堆肥、厌氧消化等技术措施消除其中的病原体、寄生虫卵和重金属，使其达到有关卫生标准和农业要求。

堆肥是利用嗜热微生物分解污泥中的有机物，可以达到脱水、破坏污泥中恶臭成分、杀死病原体等目的，从而得到一种安全的有机性肥料施用于农田。

2. 填埋

污泥单独填埋或者与垃圾混合填埋是常用的最终处置方法。污泥在填埋之前要经过稳定处理，在选择填埋场时要研究该处的水文地质条件和土壤条件，避免地下水受到污染。对填埋场的渗滤液应当收集并作适当处理，场地径流应妥善排放。填埋场的管理非常重要，要定期监测填埋场附近的地下水、地面水、土壤中的有害物（如重金属）等。

3. 焚烧

焚烧可使污泥体积大幅度减小，且可灭菌。污泥灰量大约是含水率75%的污泥的1/10。焚烧后的灰烬可填埋或利用。焚烧时的尾气必须进行处理。焚烧设备的投资和运行费用都比较大，在单纯用作处置手段时需要慎重研究。

4. 投放海洋

为避免海岸线及近海污染，要求将污泥投入远洋。投入远洋虽暂时没有出现问题，但后果可能极为严重，已在各国环保人员和公众当中引起激烈的争论，遭到严厉的批评；然而少数国家仍在沿用。

五、几种典型废水的处理方法

(一) 印染废水的处理

1. 印染废水的特点

印染废水排放量大，占工业废水总排放量的35%，印染废水成分复杂，对环境危害大。直接排放，会削弱水生植物的光合作用；减少水生动物的食物来源，降低水中的DO，影响水生动物的生存；导致水体富营养化；含有的大量硫酸盐会在土壤中转化为硫化物，引起植物根部腐烂，使土壤性质恶化。

印染废水含有苯胺、硝基苯、邻苯二甲酸类等含有苯环、胺基、偶氮等基团的有毒有机污染物，多为致癌物质，危及人的身体健康。

浙江、江苏、山东既是我国印染行业的集中区域，又是重点流域——淮河、太湖所在地，印染废水的排入造成了严重的污染。这样的情况，在其他污染治理重点流域也屡见不鲜。印染废水可谓是水污染的"罪魁祸首"之一。

2. 印染废水治理中存在的问题

印染废水成分复杂，水质波动范围大，单一治理方法难以去除废水中的多种污染物。印染废水中含有染料、浆料、助剂、纤维、果胶、蜡质、无机盐，含有铜、锌、铬、砷等重金属离子，含有苯胺、硝基苯、邻苯二甲酸类有毒有机污染物等，由于原料、产品品种和加工工艺的不同，印染废水的水质波动范围较大：pH值为6～10，COD为400～2000mg/L，BOD_5为100～400mg/L，SS为100～200mg/L，色度为100～400倍。

印染废水可生化性差，传统的生物法难以使废水达标排放。

随着印染技术的迅速发展，聚乙烯醇PVA、海藻酸钠、羟甲基纤维素、新型助剂等难生物降解有机物大量进入印染废水，所采用的染料也更加稳定，既抗氧化又抗还原，极难被生物降解。

废水中含有的铜、锌、铬、砷等重金属离子，染料结构中的硝基、芳胺，助剂、浆料等有机物及其中间体，都具有很大的生物毒性，进一步降低了废水的可生化性。

印染废水治理成本高，现行工艺存在一定的局限性。

例如：活性炭吸附法用量大、费用高、再生能耗大，再生后其吸附能力有不同程度的下降，且其吸附效果易受水中的悬浮物、高分子污染物、油脂等因素干扰。

O_3氧化法设备造价高，投加量大；Cl_2氧化法毒性大，易造成二次污染。

电化学法具有COD、色度等去除率高等优点，但因其电极材料消耗量较大，能耗、成本高等原因，推广受到一定限制。

絮凝法应用较为广泛，其具有投资费用低、设备占地少、处理容量大、脱色率高等优点，但产生的化学污泥如不妥善处理，会对环境造成二次污染；且絮凝法对以胶体或悬浮状态存在的染料脱色效果好，而对于分子中水溶性基团含量高、不易缔结、接近真溶液形式的染料的脱色效果不理想。

膜分离的方法是一种高效分离、浓缩和净化的技术，但实际应用中尚存在投资和运行费高、易堵塞、浓缩物处理等问题。

3. *印染废水污染的处理方法*

多种方法联用，与其他污染联合治理。

印染废水的处理要注重各种方法的有机结合，充分发挥各技术的优点和特色，克服自身的局限性，进行综合处理，以期达到最佳处理效果。

碱性印染废水和锅炉除尘烟气联合治理，既提高了除尘效率，又中和了印染废水。部分粉煤灰随废水进入后续生物处理系统，用作生物载体，提高了污染物去除效率。

此工艺以废治废、工艺流程简单、操作方便、运行费用低，在浙江绍兴、萧山和江苏盛泽一带应用较为普遍。

推广厌氧（兼氧）生化预处理工艺，即在传统生化工艺前端增设水解酸化池和中沉池等构筑物，可大幅提高废水的可生化性，加快污染物的无机化降解过程，降低处理成本，是治理中高浓度印染废水的有效手段。

如天津某纺织公司采用水解酸化——生物接触氧化工艺处理中高浓度印染废水，该工艺对COD、BOD的去除率均达85%以上，处理出水优于《纺织染整工业污染物排放标准》（GB 4287—92）中的二级标准，处理费用为0.45元/m^3。

高级氧化法、电化学法等治理技术在处理高浓度、难降解、有毒有害废水方面效果甚好，但是单纯使用成本偏高，可以与其他工艺联合处理印染废水。

例如：吸附—光催化氧化处理法，利用活性炭等多孔物质的粉末或颗粒与废水混合，去除水中的阳离子染料、直接染料、酸性染料、活性染料等水溶性染料，再利用光催化氧化彻底降解废水中未降解的有机污染物。

化学絮凝—电化学—臭氧氧化工艺、电化学—化学混凝—活性污泥工艺对含水溶性强的活性染料、分散染料和酸性染料的废水具有很高的COD、色度去除率。

国外有研究者采用电化学—化学混凝—活性污泥组合工艺处理印染废水，COD总去除率可达85%，出水透明度大于30cm。

（二）汽车涂装废水的处理

随着我国汽车工业的发展，汽车工业废水排放量也越来越大。汽车及其零部件的涂装是汽车制造过程中产生废水排放最多的环节之一。涂装是保护和装饰汽车的主要工艺措施。以车身（驾驶室）涂装为例，一般可以分为表面前处理、喷涂、烘干三个工序。涂装废水含有树脂、表面活性剂、重金属离子、Oil、PO_4^{3-}、油漆、颜料、有机溶剂等污染物，COD值高，若不妥善处理，会对环境产生严重污染。

1. 涂装废水的来源及有害物质

涂装废水主要来自于预脱脂、脱脂、表调、磷化、钝化等车身前处理工序；阴极电泳工序和中涂、喷面漆工序。

废水中含有的主要有毒、有害物质如下：

涂装前处理：亚硝酸盐、磷酸盐、乳化油、表面活性剂、Ni^{2+}、Zn^{2+}。

底涂：低溶剂阴极电泳漆膜、无铅阴极电泳漆膜、颜料、粉剂、环氧树脂、丁醇、乙二醇单丁醚、异丙醇、二甲基乙醇胺、聚丁二烯树脂、二甲基乙醇、油漆等。

中涂、面涂：二甲苯、香蕉水等有机溶剂，漆膜、颜料、粉剂。

2. 涂装废水的处理方法

汽车涂装废水处理工艺的关键之一在于合理的清浊水质分流，对部分难处理或影响后续处理的废水，根据其性质和排放规律，先进行间歇的预处理，再和其他废水集中连续处理。

(1) 预处理

① 脱脂废液

对脱脂废液采用酸化法进行破乳预处理，向脱脂废液中投加无机酸将pH调至2～3，使乳化剂中的高级脂肪酸皂析出脂肪酸，这些高级脂肪酸不溶于水而溶于油，从而使脱脂废液破乳析油。

另外，加酸后使脱脂废液中的阴离子表面活性剂在酸性溶液中易分解而失去稳定性，失去了原有的亲油和亲水的平衡，从而达到破乳。经预处理后COD_{Cr}从2500～4000mg/L降低到1500～2400mg/L，去除率在40%左右；而含油量从300～950mg/L降至50～70mg/L，去除率高达90%～95%。

② 电泳废液

在阴极电泳废水中含有大量高分子有机物，COD_{Cr}最高可达20000mg/L，还含大量电泳渣，这些物质在水中呈细小悬浮物或呈负电性的胶体状。处理中加入适当的阳离子型聚丙烯酰胺（PAM）和聚合氯化铝（PAC）作混凝剂，利用絮凝剂的吸附架桥作用来快速去除废水中的污染物。电泳废液在预处理时要求pH值在11～12之间，有较好的沉淀效果。反应后的出水COD_{Cr}在2000mg/L左右。

③ 喷漆废水

对喷漆废水先采用Fenton试剂（$H_2O_2+FeSO_4$）对其进行预处理，使其中的有机物氧化分解，COD_{Cr}去除效率在30%左右，再加入PAC和PAM对其进行混凝沉淀，经过此两步处理，COD_{Cr}的总去除率可达到60%～80%，由3000～20000mg/L降至1200～4000mg/L。出水排入混合废水调节池。

(2) 连续处理

经预处理的各类废水排入均和调节池中，与其他废水混合后进入连续处理流程。混合后的废水COD_{Cr}为700～900mg/L。连续处理分为二级：混凝沉淀和混凝气浮。通过沉淀和气浮进一步去除COD和表面活性剂。

(3) 深度处理

深度处理采用砂滤和活性炭过滤。一般砂滤后的出水已能达到排放要求。

第五节　水资源的开发与利用

一、废水资源化的重要意义

为解决困扰人类发展的水资源短缺问题，开发新的可利用水资源是世界各国普遍关注的课题。城市废水水质、水量稳定。经处理和净化后可作为新的再生水源加以利用。城市废水如不加以净化，随意排放，将造成严重的水环境污染。如将城市废水的净化和再生利用结合起来，不仅可以消除城市废水对水环境的污染，而且可以减少新鲜水的使用，缓解需水和供水之间的矛盾。

废水资源化途径大体可分为城市回用、工业回用、农业回用（包括渔牧业）和地下水回灌。

再生水补充地下水，主要是通过地面入渗和地下灌注的方式，将再生水人工回灌到地下含水层，使再生水参与地下水循环，再生水的水质将直接影响地下水体和含水层，其不良影响往往具有滞后性和长期性。对于回灌地下水，重点考虑的因素有：水中的有机物、有毒物对水体的污染；回灌过程中不造成堵塞。

再生水利用于工业用水，重点考虑的因素有：水垢，腐蚀，生物生长，堵塞，泡沫以及工人的健康。再生水利用于农、林、牧业用水，重点考虑的因素有：对土壤性状的影响，对作物生长的影响和对灌溉系统的影响。再生水利用于城市非饮用水，重点考虑的因素有：水体环境的要求，人体健康的要求和输水管网的要求。再生水利用于景观用水，重点考虑的因素有：人体感观的要求和水生生物的生长要求。

二、中水回用技术简介

"中水"一词是相对于上水（给水）、下水（排水）而言的。中水回用技术系指将小区居民生活废（污）水（沐浴、盥洗、洗衣、厨房、厕所）集中处理后，达到一定的标准回用于小区的绿化浇灌、车辆冲洗、道路冲洗、家庭坐便器冲洗等，从而达到节约用水的目的。

其特点为用各种物理、化学、生物等手段对工业所排出的废水进行不同深度的处理，达到工艺要求的水质，然后回用到工艺中去，从而达到节约水资源，减少环境污染的目的。下面就两种最主要的回用技术作一介绍：

（一）冷却水技术

节约冷却水是工业节水的主要途径：

（1）改直接冷却水为间接冷却水。在冷却过程中，特别在化学工业中，如采用直接冷却的方法，往往使冷却水中夹带较多的污染物质，使其失去再利用的价值，如能改为间接冷却，就能克服这个缺点。

（2）降低冷却要求，减少冷却水用量。

（3）采用非水冷却。如在某种工艺生产中，采用空冷或油冷，达到冷却的目的。

（4）利用人工冷源或海水作冷却水，减少地下水或淡水用量。

（5）合理利用冷却水。对已使用过的冷却水可以进行一定的降温措施后，反复使用，也可以在第一次作为冷却水使用后，用于其他对水质、水温要求较低的场合。在采用这个办法时，要注意各车间供水系统的密切配合，加强冷却水的管理，避免因一个环节出问题而影响其他车间供水。

（6）冷却水的循环利用。这种冷却水利用技术主要是经过冷却器变成的热水经过冷却构筑物使水温降到回用水水温，从而循环使用。冷却水在循环使用时，应注意水中细菌的繁殖、水垢的形成、设备腐蚀、水压、水量变化等问题。

（二）一水多用或污水净化再利用

由于生产工艺中各环节的用水水质标准不一，因此将某些环节的水经过适当的处理后重复利用或用于其他对水质要求不高的环节中，以达到节水的目的。如：可先将清水作为冷却水用，然后送入水处理站经软化后作锅炉供水用。城市污水集中处理后用于生产、生活等。

第六节　地下水污染及其防治

一、地下水污染的概念

地下水是水环境系统的一个重要组成部分，是人类赖以生存的物质基础条件之一。在天然地质环境和人类活动的影响下，地下水中的某些组分可能产生相对富集。特别是在人类活动影响引起地下水化学成分、物理性质和生物学特性发生改变而使质量下降的现象。地表以下地层复杂，地下水流动极其缓慢，因此，地下水污染具有过程缓慢、不易发现和难以治理的特点。地下水一旦受到污染，即使彻底消除其污染源，也得十几年，甚至几十年才能使水质复原。

随着地下水污染的不断加剧，明确地下水污染概念，对于地下水污染研究是十分必要的。地下水污染的定义是：凡是在人类活动的影响下，地下水水质变化朝着水质恶化方向发展的现象，统称为地下水污染。不管此种现象是否使水质达到影响其使用的程度，只要这种现象一发生，就应称为污染。至于在天然地质环境中所产生的地下水某些组分相对富集，并使水质不合格的现象，不应视为污染，而应称为地质成因异常。所以，判别地下水是否受到污染必须具备两个条件：第一，水质朝着恶化的方向发展；第二，这种变化是人类活动引起的。

当然，在实际工作中要判别地下水是否被污染及其污染程度，往往是比较复杂的。首先要有一个判别标准，这个标准最好是地区背景值（或称本底值），但这个值通常很难获得。所以，有时也用历史水质数据，或用无明显污染来源的水质对照值来判别地下水是否受到污染。

二、地下水污染的来源

引起地下水污染的物质称为地下水污染物，其来源称为污染源。按照污染源成因的不同，可以分为自然污染源和人为污染源。

表 4-2　地下水污染源分类

分类名称	主要原因
自然污染源	海水、咸水、含盐量高、水质差的其他含水层中地下水进入开采层等
人为污染源	城市液体废物：生活污水、工业废水、地表径流 城市固体废物：生活垃圾、工业固体废物、污水处理厂、排水管道及地表水体的污泥 农业活动：污水灌溉、施用农药、化肥及农家肥 矿业活动：矿坑排水、尾矿淋滤液、矿石洗选

三、地下水污染物

引起地下水污染的物质称为地下水污染物。地下水受人类活动影响较大，其污染物质种类繁多，按性质主要分为三类：

1. 化学污染物

地下水中有机化合物主要是二氯乙烯、三氯乙烯、四氯乙烯和二氯乙烷等，含量甚微，一般为 10^{-9} 数量级。最普遍的无机污染物是 NO_3^-，其次是 Cl、硬度（$Ca^{2+}+Mg^{2+}$）和总溶解固体。微量金属主要是 Cr、Hg、Cd、Zn 等，微量非金属主要是 As、F 等。

2. 生物污染物

主要是细菌、病毒和寄生虫。地下水的生物污染对人类健康构成严重威胁。世界上曾由于地下水细菌污染而多次爆发传染病流行事件。

3. 放射性污染物

放射性矿床或含放射性的地层是地下水中放射性污染物的天然来源，核电厂、核试验散落物以及医院、实验室使用的放射性同位素等，也可进入地下水。

四、地下水质量分类及质量分类指标

1. 地下水质量分类

依据我国地下水水质现状、人体健康基准值及地下水质量保护目标，并参照了生活饮用水、工业、农业用水水质最高要求，将地下水质量划分为五类。

Ⅰ类：主要反映地下水化学组分的天然低背景含量。适用于各种用途。

Ⅱ类：主要反映地下水化学组分的天然背景含量。适用于各种用途。

Ⅲ类：以人体健康基准值为依据。主要适用于集中式生活饮用水水源及工、农业用水。

Ⅳ类：以农业和工业用水要求为依据。除适用于农业和部分工业用水外，适当处理后可作生活饮用水。

Ⅴ类：不宜饮用，其他用水可根据使用目的选用。

2. 地下水分类指标（表 4－3）

表 4－3　地下水质量分类指标

序号	类别标准值项目	Ⅰ类	Ⅱ类	Ⅲ类	Ⅳ类	Ⅴ类
1	色（度）	≤5	≤5	≤15	≤25	＞25
2	嗅和味	无	无	无	无	有
3	浑浊度（度）	≤3	≤3	≤3	≤10	＞10
4	肉眼可见物	无	无	无	无	有
5	pH	6.5～8.5	5.5～6.58	5～9	＜5.5	＞9
6	总硬度（以 $CaCO_3$，计）(mg/L)	≤150	≤300	≤450	≤550	＞550
7	溶解性总固体（mg/L）	≤300	≤500	≤1000	≤2000	＞2000

（续表）

序号	类别标准值项目	Ⅰ类	Ⅱ类	Ⅲ类	Ⅳ类	Ⅴ类
8	硫酸盐（mg/L）	≤50	≤150	≤250	≤350	>350
9	氯化物（mg/L）	≤50	≤150	≤250	≤350	>350
10	铁（Fe）（mg/L）	≤0.1	≤0.2	≤0.3	≤1.5	>1.5
11	锰（Mn）（mg/L）	≤0.05	≤0.05	≤0.1	≤1.0	>1.0
12	铜（Cu）（mg/L）	≤0.01	≤0.05	≤1.0	≤1.5	>1.5
13	锌（Zn）（mg/L）	≤0.05	≤0.5	≤1.0	≤5.0	>5.0
14	钼（Mo）（mg/L）	≤0.001	≤0.01	≤0.1	≤0.5	>0.5
15	钴（Co）（mg/L）	≤0.005	≤0.05	≤0.05	≤1.0	>1.0
16	挥发性酚类（以苯酚计）（mg/L）	≤0.001	≤0.001	≤0.002	≤0.01	>0.01
17	阴离子合成洗涤剂（mg/L）	不得检出	≤0.1	≤0.3	≤0.3	>0.3
18	高锰酸盐指数（mg/L）	≤1.0	≤2.0	≤3.0	≤10	>10
19	硝酸盐（以N计）（mg/L）	≤2.0	≤5.0	≤20	≤30	>30
20	亚硝酸盐（以N计）（mg/L）	≤0.001	≤0.01	≤0.02	≤0.1	>0.1
21	氨氮（NH_4）（mg/L）	≤0.02	≤0.02	≤0.2	≤0.5	>0.5
22	氟化物（mg/L）	≤1.0	≤1.0	≤1.0	≤2.0	>2.0
23	碘化物（mg/L）	≤0.1	≤0.1	≤0.2	≤1.0	>1.0
24	氰化物（mg/L）	≤0.001	≤0.01	≤0.05	≤0.1	>0.1
25	汞（Hg）（mg/L）	≤0.00005	≤0.0005	≤0.001	≤0.001	>0.001
26	砷（As）（mg/L）	≤0.005	≤0.01	≤0.05	≤0.05	>0.05
27	硒（Se）（mg/L）	≤0.01	≤0.01	≤0.01	≤0.1	>0.1
28	镉（Cd）（mg/L）	≤0.0001	≤0.001	≤0.01	≤0.01	>0.01
29	铬（六价）（Cr^{6+}）（mg/L）	≤0.005	≤0.01	≤0.05	≤0.1	>0.1
30	铅（Pb）（mg/L）	≤0.005	≤0.01	≤0.05	≤0.1	>0.1
31	铍（Be）（mg/L）	≤0.00002	≤0.0001	≤0.0002	≤0.001	>0.001
32	钡（Ba）（mg/L）	≤0.01	≤0.1	≤1.0	≤4.0	>4.0
33	镍（Ni）（mg/L）	≤0.005	≤0.05	≤0.05	≤0.1	>0.1
34	滴滴滴（μg/L）	不得检出	≤0.005	≤1.0	≤1.0	>1.0
35	六六六（μg/L）	≤0.005	≤0.05	≤5.0	≤5.0	>5.0

（续表）

序号	类别标准值项目	Ⅰ类	Ⅱ类	Ⅲ类	Ⅳ类	Ⅴ类
36	总大肠菌群（个/L）	≤3.0	≤3.0	≤3.0	≤100	>100
37	细菌总数（个/L）	≤100	≤100	≤100	≤1000	>1000
38	总 σ 放射性（Bq/L）	≤0.1	≤0.1	≤0.1	>0.1	>0.1
39	总 β 放射性（Bq/L）	≤0.1	≤1.0	≤1.0	>1.0	>1.0

五、地下水污染修复技术

地下水污染修复主要有三种方法，第一类是最简单、最便宜的吸附方法，即自然修复法或被动修复法，其依赖于自然的过程作用，包括生物降解、挥发和吸附。但自然修复的机制很复杂，而且重要的物理化学特征多变，这使得通过自然修复来提高地下水质量改善比较困难。

第二类是简单的应用型修复技术，直接挖出污染物将其运往适宜场所的处理技术。该类技术主要发展于 20 世纪 80 年代中期。但由于该技术是将问题转移他处，而非污染物就地处理或控制在原地。

第三类地下水主要修复技术包括地下水的抽出—处理系统和土壤的气相抽提系统等。

较典型的地下水污染修复技术主要有三种：抽出—处理技术，生物修复技术，反应渗透墙技术，这三种修复技术的比较见表 4-4 所列。

表 4-4 主要修复技术

主要修复技术	适用污染物	特长	不适用的污染物范围
抽出—处理技术	主要有 12 种污染物，包括有机氯化物、苯类化合物和重金属，适用范围广	是处理三氯乙烯最主要的方法； 处理污染范围大、污染源埋藏深的污染场地的主要方法	非水溶性的液态污染物
生物修复技术	能被生物降解的污染物种类不多，原位生物技术有较多的应用	有机污染物、农业氮肥污染	难生物降解、不溶性的污染物，与土壤腐殖质或泥土结合在一起的污染物； 不适用于低渗地区和土壤条件差的地区

（续表）

主要修复技术	适用污染物	特长	不适用的污染物范围
反应渗透墙技术	适用范围相对小。固态污染物、非水溶性物质、重金属等无机化合物，有机氯化合物、苯类化合物，挥发性有机污染物，除草剂以及多环芳烃	重金属等无机污染物、硝酸盐污染、非水溶性污染物及颗粒物	非挥发性污染物；不能在低渗或高黏土含量的地区使用；不能应用于承压水层的污染物治理

复习思考题

一、名词解释

水污染　水循环　水体自净作用　水体富营养化　混凝　膜分离法　中和法　活性污泥　污泥　污水生物处理法　中水回用

二、填空题

1. 水污染的来源有：________，____________，____________。

2. 污水水质的指标大致可分为____________，____________，____________三大类。

3. 污水处理技术要求中，一般要求处理后污水的 pH 值在____________之间。

4. 水污染的种类可根据污染杂质的不同而主要分为________，____________，________三大类。

5. 国家针对环境污染制订了“一控双达标”的政策。“一控”是对主要污染物进行________控制；“双达标”是指________________________和________________________。

6. 水污染防治应当坚持____________、____________、____________的原则。

7. 废水资源化途径大体上可分为__________、__________、__________和________。

8. 现代水污染处理技术，按其原理可分为____________、____________、____________和______等四类。

9. 在污水物理处理法中，根据物理作用的不同，又可分为______、________、________。

10. 在污水生物处理法中，根据所培养的微生物种类可分为____________和____________两大类。

三、问答题

1. 简述我国水资源的特点。

2. 水循环的主要作用有哪些？

3. 水体污染的具体类别及其对应的污染物有哪些？

4. 城市污水处理级别有哪些？并说明每一级别的用途和主要采用的技术？

5. 水体自净的作用机理体现在哪些方面？

6. 简述水污染综合防治原则。

7. 叙述水污染综合防治的措施有哪些。

8. 叙述污泥处理的主要内容和最终处置方法。

9. 论述针对水危机的产生，如何有效地保护和利用水资源。

10. 画出城市污水处理的典型流程图。

阅读材料 1　科学除藻，恢复滇池生态平衡

滇池作为云南一个半封闭的浅水湖，自 1985 年起，由于周边进入滇池的河水污染增加，每天 100 万 m^3 的污水进入滇池，致使每年规律性地爆发“水华”现象，沿湖岸边的浮藻深度达到了 10～40cm，厚厚的浮藻如同“绿色油漆”冒着难闻的气味，致使滇池水质和周边农畜产品受污染的检出率大大超过国家和国际标准，严重威胁着当地居民的生活。在过去 10 年间，为治理滇池，各级投入资金达到 46.57 亿元，在流域经济增长、人口不断增加的情况下，滇池水体迅速恶化的趋势得到遏制。“十一五”至 2020 年期间，昆明市一方面将按计划、分阶段、有侧重地逐步完成纳入实际管理的主要入湖河道及县（区）辖区内其他河道的整治工作，并将河道整治拆临、拆违、建绿、透绿工作与片区环境综合整治有机结合。在原全面取缔滇池机动捕鱼船的基础上，逐步取缔滇池水域内动力设备陈旧、老化、油污多的高污染燃油营运机动船艇。另一方面他们多方听取专家建议，用科学的方法除藻治污。

日前，云南省环保产业协会与中国三爱环境水资源（集团）有限公司在昆明共同主办“滇池藻华及水体富营养化治理技术研讨会”，研讨会吸引了来自中科院、云南省环保局、滇池管理局生态研究所、云南大学等机构专家参与。记者从研讨会上获悉，长期困扰滇池的蓝藻污染有望通过先进的生物酶分解技术得到有效清除。

由中国三爱环境水资源公司倾力研发的生物除藻技术，已于 1999 年在滇池边一平方公里的滇池水城进行实地试验，经过 7 年多的试验，蓝藻的祛除成效超出专家们的想象，滇池水质不仅变清，而且治理成本低、时间短，为破解滇池污染全面治理难题带来新的希望。据了解，这项技术采用世界前沿天然材料组合的生物酶除抑藻剂，它能诱导蓝藻超常光合作用、加快其新陈代谢、促进其超量消耗自身养分，致其死亡，可有效地降低水中的藻类、磷和氨氮富集，不仅使滇池的蓝藻去除率达 95%以上，还使水体的 pH 值基本不变或向正常标准转移。记者在滇池边一个临时测试现场看到，工作人员当场在滇池取出一瓶充满蓝藻的不透明的水样，加入生物酶后，漂浮水体表面的蓝藻开始缓缓聚集下沉，两个小时后，水质变得清澈见底。现场专家表示，蓝藻是滇池污染治理的一道屏障，这项技术对蓝藻能有效去除，如不产生派生有害生物，滇池污染根治难题将迎刃而解。

阅读材料 2　今后我们要喝什么水？

引子：20 世纪 90 年代，一场“饮水革命”在上海勃然兴起，并向其他城市迅速扩散，使饮用纯净水成了人们的时尚选择。

在环境污染严重的今天，喝纯净水无疑是人们的一个不错的选择。但是，个别长期只饮用纯净水的人也出现了一些令人尴尬的问题：据报载，天津儿童医院曾连续收治了 9 名肌肉颤动、眼皮发抖的儿童患者，仔细检查后发现这些儿童体内缺钙、缺钾，被医生确诊为饮纯净水引起钙及微量元素缺乏所致。上海某医院门诊病人中，有些孩子有不明原因的乏力。

1996年6月，地处新疆塔克拉玛干沙漠寻找石油的勘查队员，由于喝不上淡水而长期饮用纯净水、蒸馏水，不少人因体内微量元素缺乏患了缺钾症。这些事件的发生，使人们对通过饮用纯净水来避免受污染的想法受到一定的冲击。那么，在崇尚健康的今天，我们到底该饮用什么水呢？

1. 喝什么水有益于健康？

传统饮水卫生学认为，“健康水”应该符合以下标准：

第一，符合国家饮水卫生标准。第二，不受污染。第三，含有适量对人的健康至关重要的微量元素的矿物质。

从理论上讲，没有受到污染的自然水（又称天然水）和含适量微量元素和矿物质的自然水，属健康水范畴，是有发展前途的饮用水。

据了解，目前市场上销售的纯净水，一般取之于江河湖泊或地下水，采用过滤法、蒸馏法等技术处理制成。其优点是去除水中的细菌等微生物和有害物质。但同时，水中的多种矿物质和微量元素也被去除了。这种纯净水，实际上成了纯净的软水，而那些正处于生长发育期的中小学生，所消耗的无机盐和矿物质比一般成人多，不宜长期单纯饮用此水。

矿泉水是指未受污染、从地下深部自然涌出或人工开采所得的天然地下水，经过滤、灭菌灌装而成。矿泉水富含人体所需的矿化物和微量元素，对人体生理功能有积极作用。

天然水是指以江河湖泊或地下水为来源，经沉淀、过滤、消毒等处理的自来水。资料表明，人体的微量元素有5%～11.5%只能从天然水中获得。天然矿泉水既符合卫生标准，又具有有益于人体健康的多种矿物质和微量元素，是活性水。

其实白开水是最符合人体需要的饮用水，它既洁净又无细菌，还能使硬度过大的水质变得适中，并含有多种微量元素等营养物质。

2. 对纯净水的再认识

瓶装纯净水指以符合生活饮用水水质标准的水为原料，加工后密封在容器中，不含任何添加物，可直接饮用的水。市场上的太空水、蒸馏水、超纯水等，广义上均称之为纯净水。

纯净水经过水处理系统后，不但除去了水中一切有害杂质，同时也除去了水中有益于人体的矿物质和微量元素。同时，纯净水作为一种溶剂，能极强地溶解各种微量元素。长期大量饮用纯净水，有可能造成体内微量元素的流失和缺乏，使体内营养失衡。

其实，人类生命是在离子状态的水环境（含有矿物质的水）中起源进化和生存的，而并非是生存在非离子状态。人体中各元素的组成与地壳中各元素的丰度有惊人的相似，天然水中各元素的比例与人体构成的比例也基本相同。水中所含微量元素，是人体所需微量元素的重要来源，不是食物中矿物质等营养所能代替的。同时，人类几千万年均饮用微碱性的自然水而生存，人体内的环境、肠道微生态区都适应了微碱性的水，如果长期单纯饮用微酸性（越纯越偏酸）的纯净水，将造成体内液态环境的不适应和体内微生态环境的破坏。

世界自然基金会不久前进行的一项调查研究认为，瓶装饮用水并不比自来水更有益于健康。另外，自来水通过地下水管直接输送，而瓶装水则需要经过制造和分销等环节才能最后送到消费者手中，这些环节都造成了资源浪费。因此，该组织认为，解决饮水健康问题的长期办法应该是消除市政供水所受的污染。

3. 饮用水向哪里去?

我国是一个贫水国家，又是一个水资源污染较重的国家。水资源的缺乏和污染，影响着人民生活品质的提高。

从我国水资源的现状看，今后饮用水的发展方向依然是发展清洁的自来水。关键是要下大力气培育人们的环保意识，加强对水源的保护和对水污染的根治；加强对自来水厂的技术改造和科学管理，使从水龙头流出的水达到合格水和健康水的标准。

依照大自然优质水的本来面目和应具备的属性、功能，对水污染和水退化进行清除、整理和激活，采用净水、灭菌、活水等工业流程研制自然回归水，保存自然水的化学成分和自然属性，使水的纯净与健康得以统一，无疑是一个值得深入研究的课题。

我国有丰富的天然矿泉水和天然冰川资源，这些水都具有天然水的自然属性，常饮益于健康。开发利用天然冰川水和天然饮用矿泉水有着广阔的前景。政府有关部门对此应当予以关注和扶持，同时要加强管理。技术监督部门要进一步完善饮用水质标准，同时加大监督力度，确保水源水的自然属性和无污染，以此作为对生活饮用水的补充，并推向市场。

4. 21 世纪要喝单分子活化水

科学技术已经进入纳米和细胞时代，饮用水也将进入分子时代。

科学研究表明，人体最需要的是活化水，即分子串联少的水，最佳的单分子活化水是符合人体生理要求的科学饮用水。这种水对人体健康是大有益处的。

平常的水都是由数十个水分子组成的分子团，由于物质有天然的内聚力，很难形成单分子。现在有一项高新技术成果，采用特殊的迷路高频电场，以强大的能量，把水分子团切割成单个分子，又保留对人体有益的微量元素，同时含有溶解氧，富有活力，还能使硬水变成软水，咸水变成淡水，苦水变成甜水，水质晶莹，口感甘甜。现已小批量生产，很受用户喜爱。

单分子活化保健淡水因其特别细小，且极其活泼，具有很强的渗透力和亲和力，能很容易透过人体细胞膜，能有效地降低血液的黏稠度，起到活血化瘀、疏通经脉的作用，特别能促使毛细血管正常有序地工作，从而改善微循环。单分子活化淡水不仅能有效地把有毒物质和废物带出体外，还能把营养物、药物带到生理需要的受体上（单分子活化淡水能使药物的溶解度提高，渗透力加强），从根本上改善和恢复人体的生理机能。

从这个意义上讲，单分子活化水能起到营养物、药物在体内起不到的作用，从而发挥其预防疾病和辅助治病的保健功效。长期饮用单分子活化淡水，对于增强和改善人的体质，增强恢复机体的免疫功能和自我调节能力，具有特殊效果。

也许过不了多久，这种水就会进入普通百姓的家庭。

[摘引自：《大河报》　张志川/文]

小知识 1：为什么蒸锅水不能喝?

蒸馒头或蒸其他食品时，蒸锅的水不能喝，也不能用它熬粥或做汤。因为，水里含有微量硝酸盐，当水长时间加热，水分不断蒸发后，硝酸盐的浓度相对增加，而且由于长时间受热，有一部分分解为亚硝酸盐。亚硝酸盐能使人体血液里的血红蛋白变性，不能再与氧气结合，造成缺氧。亚硝酸盐也能使人体血压下降，严重时可能引起虚脱。而且亚硝酸盐还是一种致癌物。因此，不能喝蒸锅水。同样道理，在炉灶上沸腾了很长时间的水或反复多次煮沸的水，以及开水锅炉中隔夜重煮的开水都不宜饮用。

[摘引自：潘鸿章主编．《生活与化学》．北京：学苑出版社，1997，p1]

小知识 2：高温季节，在饮料中为什么要加盐？

人的正常体温是 37℃。在天气炎热的夏季，环境温度有时达到 39℃～40℃，人体不得不靠排出大量汗液，利用水分蒸发散发体内的热量，维持体温的稳定。一个成年人全身大概有 200 多万条汗腺。

人体的汗液里有 0.1%～0.5%是盐（NaCl）分。在高温下从事体力劳动的人，每天大约要排出 10～15L 汗水，从汗水中排出的盐分大约是 30～45g。如不补充盐分，血液中的盐分不足，就会导致脱水。因此，高温季节或者是高温下从事工作的人，由于盐分排出量大，故应在饮料中补充盐分。

[摘引自：李朝略，络汞编著．生活化学 300 问．长沙：湖南科技出版社，1985，11，p14]

小知识 3：消毒用的酒精是不是越浓越好？

酒精是一种无色透明的液体，它是酒的主要成分，酒精的化学名称叫做乙醇。我们知道，水和酒精的结构中均含有羟基（—OH）。由于具有相同的官能团，水和乙醇可以以任意比例混合而相互溶解。市售的酒精有无水酒精和 95%的酒精。

医疗上用的消毒酒精的浓度是 70%～75%。既然作为消毒用，是不是它的浓度越高越好呢？实践证明并非如此。这是因为酒精浓度越高，使蛋白质凝固的作用就越强。当酒精与菌体接触时，菌体表面立即形成一层硬壳，这层硬壳对于菌体有保护作用，它阻止了酒精继续向菌体内部的渗透，反而保护了细菌免遭死亡。待到一定时候，这些细菌仍可以“死灰复燃”。因此，酒精浓度太高，反而达不到杀菌目的。若酒精的浓度低于 70%，则影响杀菌效果。所以医疗上使用 70%～75%的酒精杀菌。

小知识 4：流水为什么不腐？

俗话说：“流水不腐，户枢不蠹”，这是有一定科学道理的。一塘死水，往往是腥臭不堪，绿黄浑浊。而小溪的流水常常是清明透亮，游鱼可数。

这是因为一塘死水有利于各种微生物的繁殖，首先是好氧微生物大量繁殖，水中的溶解氧气大量被此类微生物吸收。水中缺乏氧气后，好氧微生物便大量死亡，在水中腐烂发臭。继而厌氧微生物又大量繁殖，这些厌氧微生物在繁殖过程中会产生具有恶臭的硫化氢、带有臊臭的氨和大量的甲烷气。这样一来，一塘水就被这些微生物弄得又脏又臭了。

如果水是经常流动的，水中的溶解氧量就会经常保持饱和程度，好氧菌能得到繁殖，这些好氧菌还能不断地消耗水中的有机物，使有机物变成水和二氧化碳，起到了清洁水的作用。

[摘引自：李朝略，络汞编著．生活化学 300 问．长沙：湖南科技出版社，1985，11，p18]

第五章　固体废物的处理与处置

本章要点

本章在介绍固体废物的来源、分类和危害的基础上，对其处理、处置及利用的原则、控制与管理加以详述。固体废物的处理，首先应对其进行预处理，主要包括压实、破碎及分选等，然后进一步采用固化与脱水、焚烧与热解、浮选和浸出等工艺进行资源化利用。固体废物的处置按照处置地点，可分为陆地处置和海洋处置。对危险废物可通过物理的、化学的和生物的方法使危险废物转变为适于运输、贮存、资源化利用以及最终处置的过程。最后，介绍了三种典型固体废物的处理、处置和资源化技术。

第一节　概　　述

随着生产力水平的不断提高和人民生活的不断改善，我国及全世界产生的固体废物的种类和数量也在不断地变化，其成分及性质呈现出多样性，2003 年全国工业固体废物产量约 10 亿 t，同比增长 6.3%，工业固体废物排放量约 1941 万 t，工业固体废物综合利用率 54.8%，危险废物产生量约为 1171 万 t，全国垃圾清运量为 14857 万 t，到 2008 年，全国工业固体废物产量约 19 亿 t，同比增长 8.3%，工业固体废物排放量约 781 万 t，工业固体废物综合利用率 64.3%，到 2010 年，全国工业固体废物产量约 24 亿 t，同比增长 18.2%，工业固体废物排放量约 498 万 t，综合利用率 67.1%。通过这些数据，可以看出，全国工业固体废物产量总量在增加，排放量却是递减的，原因是得益于综合利用率的提高，据不完全统计，全球年产垃圾超过 100 亿 t，其中美国约 30 亿 t，危险废物美国约 4 亿 t，日本约 3 亿 t，一些发达国家工业固体废物的排放量每年增长 2%～4%，放射性废物产量也在逐年上升。

一、固体废物的含义、来源及分类

我国在2004年修订的《中华人民共和国固体污染物污染环境防治法》明确指出：固体废物是指在生产、生活和其他活动中产生的丧失原有利用价值或者虽未丧失利用价值但被抛去或者放弃的固态、半固态和置于容器中的气态物品、物质以及法律、行政法规规定纳入固态废物管理的物品、物质。如果从资源再生利用角度来看，固体废物其实是一种"放错地方的原料"，由于生产原料的复杂性、生产工艺的多样性，被抛弃的物质，在一个生产环节是暂时废物，在另外一个生产环节有可能作为原料，是可以加以利用的物质。

由于固体废物影响因素很多，几乎涉及所有行业，来源十分广泛，其来源大体上可分为两大类：一类是生产过程中所产生的废物（不包括废气和废水），称为生产废物。一般产品仅利用了原料的20%～30%，其余部分都变成了废物，目前我国工业废渣和尾矿的年排出量高达6×10^{8}t，累计堆存量已达5.96×10^{9}t。另一类是产品进入市场后在流动过程中或使用消费过程中产生的固体废物称生活废物，俗称垃圾。工业固体废物的来源多样，数量和性质均差别较大，与经济发展水平和工业结构有密切的关系。按组成可以分为有机废物和无机废物；按形态分为固体块状、粒状和粉状固体废物；按危害程度可以分为危险废物和一般废物，欧美许多国家按来源将其分为工业固体废物、矿山固体废物、城市固体废物、农业固体废物和放射性固体废物，我国从废物管理的需要出发，把固体废物分为城市生活垃圾、工业固体废物、农业固体废物和危险废物4大类。

（一）工业固体废物

是指在工业、交通等生产活动中产生的固体废物。工业固体废物主要来自于冶金工业、矿业、石油与化学工业、轻工业、机械电子工业、建筑业和其他工业行业等。典型的工业固体废物有煤矸石、粉煤灰、炉渣、矿渣、尾矿、金属、塑料、橡胶、化学药剂、陶瓷、沥青等。

（二）城市生活垃圾

城市生活垃圾又称为城市固体废物，它是指在城市居民日常生活中或者为城市日常生活提供服务的活动中产生的固体废物。城市生活垃圾主要包括厨余物、废纸、废塑料、废织物、废金属、废玻璃、陶瓷碎片、砖瓦渣土、粪便以及废家用什具、废旧电器、庭院废物等。城市生活垃圾主要产自城市居民家庭、城市商业、餐饮业、旅馆业、旅游业、服务业、市政环卫业、交通运输业、文教卫生业和行政事业单位、工业企业以及污水处理厂等。

（三）农业固体废物

指在农业生产及其产品加工过程中产生的固体废物。农业固体废物主要来自于植物种植业、动物养殖业和农副产品加工业。常见的农业固体废物有稻草、麦秸、玉米秸、稻壳、稻糠、根茎、落叶、果皮、果核、畜禽粪便、死禽死畜、羽毛、皮毛等。

（四）危险废物

是指列入国家危险废物名录或者根据国家规定的危险废物鉴别标准和鉴别方法认定具有危险特性的废物。危险废物主要来自于核工业、化学工业、医疗单位、科研单位等。

二、固体废物的危害及污染途径

固体废物的堆积，不仅占用大片土地，造成环境污染，而且严重影响生态环境，甚至对人类的生存和发展造成威胁。

总体而言，表现在以下几个方面：

（一）对自然环境的影响

包括土地资源的破坏，对水、大气、土壤的影响。露天堆场不仅占据土地、影响景观，其渗滤液有可能含有有毒有害成分，渗入土地，进入地下水，造成土壤污染，使土壤的成分、结构、性质和功能遭到破坏，甚至荒漠化；固体废物倾倒于江河湖泊及海洋，地表水受到直接污染，严重危害水生生物的生存条件，经过雨水的浸滤和固体废物本身的分解，有害物质发生转移，对河流及地下水系造成污染，释放出来的氮、磷，极易造成水体富营养化；对于细小颗粒物、粉尘等，可以随风飘扬，从而构成大气污染，固体废物中有害物质通过有氧、厌氧过程，散发出大量有害气体，例如长期堆存的煤矸石如含硫1.5%就会自燃，达到3%以上时，易着火，散发大量的二氧化硫，从而造成酸雾、酸雨，严重影响大气环境。

（二）对人体健康的影响

在固体废物尤其是有害固体废物的堆存、处理、处置和利用过程中，一些有害成分会通过水、大气、食物等途径进入人体内，进而危害人体健康，比如，工业废物中有些可溶性物质，污染饮用水，对人体形成化学污染，生活垃圾携带病原微生物，极易传播疾病，焚烧垃圾时，产生的粉尘会影响人的分析系统，诸如二恶英等剧毒物质，如果处理不当，严重时导致死亡。20世纪，由于工业固体废物处置不当，其中的有害物质在环境中扩散而引起殃及生命的事件，令世人瞩目。如日本富山县由于镉渣污染水体导致的痛痛病；美国纽约拉夫运河的土壤污染事件等，给人类的教训是极其惨重的。

（三）影响环境卫生

矿区及城郊大量堆放矸石山和垃圾山，常常改变了当地的地表景观，破坏了优美的自然环境，垃圾遍地，随风飘扬，造成了视觉污染。我国 670 多座大中城市中，约有 1/3 陷于垃圾包围之中，垃圾堆放区蚊蝇丛生，臭气熏天，黑水横流，在严重影响市容并威胁着人民身体健康的同时，也损害了我们国家和人民的形象。如高空远红外探测北京市的结果显示，市区几乎被环状的垃圾群所包围。

（四）其他危害

有些固体废弃物由于处置不当，还可能造成燃烧、爆炸、严重腐蚀和接触中毒等伤害事件。随着城市垃圾中有机质含量的提高和由露天分散堆放变为集中堆存，只采用简单覆盖易造成产生甲烷气体的厌氧环境，使垃圾产生沼气的危害日益突出，不断发生事故并造成重大损失。例如，北京市昌平县一垃圾堆放场在 1995 年连续发生了 3 次垃圾爆炸事故。

固体废弃物的污染途径：固体废物的污染有别于水和大气污染，固体废物往往是各种污染物的最终形态，浓缩了许多有害成分，在自然界中有些物质会转入大气、水和土壤中，参与生态系统的物质循环，因而具有潜在的、长期的危害性。但人们却往往对固体废物产生一种稳定、污染慢的错觉。通常，矿业固体废物所含化学成分能形成化学型污染物，化学物质型污染途径如图 5 - 1 所示。

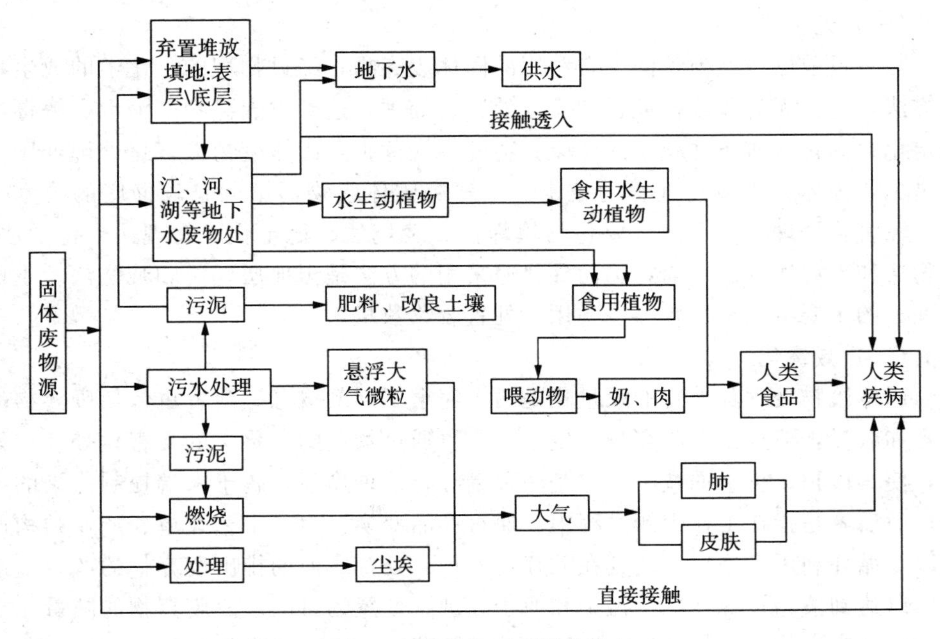

图 5 - 1　化学物质型污染途径

可见，在自然条件影响下，固体废物中的部分有害成分可以通过土壤、大气、水等途径进入环境，给人类造成长期的、潜在的危害，与废气、废水污染相比具有更显著的特点，固体废物处理处置不当时，会通过不同的途径危害人体健康。

三、固体废物处理、处置及利用的原则

在国外，20世纪60年代中后期，环境保护受到重视，污染治理技术迅速发展，已经形成了一系列处理方法。20世纪70年代后期，一些发达国家，由于废物处置场地紧张，处理费用大，于是提出“资源循环”口号，开始从固体废物中回收资源和能源，逐步发展为利用废物污染的途径——资源化；在我国，污染物控制工作开始于20世纪80年代初期，并于80年代中期提出了以“资源化”、“无害化”、“减量化”作为控制固体废物的技术政策，进入90年代，面对我国在经济建设的巨大需求与资源严重供给不足的紧张局面，我国已经把资源回收与再利用作为最大发展战略，在《中国21世纪议程》中明确指出：中国认识到固体废物问题的严重性，认识到解决该问题是改变传统发展模式和消费模式的重要组成部分，总目标是完善固体废物法规体系和管理制度，实施废物最少量化，为废物最少量化、资源化和无害化提供技术支持。

（一）无害化

是对目前已产生但无法综合利用的固体废弃物，经过物理的、化学的或生物的方法，进行无害化或低危害的安全处置、处理，达到对废弃物的消毒、解毒或稳定化、固化，防止并减少固体废弃物的污染危害，固体废物无害化处理处置技术是工业固体废物最终处置的技术，是解决固体废物污染问题较彻底的技术方法。无害化处理处置方法主要包括填埋法、焚烧法、稳定化、物理法、化学法、生物法和弃海法等。目前，国内外普遍采用的方法是土地层埋法和焚烧法。土地填埋法的主要特点是比较经济实用，处置废物数量大。

（二）减量化

固体废物处理和处置的减量化是两个完全不同的概念。前者也包括废弃物的减容和减量，但这是在废弃物产生之后，再通过物理的、化学的无害化处理、处置，使其体积、重量的减小，它是一种废弃物治理途径，属于末端控制污染的范畴；而后者是指在工业生产过程中，通过产品变换，生产工艺改革、产业结构调整以及循环利用等途径，使其在贮存、处理、处置之前的排出废弃物的产生量最小，以达到节约资源，减少污染和便于处理、处置的目的。故废弃物的减量化是一种限制废弃物产量的途径，属于首端预防范畴，它是指废物排行前的生产工艺过程的各个阶段，根据物质守恒定律，生产者利用和消费者使用的过程中物质（包括所有的需要的原燃材料、能源等）总量应该是不变的，其废物是在生产、消费的各个不同阶段中产生的，因此，从整个生产、消费的全过程来看，物质的

总量是不变的。

废物减量化实际上是如何设法满足在生产特定条件下，使其物料消耗最少而产品产出率最高；人们可以通过改革生产中的工艺技术，控制物质最初投入方法、比例以及各个生产环节的产量来进行管理和控制末端废物产生量。废物减量化主要包括资源的减量化和现场循环回收再利用两个方面。资源的减量化包括产品更新换代和工艺制度的改革等；而现场回收利用是指废物在生产工艺过程中的闭路循环或半封闭回收利用。事实上，在生产过程中，还有很大一部分废物已经流入环境中，因此废物最小量化还应包括非现场回收和其他副产品的资源化。

和末端控制相比较，首段控制明显具有超前性，是未来发展的一个大的方向。

(三) 资源化

固体废物具有两重性，一方面，它既占用大量土地，污染环境；另一方面，本身又含有多种有用物质，是一种资源。20 世纪 70 年代以前，世界各国对固体废物的认识还只是停留在处理和防止污染的问题上。自 70 年代以后，由于能源和资源的短缺，以及对环境问题认识的逐渐加深，人们已由消极的处理转向再资源化。资源化就是采取管理或工艺等措施，从固体废物中回收有利用价值的物资和能源。

固体废物再资源化的途径很多，但归纳起来有如下几方面：

1. 提取各种金属

把最有价值的各种金属，首先提取出来，这是固体废物再资源化的重要途径，有色金属、化工渣中往往含有其他金属。

2. 生产建筑材料

利用工业废渣生产建筑材料，是一条广阔的途径，用工业废渣生产建筑材料，一般不会产生二次污染问题，因而是消除污染，使大量工业废渣资源化的主要方法之一。

3. 生产农肥

利用固体废物生产或代替农肥，许多工业废渣含有较高的硅、钙以及各种微量元素，有些废渣还含有磷，因此可以作为农业肥料使用，城市垃圾、粪便、农业有机废物等可经过堆肥处理制成有机肥料，工业废渣在农业上的利用主要有两种方式，即直接掩用于农田和制成化学肥料，但必须引起注意的是，在使用工业废渣作为农肥时，必须严格检验这些废渣是不是有毒的，如果是有毒的废渣，一般不能用于农业生产上，但若有可靠的去毒方法，又有较大的利用价值，也只有经过严格去毒以后，才谈得上综合利用。

4. 回收能源

固体废物再资源化是节约能源的主要渠道。很多工业固体废物热值高，具有潜在的能量，可以充分利用，回收固体废物中能源的方法可用焚烧法、热解法等热处理法以及甲烷发酵法和水解法等低温方法来回收能量；一般认为热解法较好，固体废物作为能源利用的形式可以为：产生蒸汽、沼气、回收油、发电和直接利用作为燃料。

固体废物资源化具有突出优点：生产成本低，能耗少，生产效率高，环境效益好，面对我国人均资源不足，资源利用率低下等不足，推行固体废物资源化是保障国民经济可持续发展的一项有效措施。

四、固体废物的污染控制与管理

固体废物主要是通过水、气以及土壤进行的，进行控制主要采取的措施有三个方面：①改进生产工艺，采用清洁生产，利用无废、少废或无毒、低毒的生产技术，从源头消除、减少污染物的产生；采用品位高，优质的原料代替品位低、劣质原料；提高产品质量和使用寿命，使产品具有一定的前瞻性。②大力发展物质循环工艺，使得物质工艺在不同企业、不同工艺流程中得以充分利用，以便取得经济的、环境的和社会的综合效益。③进行综合治理，有些固体废物仍然含有很大部分没有起变化的原料或副产品，利用不同的工艺加以利用，若有害固体废物，可以采用不同的方式，改变固体废物中有害物质的性质，使之转变成为无害物质，最终排放物质达到国家规定的排放标准。

对于固体废物的管理，首先应该建立相关的管理体系，我国已经专门划分了有害物质与非有害物质的种类与范围，并进行实名制法和鉴别法，加大了固体废物处理处置的管理制度；完善固体废物法和执法力度，各地环保机关均制定了相关法律的实施细则，设立了环保执法大队；设立专业固体废物管理机构，逐步设立危险废物专职管理人员。

其次，制定固体废物管理的技术标准：我国初步建立了固体废物排放标准、固体废物监测标准、固体废物污染物控制标准和固体废物综合利用标准。

第三，出台固体废物管理的相关政策：主要包括排污收费政策、生产责任政策、押金返还政策、税收、信贷优惠政策、垃圾填埋费政策等。

第二节　固体废物的处理

固体废物的处理，首先要从废物的收运开始，这是一项困难而复杂的工作，对于城市垃圾来说，尤为突出，正是由于产生垃圾的地点分布广，在街道、住宅楼、小区，直至家庭住户，而且其分布也有运动源和固定源，给相关工作带来极大不便；固体废物的组成复杂多变，其形态、大小、结构和性质也变化多端，为了使其更加便于运输、储存及资源化利用和最终处置，往往需要对其进行预处理工作，包括压实、破碎、分选等，之后，进一步进行资源化处理，其包括固化与脱水、焚烧与热解、浮选、浸出等工艺过程。

一、固体废物的收运与压实

（一）固体废物的收运

按照国家法律及城市有关规定，固体废物的收集原则是：危险固体废物与一般固体废物分开，工业固体废物应与生活垃圾分开，泥态与固态分开；污泥应进行脱水处理。对需要预处理的固体废物，可根据处理、处置或利用的要求采取相应的措施，对需要包装或盛装的固体废物，可根据运输要求和固体废物的特性，选择合适的容器与包装装备，同时以确切明显的标记。固体废物的收集方法，按固体废物产生源分布情况可分为集中收集和分散收集两种；按收集时间可分为定期收集和随时收集两种。

在我国，工业固体废物处理的原则是“谁污染、谁治理”。我国对大型工厂回收公司到厂内回收，中型工厂则定人定期回收，小型工厂划片包干巡回回收，工业固体废物通常采用分类收集的方法进行收集；分类收集的优点是有利于固体废物的资源化，可以减少固体废物处理与处置费用及对环境的潜在危害，而国外工业固体废物的收集已普遍采用分类收集的方法进行，而我国这方面还有许多工作要做。

生活垃圾的收集，常常包括五个阶段：①从垃圾的发生源到垃圾桶；②垃圾的清除；③把垃圾桶中垃圾进行收集；④运输到垃圾场或垃圾站；⑤由垃圾场运输到填埋场。

收集容器可以根据经济条件和生活习惯进行选择，使用的垃圾储存容器种类繁多、形态各异，其制作材料也不同，按用途分为垃圾桶、箱、袋和废物箱，按材质分，有金属材料和塑料制品，要求容积合适，满足日常需要，又不能超过1～3天的存留期，防止垃圾发酵、腐败、滋生蚊蝇，发出异味。

运输方式受固体废物的特征和收集点到处理处置点之间的自然状况所限制，有公路、铁路、船运和航空运输等种类，最常见者为公路运输。我国和发达国家普遍使用各种类型的垃圾运输车来清运垃圾。车辆分为密闭型和非密闭型两种。

收集线路通常由“收集路线”和“运输路线”组成。前者指收集车在指定街区收集垃圾时所遵循的路线；后者指装满垃圾后，收集车为运往转运站（或处理处置场）所走过的路线。收运路线的设计应遵循如下原则：①每个作业日每条路线限制在一个地区，尽可能紧凑，没有断续或重复的线路；②工作量平衡，使每个作业、每条路线的收集和运输时间都大致相等；③收集路线的出发点，要考虑交通繁忙和单行街道的因素；④在交通拥挤时间，应避免在繁华的街道上收集垃圾。

(二) 固体废物的压实

压实又称压缩，是利用机械方法将空气从固体废物中挤压出来，减少固体废物的空隙率，增加其聚集程度的一种固体废物处理方法。适合压实处理的固体废物主要是压缩性能大而复原性小的物质，如金属加工产生的废金属丝、金属碎片、废冰箱、洗衣机，以及纸箱、纸袋、纤维等。压实的目的是缩小固体废物的体积，便于装卸和运输，降低运输成本；增加固体废物的容重，制取高密度惰性块料，便于贮存、填埋；此外，固体废物压实处理还有减轻环境污染、节省填埋或贮存场地和快速安全造地的效果。

为了判断和描述压缩效果，比较压缩技术与设备的效率，常常采用压缩比和压缩倍数来表达废物的压缩程度。

压缩比（r）是指固体废物经过压缩处理后，体积减少的程度，可用固体废物压缩前、后的体积比表达：

$$r=V_f/V_i$$

式中：r——固体废物体积压缩比；

V_f——固体废物压缩前的原始体积；

V_i——固体废物压缩后的最终体积。

固体废物压缩比取决于废物的种类、性质以及施加的外力等，一般压缩比为3～5，如果同时采用破碎与压缩技术，可以使压缩比增加到5～10，压缩比 r 越大，说明压缩效果越好。

常见的压缩设备为压缩机或压实器，有多种类型，其构造主要由容器单元和压实单元两部分组成：容器单元接受废物，压实单元具有液压或气压操作之分，利用高压使废物致密化。压实器有固定及移动两种形式：移动式压实器一般安装在收集垃圾的车上，接受废物后即行压缩，随后送往处理处置场地；固定式压缩器一般设在废物转运站、高层住宅垃圾滑道底部以及需要压实废物的场合。

二、固体废物的破碎与分选

(一) 破碎

固体废物的破碎是指利用外力克服固体废物质点间的内力而使得大块固体废物分裂成小块的过程；使小块固体废物颗粒分裂成细粉的过程称为磨碎。固体废物经过破碎和磨碎后，粒度变得小而均匀，其目的如下：

（1）使得固体废物的比表面积增加，可提高焚烧、热解、煅烧、压缩等作业的稳定性和处理效率。

（2）固体废物粉碎后容积减少，便于运输和贮存。

（3）为固体废物的下一步加工和资源化作准备。例如用煤矸石制砖、制水泥等，都要求把原料破碎和磨碎到一定的粒度，才能为下一步工序所利用。

（4）防止粗大、锋利废物损坏分选、焚烧、热解等设备。

（5）固体废物粉碎后，原来联生在一起的矿物或联结在一起的异种材料等单体分离，便于从中分选、拣选回收有用物质和材料。

（6）利用破碎后的生活垃圾进行填埋处置时，压实密度高而均匀，可以加速复土还原。

破碎的方法有很多，根据破碎固体废物时消耗能量的形式不同，破碎方法可分为机械破碎和非机械破碎两类。机械破碎是利用破碎机的齿板、锤子、球磨机的钢球等破碎工具对固体废物施力而将其破碎的方法（图 5－2）。非机械破碎是利用电能、热能等对固体废物进行破碎的方法，有低温冷冻破碎、超声波破碎、热力破碎、减压破碎法等。低温冷冻破碎已用于废塑料及其制品、废橡胶及其制品等的破碎。

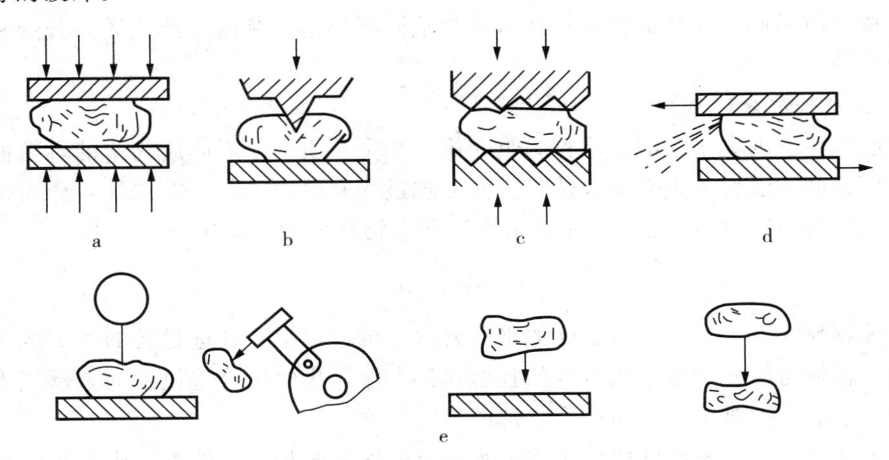

图 5－2　机械能破碎方法

a—挤压；b—劈碎；c—剪切；d—磨剥；e—冲击破碎

固体废物破碎的主要设备是破碎机，常用的破碎机类型有颚式破碎机、锤式破碎机、冲击式破碎机、剪切式破碎机、辊式破碎机、球磨机及特殊破碎机等。

（二）分选

固体废物的分选是指利用固体废物中不同物相组分的物理性质和表面特性的差异，采用不同的工艺而将它们分别分离出来的过程。这是固体废物处理工程中重要的处理环节之一。固体废物的物理性质和表面特性主要包括粒度、密度、磁性、电性、光电性、摩擦性、弹性和表面湿润性等物理和物理化学性质不同进行分选，可分为筛选（分）、重力分选、磁力分选、电力分选、光电分选、摩擦及弹性分选以及浮选等。

1. 筛分

筛分是利用筛子将物料中小于筛孔的细粒物料透过筛面，而大于筛孔的粗粒物料留在筛面上，完成粗、细料分离的过程。该分离过程可看作是物料分层和细粒透筛两个阶段组成的。物料分层是完成分离的条件，细粒透筛是分离的目的。

筛分效率受很多因素的影响，主要因素有：固体废物的性质、筛分设备的性能、筛分操作条件等。

在固体废物处理中最常用的筛分设备主要有以下几种类型：固定筛、滚筒筛、惯性振动筛、共振筛。

2. 重力分选

重力分选是根据固体废物在介质中的比重差（或密度差）进行分选的一种方法。它利用不同物质颗粒间的密度差异，在运动介质中受到重力、介质动力和机械力的作用，使颗粒群产生松散分层和迁移分离从而得到不同密度的产品。

按介质不同，固体废物的重选可分为重介质分选、跳汰分选、风力分选和摇床分选等。

1. 重介质分选

通常将密度大于水的介质称为重介质。在重介质中使固体废物中的颗粒群按密度分开的方法称为重介质分选。为使分选过程有效地进行，需选择重介质密度（P_c）介于固体废物中轻物料密度（P_L）和重物料密度（P_w）之间，即

$$P_L < P_c < P_w$$

凡颗粒密度大于重介质密度的重物料都下沉，集中于分选设备的底部成为重产物，颗粒密度小于重介质密度的轻物料都上浮，集中于分选设备的上部成为轻产物。它们分别排出，从而达到分选的目的。

重介质是由高密度的固体物质和水构成的固液两相分散体系，它是密度高于水的非均匀介质。高密度固体微粒起着加大介质密度作用，被称为加重质。最常用的加重质有硅铁、磁铁矿等。

常用的重介质分选设备是鼓形重介质分选机。

2. 跳汰分选

跳汰分选是在垂直变速介质流中按密度分选固体废物的一种方法。它使磨细的混合废物中的不同密度的粒子群，在垂直脉动运动介质中按密度分层，小密度的颗粒群位于上层，大密度的颗粒群（重质组分）位于下层，从而实现物料分离。在生产过程中，原料不断地送进跳汰装置，轻重物质不断分离并被淘汰掉，

这样可形成连续不断的跳汰过程，跳汰介质可以是水或空气，目前用于固体废物分选的介质都是水。

跳汰分选的设备按照推动水流方式，可以分为隔膜跳汰机和无活塞跳汰机。

跳汰分选为古老的选矿技术，在固体废物的分选中，国外主要用作混合金属废物的分离。

3. 风力分选

风力分选简称风选，又称气流分选，是以空气为分选介质，在气流作用下使固体废物按粒度和密度进行分选的一种方法。

风选在国外主要用于城市垃圾的分选，将城市垃圾中的有机物与无机物分离，以便分别回收利用或处置。

风力分选装置在国外的垃圾处理系统已得到广泛的应用，它们的工作原理都是相同的。按工作气流的主流向可把它们分为水平、垂直和倾斜三种类型，其中尤以垂直气流分选器应用得最为广泛。

4. 摇床分选

摇床分选是在一个倾斜的床面上，借助床面的不对称往复运动和斜面水流综合作用，使细粒固体废物按密度差异在床面上呈扇形分布而进行分选的一种方法。

摇床分选用于分选细粒和微粒物料，是细粒固体物料分选应用最为广泛的方法之一。在固体废物处理中，目前主要用于从含硫铁矿较多的煤矸石中回收硫铁矿。

在摇床分选设备中最常用的是平面摇床。

5. 磁力分选

固体废物的磁力分选是借助磁选设备产生的磁场使铁磁物质组分分离的一种方法，简称磁选。在固体废物的处理系统中，磁选主要用作回收或富集黑色金属，或是在某些工艺中用以排除物料中的铁质物质。磁选有两种类型：一种是传统的磁选法；另一种是新发展起来的磁流体分选法。

磁选的工作原理是磁选是利用固体废物磁性的差别来进行分选的，不同磁性的组分通过磁场时，磁性较强的颗粒（通常即为黑色金属）就会被吸附到产生磁场的磁选设备上，而磁性弱和非磁性颗粒就会被输送设备带走或受自身重力或离心力的作用掉落到预定的区域内，从而完成磁选过程。

主要磁选设备是滚筒式磁选机、悬挂带式磁力分选机等。

6. 磁流体分选

磁流体是指某种能够在磁场或磁场和电场联合作用下磁化，呈现似加重现象，对颗粒产生磁浮力作用的稳定分散液，磁流体通常采用强电解质溶液、顺磁性溶液和铁磁性胶体悬浮液。

磁流体分选是利用磁流体作为分选介质，它在磁场或磁场和电场的联合作用下产生“加重”作用，按固体废物各组分的磁性和密度的差异或磁性、导电性和密度的差异，使不同组分分离。当固体废物中各组分间的磁性差异小而密度或导电性差异较大时，采用磁流体可以有效地进行分离。

根据分选原理和介质的不同，可分为磁流体动力分选和静力分选两种。当要求分选精度高时采用静力分选，固体废物中各组分间电导率差异大时，采用动力分选。

磁流体分选是一种重力分选和磁力分选联合作用的分选过程。各种物质在似加重介质中按密度差异分离，这与重力分选相似；在磁场中按各种物质间磁性（或电性）差异分离与磁选相似，不仅可以将磁体和非磁体物质分离，而且也可以将非磁性物质之间按密度差异分离。该方法在美、日、德、前苏联等国已得到了广泛应用，不仅可以分离各种工业固体废物，而且还可以从城市垃圾中回收铝、铜、锌、铅等金属。

7. 电力分选

电力分选简称电选，是利用固体废物中各种组分在高压电场中电性的差异而实现分选的一种方法。

电选分离过程是在电选设备中进行的。废物颗粒在电晕-静电复合电场电选设备中的分离过程：废物由给料斗均匀地给入辊筒上，随着辊筒的旋转进入电晕电场区。由于电场区空间带有电荷，导体和非导体颗粒都获得负电荷，导体颗粒一面荷电，一面又把电荷传给辊筒（接地电极），其放电速度快。因此当废物颗粒随辊筒旋转离开电晕电场区而进入静电场区时，导体颗粒的剩余电荷少，而非导体颗粒则因放电较慢，致使剩余电荷多。导体颗粒进入静电场后不再继续获得负电荷，但仍继续放电，直至放完全部负电荷，并从辊筒上得到正电荷而被辊筒排斥，在电力、离心力和重力分力的综合使用下，其运动轨迹偏离辊筒，在辊筒前方落下。非导体颗粒由于有较多的剩余负电荷，将与辊筒相吸，被吸附在辊筒下，带到辊筒后方，被毛刷强制刷下；半导体颗粒的运动轨迹则介于导体与非导体颗粒之间，成为半导体产品落下，从而完成电选分离过程。

常用的电选设备有静电分选机和高压电选机。

8. 浮选

浮选的工作原理是在固体废物与水调制的料浆中加入浮选药剂，并通入空气形成无数细小气泡，使欲选物质颗粒黏附在气泡上，随气泡上浮于料浆表面成为泡沫层，然后刮除回收，不浮的颗粒仍留在料浆内，通过适当处理后废弃。

浮选是固体废物资源化的一种重要技术，我国已应用于从粉煤灰中回收炭，从煤矸石中回收硫铁矿，从焚烧炉灰渣中回收金属等。

采用浮选方式对固体废物浮选主要是利用欲选物质对气泡黏附的选择性。其中有些物质表面的疏水性较强，容易黏附在气泡上，而另一些物质表面亲水，不易黏附在气泡上，物质表面的亲水、疏水性能，可以通过浮选药剂的作用而加强，因此，在浮选工艺中正确选择使用浮选药剂是调整物质可浮性的主要外因条件。

浮选药剂根据在浮选过程中的作用不同，可分为捕收剂、起泡剂和调整剂三大类，其作用不同。

（1）捕收剂：能够选择性地吸附在欲选的物质颗粒表面上，使其疏水性增强，提高可浮性，并牢固地黏附在气泡上而上浮。

（2）起泡剂：是一种表面活性物质，主要作用在水-气界面上使其界面张力降低，促使空气在料浆中弥散，形成小气泡，防止气泡兼并，增大分选界面，提高气泡与颗粒的黏附和上浮过程中的稳定性，以保证气泡上浮形成泡沫层。常用的起泡剂有松油、松醇油、脂肪醇等。

（3）调整剂：其作用主要是调整其他药剂（主要是捕收剂）与物质颗粒表面之间的作用，还可调整料浆的性质，提高浮选过程的选择性，调整剂的种类较多，包括活化剂、抑制剂、介质调整剂和分散与混凝剂等。

常用的浮选设备类型很多，在我国，使用最多的是机械搅拌式浮选机。

三、污泥的浓缩、脱水与干燥

（一）污泥的浓缩和脱水

在实际生产过程中，如生产工艺本身、城市污水和工业废水处理时，常常产生许多沉淀物和漂浮物，比如在污水处理系统中，直接从污水中分离出来的沉沙池的沉渣，初沉池的沉渣，隔油池和浮选池的油渣，废水通过化学处理和生物化学处理产生的活性污泥和生物膜，高炉冶炼过程排出的洗气灰渣，电解过程排出的电解泥渣等，它们统称为污泥。污泥的重要特征是含水率高，在污泥处理与利用中，核心问题是水和悬浮物的分离问题，即污泥的浓缩和脱水问题。

污泥的种类很多，根据来源分大体有生活污水污泥、工业废水污泥和给水污泥三类。

采用污泥浓缩主要是去除污泥中的间隙水，缩小污泥的体积，为污泥的输送、消化、脱水、利用与处置创造条件。污泥浓缩方法主要有重力浓缩法、气浮浓缩法和离心浓缩法三种。重力浓缩法是最常用的污泥浓缩法。重力浓缩法的构筑物称为浓缩池，按照运行方式可分为间歇式浓缩池和连续式浓缩池两类。气浮浓缩是依靠大量微小气泡附着在污泥颗粒上，形成污泥颗粒-气泡结合体，进而产生浮力把污泥颗粒带到水表面达到浓缩的目的。污泥离心浓缩是利用污泥中固体颗粒和水的密度差异，在高速旋转的离心机中，固体颗粒和水分别受到大小不同的离心力而使其固液分离，从达到污泥浓缩的目的。

按水分在污泥中存在的形式可分为间隙水、毛细管结合水、表面吸附水和内部水四种，如图 5-3 所示。存在污泥颗粒间隙中的水称间隙水，占污泥水分的 70%左右，一般用浓缩法分离。在污泥颗粒间形成一些小的毛细管，这种毛细管有裂纹形和楔形两种，其中充满水分，分别称为裂纹毛细管结合水和楔形毛细管结合水，约占污泥水分的 20%，可采用高速离心机脱水、负压或正压过滤机脱水；吸附在污泥颗粒表面的水称为表面吸附水，约占污泥水分的 7%，可以采用加热法脱除；存在污泥颗粒内部或微生物细胞内的水称为内部水，约占污泥水分的 3%，可采用生物法破坏细胞膜除去细胞内水或高温加热法、冷冻法去除。

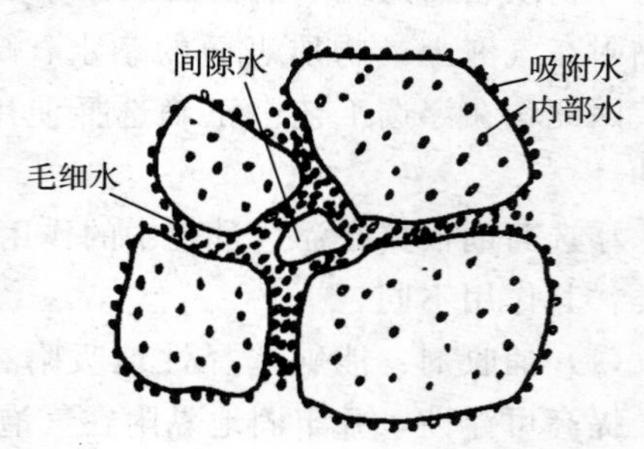

图 5-3　污泥水分示意图

污泥中水分与污泥颗粒结合的强度由小到大的顺序大致为：间隙水＜裂纹毛细管结合水＜楔形毛细管结合水＜表面吸附水＜内部水。这顺序也是污泥脱水的易难顺序。污泥脱水的难易除与水分在污泥中的存在形式有关外，还与污泥颗粒的大小和有机物含量有关，污泥颗粒越细、有机物含量越高，其脱水的难度就越大。为了改善这种污泥脱水性能，常采用污泥消化或化学调理等方法。生产实践表明，污泥脱水用单一方法很难奏效时，这时必须采取几种方法配合使用，才能收到良好的脱水效果。

（二）污泥的干燥

污泥通过浓缩、脱水之后，含水率高达 45%～86%，体积较大，不利于分散及装袋，为了便于进一步处理利用，应该进行干燥处理。

在干燥过程中，一般把污泥加热到 300℃～400℃，使得污泥中的水分充分蒸发，处理后的污泥含水率降低到 20%左右，并能杀灭污泥中的病原微生物及寄生虫卵，从而使其体积、质量大为减少，便于运输，并可作为肥料使用。

目前，采用的干燥设备是回转筒式干燥器和带式流化床干燥器。

在干燥过程中，应该注意：对于容易产生恶臭的污泥，需要脱臭，如果产生易燃易爆粉尘颗粒物，应注意安全，污泥中的重金属需要处理到相关标准以内，处理费用是否合适等。

四、焚烧与热解

(一) 焚烧

固体废物的焚烧是使可燃性废物在高温下与空气中氧发生燃烧反应，将固体废物经济有效地转变成燃烧气体和少量稳定的残灰，简言之，焚烧的目的侧重于废料的减容从而安全稳定化。焚烧必须以良好的燃烧为基础，否则将产生大量的煤烟混入燃烧气中而产生黑烟。

同时，未燃物进入残灰，亦达不到减容与安全稳定化的目的。可见焚烧与燃烧有着密切的关系，良好的燃烧状态是焚烧的基础。

采用焚烧工艺在处理工业废物方面的有着广泛应用，源于其独特的优点：

（1）工业固体废物经焚烧处理后，工业固体废物中的病原体被彻底消灭，燃烧过程中产生的有害气体和烟尘经处理后达到排放要求，无害化程度高；

（2）经过焚烧，工业固体废物中的可燃成分被高温分解后，一般可减重 80%和减容 90%以上，减量效果好，可节约大量填埋场占地，焚烧筛上物效果更好；

（3）工业固体废物焚烧所产生的高温烟气，其热能被废热锅炉吸收转变为蒸汽，用来供热或发电，工业固体废物被作为能源来利用，还可回收铁磁性金属等资源，可以充分实现工业固体废物处理的资源化；

（4）焚烧处理可全天候操作，不易受天气影响。

但此法也有明显的不足：①投资昂贵、操作运行费用高、对炉内废物的热值有一定要求（一般不能低于 3360kJ/kg）；②焚烧过程还将产生导致二次污染的多种有害物质与气体，如有机卤化物、氮氧化物、二恶英等，这将增加后续的尾气处理成本。

对于可采用焚烧技术处理的固体废物，据国外有关机构研究表明，主要有：①具有生物危害性的废物，如医院废物和易腐败的废物；②难于生物降解及在环境中持久性长的废物，如塑料、橡胶和乳胶废物；③易挥发和扩散的废物，如废溶剂、油、油乳化物和油混合物、含酚废物以及油脂、蜡废物和有机釜底物；④熔点低于 40℃的废物；⑤不可能安全填埋处置的废物，一般危险废物中的固体含量为 35%，有机物含量少于 1%，毒性废物在经过解毒和预处理后才允许进行填埋处置；⑥含有卤素、铅、汞、镉、锌等重金属以及氮、磷和硫等的有机废物，如 PCBs、农药废物和制药废物等。

焚烧过程中，影响固体废物焚烧的因素很多，其中焚烧温度、停留时间、搅混强度和过剩空气率合称焚烧四大要素。同时，要注意二恶英、恶臭等有机组分的产生与防治，还要注意煤烟及焚烧残渣的治理。

对于焚烧设备有很多类型，典型的焚烧炉有立式多段炉、回转窑焚烧炉、流化床焚烧炉等。

(二) 热解

所谓固体废物的热解是利用大多数的有机质的热不稳定性，在缺氧或无氧的条件下，使可燃性固体废物在高温下分解，最终成为可燃气、油、固形炭的过程，城市固体废物、污泥、工业废物如塑料、树脂、橡胶以及农业废料、人畜粪便等各种固体废物都可采用热解方法，从中回收燃料。

热解法与焚烧法相比是完全不同的两个过程，焚烧是放热的，热解是吸热的，焚烧的产物主要是二氧化碳和水，而热解的产物主要是可燃的低分子化合物，如气态的有氢、甲烷、一氧化碳，液态的有甲醇、丙酮、醋酸、乙醛等有机物及焦油、溶剂油等，固态的主要是焦炭或炭黑。焚烧产生的热能量大的可用于发电，量小的只可供加热水或产生蒸汽，就近利用；而热解产物是燃料油及燃料气，便于贮藏及远距离输送。

热分解过程由于供热方式、产品状态、热解炉结构等方面的不同，热解方式各异。按供热方式可分成内部加热和外部加热，外部加热是从外部供给热解所需要的能量，内部加热是供给适量空气使可燃物部分燃烧，提供热解所需要的热能；外部供热效率低，不及内部加热好，故采用内部加热的方式较多。按热解与燃烧反应是否在同一设备中进行，热解过程可分成单塔式和双塔式；按热解过程是否生成炉渣可分成造渣型和非造渣型；按热解产物的状态可分成气化方式、液化方式和碳化方式。还有的按热解炉的结构将热解分成固定层式、移动层式或回转式，由于选择方式的不同，构成了诸多不同的热解流程及热解产物。

热解过程的几个关链技术参数是热分解温度、热分解速度、保温时间、空气量等，每个参数都直接影响产物的混合和产量。

热解常用的设备有：槽式（聚合浴、分解槽）、管式（管式蒸馏、螺旋式）、流化床式等。

五、固体废物的生物处理

固体废物的生物降解处理是指依靠自然界广泛分布的生物体（包括动物、植物和微生物）的作用，通过生物转化，将固体废物中易于生物降解的有机组分转化为腐殖质肥料、沼气或其他转化产品（如饲料蛋白、乙醇或糖类）等，从而达到固体废弃物无害化或综合利用的一种处理方法。当然，生物中最主要的是微生物，然后才是动物及植物。

(一) 微生物的处理技术

由于微生物具有复杂而丰富的酶系，许多环境污染物往往含有大量的生物组分的大分子有机物及其中间代谢物和碳水化合物、蛋白质、脂肪、氨基酸、脂肪酸等，这些物质一般都较容易为微生物降解，因此，利用微生物分解固体废弃物中的有机物从而实现其无害化和资源化，是处理固体废弃物的有效而经济的技术方法。根据处理过程中起作用的微生物对氧气要求的不同，生物处理可分为好氧生物处理和厌氧生物处理两类。好氧生物处理是一种在提供游离氧的条件下，以好氧微生物为主使有机物降解并稳定化的生物处理方法；厌氧生物处理是在没有游离氧的条件下，以厌氧微生物为主对有机物进行降解并稳定化的一种生物处理方法。目前，对于可生物降解的有机固体废物的处理，世界各国主要采用好氧堆肥处理、高温好氧发酵处理、厌氧堆肥处理、厌氧产沼气处理和生物转化处理等处理技术。

好氧堆肥是在有氧条件下，借好氧微生物（主要是好氧菌）的作用来进行的。在堆肥过程中，有机废物中的可溶性有机物质透过微生物的细胞壁和细胞膜而被微生物所吸收；固体的和胶体的有机物先附着在微生物体外，由生物所分泌的胞外酶分解为溶解性物质，再渗入细胞。微生物通过自身的氧化、还原、合成等生命活动，把一部分被吸收的有机物转化成简单的无机物，并放出生物生长活动所需要的能量，把另一部分有机物转化、合成为新的细胞物质，使微生物生长繁殖，产生更多的生物体。

在堆肥过程中伴随着两次升温，将其分为如下三个过程：起始阶段、高温阶段和熟化阶段。

在开始阶段，堆层呈中温（15℃～45℃），嗜温性微生物活跃，利用可溶性物质糖类、淀粉不断增殖，在转换和利用化学能的过程中产生的能量超过细胞合成所需的能量，加上物料的保温作用，温度不断上升，以细菌、真菌、放线菌为主的微生物迅速繁殖。

在高温阶段，堆层温度上升到45℃以上，从废物堆积发酵开始，不到一周的时间，堆温一般可达65℃～70℃，或者更高；此时，嗜温性微生物受到抑制，甚至死亡，而嗜热性微生物逐渐替代嗜温性微生物的活动。除前一阶段残留的和新形成的可溶性有机物继续分解转化外，半纤维素、纤维素、蛋白质等复杂有机物也开始强烈分解；在50℃左右活动的主要是嗜热性真菌和放线菌；60℃时，仅有嗜热性放线菌与细菌活动；70℃以上，微生物大量死亡或进入休眠状态。在高温阶段，嗜热性微生物按其活性，又可分为对数增长期、减速增长期和内源呼吸期；微生物经历这三个时期变化以后，堆层便开始发生与有机物分解相对立的腐殖质形成过程，推肥物料逐步进入稳定状态。

在熟化阶段，由于在内源呼吸期内，微生物活性下降，发热量减少，温度下降，嗜温性微生物再占优势，使残留难降解的有机物进一步分解，腐殖质不断增多且趋于“稳定”，最终完成堆肥过程。

描述堆肥的主要参数有有机物的含量、供氧量、含水量、碳氮比、碳磷比、pH 值和腐熟度等。

厌氧发酵也称沼气发酵或甲烷发酵，是指有机物在厌氧细菌作用下转化为甲烷（或称沼气）的过程。自然界中，厌氧发酵广泛存在，但是发酵速度缓慢，采用人工方法，创造厌氧细菌所需的营养条件，使其在一定设备内具有很高的浓度。厌氧发酵过程则可大大加快。

有机物厌氧发酵依次分为液化、产酸、产甲烷三个阶段。三个阶段各有其独特的微生物类群起作用。

在液化阶段是发酵细菌起作用。包括纤维素分解菌、蛋白质水解菌。这些发酵细菌对有机物进行体外酶解，使固体物质变成可溶于水的物质。然后细菌再吸收可溶于水的物质，并将其酵解成为不同产物，如多糖类水解成单糖，蛋白质转变成氨基酸，脂肪变成甘油和脂肪酸等。

在产酸阶段是醋酸分解菌起作用。产氢、产醋酸细菌把前一阶段产生的一些中间产物丙酸、丁酸、乳酸、长链脂肪酸、醇类等进一步分解成醋酸和氢。在液化阶段和产酸阶段起作用的细菌统称为不产甲烷菌，是兼性厌氧微生物。

厌氧发酵的影响因素有：温度、营养、pH 值、搅拌等。

（二）动植物处理固体废物

而采用动物处理固体废物主要是指利用畜禽类和有些水产动物等，通过食物链使得农业秸秆、籽壳、谷糠、麸皮、田间杂草、厨余物和食品加工厂下脚料等得到充分利用，动物和其他各界生物不同，一般不能把无机物合成有机物，只能以植物、微生物、人类活动的副产品或其他代谢物作为营养来源，进行消化、吸收等一系列的生命活动，把它们转化成自身的营养物质，从而达到处理固体废物的作用。

利用植物来处理固体废物，如园林绿化需要用肥料，那么经过化粪池或沼气池处理的生活垃圾用做城镇绿化园林的有机肥料，通过窝施、沟施或喷洒的方式，可以保证树木常青常绿，净化生活环境，节约园林管理费用。另外，在垃圾填埋场上种植各种植物、花草，不仅绿化环境，同时也可以使得填埋场的垃圾逐步分解、消化吸收，因此，植物对一些固体废物的处理有着不可或缺的作用和功能。

第三节　固体废物的处置

固体废物经过减量化、资源化之后，余下的往往是目前工艺技术条件下无法再继续利用的残渣，里面常常含有许多有害物质，由于自身降解能力有限，可能长时间停留在环境中，对环境造成潜在危害。因此，为了防止和减少其对环境的污染和影响，必须对其进行最终安全的处置，使其安全化、稳定化、无害化，最终处置的目的是采取有效措施，使固体废物最大限度地与生物团隔离，从而解决固体废物的最终归宿问题，这对于固体废物的污染防治起着十分关键的作用。

所谓固体废物最终处置是指，当前技术条件下无法继续利用的固体污染物终态，因其富集不同种类的污染物质而对生态环境和人体健康具有即时性和长期性影响，必须把它们放置在某些安全可靠的场所，以最大限度地与生物圈隔离，为达到此目的而采取的措施，称之为固废处置（固废的后处理）。它是固废全过程管理中的最重要的环节。

固体废物的最终处置，是将不再回收利用的固体废物最终置于符合环境保护规定要求的场所或者设施中的活动。最终处置的总目标是确保废物中的有毒有害物质，无论是现在还是将来都不能对人类及环境造成不可接受的危害。因此，固体废物最终处置操作应满足如下基本要求：

（1）处置场地应安全可靠、适宜。通过天然屏障或人工屏障使固体废物被有效隔离，使污染物质不会对附近生态环境造成危害，更不能对人类活动造成影响。

（2）在选择处置方法时，既要简便经济又要确保符合要求，保证目前及将来的环境效益。

（3）尽可能减少进行最终处置的固体废物量，以及其有害成分的含量，同时为减少处置投资费用和处置场使用时间，对固体废物体积应尽量进行最大压缩。

（4）必须有完善的环保监测设施，保证固体废物处置工程得到良好的管理和维护。

（5）必须有完善的环保监测设施，保证固体废物处置工程得到良好的管理和维护。

固体废物处置的基本方法是通过多重屏障（如天然屏障或人工屏障）实现有害物质同生物圈的有效隔离。天然屏障指：①处置场地所处的地质构造和周围的地质环境；②沿着从处置场地经过地质环境到达生物圈的各种可能对于有害物质有阻滞作用的途径。人工屏障指：①使废物转化为具有低浸出性和适当机械强度的稳定的物理化学形态；②废物容器；③处置场地内各种辅助性工程屏障。

固体废物的处置按其处置地点的不同，可分为陆地处置和海洋处置两大类。陆地处置是基于土地对固体废物进行处置，根据废物的种类及其处置的地层位置（地上、地表、地下和深地层），陆地处置可分为土地耕作、工程库或贮流池贮存、土地填埋（卫生土地填埋和安全土地填埋）、浅地层埋藏以及深井灌注处置等。海洋处置是基于海洋对固体废物进行处置的一种方法，海洋处置主要分为两类：传统的海洋倾倒（浅滩与深海处置）和近年来发展起来的远洋焚烧。

一、固体废物的陆地处置

(一) 土地耕作

土地耕作是指利用现有的耕作土地，把固体废物分散在其中，在耕作过程中，由于生物的降解、植物的吸收以及风化作用，使得固体废物污染指数逐渐达到土地背景程度的方法。

土地耕作的基本原理是基于土壤的离子交换、吸收、吸附、生物降解等综合作用的过程。当土壤中加入可生物降解的有机物后，通过微生物的分解、浸出、沥滤、挥发等生物化学过程，一部分便结合到土壤底质中，一部分碳转化成为二氧化碳，挥发进入大气中；当土壤含有适当的氮和磷酸盐时，碳可被微生物吸收，最后使得有机废物被固定在土壤中，这样，既改善了土壤结构，又增加了土壤的肥力；没有被生物降解的组分，则永远储存在土壤耕作区，因此，土地耕作实际上是对有机物净化，对无机物储存的综合性处置方法。

土地耕作具有明显的优点：工艺简单、操作方便、投资少、对分解影响小，而且确实起到改善某些土壤结构和提高肥效的作用，特别是对于农业秸秆、人畜粪便、沼气泥渣、一般工业污泥等，被环境工作者和农民广为接受。

生产实践中，影响固体废物土地耕作的影响因素主要有：废物成分、耕作深度、废物的破碎程度、气温、土壤的 pH 值等。

(二) 土地填埋

土地填埋分卫生土地填埋和安全土地填埋两种。

固体废物的卫生土地填埋要用来处置城市垃圾，通常是每天把运到土地填埋场地的废物在限定的区域内铺散成 0.40～0.75m 的薄层，然后压实以减少废物的体积，并在每天操作之后用一层厚 0.15～0.30m 的土壤覆盖、压实。废物层和土壤层共同构成一个单元，即填筑单元；具有同样高度的一系列相互衔接的填筑单元构成一个升层；完成的卫生土地填埋场是由一个或多个升层组成的；当土地填埋达到最终的设计高度之后，再在填埋层之上覆盖一层 0.90～1.20m 的土壤，压实后就得到一个完整的卫生土地填埋场。

卫生土地填埋主要分厌氧、好氧和准好氧三种。好氧填埋实际上类似高温堆肥，其主要优点是能够减少填埋过程中由于垃圾降解所产生的垃圾渗滤液的数量，同时分解速度快，能够产生高温（可达 60℃），有利于消灭大肠杆菌等致病细菌。但由于好氧填埋存在结构设计复杂、施工困难、投资和运行费用高等问题，在大中型卫生填埋场中推广应用很少。准好氧填埋介于厌氧和好氧填埋之间，也同样存在类似问题，但准好氧填埋的造价比好氧填埋低，在实际中应用也很少，厌氧填埋具有结构简单、操作方便、施工相对简单、投资和运行费用低、可回收甲烷气体等优点，目前在世界上得到广泛的采用。

固体废物的安全土地填埋其本质是改进的卫生土地填埋，填埋场的结构和安全措施比卫生土地填埋要求更严格，主要是用于处置危险固体废物，其选址应该是远离城市和居民密集的地区，同时填埋场必须有严格的天然或者人造衬里，下层土壤或土壤同衬里的结合部渗透率应该小于 10～8cm/s，填埋场最低层应该位于地下水之上；要求采取适当的措施控制和引出地表水；要配置严格的渗滤液收集、处理及监测系统；设置完善的气体排放和监测系统；记录所处位置废物的来源、性质及数量，把不相容的废物分开处置；如果危险废物处置前进行稳定化处理，填埋后会更安全。

安全土地填埋的特点是：工艺简单、成本较低、适于处置多种类型的废物而为世界许多国家所采用。虽然，目前对土地安全填埋是否作为固体废物的永久处置的方法尚存有争议，但在目前乃至将来，至少是在新的可行处置方法研制出来之前，安全土地填埋仍是一个较好的危险废物的处置方法。

安全土地填埋的处置对象：从理论上讲，如果处置前对废物进行稳态化预处理，则安全土地填埋可以处置所有的有害废物和无害废物。从环境保护的要求来看，实际上安全土地填埋应尽量避免处置易燃性、反应性、挥发性等废物，除非经过特别的处理，采用严格的防渗措施，认为不会发生爆炸，释出有毒、有害气体或烟气方可进行安全土地填埋处置。

(三) 浅地层填埋

固体废物的浅地层填埋是指地表或地下的、具有防护覆盖层的、有工程屏障或没有工程屏障的浅埋处置，主要用于处置容器盛装的中低放固体废物，埋藏深度一般在地面下 0.50m 以内；浅地层填埋场由壕沟之类的处置单元及周围缓冲区构成。通常将废物容器置于处置单元之中，容器间的空隙用砂子或其他适宜的土壤回填，压实后再覆盖多层土壤，形成完整的填埋结构。这种处置方法借助上部土壤覆盖层，既可屏蔽来自填埋废物的射线，又可防止天然降水渗入。如果有放射性核素泄漏释出，可通过缓冲区的土壤吸附加以截留，浅地层填埋处置适于处置中低放固体废物。由于其投资较少，容易实施，是处置中低放废物的较好方法，在国内外解决低放废物处置问题上应用较广。

适用于浅地层填埋处理的固体废物为：适于浅地层处置的废物所属核元素及其物理性质、化学性质和外包装必须满足以下要求：①含半衰期大于 5a，小于或等于 30a 放射性核素的废物，比活度不大于 3.7×10^{10} Bq/kg；②含半衰期大于 5a，小于或等于 30a 放射性核隶的废物，比活度不限；③在 300～500a 内，比活度能降低到非放射性固体废物水平的其他废物；④废物应是固体形态，其中游离液体不得超过废物体积的 1%；⑤废物应有足够的化学、生物、热和辐射稳定性；⑥比表面积小，弥散性低，且放射性核素的浸出率低；⑦废物不得产生有毒有害气体；⑧废物包装材料必须有足够的机械强度，以满足运输和处置操作的要求；⑨包装体表面的剂量当量率应小于 2msv/h；⑩废物不得含有易燃、易爆、易生物降解及病原菌等物质。

要使所处置的放射性固体废物满足上述要求，必须根据废物的特点在处置前进行预处理，预处理方法主要有：去污、包装、切割、压缩、焚烧、固化等。

浅地层埋藏处置场的设计原则：浅地层埋藏处置场的处置对象是中低放废物，其目的是避免废物对人类造成不可接受的危害，把废物中的放射性核素限制在处置场范围内。

因此，处置场的设计除了要考虑废物处置前的预处理、浸出液的收集、地表径流的控制外，还要考虑辐射屏蔽防护问题。处置场的设计原则为：

（1）处置场的设计必须保证在正常操作和事故情况下，对操作人员和公众的辐射防护符合辐射保护规定的要求；

（2）避免处置场关闭后返修补救；

（3）尽可能减少水的渗入；

（4）保证排出地表径流水；

（5）尽可能减少填埋废物容器之间的空隙；

（6）处置单元的布置做到优化合理；

（7）废物之上要覆盖 2m 以上的土壤。

浅地层埋藏处置设施主要分为简易沟槽式和混凝土结构式两种。其设计规划内容、程序与安全土地填埋基本一致。

（四）深井灌注

固体废物的深井灌注是将固体废物液化，形成真溶液或乳浊液，用强制性措施注入地下与饮用水和矿脉层隔开的可渗透性岩层中，从而达到固体物的最终处置。

深井灌注处置系统要求适宜的地层条件，并要求废物同建筑材料、岩层间的液体以及岩层本身具有相容性；在石灰岩或白云岩层处置，容纳废液的主要条件是岩层具有空穴型孔隙，以及断裂层和裂缝；在砂石岩层处置，废液的容纳主要依靠存在于穿过密实砂床的内部相连的间隙。

适于深井灌注处置的废物可分为有机和无机两大类。它们可以是液体、气体或固体，在进行深井灌注时，将这些气体和固体都溶解在液体里，形成溶液、乳浊液或液-固混合体。深井灌注方法主要是用来处置那些实践证明难以破坏、难以转化、不能采用其他方法处理处置，或者采用其他方法费用昂贵的废物。

目前采用深井灌注的最多的是石油、化学工业和制药工业，其次是炼油厂和天然气厂，然后是金属公司，再是食品加工、造纸业也占有一定的比例。

二、固体废物的海洋处置

固体废物的海洋处置是指利用海洋巨大的分解容量和自净能力处置固体废物的一种方法。按照处置方式，海洋处置分为海洋倾倒和远洋焚烧两类。海洋倾倒实际上是选择距离和深度适宜的处置场，把废物直接倒入海洋；远洋焚烧是用焚烧船在远海对废物进行焚烧破坏。主要用来处置卤化废物，冷凝液及焚烧残渣直接排入海中。

对于海洋处置存在两种看法：一种观点认为，海洋具有无限的容量，是处置多种工业废物的理想场所，处置场的海底越深，处置就越有效；对于远洋焚烧则认为，即便不是一种理想的方法，也是可以接受的；另一种观点认为，如果海洋处置不加以控制，会造成海洋污染、杀死鱼类，破坏海洋生态平衡。由于生态问题是一个长期才显现变化的问题，虽然在短期内对海洋处置所造成的污染及生态问题很难作出确切结论，但也必须充分考虑。

由于海洋是国际资源和重要的食物来源，它还影响气候和建立大气中的氧与二氧化碳的平衡，为地球提供水的循环。不适当地利用海洋作为处置废物的场所，会损害这一资源并严重地破坏生态平衡。基于对环境问题的关注，为了加强对固体废物海洋处置的管理，许多工业发达国家都制定了有关法规，签订了国际公约，我国 1985 年颁布了《中华人民共和国海洋倾废管理条例》，对海洋处置申请程序、处置区的选择、倾倒废物的种类、倾倒区的封闭提出了明确的规定。国际上，通过了国际合作颁布的用于不同海域的公约，伦敦公约即为“防止由于倾倒废物和其他物质而污染海洋的国际公约”，已有 61 个国家和地区加入这个公约，国际海洋组织（IMO）是它的秘书处。

第四节 危险废物的处理与处置

根据联合国环境规划署（UNEP）定义：危险废物是指除放射性以外的具有化学性、毒性、爆炸性、腐蚀性或其他对人、动植物和环境有危害的废物。我国对危险废物是指有毒性、易燃性、腐蚀性、反应性、浸出毒性和传染性的固体废物。

其主要来源于化学工业、炼油工业、金属工业、采矿工业、机械工业、医药行业以及日常生活中。

危险废物的危害大，具有长期性和潜伏性，一旦爆发，影响深远，主要表现在两个方面：一是破坏生态环境，任意倾倒、贮存，不仅占用土地，而且通过各种途径污染大气、土地和水环境。另一方面，影响人的身体健康，其中包含的各种有毒有害物质，对人体健康造成极大的危害。

所谓危险废物的处理与处置是指通过物理的、化学的和生物的等方法使危险废物转化为适于运输、储存、资源化利用，以及最终处置的过程，也就是广义上的稳定性处理，以消除危险废物对人员和环境的直接危害。

危险废物常用的处理方法包括物理法、化学法、生物法等，其中稳定化、焚烧和填埋处理又是最常见的处理方法。

一、危险废物的物理处理

（1）分选法：根据废物的不同粒径，采用筛分将其分离、分类处理。

（2）沉淀法：利用重力作用使悬浮液的浓稠部分分离，常用于污泥浓缩。

（3）蒸发和蒸馏：根据废物中不同有机物的沸点差异进行分离。

（4）吹脱：从液体混合物中赶出易蒸发的物质。

（5）过滤：固液混合物、气固混合物通过过滤介质，固体被截留下来的方法。

（6）膜过滤：利用膜两侧的压力差为动力，以膜为过滤介质，在一定的压力下，当原液通过膜表面时，膜表面密布的许多微小孔只允许水和小分子物质通过而成为穿透液，原液中体积大于膜表面微孔径的物质则被截留在膜的进液一侧，成为浓缩液，实现固液分离。

（7）超滤：以压力为动力，利用不同孔径超滤膜对液体进行分离的过程。

（8）吸附：由于分子间的作用力，气体或者液体物质聚集在固体或液体（吸附剂）表面，两种物质双方接触时，一种物质（气体、蒸汽、液体）被另外一种物质吸收。

二、危险废物的化学及生物处理

化学处理法是指采用化学方法破坏危险废物中的有害成分，从而达到无害化，或将其转变成为适于进一步处理和处置的形态。

由于化学反应条件复杂，影响因素较多，故化学处理通常只有在所含成分单一或所含几种化学成分特性相似的废物的处理。对于混合废物，化学法处理可能到达不了预期的目的。化学处理方法有氧化、还原、中和、化学絮凝沉淀和化学溶出等技术。

有些危险废物经过化学处理，还可能产生含有毒成分的残渣，所以仍然必须对残渣进行深入的解毒处理或安全化处理。

生物处理是通过微生物的分解作用，把危险废物中的可降解有机物转变为其他物质的过程，从而达到无害化或综合利用。危险废物经过生物处理后，在体积、形态和组成方面均发生最大变化，因而便于运输、贮存、利用和处置。常见的生物处理方法有好氧生物处理、兼氧生物处理和厌氧生物处理。

三、危险废物的稳定化处理

危险废物的稳定化是指使危险废物中的所有污染组分呈现化学惰性或被物理包容起来，以便运输、贮存、利用和处置。通过加入不同的添加剂，以化学物理方式减少有害组分的毒性、溶解迁移性。稳定化过程是一种将污染部分或全部束缚固定于支持基质的过程。最常用的稳定化方法是通过降低有害物质的溶解性，减少由于渗滤对环境造成的影响。

在稳定化时常常采用固化处理。固化是指利用惰性材料将危险废物从污泥、流体或者颗粒物形状转化成满足一定工程特性的固态物质，经过固化处理后的物理形态可以不需要容器而仍保持原有的外形，所以，固化过程可以作为一种特定的稳定化过程，也可以理解为稳定化的一部分，固化所用的惰性材料称之为固化剂。

在稳定化过程中，对于固化剂以及固化过程，一般有如下要求：固化处理后所形成的产品应是一种密实的、具有一定几何形状和良好物理性质的、化学性质稳定的固体。最好能作为资源加以利用，如作为建筑材料。固化工艺简单、便于操作且可以采用有效措施减少有毒有害物质的逸出，避免工作场所和环境的污染。最终产品的体积尽可能小于掺入的固体废物的体积。产品用水或其他溶剂浸出时，有毒、有害物质的浸出量不能超过容许水平或浸出毒性指标。固化剂来源丰富、价廉易得、处理费用低廉。

危险废物的稳定化途径有两方面：一方面，是将污染物通过化学转变，引入到某种稳定固化物质的晶格中去；另一方面，是通过物理过程把污染物直接掺到惰性基中去。目前常用的稳定化方法主要包括下列几种。

1. 石灰法

把有害废物与石灰或其他硅酸盐类配比适当的添加剂混合均匀，然后置于模具中，将经过养生后的固化体脱模，经取样浸出测试结果，其有害成分含量低于规定标准，以便达到固化目的。这种方法简单，固化体较为坚固，对固化的有机物，如有机溶剂和油等多数抑制凝固，可能蒸发逸出。对固化的无机物，如氧化物可互容；硫化物可容；卤化物易从水泥中浸出并可能延缓凝固；重金属、放射性废物可互容。

2. 水玻璃固化法

此法又称熔融固化技术，将有毒废物与硅石混合均匀，经高温熔融冷却后形成熔融固化体。该法与其他方法相比，固化体性质极为稳定，可安全地进行处置，但处理费用高昂，只适用处理极有害的化学废物和放射性废物。

3. 热塑性材料固化法

将有害废物同热塑性物质沥青、柏油、石蜡或聚乙烯等一定温度下混合均匀，经过加热熔化、然后冷却，使其凝固而形成塑胶性物质的固化体，其最终产物经受住大多数水溶液的侵蚀，其污染转移率比其他固化法为低。该法固化效果更好，但费用较高，适用于处理有毒无机物，不适于处理有机物和强氧化剂类污染物；只适用于某种处理量少的剧毒废弃物，对固化的有机物，如有机溶剂和油，在加热条件下也能蒸发逸出。对固化的无机物的硝酸盐、次氯化物和高氯化物等氧化性物质以及其他有机溶剂等则不能采用此法。

4. 硅酸盐胶凝固化法

将有害废物与硅酸盐及其他化学添加剂混合均匀，然后置于模具中使其凝固成固化体，经过静养后，脱模，经取样浸出测试结果，其有害成分含量低于规定标准，便达到固化目的，此法主要用于处理有毒无机物废物。该方法比较简单，固化体稳定性好，容积和重量增大，可作建筑材料。对固化的有机物，如有机溶剂和油等多数抑制凝固可能蒸发逸出。对固化的无机物，如氧化物可互容，硫化物可能延缓凝固和引起碎裂，卤化物易从水泥中浸出，并可能延缓凝固，重金属和放射性废物互容。

5. 有机物聚合法

此法将高分子有机物（如脲醛）与不稳定的无机化学废物混合均匀，然后加入催化剂，将混合物经过聚合作用而生成聚合物，此法与其他方法相比，只需少量的添加剂，原料费用较昂贵，适用于处理无毒的无机物，不能用来处理酸性物质、有机废物和强氧化剂。

四、危险废物的焚烧处理

将危险废物置于焚烧炉内，在高温和有足够氧气的含量条件下进行氧化反应，从而达到分解或降解危险废物的过程。危险废物的焚烧与城市生活垃圾和一般工业废物的焚烧系统没有本质的差别，在原理上是一样的，均是由进料系统、焚烧炉、废热回收系统、发电系统、供水系统、废水系统、废气处理系统和灰渣收集处理系统组成，不同的是在某些系统的选择和设计上。

和普通废物或者城市生活垃圾焚烧过程不同的是，危险废物焚烧过程最重要的目的是焚毁有毒有害物质，杀灭病毒、病菌，去除有毒重金属和酸性气体，其次是确保不产生二次污染，做到烟气的排放完全清洁。

危险废物的焚烧过程通常需要借助自身可燃物质或辅助材料进行，调节适当的空气输入，可以在适当的温度范围和时间内，实现较高的焚毁率、较低的热灼减率，最大限度地降低、分解其中有害物质、杀死病毒，同时实现较低的排污。

1. 固体危险废物的焚烧

一般是把固体可燃成分焚烧分解，由于其中常常含有水分、灰分、各种金属等无机成分，所以焚烧过程需视其组成特性进行烘干、着火及稳定燃烧等技术控制。此外，在焚烧过程中，对温度范围和时间进行调整和控制，以确保焚烧过程达到预订的要求。

2. 液体危险废物的焚烧

其包括油性、水性和混合性的物质。按照其特性，一般需要在焚烧前进行预热和蒸发，然后进行焚烧，对于大部分液体危险废物，需要加入可燃成分辅助燃烧，在燃烧过程中，燃烧的进行与加热特性、蒸发接触面积、气氛以及催化剂有关。

3. 液体危险废物的焚烧

和前面二者相比，其焚烧相对容易，但是气体危险废物在焚烧过程中极易发生泄漏、爆炸等，容易产生二次污染。

危险废物焚烧处置要求：通过焚烧处理，可以较为有效地氧化、分解和降解危险废物中的有毒有害物质，同时最大限度地减少其体积和质量。根据我国《危险废物焚烧污染标准》的规定，确保焚烧危险废物在焚烧过程中必须具备下列技术条件：危险废物焚烧处置前必须进行前处理或特殊处理，以达到进炉的要求，危险废物在炉内燃烧均匀完全。焚烧炉温度达到 1100℃以上，烟气停留时间在 2.0s 以上，燃烧效率应该大于 99.9%，焚烧去除率大于 99.99%，焚烧残渣的热灼减率应小于 5%。焚烧设施必须有前处理系统，尾气净化系统、报警系统和应急处理系统装置。危险物焚烧产生的残渣和烟气处理过程中产生的飞灰，须按危险废物进行安全填埋处置。

五、危险废物的填埋处理

危险废物进行填埋处置是实现危险废物安全处置的方法。安全填埋是危险废物的陆地最终处置方式，适用于填埋处置不能回收利用其有用组分、不能回收利用其能量的危险废物，包括焚烧过程的残渣和飞灰等。

安全填埋场的综合目标是要达到尽可能将危险废物与环境隔离，通常技术要求必须设置防渗层，且其渗滤系数不得大于 8～10cm/s；一般要求最底层高于地下水位；并应设置渗滤液收集、处理和检测系统；一般由若干个填埋单元构成，单元之间采用工程措施相互隔离，通常隔离层由天然黏土构成，能有效地限制有害组分纵向和水平方向等迁移。典型的危险废物安全填埋场剖面如图 5－4 所示。

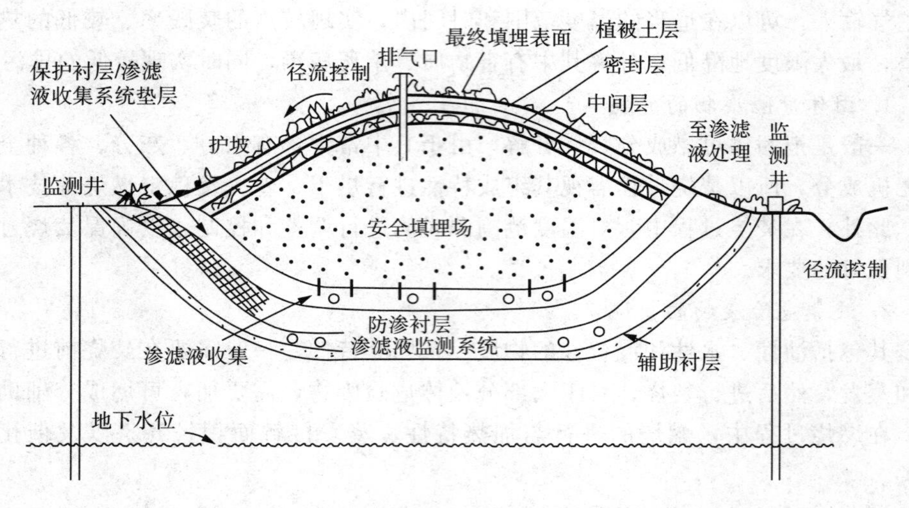

图 5-4　全封闭型危险废物安全填埋场剖面图

安全填埋场的建设是一个复杂的工程，其规划、选址、设计、筹划和运营管理与其他类型填埋场有相似之处，如卫生填埋场、一般工业废物填埋场等。但其亦有诸多独特性，应严格按照国家有关法律法规和标准要求执行。

危险废物安全填埋场主要包括接受与储存系统、分析与鉴别系统、预处理系统、防渗系统、渗滤液控制系统、检测系统、应急系统等。

1. *危险废物的接受与储存系统*

危险废物接受应认真执行《危险废物转移联单制度》。在现场交接时，要认真核对危险废物的名称、来源、数量、种类、标志等，确认与危险废物转移联单是否相符，并对接受的废物及时登记。废物接受区应放置放射性废物快速检测报警系统，避免放射性废物入场。设初检室，并对废物进行物理化学分类。填埋场计量设施宜置于填埋场入口附近，以满足运输废物计量要求。

危险废物储存设施是指按规定设计建造或改建的用于专门存放危险废物的设施。其建造应符合《危险废物储存污染控制标准》的要求，并应在储存设施内分区设置，将已经过检测和未经过检测的废物分区存放，其中经过检测的废物应按物理化学性质分区存放，而不相容危险废物应分区并相互远离存放，盛装危险废物的容器应当符合标准，完好无损，其材质和衬里要与危险废物相容，且容器及其材质要满足相应的强度要求。装载液体、半固体危险废物的容器内要留有足够空间，容器顶部于液体表面之间保留 100mm 以上的距离。无法装入常用容器的危险废物可用防漏胶袋盛装。另外，填埋场应设包装容器专用清洗设施，单独设置剧毒危险物贮存设施及酸、碱、表面处理废液等废物的储罐，并且各储存设施应有抗震、消防、防盗、换气、空气净化等措施，并配套相应的应急安全措施。

2. 分析与鉴别系统

填埋场必须设置分析实验室，对入场的危险废物进行分析与鉴别。填埋场自设的分析实验室按有毒化学品分析实验室的建造标准建设，分析项目应满足填埋场运行要求，至少应具备对 Cr、Zn、Hg、Cu、Pb、Ni 等重金属的及氰化物等项目的检测能力，并且具有进行废物间相容性实验能力，除了配备主要设备和仪器外，还需配备快速定性或半定量的分析手段。超出自设分析实验室检测能力以外的分析项目，可采用社会化协作方法解决。另外，还应建立危险废物数据库对有关数据进行系统管理。

3. 预处理系统

填埋场应设预处理站，预处理站包括废物临时堆放、分拣破碎、减容减量处理和稳定化养护等措施。对不能直接入场填埋的危险废物必须在填埋前进行固化或稳定化处理。重金属类废物在确定重金属种类后，采用硫代硫酸钠、硫化钠或重金属稳定剂进行稳定化处理，并酌情加入一定比例的水泥进行固化；酸碱污染可采用中和方法进行稳定化处理。含氰污泥可采用稳定化试剂或氧化剂进行稳定化处理。散落的石棉废物可采用水泥进行固化，大量有包装的石棉废物可采用聚合物包裹的方法进行处理。

4. 防渗系统

填埋场防渗系统是填埋场必不可少的设施，包括衬层材料、衬层设计和相配套的系统。它能将填埋场内外隔绝，防止渗滤液渗漏进入土壤和地下水，阻止外界水进入废物填埋层而增大渗滤液的产生量，是实现危险废物与环境隔离的必要部分。

填埋场所选用的材料要与所接触的废物相容，并考虑其抗腐蚀特性。填埋场天然基础层的饱和渗透系数不应大于 1.0×10^{-5} cm/s，且其厚度不应小于 2m。填埋场应根据天然基础层的地质情况分别采用天然材料衬层、复合衬层和双人工衬层作为其防渗层，一般选择双衬层系统就能满足防渗要求，第二衬层是由合成膜与黏土层构成的复合衬层。这种双衬层系统之上应设有渗滤液收集系统，两个衬层之间应设有第二渗滤液收集、泄漏监测系统。衬层之上的地基或基础必须能够为衬层提供足够的承载力，使衬层在沉降、受压或上扬的情况下能够抵抗上下的压力而不发生破坏。另外，衬层材料的稳定性对填埋是极为重要的。衬层材料可以采用黏土和人工合成材料。

5. 渗滤液控制系统

渗滤液控制系统是具有与防渗衬层系统同等的重要性，包括渗滤液集排水系统、地下水集排水系统和雨水集排水系统等。各个系统在设计时采用暴雨强度重现期不得低于 50 年，管网坡度不应小于 2%，填埋场底部都应以不小于 2%的坡度坡向集排水道。

渗滤液集排水系统是渗滤控制系统的主要组成部分。此系统的主要作用是排除产生的渗滤液以减少渗滤液对衬层的压力。根据其所处衬层系统的位置分为初级、次级和排出水系统。初级集排水系统位于上衬层表面，废物下面，它收集全部渗滤液并将其排除；次级给排水系统位于上衬层和下衬层之间，它的作用包括收集和排除初级衬层的渗滤液，还包括检测初级衬层的运行状况，以作为初级衬层渗滤的应急对策；排出水系统主要包括集水井、泵、阀、排水管道和带孔的竖井。其中集水井的作用是收集来自集水管道的渗滤液；带孔竖井的作用是用于集排水管道的日常维护操作。

地下水集排水系统是为防止由于衬层破裂而导致地下水涌入填埋场，使所需处理渗滤液量增加，从而给渗滤液集排水系统造成巨大压力；同时也防止渗滤液漏进地下水，从而造成地下水污染。另外，它还具有一定的衬层渗漏监测的功能。但由于维护和清洗管道的次数频繁，所以应尽可能避免安装地下水排水系统，在选址时应尽可能选择地下水位低的地方以减少地下水污染的风险。

雨水集排水系统就是收集、排出汇水区内可能流向填埋区的雨水、上游雨水以及未填埋区域内与废物接触的雨水，以减轻渗滤液处理设施的负荷。此系统包括场地周围雨水的集排水沟、上游雨水的排水沟和未填埋场区的集排水管沟。

渗滤液处理系统属于填埋场必须自设的系统，以便处理集排水系统排除的渗滤液，严禁将其送至其他污水处理厂处理。渗滤液的处理方法和工艺取决于其渗滤液的数量和特性。一般来说，对新近形成的渗滤液，最好的处理方法是好氧和厌氧生物的处理方法；对于已稳定的填埋场产生的渗滤液，最好的处理方法是物理-化学处理法；此外，还可选择回灌法、土地法、超滤方式、渗滤液再循环、渗滤液蒸发等方法处理渗滤液。

6. 填埋场监测系统

填埋场应设置监测系统，以满足运行期和封场期对渗滤液、地下水、地表水和大气等的监测要求，反馈填埋场设计和运行中的问题，并可以根据监测数据来判断填埋场是否按设计要求正常运行，是否需要修正设计和运行参数，以确保填埋场符合所有管理标准。

7. 应急系统

填埋场应设置事故报警装置和紧急情况的气体、液体快速检测设备；设置渗滤液渗漏应急池等应急预留场所，还应设置危险废物泄漏处置设备；设置全身防护、呼吸道防护等安全防护装备，并配备常见的救护急用物品和中毒急救药品等。

安全填埋是危险废物处置的专业技术之一，适用范围广，可以进入填埋场的废物种类多，对综合性的危险废物处理处置设施，必须建设安全填埋场。

第五节　典型固体废物的处理、处置及资源化利用

一、城市生活垃圾的处理与利用

随着我国城镇化建设的加快和城市规模的不断扩大，生活垃圾的产出量与日俱增，并且成分更加复杂。在我国，生活垃圾中有机物含量高，无机物含量少，如果任意堆放或处理不当，都会对周围的大气、水体、土壤环境以及景观环境造成影响。

城市生活垃圾通常是在日常家庭生活中产生的废弃物，按照来源，可以分为：食品垃圾、普通垃圾和危险垃圾；其主要成分包括厨余物、废纸张、废塑料、废织物、废玻璃、草木、果皮灰土、砖瓦等。这些成分及其组合受到垃圾产生地的地理位置、气候条件、社会经济水平、居民生活水平、生活习惯及能源结构等诸多因素的影响。

从分类收集上，我国在一些经济发达和人民文化素质较高的地区，取得比较好的效果，但是，大部分地区还是混合收集，往往是有机垃圾和其他垃圾混合在一起，造成含水率较高而发热量较低。国外从 20 世纪 60 年代就开始重视和研究垃圾分类收集问题，在 70 年代逐步实施垃圾分类收集，“厨房是分选工厂，双手是分拣机器”的分类混合简单易行，被很多国家采纳。

从处理方法上，常用且成熟的处理技术主要有填埋、堆肥和焚烧。

在我国，目前常采用填埋技术仍然是大多数城市解决生活垃圾的最主要的方法，约占总量的 95%，根据环保措施（主要有场底防渗、分层压实、每天覆盖、填埋导排气管、渗滤水处理、虫害防治等）是否齐全，环保标准是否满足来判断，我国城市垃圾填埋场可分为三个等级：简易填埋场、受控填埋场和卫生填埋场。多年来，我国许多城乡先后建成垃圾填埋场使城市垃圾的处置能力不断提高。而在国外，从 20 世纪 80 年代开始在垃圾填埋场防渗透处理中采用人工合成材料作为衬底，并逐步成为一项成熟技术而得到广泛应用，采用约 2mm 的高密度聚乙烯作为衬底材料，其渗透系数达到 $10^{-12} \sim 10^{-13}$ cm/s，其人工合成材料已经形成了系列产品，并制定了相应设计和施工标准；垃圾填埋作业一般由垃圾推土机和垃圾压实机操作，既可以提高场地利用率，也可以减少雨水冲刷，大型生活垃圾卫生填埋场大多采用单元填埋法，并对垃圾进行分层压实和每日覆盖。控制填埋沼气的自由扩散是填埋技术的一个组成部分，沼气的主要成分是甲烷和二氧化碳，通常采用的方法有三种：一是通过石笼等形式通过导管排除；二是通过

石笼和收集管将填埋沼气导排并使之自燃；三是通过管网系统收集并经过净化后作为能源回收。

二、粉煤灰的资源化利用

粉煤灰的来源是煤的非挥发物残渣，是煤粉经高温燃烧后形成的一种似火山灰质的混合材料，主要是燃煤电厂、冶炼、化工等行业排放的固体废物。狭义地讲，粉煤灰就是指煤在锅炉燃烧时的烟气中游出的粉状残留物，简称灰或飞灰；广义地讲，粉煤灰还包括锅炉底部排出的炉底渣，简称炉渣或熔渣。灰和渣的比例随着炉型、燃煤品种及煤的破碎程度等不同而变化，目前世界各国普遍使用的固态排渣煤粉炉，产灰量占灰渣总量的80％～90％。

粉煤灰的特点是颗粒小、孔隙率高、比表面积增大、活性大和吸附能力强、耐磨强度高、压缩系数和渗透系数小等。粉煤灰中的碳、铁、铝及稀有金属可以回收加以利用；氧化钙、二氧化硅等活性物质可广泛用做建材和工业原料；硅、磷、钾、硫等组分可用于制作农业肥料与土壤改良剂，其良好的物化性能可用于环境保护。因此，粉煤灰资源化利用具有广阔的应用前景和开发前景。

（一）在生产建筑材料中的应用

粉煤灰用做建筑材料，是粉煤灰利用的最主要、最广泛途径之一，包括生产水泥、混凝土、烧结砖、蒸养砖、砌块与陶粒等。

1. 生产水泥

由于粉煤灰中含有大量活性物质氧化铝、氧化硅和氧化钙等，当其掺入少量生石灰和石膏时，可生产无熟料水泥，也可掺入不同比例熟料生产各种规格的水泥。在磨制水泥时，可以加入不同比例的粉煤灰，生产普通硅酸盐水泥、矿渣硅酸盐水泥（掺加量不大于15％）、粉煤灰硅酸盐水泥（掺加量为20％～40％）、砌块水泥（掺加量为60％～70％）和无熟料水泥。

2. 配制混凝土

将细度大、活性高、含碳量低的高质量粉煤灰用于取代水泥作混凝土掺和料，不仅可减少水泥等材料用量、改善混凝土性能，而且在一些特殊混凝土中已成为必需的重要掺和材料。例如：泵送混凝土、抗渗结构混凝土、抗硫酸盐和软水侵蚀混凝土、蒸养混凝土、轻骨料混凝土、地下工程混凝土、水下工程混凝土、压浆混凝土及振动碾压混凝土等。近年来，大掺量粉煤灰混凝土已日趋发展成熟，并逐步在桥梁、道路、水利、房建、港口等工程中得到越来越广泛的应用。

3. 生产各种建材制品及外加剂

粉煤灰制品比较多，目前，常用制品主要是粉煤灰烧结砖、粉煤灰蒸养砖、粉煤灰硅酸盐大型砌块和板材等；用于砂浆和混凝土中的粉煤灰掺和料，改善并提高了混凝土各项技术性能，起到了减水、缓凝、抗渗、泵送等外加剂的作用，主要有JFA粉煤灰减水剂、粉煤灰泵送剂等。

（二）在地基工程中的应用

由于粉煤灰成分及其结构与黏土相似，所以常常替代砂石、黏土用于公路路基、修筑堤坝、房屋建筑地基。筑路和修筑堤坝是煤矸石利用的重要途径之一，粉煤灰可与适量石灰混合，加水拌匀，碾压成二灰土。目前我国公路常采用粉煤灰、黏土、石灰等掺和作公路路基材料；掺入粉煤灰后路面隔热性能好，防水性和板体性好，利于处理软弱地基；英、美、法、德和日本等国家大量使用自燃后的煤矸石作公路路基和堤坝材料，具有很好的抗风雨侵蚀性能。在地基处理方面，粉煤灰还可用于CFG水泥粉煤灰碎石桩复合地基，由碎石、石屑、粉煤灰掺适量水泥加水拌和，用振动沉管打桩机制成具有可变黏结强度的桩型。通过调整水泥掺量及配比，可使桩体强度在C5～C20之间变化，其中的粉煤灰具有细骨料及低标号水泥的作用。

（三）在充填材料中的应用

回填可大量使用粉煤灰，主要用于工程回填、围海造地、矿井回填等方面；粉煤灰颗粒均匀细腻、易胶凝固结。回填夯实后能达到一定强度，回填工程的性能如承载力、变形等都比较好，无需加工处理即可直接用于工程。

（四）在农业生产中的应用

粉煤灰具有质轻、疏松多孔的物理特性，还含有磷、镁、钾、硼、铜、铬、锰、铁、钙、硅等植物所需的元素，因而广泛应用于农业生产。利用粉煤灰可以作土壤改良剂或直接作农业肥料。

（五）回收有一定价值的成分

通过分选可以选出空心微珠，空心微珠质量小、强度高、耐高温、绝缘性能好，常应用于石油化工中作为裂化催化剂和化学工业中作为化学反应催化剂、绝缘材料和塑料的填料等。回收其中的煤炭，充分节约能源，保护环境；回收各种金属，如铁、铝和稀土等。

（六）在环境保护中的应用

粉煤灰因其特殊的理化性能而被广泛应用于环保工业，用于垃圾卫生填埋材料，用于制造人造沸石和分子筛，制备絮凝剂，生产吸附剂等环保材料开发，用于污水处理，作为吸附剂直接处理含油废水、含氟废水、电镀废水与含重金属离子废水、含磷废水等。此外，粉煤灰具有脱色、除臭功能，能较好地去除废水中的COD、BOD，可广泛用于有机废水、制药废水、造纸废水的处理；粉煤灰用于活性污泥法处理印染废水，不仅能提高脱色率，并能显著改善活性污泥的沉降性能，避免污泥膨胀。在烟气脱硫时，把粉煤灰加到消石灰中，脱硫效率提高 5～7 倍；在噪声防治工程中，可以制成保温吸声材料或生产双扣隔声墙板等。

三、煤矸石的资源化利用

煤矸石是与煤伴存的岩石。在煤的采掘和煤的洗选过程，都有煤矸石排出。0.1～0.2t 煤矸石/t 原煤。依其来源可分为掘进矸石、开采矸石和洗选矸石。煤矸石堆放过程，其中的可燃组分缓慢氧化、自燃，故又有自燃矸石与未燃矸石的区分。

煤矸石的组成：其矿物组成为黏土矿物（高岭石、伊利石、蒙脱石）、石英、方解石、黄铁矿。化学组成为氧化物 $SiO_2+Al_2O_3$ 占 60%～90%。煤矸石经过燃烧，烧渣属人工火山灰类物质而具有活性。产生活性的根本原因是煤矸石受热矿物相发生变化。

煤矸石的资源化利用主要在以下几个方面：

（一）生产化工产品

利用煤矸石中 FeS_2 高温分解 SO_2，再氧化成 SO_3，SO_3 遇水生成硫酸，与氨气反应生成硫酸铵。通过破碎、焙烧、磨碎、酸浸（20% HCl）、渣液分离（沉淀、浓缩、脱水）、浓缩结晶、真空吸滤后得到产品结晶氯化铝（$AlCl_3\cdot 6H_2O$）。

（二）生产水泥

由于煤矸石的化学成分与黏土相似，可代替部分黏土配成生料与石灰石、铁粉等磨细、成球、烧成熟料（1400℃），掺量 10%～15%，还可替代一定量的煤，从而制备普通硅酸盐水泥。生产特种水泥时，利用高铝特点，生产快硬、早强的特种水泥及普通水泥的早强掺和料和膨胀剂，主要是生成硫酸铝酸钙、氟铝酸钙。

（三）生产建筑材料

把煤矸石经过二级破碎、挤压成型、干燥、焙烧等可以制备成烧结砖。煤矸石、白云石、半水石膏、硫酸、锯末制成泥浆、注模、焙烧，反应生成气泡生产微孔吸音砖。

（四）替代燃料

由于煤矸石含有一定的热值（1000～3000kcal/kg），故可以替代部分燃料。煤矸石中含煤炭大于 20%，经过洗选后回收煤炭。煤矸石＋焦炭代替焦炭，用来化铁铸造。采用回转式自动排渣混合煤气发生炉生产混合煤气（半水煤气）。

复习思考题

一、名词解释

固体废物　三化　压缩比　破碎　筛分　重力分选　磁力分选　电力分选　捕收剂　起泡剂　热解　堆肥　土地耕作　危险废物

二、问答题

1. 固体废物的危害是怎样的?
2. 固体废物处理、处置与利用的原则是什么?
3. 污泥中的水分有哪些形式?这些水分又是怎样去除的?
4. 焚烧工艺有哪些?
5. 叙述厌氧发酵的三个阶段。
6. 固体废物最终处置应该满足哪些条件?
7. 土地卫生填埋与安全填埋有何不同?
8. 如何对危险废物进行稳定化处理?
9. 简述城市垃圾的资源化利用途径。

拓展阅读材料　白色污染

所谓“白色污染”是指由农用薄膜、包装用塑料膜、塑料袋和一次性塑料餐具(以上统称塑料包装物)的丢弃所造成的环境污染。由于废旧塑料包装物大多呈白色,因此称之为“白色污染”。我国是世界上十大塑料制品生产和消费国之一,所以“白色污染”日益严重。1995年全国塑料消费总量约1100万t,其中包装用塑料达211万t。包装用塑料的大部分以废旧薄膜、塑料袋和泡沫塑料餐具的形式被任意丢弃。据调查,北京市生活垃圾的3%为废旧塑料包装物,每年产生量约为14万t;上海市生活垃圾的7%为废旧塑料包装物,每年产生量约为19万t。丢弃在环境中的废旧包装塑料,不仅影响市容和自然景观,产生“视觉污染”,而且难以降解,对生态环境还会造成潜在危害,如:混在土壤中,影响农作物吸收养分和水分,导致农作物减产;增塑剂和添加剂的渗出会导致地下水污染;混入城市垃圾一同焚烧会产生有害气体,污染空气,损害人体健康;填埋处理将会长期占用土地,等等。我国每年用于白色污染的治理经费大约1850万。

1985年,美国人均消费塑料包装物就已达23.4kg,日本为20.1kg。20世纪90年代,发达国家人均消费塑料包装物的数量更多(从消费量来看,似乎发达国家的“白色污染”应该很严重,实则不然。究其原因,一是发达国家很早就严抓市容管理,基本消除了“视觉污染”,二是发达国家生活垃圾无害化处置率较高)。现在人们已建立起了一套严密的分类回收系统,大部分废旧塑料包装物被回收利用,少部分转化为能源或以其他方式无害化处置,也基本消除了废旧塑料包装物的潜在危害。

美国制定了《资源保护与回收法》,对固体废物管理、资源回收、资源保护等方面的技术研究、系统建设及运行、发展规划等都做出了明确的规定。日本在《再生资源法》、《节能与再生资源支援法》、《包装容器再生利用法》等法律中列专门条款,以促进制造商简化包装,并明确制造者、销售者和消费者各自的回收利用义务。德国在《循环经济法》中明确规定,谁制造、销售、消费包装物品,谁就有避免产生、回收利用和处置废物的义务。

按照国务院办公厅1997年12月31日下发的《关于限制生产销售使用塑料购物袋的通知》,从1998年6月1日起,在全国范围内禁止生产、销售、使用厚度小于0.025mm的塑料购物袋;所有超市、商场、集贸市场等商品零售场所实行塑料购物袋有偿使用制度,一律不得免费提供塑料购物袋。

第六章　物理性污染及其防治

本章要点

本章所讲的几种环境污染是物理因素引起的非化学性污染，这种污染形成时很少给周围环境留下具体污染物。但已成为现代人类尤其是城市居民感受到的公害。例如，噪声就是影响最大、最易激起受害者强烈不满的环境污染，而反映噪声污染问题的投诉也高居各类污染的首位。但是有的物理性污染如电磁波和光，无色无味很隐蔽，无明显和直接的危害，因而没有引起人们的足够重视。本章节主要描述噪声污染、放射性污染、电磁辐射及热污染的危害及其防治的原理。

第一节　噪声污染及其防治技术

一、环境噪声污染的特点与噪声源分类

人类生存的空间是一个有声世界，大自然中有风声、雨声、虫鸣、鸟叫，社会生活中有语言交流、美妙音乐，人们在生活中不但要适应这个有声环境，也需要一定的声音满足身心的支撑。但如果声音超过了人们的需要和忍受力就会使人感到厌烦，所以噪声可定义为对人而言不需要的声音，需要与否是由主观评价确定的，不但取决于声音的物理性质而且和人类的生理、心理因素有关。例如，听音乐会时，随演员和乐队的声音外，其他都是噪声；但当睡眠时，再悦耳的音乐也是噪声。

（一）噪声污染的主要特点

噪声污染与水、气、固废等物质的污染相比，具有其显著特点：

1. 环境噪声是感觉公害

噪声是由不同振幅和不同频率组成的无调嘈杂声。但有调或好听的音乐声，在它影响人们的工作和休息，并使人感到厌烦时，也认为是噪声。环境噪声标准也要根据不同的时间、不同的地区和人所处的不同行为状态来制定的。

2. 环境噪声是局限性和分散性的公害

一般的噪声源只能影响它周围的一定区域，而不会像大气污染能飘散到很远的地方。

3. 环境噪声具有能量性

环境噪声是能量的污染，它不具备物质的累计性。噪声是由发声物体的振动向外界辐射的一种声能。若声源停止振动发声，声能就失去补充，噪声污染随之终止，危害即消除。

4. 环境噪声具有波动性和难避性

声能是以波动的形式传播的，因此噪声特别是低频噪声具有很强的绕射能力，可以说是“无孔不入”。突发的噪声是难以逃避的，“迅雷不及掩耳”就是这个意思。

5. 噪声具有危害潜伏性

有人认为，噪声污染不会死人，因而不重视噪声的防治。大多数暴露在90dB左右噪声条件下的职工，也认为能够忍受，实际上这种“忍受”是以听力偏移为代价的。噪声的危害不可低估。

(二) 声源及其分类

通常我们把能够发声的物体称为声源。噪声源可分为自然噪声源和人为噪声源两大类。目前人们尚无法控制自然噪声，所以噪声的防治主要指人为噪声的防治。人为噪声按声源发生的场所，一般分为交通噪声、工业噪声、建筑施工噪声和社会生活噪声。

1. 交通噪声

包括飞机、火车、轮船、各种机动车辆等交通运输工具产生的噪声，其中以飞机的噪声强度最大。

交通噪声是活动的噪声源，对环境影响范围极大。尤其是汽车和摩托车，它们量大、面广，几乎影响每一个城市居民。有资料表明，城市环境噪声的70%来自于交通噪声。在车流量最高峰期，市内大街上的噪声可高达90dB，遇到交通堵塞时，噪声甚至可达100dB以上，以致有的国家出现警察戴耳塞指挥交通的情况。一些交通工具对环境产生的噪声污染情况见表6－1所列。

机动车辆噪声的主要来源是喇叭声（电喇叭90～95dB、汽喇叭105～110dB)、发动机声、进气和排气声、启动和制动声、轮胎与地面的摩擦声等。汽车超载、加速和制动、路面粗糙不平都会增加噪声。

表 6－1 典型机动车辆噪声级范围

车辆类型	加速时噪声级/dB（A 计权）	匀速时噪声级/dB（A 计权）
重型货车	89～93	84～89
中型货车	85～91	79～85
轻型货车	82～90	76～84
公共汽车	82～89	80～85
中型汽车	83～86	73～77
小轿车	78～84	69～74
摩托车	81～90	75～83
拖拉机	83～90	79～88

2. 工业噪声

工业噪声主要是机器运转产生的噪声，如空气机、通风机、纺织机、金属加工机床等，还有机器振动产生的噪声，如冲床、锻锤等。一些典型机械设备的噪声级范围见表 6－2 所列。

表 6－2 一些机械设备产生的噪声

设备名称	噪声级/dB（A 计权）	设备名称	噪声级/dB（A 计权）
轧钢机	92～107	柴油机	110～125
切管机	100～105	汽油机	95～110
气锤	95～105	球磨机	100～120
鼓风机	95～115	织布机	100～105
空压床	85～95	纺纱机	90～100
车床	82～87	印刷机	80～95
电锯	100～105	蒸汽机	75～80
电刨	100～120	超声波清洗机	90～100

工业噪声强度大，是造成职业性耳聋的主要原因，它不仅给生产工人带来危害，而且厂区附近的居民也深受其害。但是，工业噪声一般是有局限性的，噪声源是固定不变的。因此，污染范围比交通噪声要小得多，防治措施也相对容易些。

3. 建筑施工噪声

建筑施工噪声包括打桩机、混凝土搅拌机、推土机等产生的噪声。它们虽然是暂时性的，但随着城市建设的发展，兴建和维修工程的工程量与范围不断扩大，影响越来越广泛。此外，施工现场多在居民区，有时施工在夜间进行，严重影响周围居民的睡眠和休息。施工机械噪声级范围见表 6-3 所列。

表 6-3　建筑施工机械噪声级范围

机械名称	距声源 15m 处噪声级/dB（A 计权）	机械名称	距声源 15m 处噪声级/dB（A 计权）
打桩机	95～105	推土机	80～95
挖土机	70～95	铺路机	80～90
混凝土搅拌机	75～90	凿岩机	80～100
固定式起重机	80～90	风镐	80～100

4. 社会生活噪声

主要指社会活动和家庭生活设施产生的噪声，如娱乐场所、商业活动中心、运动场、高音喇叭、家用机械、电器设备等产生的噪声。表 6-4 是一些典型家庭用具噪声级的范围。

社会生活噪声一般在 80dB 以下，虽然对人体没有直接危害，但却能干扰人们的工作、学习和休息。

表 6-4　家庭噪声来源及噪声级范围

设备名称	噪声级/dB（A 计权）	设备名称	噪声级/dB（A 计权）
洗衣机	50～80	电视机	60～83
吸尘器	60～80	电风扇	30～65
排风机	45～70	缝纫机	45～75
抽水马桶	60～80	电冰箱	35～45

二、噪声的量度与评价

噪声的描述方法可分为两类：一类是把噪声作为单纯的物理扰动，用描述声波特性的客观物理量来反映，这是对噪声的客观量度；另一类则涉及人耳的听觉特性，根据人们感觉到的刺激程度来描述，因此被称为对噪声的主观评价。现分别陈述如下：

（一）噪声的客观量度

1. 频率与声功率

声音是物体的振动以波的形式在弹性介质（气体、固体、液体）中进行传播的一种物理现象。这种波就是通常所说的声波，频率等于造成该声波的物体振动的频率，其单位为赫兹（Hz）。一个物体每秒钟的振动次数，就是该物体的振动频率的赫兹数，亦即由此物体引起的声波的频率赫兹数。例如，某物体每秒钟振动 100 次，则该物体的振动频率就是 100Hz，对应的声波频率也是 100Hz。声波频率的高低，反映了声调的高低。频率高，声调尖锐；频率低，则声调低沉。人耳能听到的声波的频率范围是 20～20000Hz。20Hz 以下的称为次声，20000Hz 以上的称为超声。人耳有一个特性，即从 1000Hz 起，随着频率的减少，听觉会逐渐迟钝。换句话说，人耳对低频率噪声容易忍受，而对高频率噪声则感觉烦躁。

声功率是描述声源在单位时间内向外辐射能量本领的物理量，其单位为瓦（W）。一架大型的喷气式飞机，其声功率为 10kW，一台大型鼓风机的声功率为 0.1kW。

2. 声强和声强级

为了表示声波的能量以波速沿传播方向传输的情况，定义通过垂直于声波传播方向的单位面积的声功率为声强度，或简称声强，用 I 表示，单位为每平方米瓦（W/m^2）。声场中某一位置的声强的量值越大，则穿过垂直于声波传播方向上的单位面积的能量越多。在自由声场中（无障碍物和声波反射体）有一非定向辐射源，其声功率为 W，辐射的声波可视为球面波，在距离声源 r 处，球面的总面积为 $4\pi r^2$，则在球面上垂直于球面方向的声强为：

$$I_n = W/4\pi r^2 \quad (W/m^2) \tag{6-1}$$

由式（6－1）可以看出，声强 I_n 以与 r^2 成反比的关系发生变化，即距声源越远声强越小，并且降幅比距离增加更显著。

对于频率为 1000Hz 的声音，人耳能够感觉到的最小的声强约等于 $10^{-12}\ W/m^2$。这一量值用 I_0 表示，常作为声波声强的比较基准，即 $I_0 = 10^{-12}\ W/m^2$，因此又称 I_0 为基准声强。对于频率为 1000Hz 的声波，正常人的听觉所能忍受的最大声强约为 $1W/m^2$，这一量值常用 I_m 表示，$I_m = 1W/m^2$。声强超过这一上限时，就会引起耳朵的疼痛，损害人耳的健康。声强小 I_0，人耳就觉察不到了，所以 I_0 又称为人耳的听阈，I_m 又称为人耳的痛阈。

声强级是描述声波强弱级别的物理量。声强大小固然客观上反映声波的强弱，但是根据声学实验和心理学实验证明，人耳感觉到的声音的响亮程度，即人耳对感受到的声音的强弱程度的主观判断，并不是简单地和声强 I 成正比，而是

近似与声强 I 的对数成正比。又因为能引起正常听觉的声强值的上下限相差悬殊（$I_m/I_0=10^{12}$倍），如用声强以及它的通常使用的能量单位来量度可听声波的强度极不方便。基于上述两个原因，所以引入声强级作为声波强弱的量度。声强级是这样定义的：将声强 I 与基准声强 I_0之比的对数值，定义为声强 I 的声强级，声强级以 L_I表示，即：

$$L_I=\lg I/I_0 \text{（B）} \tag{6-2}$$

由于 Bel 单位较大，常取分贝（dB）作声强级单位，其换算关系为：1B＝10dB，即

$$L_I=10\lg I/I_0 \text{（dB）} \tag{6-3}$$

[例 1]　试计算声强为下列数值的声强级，$I=0.01\text{W/m}^2$；$I_0=10^{-12}\text{W/m}^2$；$I_m=1\text{W/m}^2$。

解： 根据 $L_I=10\lg I/I_0$

$I=0.01\text{W/m}^2$　　$L_I=10\lg 0.01/10^{-12}=100$（dB）

$I=10^{-12}\text{W/m}^2$　　$L_I=10\lg 10^{-12}/10^{-12}=0$（dB）

$I=1\text{W/m}^2$　　$L_I=10\lg 1/10^{-12}=120$（dB）

由题可见：第一，数量差别如此巨大的不同声强用声强级表示，数量上的差别可以缩小，表示较方便；第二，听阀的声强级为 0dB，0dB 的声音刚刚能为人们听到，分贝数越大，噪声越强。痛阀的声强级为 120dB。

3. *声压与声压级*

声压是描述声波作用效能的宏观物理量。声波与传感器（如耳膜）作用时，与无声波情况相比较，多出的附加压强称为声波的声压，用 p 表示，单位为帕（Pa），$1\text{Pa}=1\text{N/m}^2$。当声波的声强为基准声强 I_0时，其表现的声压约为 2×10^{-5}Pa（在空气中），这一量值也常被用做比较声波声压的衡量基准，称为基准声压，记做 p_0，即 $p_0=2\times10^{-5}$Pa。

理论表明，在自由声场中，在传播方向上声强 I 与声压 p 的关系为：

$$I=p^2/\rho c \text{（W/m}^2\text{）} \tag{6-4}$$

式中，ρ 为媒质密度（kg/m^3），c 为声速（m/s），两者的乘积就是媒质的特性阻抗。在测量中声压比声强容易直接测量，因此，往往根据声压测定的结果间接求出声强。

声压级是描述声压级别大小的物理量，式（6-4）表明声强与声压的平方成正比，即

$$I_1/I_2=p_1^2/p_2^2 \tag{6-5}$$

式（6－5）两边取对数，则：

$$\lg (I_1/I_2) = \lg (p_1^2/p_2^2) = 2\lg (p_1/p_2) \tag{6-6}$$

为了表示声波强弱级别的统一，人们希望无论用声强级或声压级表示同一声波的强弱级别具有同一量值，特按如下方式定义声压级，即声压级 L_p 等于声压 p 与基准声压 p_0 比值的对数值的 2 倍，即：

$$L_p = 2\lg (p/p_0) \text{ (B)}$$
$$= 20\lg (p/p_0) \text{ (dB)} \tag{6-7}$$

声压与声压级可以互相换算。

［例 2］强度为 80dB 的噪声的相应声压为多少？

解： 因为　$L_p = 20\lg (p/p_0)$

$$\lg p = L_p/20 + \lg p_0 = 80/20 + \lg (2\times10^{-5}) = \lg (2\times10^{-1})$$

所以　$p = 0.2$ (Pa)

声压和声压级的换算如表 6－5 所示。

表 6－5　声压与声压级的换算值

声压级/dB	0	10	20	30	40	50	60
声压/Pa	2×10^{-5}	$2\times10^{-4.5}$	2×10^{-4}	$2\times10^{-3.5}$	2×10^{-3}	$2\times10^{-2.5}$	2×10^{-2}
声压级/dB	70	80	90	100	110	120	
声压/Pa	$2\times10^{-1.5}$	2×10^{-1}	$2\times10^{-0.5}$	2	$2\times10^{0.5}$	20	

如果有几种声音同时发生，则总的声压级不是各声压级的简单算术和，而是按照能量的叠加规律，即压力的平方进行叠加的。

［例 3］设有两个噪声，其声压级分别为 L_{p1} dB 和 L_{p2} dB，问叠加后的声压级 L 为多少？

解： 由　$L_{p1} = 20\lg (p_1/p_0)$　　得 $p_1 = p_0 10^{Lp1/20}$

$L_{p2} = 20\lg (p_2/p_0)$　　得 $p_2 = p_0 10^{Lp2/20}$

而

$$p_{1+2}^2 = p_1^2 + p_2^2 = p_0^2 (10^{Lp1/10} + 10^{Lp2/10})$$

或

$$(p_{1+2}/p_0)^2 = 10^{Lp1/10} + 10^{Lp2/10}$$

所以总的声压级

$$L_{p1+2} = 20\lg (p_{1+2}/p_0) = 10\lg (p_{1+2}/p_0)^2$$

即

$$L_{p1+2} = 10\lg (10^{Lp1/10} + 10^{Lp2/10})$$

由计算总声压级 L_{p1+2} 的公式可见：

① 当 $L_{p1}=L_{p2}$ 或 $L_{p1}-L_{p2}=0$ 时

$$L_{p1+2}=L_{p1}+10\lg 2=L_{p1}+3\ \text{(dB)}$$

即增大 3dB。同理，三个相同声音叠加时，其声压级增大 10lg3；若 N 个相同声音叠加时，其声压级增大 $10\lg N$。

② 两个不同的声音叠加时，其计算式如下：

$$L_{1+2}=L_1+10\lg\left[1+10^{-0.1(L1-L2)}\right] \quad (6-8)$$

其中，L_1-L_2 为两个声压级之差（以大减小）。

根据式（6－8）可画出分贝和的增值，如图 6－1 所示。从分贝增值图查得对应 L_1-L_2 的 ΔL 值，加到较大的一个声压级下，即为和声压级。对于几个共存声音，可以按下列步骤进行。例如，84、87、90、95、96、91 六个分贝数相加，即

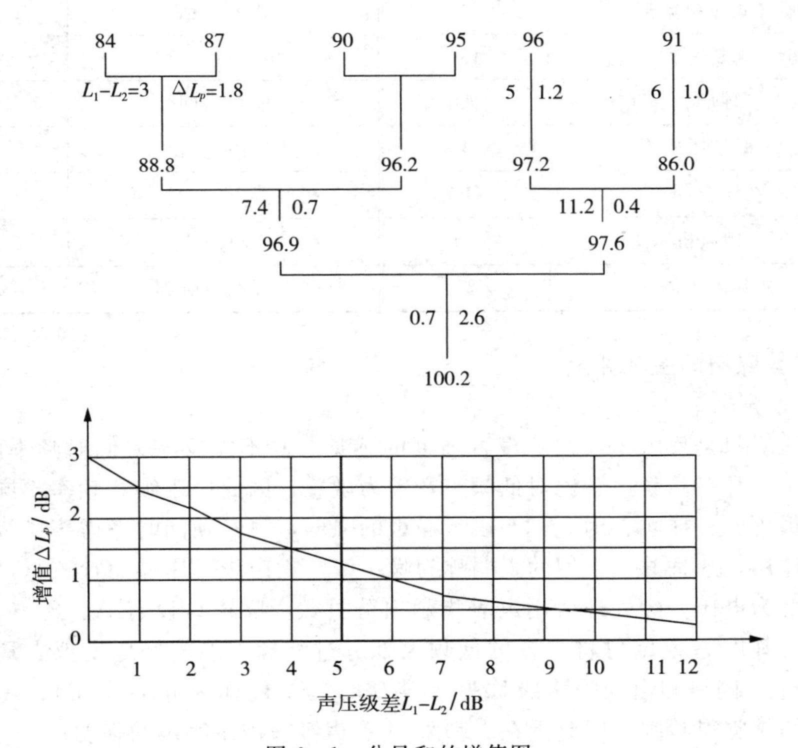

图 6－1　分贝和的增值图

也可以用分贝和的增值表 6－6 来计算任意两种声压级不等的声音共存时的总声压级，即将增值加在声压级中较大的一方。

表 6-6　分贝和的增值表

声压级差 L_1-L_2/dB	0	1	2	3	4	5	6	7	8	9	10
增值 ΔL/dB	3.0	2.5	2.1	1.8	1.5	1.2	1.0	0.8	0.6	0.5	0.4

如有几种声音同时出现，总的声压级必须由大而小地将每两个声压级逐一相加而得。例如，声压级分别为 85dB、83dB、82dB、78dB 的四种声音共存时，其总声压级为 89dB。

表 6-7 列出了几种典型环境噪声源的声压级的数据。

表 6-7　几种典型环境噪声源的声压级

几种典型环境噪声源	声压级/dB	几种典型环境噪声源	声压级/dB
喷气式飞机的喷气口附近	150	繁华街道上	70
喷气式飞机附近	140	普通讲话	60
锻锤、铆钉操作位置	130	微电机附近	50
大型球磨机旁	120	安静房间	40
8—18 型鼓风机附近	110	轻声耳语	30
纺织车间	100	树叶落下的沙沙声	20
4—72 型风机附近	90	农村静夜	10
公共汽车内	80	人耳刚能听到	0

（二）噪声的主观评价

1. A 声级

声压级只是反映了人们对声音强度的感觉，并不能反映人们对频率的感觉，而且由于人耳对高频声音比对低频声音较为敏感，因此声压级和频率不同的声音听起来很可能一样响。因此，要表示噪声的强弱，就必须同时考虑声压级和频率对人的作用，这种共同作用的强弱称为噪声级。噪声级可用噪声计测量，它能把声音转变为电压，经处理后用电表指示出分贝数。噪声计设有 A、B、C 三种特性网络。其中 A 网络可将声音的低频大部分过滤掉，能较好地模拟人耳的听觉特性。由 A 网络测出的噪声级称为 A 声级，其单位亦为分贝（dB）。A 声级越高，人们越觉得吵闹。因此现在大都采用 A 声级来衡量噪声的强弱。

2. 统计声级

统计声级是用来评价不稳定噪声的方法。例如，在道路两旁的噪声，当有车辆通过时 A 声级大，当没有车辆通过时 A 声级就小，这时就可以等时间间隔地采集 A 声级数据，并对这些数据用统计的方法进行分析，以表示噪声水平。

例如，要测量一条道路的交通噪声，可以在人行道上设置测量点，运用精密声级计，将声级计调到“慢档”位置读取 A 声级。每隔 5s 读取一个 A 声级的瞬时值，将连续读取的 200 个数值由大到小排列成一个数列，第 21 个 A 声级记为 L_{10}，第 101 个 A 声级记为 L_{50}，第 181 个 A 声级记为 L_{90}。L_{10}表示有 10%的时间超过这一声级；L_{50}表示有 50%的时间超过这一声级，L_{50}相当于交通噪声的平均值；L_{90}表示有 90%的时间超过这一声级。L_{10}、L_{50}、L_{90}等也称为百分声级，可以用这种方法评价交通噪声。1990 年，我国城市噪声污染十分严重，城市功能区环境噪声普遍超标，约有一半以上的城市居民受到噪声的困扰。

3. 其他噪声评价方法

其他噪声评价方法有昼夜等效声级、感觉噪声级等。

(三) 噪声的评价方法

在城市区域环境质量评价和工程建设项目环境影响评价中，环境噪声污染往往是评价工作的内容之一，在交通工程建设项目中，噪声影响评价直接涉及居民搬迁和噪声防治工程措施。环境噪声影响评价的具体工作程序是：

1. 拟定评价大纲

评价大纲是开展环境影响评价工作的依据。它包括了建设项目工程概况；污染源的识别与分析；确定评价范围；环保目标（这里主要指噪声敏感点）；噪声敏感点的地理位置及其环境条件，评价标准；评价工作实施方案；评价工作费用。

2. 收集基础资料

基础资料包括建设项目中噪声污染源源强与参数；噪声源与敏感点的分布位置图，并注明相对距离和高度；声传播的环境条件（如建、构建物屏障等）。

3. 进行现状调查

主要是噪声敏感点的背景噪声的调查。

4. 选定预测模式

根据噪声源类别，如车间，道路机动车及其流量、速度，飞机的类型架次、飞机程序，声传播的衰减修正等，按点、线声源特征选定预测模式，可以根据各建设行业有关环境评价规范来选定。

5. 噪声影响评价

根据预测评价量与采用的评价标准，给出各敏感点超标分贝值及评价结果。

6. 提出噪声治理措施

敏感点超标值达到 3dB 或以上时，应考虑噪声治理措施。具体措施应给出技术、经济和环境效益的技术论证，以便为工程设计与施工以及日常管理提供依据。

三、环境噪声的危害

噪声污染已经成为当代世界性问题，是一种危害人类健康的环境公害。噪声的危害主要表现在以下几个方面：

（一）听觉器官损伤

人们短期在强噪声环境中，感到声音刺耳、不适、耳鸣，出现一时听力下降，但只要离开噪声环境休息一段时间，人的听觉就会逐渐恢复原状，这种现象称为暂时性听力偏移，也叫听觉疲劳。它只是暂时性的生理现象，听觉器官没有受到损害。若长时间受到过强噪声刺激，会引起内耳感音性器官的退行性变化，受到器质性损伤，这种听力下降称为噪声性听力下降。一般说来，85dB 以下的噪声不至于危害听觉，而超过 85dB 则可能发生危险。表 6-8 列出了在不同噪声级下长期工作时耳聋发病率的统计情况。由表中可见，噪声达到 90dB 时，耳聋发病率明显增加。但是，即使高至 90dB 的噪声，也只是产生暂时性的病患，休息后即可恢复。因此噪声的危害，关键在于它的长期作用。

表 6-8 工作 40 年后噪声性耳聋发病率

噪声级/dB（A 计权）	国际统计/%	美国统计/%
80	0	0
85	10	8
90	21	18
95	29	28
100	41	40

（二）干扰睡眠和正常交谈

1. 干扰睡眠

睡眠对人是极为重要的，它能够调节人的新陈代谢，使人的大脑得到休息，从而使人恢复体力，消除疲劳。保证睡眠是人体健康的重要因素。噪声会影响人的睡眠质量和数量。连续声可以加快熟睡到轻睡的回转，缩短人的熟睡时间；突然的噪声使人惊醒。一般情况下，40dB 的连续噪声可使 10% 的人受影响，70dB 时可使 50% 的人受影响；突然噪声达 40dB 时，可使 10% 的人惊醒，60dB 时，可使 70% 的人惊醒。对睡眠和休息来说，噪声最大允许值为 50dB，理想值为 30dB。

2. 干扰交谈和思考

噪声对交谈的干扰情况见表 6-9 所列。

表 6-9　噪声对交谈影响

噪声/dB	主观反映	保证正常讲话距离/m	通信质量
45	安静	10	很好
55	稍吵	3.5	好
65	吵	1.2	较困难
75	很吵	0.3	困难
85	太吵	0.1	不可能

(三) 引起疾病

噪声对人体健康的危害，除听觉外，还会对神经系统、心血管系统、消化系统等有影响。噪声作用于人的中枢神经系统，会引起失眠、多梦、头疼、头昏、记忆力减退、全身疲乏无力等神经衰弱症状。

噪声可使神经紧张，从而引起血管痉挛、心跳加快、心律不齐、血压升高等病症。对一些工业噪声调查的结果表明：长期在强噪声环境中工作的人比在安静环境中工作的人心血管系统的发病率要高。有人认为，20 世纪生活中的噪声是造成心脏病的一个重要因素。

噪声还可使人的胃液分泌减少、胃液酸度降低、胃收缩减退、蠕动无力，从而易患胃溃疡等消化系统疾病。有资料指出，长期置身于强噪声下，溃疡病的发病率要比安静环境下高 5 倍。

噪声还会使儿童的智力发育迟缓，甚至可能会造成胎儿畸形。

(四) 杀伤动物

噪声对自然界的生物也是有危害的。如强噪声会使鸟类羽毛脱落，不产蛋，甚至内出血直至死亡。1961 年，美国空军 F—104 喷气战斗机在俄克拉荷马市上空作超音速飞行试验，飞行高度为 10^4 m，每天飞行 8 次，6 个月内使一个农场的 1 万只鸡被飞机的轰响声杀死 6000 只。实验还证明，170dB 的噪声可使豚鼠在 5min 内死亡。

(五) 破坏建筑物

20 世纪 50 年代曾有报道，一架以 1.1×10^3 km/h 的速度（亚音速）飞行的飞机，作 60m 低空飞行时，噪声使地面一幢楼房遭到破坏。在美国统计的 3000 起喷气式飞机使建筑物受损害的事件中，抹灰开裂的占 43%，损坏的占 32%，墙开裂的占 15%，瓦损害的占 6%。1962 年，3 架美国军用飞机以超音速低空掠过日本藤泽市时，导致许多居民住房玻璃被震碎，屋顶瓦被掀起，烟囱倒塌，墙壁裂缝，日光灯掉落。

四、噪声的控制

(一) 噪声标准与立法

1. 环境噪声标准

控制噪声污染已成为当务之急，而噪声标准是噪声控制的基本依据。毫无疑问，制定噪声标准时，应以保护人体健康为依据，以经济合理、技术上可行为原则。同时，还应从实际出发，因人、因时、因地不同而有所区别。此外，噪声标准并不是固定不变的，它将随着国家经济、科学技术的发展而不断提高。我国由于立法工作的加快，已制定了若干有关噪声控制的国家标准，见表 6-10 所列。

表 6-10 我国城市区域环境噪声标准

适用区域	昼间噪声级 /dB（A 计权）	夜间噪声级 /dB（A 计权）	备注
特殊住宅区	45	35	特别需要安静的住宅区，如医院、疗养院、宾馆等
居民文教区	50	40	指居民和文教、机关区
一类混合区	55	45	指一般商业与居民混合区，如小商店、手工作坊与居民混合区
二类混合区、商业中心区	60	50	指工业、商业、少量交通和居民混合区；商业集中的繁华地区
工业集中区	65	55	指城市或区域规划明确规定的工业区
交通干线道路两旁	70	55	指车流量 100 辆/h 以上的道路两旁

2. 立法

噪声立法是一种法律措施。为了保证已制定的环境噪声标准的实施，必须从法律上保证人民群众在适宜的声音环境中生活与工作，消除人为噪声对环境的污染。

国际噪声立法活动从 20 世纪初期就已经开始。早在 1914 年瑞士就有了第一个机动车辆法规，规定机动车必须装配有效的消声设备。20 世纪 50 年代以后，许多国家的政府都陆续制定和颁布了全国性的、比较完整的控制法，这些法律的制定对噪声污染的控制起了很大作用，不仅使噪声环境有了较大改善，而且促进了噪声控制和环境声学的发展。

我国 1989 年颁布了国家环境噪声污染防治条例，基本内容包括交通噪声、施工噪声、社会生活噪声污染等。

（二）噪声控制的一般原则

声是一种波动现象，它在传播过程中遇到障碍物会发生反射、干涉和衍射现象。在不均匀媒质中或从某媒质进入另一种媒质时，会发生透射和折射现象。声波在媒质中传播时，由于媒质的吸收和波束的扩散作用，声波强度会随着距离的增加发生衰减。对于声波的这些认识是控制噪声的理论基础。在噪声控制中，首先是降低声源的辐射功率。工业和交通运输业可选用低噪声生产设备和生产工艺，或者改变噪声源的运动方式（如用阻尼、隔振等措施降低固体发声体的振动；用减少涡流、降低流速等措施降低液体和气体的声源辐射）。其次是控制噪声的传播，改变噪声传播的途径，如采用隔声和吸声的方法降噪。再次是对岗位工作人员的直接防护，如采用耳塞、耳罩、头盔等护耳器具，以减轻噪声对人员的损害。

（三）噪声控制的技术措施

1. 声源控制

声源是噪声系统中最关键的组成部分，噪声产生的能量集中在声源处。所以对声源从设计、技术、行政管理等方面加以控制，是减弱或消除噪声的基本方法和最有效的手段。

（1）改进机械设计

在设计和制造机械设备时，选用发声小的材料、结构和传动方式。例如，用减振合金（如锰-铜-锌合金）代替 45 号钢，可使噪声降低 27dB；将风机叶片由直片形改成后弯形，可降低噪声 10dB；用皮带传动代替直齿轮传动可降低噪声 16dB；用电气机车代替蒸汽机车可使列车降低噪声 50dB；对高压、高速气流降低压差和流速或改变气流喷嘴形状都可以降低噪声。

（2）改进生产工艺

如用液压代替冲压，用焊接代替铆接、用斜齿轮代替直齿轮等。

（3）提高加工精度和装配质量

如提高传动齿轮的加工精度，可减小齿轮的啮合摩擦；若将轴承滚珠加工精度提高一级，则轴承噪声可降低 10dB；设备安装得好，可消除机械零部件因不稳或平衡不良引起的振动和摩擦，从而达到降低噪声的效果。

（4）加强行政管理

用行政管理手段，对噪声源的使用加以限制。例如，建筑施工机械或其他在居民区附近使用的设备，夜间必须停止操作。市区内汽车限速行驶、禁鸣喇叭等。

2. 传播途径控制

由于条件的限制，从声源上降低噪声难以实现时，就需要在噪声传播途径上采取以下措施加以控制。

（1）闹静分开、增大距离

利用噪声的自然衰减作用，将声源布置在离工作、学习、休息场所较远的地方。无论是城市规划，还是工厂总体设计，都应注意合理布局，尽可能缩小噪声污染面。

（2）改变方向

利用声源的指向性（方向不同，其声级也不同），将噪声源指向无人的地方。如高压炉、高压容器的排气口朝向天空或野外，比朝向生活区可降低噪声 10dB，如图 6－2 所示。

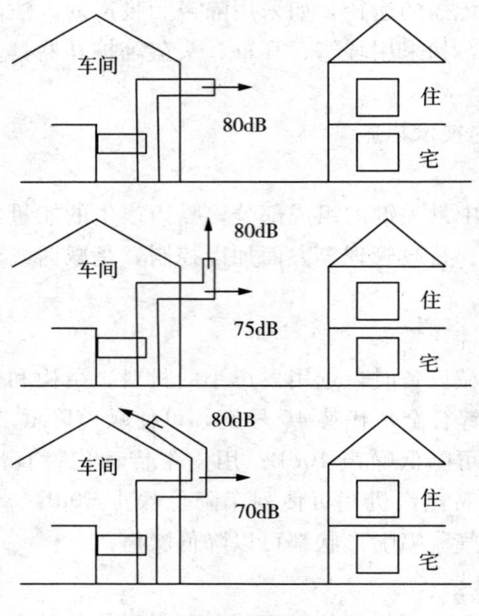

图 6－2　声源的指向性

（3）设置屏障

在噪声源和接受者之间设置声音传播的屏障，可有效地防止噪声的传播，达到控制噪声的目的。有数据表明，40m 宽的林带能降低噪声 10～15dB，绿化的街道比没有绿化的街道降低噪声 8～10dB。设置屏障，除了用林带、砖墙、土坡、山冈外，主要指采用声学控制方法。常用的几种声学控制方法如下。

① 吸声：主要利用吸声材料或吸声结构来吸收声能，常用于会议室、办公室、剧场等室内空间。由于吸声材料只是降低反射的噪声，故它在噪声控制中的效果是有限的。

② 隔声：用隔声材料阻挡或减弱在大气中传播的噪声，多用于控制机械噪声。典型的隔声装置有将声源封闭，使噪声不外逸的隔声罩（降噪 20～30dB），

有防止外界噪声侵入的隔声室（降噪 20～40dB），还有用于露天场合的隔声屏。

③ 消声：利用消声器（一种既允许气流通过而又能衰减或阻碍声音传播的装置）控制空气动力性噪声简便而又有效。例如，在通风机、鼓风机、压缩机、内燃机等设备的进出口管道中安装合适的消声器，可降噪 20～40dB。

(4) 阻尼减振

当噪声是由金属薄板结构振动引起时，常用阻尼材料减振。如将阻尼材料涂在产生振动的金属板材上，当金属薄板弯曲振动时，其振动能量迅速传递给阻尼材料，由于阻尼材料的内损耗、内摩擦大，使相当一部分振动能量转化为热能而损耗散掉。这样就减小了振动噪声。常用的阻尼材料有沥青类、软橡胶类和高分子涂料。

(5) 隔振

由机器设备振动产生的噪声，可使用橡胶、软木、毛毡、弹簧、气垫等隔振材料或装置，隔绝或减弱振动能量的传递，从而达到降噪的目的。

3. 接受者的防护

这是对噪声控制的最后一道防线。实际上，在许多场合，采取个人防护是最有效、最经济的办法。但是个人防护措施在实际使用中也存在问题，如听不到报警信号，容易出事故。因此立法机构规定，只能在没有其他办法可用时，才能把个人防护作为最后的手段暂时使用。

个人防护用品有耳塞、耳罩、防声棉、防声头盔等。表 6－11 列出的是几种常用个人防护用具及防噪效果。

表 6－11　几种防声用具及效果

种类		质量/g	降噪/dB（A 计权）
干棉花		1～5	5～10
涂蜡棉花		1～5	10～20
耳塞	软塑料、软橡胶	1～5	15～30
	乙烯套充蜡	3～5	20～30
耳罩		250～300	20～40
防声头盔		1500	30～50

控制噪声除上述几种方法外，还有搞好城市道路交通规划和区域建设规划、科学布局城市建筑物、合理分流噪声源、加强宣传教育工作等措施，都能取得控制噪声污染的良好效果。

4. 噪声的利用

噪声是一种污染，这是它有害的一面；此外，噪声也有许多有用的方面。人们在控制噪声污染的同时，也可将其化害为利，利用噪声为人类服务。另外，噪声是能量的一种表现形式，因此，有人试图利用噪声做一些有益的工作，使其转害为利。

噪声可用作工业生产中的安全信号。煤矿中为了防止塌方、瓦斯爆炸带来的危害，研制出了煤矿声报警器。当煤矿冒顶、瓦斯喷出之前，会发出一种特有的声音，煤矿声报警器记录到这种声音后就会立即发出警报，提醒人们离开现场或采取安全措施以防止事故的发生和蔓延。强噪声还可作为防盗手段，有人发明了一种电子警犬防盗装置，电子警犬处于工作状态时，能发出肉眼看不见的红外光，只要有人进入监视范围，电子警犬就会立即发出令人丧胆落魄的噪声。目前各种防盗柜也安装了这种防盗发声装置。

噪声还有很多其他方面的可利用性，如可用在农业上，提高作物的结果率和除杂草，也可用于干燥食物等。噪声是一种有待开发的新能源，化害为利，变废为宝是解决污染问题的最好途径。相信随着人类科学技术的发展，不仅是噪声，还有其他的各种污染，人类都可以解决，并能利用它们来为人类服务。

第二节　放射性污染及其防治技术

一、放射性辐射源

作用于人类的放射性可分为天然放射性和人工放射性，因此有两种放射性辐射源。我们讨论的重点是由于人类活动而引入环境的人工放射性源。

(一) 天然辐射源

天然辐射源是自然界中天然存在的辐射源，人和其他生物体受到天然辐射源的照射（天然本底辐射）可分为外照射和内照射。外照射主要来自宇宙射线以及地面上天然放射性核素发射的 γ 射线和 β 射线对人体的外照射，内照射则是通过呼吸道和消化道进入人体内的以及人体组织内本身存在的天然放射性核素造成的辐照。这种情况从人类诞生起就已如此，人类适应这种辐射。

天然辐射源所产生的总辐射水平称为天然放射性本底，它是环境是否受到放射性污染的基本标准。

环境中天然辐射本底主要有宇宙射线、宇宙放射性核素和原生放射性核素发射的辐射这三部分组成。

(1) 宇宙射线主要来源于地球的外表层空间，有外层空间射到地球大气层的高能粒子称为初级宇宙射线，主要由高能质子组成，具有极大的动能，这些粒子与大气中的氧、氮原子核产生了次级宇宙射线粒子。

（2）宇宙放射性核素是高能初级宇宙射线与大气的原子核发生核反应产生的放射性核素，种类不少，但在空气中含量很低，对环境辐射的实质贡献不大。

（3）原生放射性核素是从地球形成开始，迄今还存在于地壳中的那些放射性核素，其中最重要的是铀（U）、钍（Th）核素以及钾（K）、碳（C）和氚（H）等。

（二）人工辐射源

人工辐射源是指由生产、研究和使用放射性物质的单位所排放出的放射性废物和核武器试验所产生的放射性物质，是对环境造成放射性污染的主要来源。

1. 核爆炸的沉降物

核武器是全球性放射性污染的主要来源。核爆炸的一瞬间能产生穿透性很强的核辐射，主要是中子和 γ 射线。爆炸后还会留下很多继续放射 α、β 和 γ 射线的放射性污染物，通常称为放射性沉降物，又叫落下灰。排入大气的放射性污染物与大气中的飘尘相结合，甚至可达平流层并随大气环流流动，经很长时间（可达数年）才落回到对流层。放射性沉降物播散的范围很大，往往可以沉降到整个地球表面。这些放射是物质中对人体有害较大、半衰期又相当大的锶（Sr）、铯（Cs）、碘（I）和碳（C）。但据联合国辐射影响问题委员会估计，核试验一起全球性污染而给全世界人口的平均照射剂量，比试验场附近居民的剂量小得多，因而对核试验污染无需过分恐惧。

2. 核工业过程的排放物

核能应用于动力工业，构成了核工业的主体。核污染涉及核燃料的循环过程。它包括核燃料的制备与加工过程，核反应堆的运行过程和辐射后的燃料后处理过程。正常运行时核电站对环境排放的气态和液态放射性废物很少，固态放射性废物又被严格地封装在巨大的钢罐中，不渗入生物链。在放射性废料的处理设施不断完善的情况下，正常运行时对环境不会造成严重的污染。严重的污染往往都是由事故造成的，如 1979 年 3 月美国三里岛事故和 1986 年 4 月原苏联切尔诺贝利核电站事故。

3. 医疗照射的放射

随着现代医学的发展，辐射作为诊断、治疗的手段越来越广泛应用。辐照方式除外照射外，还有内照射，如诊治肺癌等疾病，就采用内照射方式，使射线集中照射病灶。但这同时也增加了操作人员和病人受到的辐照。因此，医用射线也成为环境中的主要人工污染源之一。

4. 其他方面的污染

某些用于控制、分析、测试的设备用了放射性物质，对职业操作人员会产生辐射危害。某些生活消费品中使用了放射性物质，如夜光表、彩色电视机等，某些建筑材料如含铀、镭量高的花岗岩和钢渣砖等，它们的使用也会增加室内的辐照强度。

二、放射性对人类的危害

（一）放射性物质进入人体的途径

环境中的放射性物质和宇宙射线不断照射人体，即为外照射。这些物质也可进入人体，使人受到内照射，放射性物质首先是通过食物链经消化道进入人体；其次是放射性尘埃经呼吸道进入人体；通过皮肤吸收的可能性很小。放射性物质进入人体的途径如图 6-3 所示。

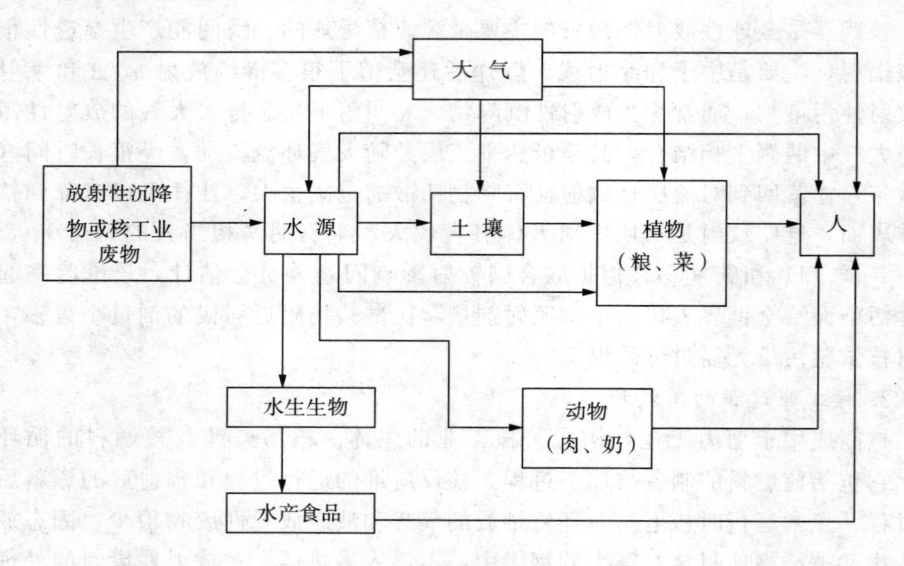

图 6-3　放射性物质进入人体的途径

（二）放射性对人体的危害

1. 放射性损伤机理

放射性实际是一种能量形式。这种能量被人体组织吸收时，吸收体的原子就发生电离作用，将能量转变为另一种形式，而这种能量在一定阶段又要释放出来并在吸收体内引起其他反应。具体讲有两类损伤作用：一是直接损伤，即辐射直接将肌体物质的原子或分子电离，从而破坏肌体内某些大分子结构，如蛋白质分子、脱氧核糖核酸（DNA）、核糖核酸（RNA）分子等；二是间接损伤，即放射线先将体内的水分子电离，生成具有很强活性的自由基，通过它们的作用影响肌体的组成。由此可见，放射性不仅可干扰、破坏肌体细胞和组织的正常代谢活动，而且能直接破坏它们的结构，从而对人体造成危害。

由于发射线能引起吸收原子电离，因此在国内外许多标准中放射性称为电离辐射。

2. 放射性对人体的危害

放射性污染物所造成的危害，在有些情况下并不立即显示出来，而是经过一段时间潜伏期后才显示出来。放射性对人体的危害程度主要取决于所受辐照射剂量的大小。

一次或短期内受到大剂量照射时，会产生放射性损伤的急性反应，使人出现恶心、呕吐、脱发、食欲减退、腹泻、喉炎、体温升高、睡眠障碍等神经系统和消化系统的症状，严重会造成死亡。例如，在数千拉德（rad）高剂量照射下，可以在几分钟或几小时内将人致死，受到600rad以上的照射时，在两周内的死亡率可达100%，受照射量在300～500rad之间时，在四周内死亡率为50%。

在急性放射病恢复以后，经一段时或在低剂量照射后的数月、数年，甚至后代还会产生辐射损伤的远期效应，如致癌、白血病、白内障、寿命缩短、影响生长发育等，甚至对遗传基因产生影响，使后代身上出现某种程度的遗传性疾病。

三、放射性污染的防护和处理

放射性废物不像一般工业废物和垃圾等极容易被发现和预防其危害。它是无色无味的有害物质，只能靠放射性测试仪才能探测到。因此，对放射性的处理与其他工业污染物处理有根本的区别。放射性物质的管理、处理和最终处置必须严格科学地按国际和国家标准进行，把对人类的危害降低到最低水平。

（一）放射性辐射防护标准

目前我国一般采用“最大容许剂量当量”，用不允许接受的剂量范围的下限来限制从事放射性工作人员的照射剂量。其含义是：当放射性工作人员接受这样的剂量照射时，肌体受到的损失被认为是不可以容许的，即在他的一生中及其后代身上，都不会发生明显的危害，即或有某些效应，其发生率极其微小，只能用统计学方法才能察觉。对邻近居民的限制剂量为职业照射的1/10。

我国2002年重新发布《电离辐射防护与辐射源安全基本标准》（GB 18871—2002）中规定了剂量当量，见表6-12所列。该规定还对辐射照射的控制措施（管理和技术两方面）、放射性废物管理（包括分类、管理原则、低放气体或气溶胶及废液的排放、固体放射性废物管理）、放射性物质安全运输、伴有辐射照射实施的选择要求、辐射监测、辐射事故管理、辐射防护评价以及辐射工作人员健康管理均有详细的规定和必要的阐述。

《辐射性废物管理规定》(GB 14500—2002) 中规定，含人工放射性核素比活度大于 2×10^4 Bq/kg，或含天然放射性核素比活度大于 7.4×10^4 Bq/kg 的污染物，应作为放射性废物看待，小于此水平的放射性也应妥善处理。

表 6-12　我国电离辐射防护有关剂量当量的规定

剂量当量限值分类			年有效剂量当量限值/mSv
职业照射	辐照工作人员	由审管部门决定的连续 5 年年平均	20
		任何一年中	50
		眼晶体	150
		四肢（手和足）或皮肤	500
	16～18 岁学生、学徒工和怀孕妇女	任何一年中	6
		眼晶体	50
		四肢（手和足）或皮肤	150
公众照射	公众人员	一年	1
		特殊情况；连续 5 年的年平均剂量不过 1mSv，则某一单一年份可提高到	5
		眼晶体	15
		皮肤	50
	慰问者和探视人员（在患者诊断或诊治期间）	成人	5
		儿童	1

（二）放射性辐射防护方法

辐射防护的目的主要是为了减少辐线对人体的照射，具体方法如下。

1. 时间防护

人体受照射的时间长，则接受的照射量也越多。因此要求工作人员操作准确敏捷以减少受照时间；也可以增配人员轮流操作以减少每个人的照射时间。

2. 距离防护

人距辐射源越近，则受照量越大。因此必须远离操作以减少受照量。

3. 屏蔽防护

若源强越强，受照时间越长，距辐射源越近，则受照量越大，为了尽量减少射线对人体的照射，可以采用屏蔽的方法，在辐射与人之间放置一种合适屏蔽材料，利用屏蔽材料对射线的吸收减少外照射量。

(1) α 射线的防护。α 射线射程短，穿透力弱，在空气中易被吸收，用几张纸或薄的铝膜即可将其屏蔽，但其电离能力强，进入人体后会因内照射造成较大的伤害。

（2）β射线的防护。β是带负电的电流，穿透物质的能力较强，因此对屏蔽β射线的材料可采用有机玻璃、烯基塑料、普通玻璃和铝板等。

（3）γ射线的防护。γ射线是波长很短的电磁波，穿透能力，危害也最大，常用具有足够厚度的铝、铁、钢、混凝土等屏蔽材料屏蔽γ射线。

另外，为了防止人为受到不必要的照射，在有放射性物质和射线的地方应设置明显的危险标记。

(三) 放射性废物的处理处置

1. 处理处置技术的特点

（1）放射性废物所含的放射性核素不能用化学或生化方法来消除，只能依靠放射性核素自身的衰变来消除；

（2）处理时的操作需要在严密的防护屏蔽条件下进行，所用设备的材料应为耐腐蚀、耐辐射的合金材质；

（3）对大多数放射性废物应做深度处理，尽量不复用，减少排放；在处理过程中所产生的二次废物应纳入后续处理系统进一步处理和处置。

2. 放射性废弃的处理

根据放射性在废气中的存在形态的不同采用不同的处理方法。

对挥发性废气用吸附法和扩散稀释法处理。如放射性碘可用活性炭吸附达到净化目的。溶度较低的放射性废气可由高烟囱稀释排放。

对以放射性气溶胶形式存在的废气可通过除尘技术达到净化。先经过机械除尘器、湿式洗涤除尘器进行预处理，除去气溶胶中粒径较大的固态或液态颗粒；然后进入中效过滤，除去大部分中等粒径的颗粒；第三步是高效过滤，几乎可以全部滤去粒径大于 0.3 μm 的颗粒，使气溶胶达到完全净化。

但中效和高效过滤器使用过的滤料应作为放射性固体废物加以处理。

3. 放射性废液的处理处置

基本方法是稀释排放、浓缩存储和回收利用。对不同浓度放射性废液的处理方法不同。

（1）低放废液（放射性强度小于 10^{-3} μCi/mL）

对清洁的低放废液可直接采用离子交换、蒸发和膜分离法处理，处理后清水可返回用，浓缩液送至中放废液处理系统再处理。混性放射废液可用化学混凝沉淀—过滤—离子交换处理工艺。沉渣和废过滤料、废交换树脂作为放射性废物进一步处置。上述处理过程除对设备材料要求较高外，与常规的废水处理相同。

（2）中放废液（放射性强度为 10^{2}～10^{3} μCi/mL）

中放废液的处理手段是蒸发浓缩，减少体积，使之达到高放废液的水平，然后进一步处置。蒸发过程产生的二次废物可按低放废物的处理方法进一步处理高放废液（放射性强度大于 10^3 μCi/mL）。多数国家采用固化技术进行最终安全处置。常用的方法有水泥固化、水玻璃固化、沥青固化、人工合成树脂固化等。固化处理后的固化体最终还需送入统一管理的安全存储库处理。

4. 放射性固体废物的处理处置

放射性固体废物指铀矿石提取铀后的废矿渣，被放射性物质玷污而不能用的各种器物和废液处理过程中的残渣、滤渣和固化体。对铀矿渣一般用土地堆放或回填矿井的方法，这不能根本解决污染问题，但是目前无更有效的方法。对可燃性放射性固体废物最好不用焚烧法，焚烧产生的废气和气溶胶物质需严加控制，灰烬要收集并掺入固化物中。不可燃性放射性固体废物主要以受污染的设备、部件为主，因此应先进行拆卸和破碎处理，然后再煅烧处理，减少其体积，以利于最终包封存储；或采用去污染手段，如溶剂洗涤、机械刮削喷镀、熔化等手段，降低污染程度，达到可接受的水平。

5. 最终处置

放射性废物的最终处置是为了确保废物中的有害物质对人类不产生危害。基本方法是埋入能与生物圈有效隔离的最终存储库中。

最终储存库的选址及地质条件应比有毒有害废物处置地的选择更加严格，并远离人类活动区，如选择在沙漠或谷地中。需要最终储存的废物应封装于不锈钢容器中，然后再放到储存库中。储存库应设立三道屏障：内层的储存库采用不锈钢覆面的钢筋混凝土结构；中间的工程屏障为一整套地下水抽提系统，以维持库外区域有较低的地下水位，有时为了加固深层地质，还要设置混凝土墙或金属板结构；外层为天然屏障，主要指地质介质，地质介质有多种，如盐矿层的盐具有塑性变形和再结晶性质，导热性好，热容量高，机械性能好，且矿床常位于低地震区，床层内无循环地下水，有不透水层与地下水隔绝，是理想的储存库选择地，能保证有可靠的安全性。

第三节　电磁污染、光污染及其防治技术

一、电磁辐射污染与危害

（一）电磁辐射污染

电磁辐射污染是指各种天然的和人为的电磁波干扰和对人体有害的电磁辐射。

电磁波是电磁和磁场周期性变化产生波动通过空间传播的一种能量，也称作电磁辐射。利用这种辐射可以造福人类，如无线通信、广播、电视信号的发射以及在工业、科研、医疗系统中的应用。但是电磁波又同时给环境带来了不利的影响，起着“电子烟雾”的作用。在环境保护研究中认定，点射频电磁场打到足够强度时，会对人体机能产生一定的破坏作用。因此，涉及各行各业的电磁辐射已经成为继大气污染、水污染、固体废物污染和噪声污染后的又一重要污染。

（二）电磁辐射污染的传播途径

电磁辐射所造成的环境污染，主要通过三个途径进行传播。

1. 空间辐射

当电子设备或电气装置在工作时，相当于一个多向发射天线不断地向空间辐射电磁能量。这些发射出来的电磁能，在距场源不同距离的范围内以不同的方式传播并作用于受体。近场区（距场源一个波长范围内）传播的电磁能以电磁感应的方式作用于受体，如使日光灯自动发光；在远场区（距场源一个波长的范围之外），电磁能是以空间放射方式传播并作用于受体的。

2. 导线传播

当视频设备与其他设备共用一个电源时，或他们之间有电气连接时，通过电磁耦合，电磁能通过导线传播；另外，信号的输出输入电路和控制电路也会在强电磁场中“拾取”信号，并将所拾取的信号进行再传播。

3. 复合传播

当空间辐射和导线传播所造成的电磁辐射污染同时存在时称为复合传播。

（三）电磁辐射的危害

电磁辐射污染是一种能量流污染，看不见，摸不着，但却实实在在存在着。它不仅直接危害人类健康，还不断地“滋生”电磁辐射干扰事端，进而威胁人类生命。

1. 恶劣的电磁环境会严重干扰航空导航、水上通信、天文观测等

移动电话的工作频率会干扰飞机与地面的通信信号和飞机仪器的正常工作，引起飞机导航系统偏向，对飞行安全带来隐患，因此在飞机上要关闭移动电话、电脑和游戏机。移动电话和通信卫星所发射的电磁波若闯入了天文望远镜使用的频带，将严重干扰天文观测。这些已引起各国政府及制造商的重视。目前要求移动电话或无线寻呼台的工作频率必须严格符合我国的《无线电频率划分规定》。

2. 危害人类健康

科学家从 20 世纪 70 年代就开始研究电磁辐射对人类的危害。科学家认为电磁辐射的生物效应对人体确实有害。当生物体暴露在电磁场中时，大部分电磁能

量可穿透肌体，少部分能量被肌体吸收。由于生物肌体内有导电体液，能与电磁场相互作用，产生了电磁场生物效应。

电磁场的生物效应分为热效应和非热效应。其热效应是由高频电磁波直接对生物肌体细胞产生加热作用引起的。电磁波穿透生物表层直接对内部组织“加热”，而生物体内部组织散热又困难，所以往往肌体表面看似正常，而内部组织已严重“烧伤”。不同的人，或同一人的不同器官对热效应的承受能力不一样。老人、儿童、孕妇属于敏感人群，心脏、眼睛和生殖系统属于敏感器官。非热效应是电磁辐射长期作用而导致人体某些体征的改变，如出现中枢神经系统机能障碍的症状，头疼头晕，失眠多梦，记忆力衰退等；非热效应还会影响心血管系统，影响人体的循环系统、免疫系统、生殖和代谢功能，严重的甚至会诱发癌症。

电磁辐射对人体的危害程度与电磁波波长有关。按对人体危害程度由大到小排列，依次是微波、超短波、短波、中波、长波。波长愈短，危害愈大，而且微波对肌体的危害具有积累性，使伤害不易恢复。微波会伤及胎儿，极易引起胎儿畸形、弱智、免疫功能低下等；会引起眼睛的白内障和角膜损害。德国 Essen 大学的科学家在 2011 年 1 月声称，经常使用手机的人患上鼻咽癌的可能性是较少打手机的人的 3 倍。这是科学家第一次发表手机辐射可致癌的正式声明。微波还会破坏脑细胞，使大脑皮质细胞活动能力减弱。所以科学家呼吁尽量减少手机的使用率。

（四）电磁辐射防护标准

电磁场的生物效应如果控制得好，可对人体产生良好的作用，如用理疗机治病。但当它超过一定范围，就会破坏人体的热平衡，对人体产生危害。

电磁辐射防护标准经历了较长时间的探讨，至今仍没有全世界统一的标准，各国各行其是。1984 年，国际非电离辐射委员会与世界卫生组织的环境卫生部联合推荐的电磁防护标准在最敏感段公众的标准为 200 $\mu W/cm^2$。我国 1988 年发布的《电磁辐射防护规定》（GB 8702—88）中给出的最敏感段照射功率密度限值，职业照射是 20 $\mu W/cm^2$，公众为 40 $\mu W/cm^2$。

（五）电磁辐射现状及防护的重要性

现在，由于无线电广播、电视以及微波技术、微波通信等应用迅速普及，射频设备的功率成倍提高，地面上的电磁波密度大幅增加，已直接威胁到人的身心健康。因此，对电磁辐射所造成的环境污染必须予以重视并加强防护技术的研究和应用，处理好经济发展与环境保护之间的关系，做到可持续发展。

我国自 20 世纪 60 年代以来，在这方面已做了大量的工作，研制了一些测量设备，制定了有关高频电磁辐射安全卫生标准及微波辐射卫生标准，在防护技术水平上也有了很大提高，取得了良好的成效。由于政府重视，我国目前的电磁辐射环境污染情况，虽然已有苗头出现，但远未到严重的地步。1998年初我国开始全国电磁辐射污染源的调查，历时一年四个月，摸清了全国电磁辐射污染源的基本情况。“北京中央广播电视塔”、“上海东方明珠塔”、“天津广播电视塔”这三个高度超过了400m、规划设计功率超过200kW的大型广播电视塔辐射环境验收达标。

二、电磁污染源

影响人类生活的电磁污染源可分为天然污染源和人为污染源两种。

（一）天然污染源

天然的电磁污染源是某些自然现象引起的。

（1）雷电，最常见。除了对电气设备、飞机、建筑物、人类造成直接危害外，还可以从几千赫到几百兆赫的极宽频率范围内对广大地区产生严重的电磁干扰。

（2）火山喷发，地震。

（3）太阳黑子活动引起的磁暴、新星爆发、宇宙射线等，对短波通信的干扰特别严重。

（二）人为污染源

人为污染源指人工制造的各种系统、电气和电子设备产生的电磁辐射，可能危害环境，主要有脉冲放电、工频交变电磁场、射频电磁辐射等，其中射频电磁辐射已经成为电磁污染环境的主要因素。

三、电磁辐射污染的防护

电磁辐射污染的防护须采取综合防治的办法，这样才能取得更好的效果。防护原则是：首先是减少电磁泄漏，这是解决污染源的问题。其次是通过合理的工业布局，使电磁污染源远离居民稠密区，尽量减少受体遭受污染危害的可能。对于已经进入到环境中的电磁辐射，采取一定的技术防护手段（包括个人防护），以减少对人及环境的危害。

对变电站、高压线等与生活密切的常见电磁辐射源的防护，最重要的是保持安全间距，只要能保证一定距离，就能安全有效避免电磁辐射危害的影响。有关部门正在起草《变电站环境保护设计规程》，将对安全间距等做出明确规定。

具体的电磁辐射污染防护方法如下：

（一）区域控制与绿化

区域控制大体分四类：自然干净区、轻度污染区、广播辐射区和工业干扰区。依据这样的区域划分标准，合理进行城市、工业等布局，可以减少电磁辐射对环境的污染。同时，由于绿色植物对电磁辐射具有较好的吸收作用，因此加强绿化是防治电磁污染的有效措施之一。

（二）屏蔽防护

1. 屏蔽防护的作用与原理

采用某种能抑制电磁辐射能的材料——屏蔽材料，将电磁场源与其环境隔离开来，使辐射能被限制在某一范围内，起到防治电磁污染的目的。这种技术称为屏蔽防护。

当电磁辐射作用于屏蔽体时，因电磁感应，屏蔽体产生与场源电流方向相反的感应电流而生成反向电磁线，可以与场源磁力线相抵消，达到屏蔽效果。若使屏蔽体接地，还可达到对电厂的屏蔽。

2. 屏蔽的分类

根据场源与屏蔽体的相对位置，屏蔽方式分为两类。

（1）主动场屏蔽（有源场屏蔽）

主动场屏蔽是将场源置于屏蔽体内部，作用是将电磁场限定在某一范围内，使其不对此范围以外的生物肌体或仪器设备产生影响。主动场屏蔽时场源与屏蔽体间距小，结构严密，可以屏蔽电磁辐射强度很大的辐射源。屏蔽壳必须良好接地。

（2）被动场屏蔽（无源场屏蔽）

被动场屏蔽是将场源放置于屏蔽体之外，使场源对限定范围内的生物体及仪器设备不产生影响。其特点是屏蔽体与场源间距大，屏蔽体可以不接地。

3. 屏蔽材料与结构

屏蔽用材料可选用铜、铁、铝，涂有导电涂料或金属镀层的绝缘材料。电场屏蔽选用铜材为好，磁场屏蔽选用铁材。

屏蔽体的结构形式有板结构和网结构两种，网结构的屏蔽效率一般高于板结构。对于板结构，在高频段，由于集肤效应，厚度不需过多增加也能获得良好的屏蔽效果。对于网结构，网孔大小（目数）的选择要根据电磁场性质及频段决定。对中短波，屏蔽网目数小些（即网孔大的）就可保证足够的屏蔽效果；对于超短波、微波，目数要大些（即网孔小），尤其对磁场屏蔽，要求数目越大越好。网层数的选择，双层金属网的屏蔽效果一般大于单层网。当网与网的间距在5～10cm时，双层的衰减量约为单层的两倍。

总的要求是要保证整个屏蔽体的整体性，对壳体上的空洞、缝隙要进行屏蔽处理，用焊接、弹簧片接触、蒙金属网等方法实现。屏蔽体的集合形状最好为圆柱形结构，以避免产生尖端效应。

(三) 接地防护

将辐射的屏蔽部分或屏蔽体通过感应产生的高频电流导入大地，以避免屏蔽体本身再成为二次辐射源。

高频设备进行屏蔽体接地处理时，由于高频电流的集肤效应，它的接地要求与普通电气设备安全接地不同。接地线的表面积应大些，一般多选用宽 10cm、厚 0.15cm 的扁铜带；接地线的长度力求缩短，最好小于波长的 1/20，以降低接地的高频感抗。接地极多采用面积约 $1m^2$、有一定厚度的铜板埋于低下 1.5～2m 深的土壤中。

接地防护的效果与接地极的电阻值有关，接地的电阻越低，其导电效果越好。

(四) 吸收防护

采用对某种辐射能力具有强烈吸收作用的材料，敷设于场源外围，使敷设场强度大幅度衰减下来，达到防护目的。吸收防护主要用于微波防护。

常用的吸收材料有谐振型吸收材料和匹配型吸收材料。前者是利用某些材料有谐振特性做成的吸收材料，特点是材料厚度小，针对频率范围很窄的微波辐射具有良好的吸收率。后者利用某些材料和自由空间的阻抗匹配特性来吸收微波辐射能（又称吸波材料），其特点是适用于吸收频率范围很宽的微波辐射。

(五) 个人防护

个人防护的对象是个体的微波作业人员。当工作需要，操作人员必须进入微波辐射源的近场区作业时，或因某些原因不能对辐射源采取有效的屏蔽或吸收等措施时，必须采用个人防护措施以保护作业人员的安全。

个人防护措施主要有穿防护服、戴防护头盔和戴防护眼镜等。这些个人防护装备同样也应用了屏蔽、吸收等原理，是用相应的材料做成的。

第四节　光污染及其防护

一、光污染

人类活动造成的过量光辐射对人类生活和生产环境形成不良影响的现象称为光污染。

光对人类的居住环境、生产和生活至关重要。然而，光污染是伴随着社会和经济的进步带来的一种新污染，它对人的健康的影响不容忽视。首先带来视觉的偏差，损害人们的视力；其次，会带来过量的紫外线、红外线，使人们患眼疾、皮肤病、心血管病等疾病的概率增加；最后，若人们长期处于光污染环境中，并超过一定的限度，就会使人体正常的“生物钟”被扰乱，使大脑中枢神经受到损害。

二、光污染性质和危害

科学家认为，光污染主要体现在波长在100nm～1mm之间的光辐射污染，即紫外光（UV）污染、可见光污染和红外光（IR）污染。

（一）可见光污染

1. 强光污染

电焊时产生的强烈眩光，在无防护情况下会对人眼造成伤害；汽车头灯的强烈灯光，会使人视物极度不清，造成事故；长期工作在强光条件下，视觉受损；光源闪烁，如闪动的信号灯、电视中快速切换的画面，使人们眼睛感到疲劳，还会引起偏头痛以及心动过速等。

2. 灯光污染

城市夜间灯光不加控制，使夜空亮度增加，影响天文观测；路灯控制不当或工地聚光灯照进住宅，影响居民休息。另外，我们每天用的人工光源——灯，也会损伤眼睛。研究表明，普通白炽灯红外光谱多，易使眼睛中晶状体内晶液混浊，导致白内障；日光灯紫外光成分多，易引起角膜炎，加上日光灯是低频闪光源，容易造成屈光不正常，引起近视。

3. 激光污染

激光具有指向性好、能量集中、颜色纯正的特点，在科学研究各领域得到广泛应用。当激光通过人眼晶状体聚焦到达眼底时，其光强度可增大数百至数万倍，对眼睛产生较大伤害。大功率的激光能危害人体深层组织和神经系统。所以激光污染已越来越受到重视。

4. 其他可见光污染

随着城市建设的发展，大面积的建筑物玻璃幕墙造成了一种新的光污染，它的危害表现为在阳光或强烈灯光照射下的反光扰乱驾驶员或行人的视觉，成为交通事故的隐患；同时玻璃幕墙将阳光反射到附近居民的房内，造成光污染和热污染。

（二）红外光污染

红外光辐射又称热辐射。自然界中以太阳的红外辐射最强。红外光穿透大气和云雾的能力比可见光强，因此在军事、科研、工业、卫生等方面（还有安全防盗装置）的应用日益广泛。另外在电焊、弧光灯、氧乙炔焊操作中也会辐射红外线。

红外线是通过高温灼伤人的皮肤，还可透过眼睛角膜对视网膜造成伤害；波长较长的红外线还能损害人眼的角膜；长期的红外照射可以引起白内障。

(三) 紫外线污染

自然界中的紫外线来自太阳辐射，人工紫外线是由电弧和气体放电产生的。其中波长为250～320nm的紫外光对人具有伤害作用，轻者引起红斑反应，重者的主要伤害表现为角膜损伤、皮肤癌、眼部烧灼等。当紫外线作用于排入大气的污染物 NO_2 和碳氢化合物等时，会发生光化学反应形成具有毒性的光化学烟雾。此外，核爆炸、电弧等发出的强光辐射也是一种严重的光污染。

三、光污染的防护

在工业生产中，对光污染的防护措施包括：在有红外线及紫外线产生的工作场所，应采用可移动屏障将操作区围住，防止非操作者受到有害光源的直接照射。对操作人员的个人防护，最有效的措施是佩戴护目镜和防护面罩以保护眼部和裸露皮肤不受光辐射的影响。

在城市中，市政当局需完善立法加强灯火管制，避免光污染的产生；同时应限制或禁止在建筑物表面使用玻璃幕墙。《玻璃幕墙光学性能国家标准》已于2000年10月1日正式实施。该标准对玻璃幕墙的设置做出了限制性规定。

室内环境的光污染也日益引起人们的关注。要求对室内灯光进行科学合理的布置，注意色彩协调，避免灯光直射人眼，避免眩光；同时要大力提倡和开发绿色照明，即对眼睛没有伤害的光照。它首先要求是全色光，光谱成分均匀无明显色差；其次光色温贴近自然光（在自然光下视觉灵敏度比人工高20%以上）；最后必须是无频闪光。

光对环境的污染是实际存在的，但由于缺少相应的污染标准立法，因而不能形成较完整的环境质量要求与防范措施，今后需要在这些方面进一步探索。

复习思考题

1. 什么是噪声污染？
2. 噪声污染的来源有哪些？
3. 噪声的主观评价物理量有哪些？分别适用于哪种类型的噪声的评价？
4. 简述噪声及振动的控制方法。
5. 简述电磁辐射的防护控制方法。
6. 什么是放射性污染？
7. 简述放射性废物的处理方法。
8. 举例说明日常生活中的光污染现象。

拓展阅读材料

城市规划和建设中产生的噪声，是城市噪声治理中的一个重要环节。如果没有合理的城市规划和建设布局，仅仅针对某个污染源采取污染防治措施，是无法从根本上解决环境噪声污染的。因此，我国《环境噪声污染防治法》就明确规定了对环境噪声的整体性规划，即地方各级人民政府在制定城乡建设规划时，应当充分考虑建设项目和区城开发、改造所产生的噪声对周围生活环境的影响，统筹规划，合理安排功能区和建设布局，防止或者减轻环境噪声污染。具体而言，第一，城市规划部门在确定建设布局时，应当依据国家声环境质量标准和民用建筑隔声设计规范，合理划定建筑物与交通干线的防噪声距离，并提出相应的规划设计要求。第二，新建、改建、扩建的建设项目，必须遵守国家有关建设项目环境保护管理的规定。建设项目可能产生环境噪声污染的，建设单位必须提出环境影响报告书，规定环境噪声污染的防治措施，并按照国家规定的程序报环境保护行政主管部门批准。环境影响报告书中，应当有该建设项目所在地单位和居民的意见。第三，建设项目的环境噪声污染防治设施必须与主体工程同时设计、同时施工、同时投产使用。建设项目在投入生产或者使用之前，其环境噪声污染防治设施必须经原审批环境影响报告书的环境保护行政主管部门验收；达不到国家规定要求的，该建设项目不得投入生产或者使用。

如果政府在进行规划时忽视了有关噪声污染的问题，就要承担相应的责任。

第七章　环境管理与环境法规

本 章 要 点

本章主要讲述了环境管理的概念、特点和范围。环境与资源管理机构及其职责；环境与资源保护法各项基本原则和基本制度；环境标准的作用，环境标准体系，环境标准的概念与性质以及环境标准的法律意义。通过学习，我们对环境管理与环境法规将有一定的了解。

第一节　环境管理

一、环境管理的概念、原则和范围

（一）环境管理的概念

环境管理是国家采用行政、经济、法律、科学技术、教育等多种影响环境的手段进行规划、调整和监督，目的在于协调经济发展与环境保护的关系，防治环境污染和破坏，维护生态平衡。

（二）环境管理的原则

1. 综合性原则

环境保护的广泛性和综合性特点，决定了环境管理必须采取综合性措施，从管理体制到管理制度、管理措施和管理手段都要贯彻综合性原则。在管理措施手段中，必须采用行政、经济、法律、科学技术、宣传教育等多种形式，尤其是法律和经济手段的综合应用在环境管理中起着关键性的作用。现代环境管理也是管理科学、环境工程交叉渗透的产物，具有高度的综合性。

2. 区域性原则

环境问题具有明显的区域性，这一特点决定了环境管理必须遵循区域性原则。我国幅员广大，地理环境情况复杂，各地区的人口密度、经济发展水平、资源分布、管理水平等都有差别。这种状况决定了环境管理必须根据不同地区的不同情况，因地制宜地采取不同措施。

3. 预测性工作的重要性

国家要对环境实行有效的管理，首先必须掌握环境状况和环境变化趋势，这就需要进行经常的科学预测。可靠的预测是科学的环境管理和决策的基础和前提。因此，调查、监测、评价情报交流、综合研究等一系列工作，就成为环境管理不可缺少的重要内容。

4. 规划和协调

各国环境管理的经验都说明，制定环境规划是环境管理的重要内容，也是实行有效的环境管理的重要方式，全面的、综合的管理措施都体现在环境规划中。

（三）环境管理的范围

狭义的环境管理主要是指污染控制。20 世纪 70 年代以前，美、日、联邦德国等工业发达国家对环境管理的主要任务限于对大气污染、水污染、土壤污染和噪声污染的控制。当时我国的地方环保机构称为“三废办公室”，也主要限于对污染的防治。即使在目前，仍有一些国家的关键管理机构主要负责防治工作。

广义的环境管理，把污染防治和自然保护结合起来，包括资源、文物古迹、风景名胜、自然保护区和野生动植物的保护。有的国家甚至把环境管理扩大到相关方面，认为协调环境与经济发展、土地利用规划、生产力的布局、水土保持、森林植被管理、自然资源养护等也是环境管理的组成部分。

二、环境管理是国家的一项基本职能

环境问题一直伴随着人类的社会活动（主要是经济活动）存在和发展。但是，把环境管理上升到国家的一项基本职能，则是在 20 世纪 70 年代环境问题成为严重的社会公害之后。

直到 20 世纪 70 年代初，人们仍然把环境问题仅仅看成是由于工农业生产带来的污染问题，把环境保护工作看成是遵守一定工艺条件，治理污染的技术问题，国家对环境的管理充其量是动用一定技术和资金，加上一定的法律和行政的保证来治理污染。1972 年的人类环境会议是一个转折点。这次会议指出，环境问题不仅是一个技术问题，也是一个重要的社会经济问题，不能只用科学技术的方法去解决污染，还需要用经济的、法律的、行政的、综合的方法和措施，从其与社会经济发展的联系中全面解决环境问题。因而，只有把环境管理作为一项国家职能，全面加强国家对环境的管理才能做到全面解决环境问题。

20 世纪 50 年代兴起的环境运动，对推动发达国家的环境管理工作发生过重大影响。20 世纪 50 年代和 60 年代是发达国家经济高速发展的 20 年，日本的增长率最高达 10%，欧洲和北美国家为 4%～5%。伴随着高度经济增长的是公害泛滥，许多著名公害事件都发生在这个时期。大量的人生病或死亡，使公众产生一种“危机感”，于是游行、示威、抗议等“环境运动”席卷全球。当时，日本反对公害斗争的声势甚至超过了反对军事基地的斗争。这说明，危及人类生存的环境问题不仅引起公众的强烈关注，还会成为社会动荡、政局不稳的导火线。这些严酷的现实使发达国家的政府认识到，环境问题已经成为同政治、经济密切相关的重大社会问题，不把环境管理列为国家的重要职能，便不能应付这些挑战。

1971 至 1972 年的两年里，美、日、英、法、加拿大等国政府分别在中央设立和强化了环境保护专门机构，同时，不少国家相继在宪法里规定了环境管理的原则和对策、公民在环境保护方面的基本权利和义务，把“环境保护是国家的一项职责”规定为宪法原则。

三、环境管理机构

(一) 一些国家的环境管理体制

1. 现有的部（局）兼环境保护职责

有的国家有一个或几个有关的部或局监管环境管理工作的有关方面。这种形式由于把环境管理分割成若干部分，缺乏统一和协调，在环境问题比较突出的国家，已被证明不能适应环境管理工作的需要。

2. 委员会

由有关的各部组成，负责制定政策和协调各部的活动。这种形式只起协调作用，常常在纵向、横向都缺乏实权。如西德在 1970 年设立由总理和各部长组成的“联邦内阁环境委员会”；法国 1970 年设立由有关部组成的“最高环境委员会”，主管部长任主席；意大利设有“环境问题部级委员会”；澳大利亚设立“环境委员会”；日本设立“公害对策特别委员会”等。

3. 新成立的部门机构

由于环境问题日益突出，有的国家把分散于各部的环保工作集中起来，建立环境管理专门机构。如 1970 年，英国、加拿大分别成立环境部；1971 年，丹麦设立环保部，日本设立环境厅；1972 年，东德设立环境保护和水体管理部；1974 年，西德在联邦政府设立了相应的环保局等。

4. 具有更大权限的独立机构

有些国家设立具有更大权限的独立的环境权力机构，这种机构的权力超过一般的部，有的国家政府首脑兼任该机构的领导，如日本的环境厅、美国的环保局。这是因为这两个国家的环境问题都非常突出，在管理过程中遇到了种种阻力和复杂情况，使两国政府不得不逐渐地、极大地加强环境管理机构的实权。

5. 几种机构同时并设

有的国家认为，建立专门机构对于环境管理工作固然需要，但是采用集中的单一机构来处理范围极其广泛的环境问题，不一定是最适宜的形式。而统一领导与分工负责相结合，可能更适合环境管理的特点。如英国建立环境管理体制的原则是，由其工作职责受环境影响的部和对污染活动负有责任的部来管理环境。英国为了加强领导和协调工作，1970 年把公共建筑、交通、房屋与地方行政三个部门合并，成立了相当庞大的环境部（工作人员达 7 万人），全面负责污染防治工作和协调各部的工作。同时，中央其他有关部门仍负责本部门的污染防治工作。如农业部、渔业部、食品部负责农药使用、放射性及农田废物处理、食品污染监测、海洋倾废；贸易工业部负责海洋船舶污染、飞机噪音控制；能源部负责原子能设施；内政部负责地方噪音控制及危险品运输；健康及社会安全部负责人体健康。与英国体制相似的有前西德、法国、意大利、比利时、瑞典等国家。

即使建立了强有力的专门机构的国家，如美国和日本，环境管理工作也并非全集中在一个部门。日本虽设环境厅，但仍在一些省（厅）中设有相应的环保机构，如厚生省设有环境卫生局，通产省设有土地公害局，海上保安厅设有海上公害科等。美国的内务部、商业部、卫生教育福利部、运输部等部门也设有相应的环境管理机构。

多数国家都在地方各级行政机构中设立相应环境管理机构。值得提出的是，有的国家（如日本、前西德）环境管理机构一直建立到基层工矿企业，特别是较大企业，普遍设有环境管理机构。这些机构负责本企业的环境规划与计划的制订、污染防治与监测以及监督检查。日本法律规定，在企业中设立“法定管理者”与“法定责任者”，他们对执行国家公害法负责。前西德的法律也规定，在企业和公司中应指定对污染控制负责的专职人员。

（二）我国的环境管理机构

中华人民共和国成立以来，我国的环境管理机构经历了 4 次调整，逐渐加强和完善，已经形成了一个比较适应环境管理需要的完整体系。

（1）建国以后至 70 年代初，我国环境问题尚不突出，环境管理工作由有关部、委兼管。如农业部、卫生部、林业部、水产总局，以及有关的各工业部门分别负责本部门的污染防治与资源保护工作。

（2）1974 年 5 月，国务院建立了由 20 多个有关部、委领导组成的环境保护领导小组，下设办公室。国务院环境保护领导小组是一个主管和协调全国环境工作的机构，日常工作由下属的领导小组办公室负责。

(3) 1982年，在国家机构改革中，根据全国人大常委会《关于国务院部委机构改革实施方案的决议》成立了城乡环境建设保护部，同时撤销了国务院环境保护领导小组。建设部下属的环保局为全国环境保护的主管机构。另外，在国家计划委员会内增设了国土局，负责国土规划与整治工作，这个局的职责也同环境保护有关。

(4) 1984年5月，根据《国务院关于环境保护工作的决定》成立了国务院环境保护委员会，负责研究审定环境保护的方针、政策，提出规划要求，领导和组织协调全国的环境保护工作。1984年12月，经国务院批准，城乡建设环境保护下属的环保局改为国家环保局，同时也是国务院环境保护委员会的办事机构，负责全国环境保护的规划、协调、监督和指导工作。

根据国务院的决定，除国务院环境保护委员会、国家环境保护局为中央的环境主管机构外，国家计委、国家建委和国家科委要负责国民经济、社会发展计划和生产建设、科学技术发展中的环境保护综合平衡工作；据此，国务院19个有关部委设立了司局级的环保机构。在冶金部、电子工业部和解放军系统还成立了部级的环境保护委员会。

(5) 根据1979年《环境法》的规定，省、市各级政府内建立了环境保护专门机构，工业较集中的县，一般也设立了专门机构或由有关部门监管。在较大的工矿企业里，设立环保科、室或专职人员。1984年，国务院设立环境委员会以后，全国大部分省、市也在省一级设立了环境保护委员会。

第二节　环境与资源保护法律法规

一、环境与资源保护法概述

(一) 环境与资源保护法的概念

环境与资源保护法作为一门新兴的法律学科，在世界各国法学界有不同的称呼，除了各国共称为“环境法”或“环境与资源保护法”外，还有许多别名。在我国，被称为“环境与资源法”、“环境保护法”或“环境与资源保护法”；在日本被称为“公害法”、“国土法”；在西欧被称为“污染防治（或控制）法”、“自然资源法”；在前苏联被称为“自然保护法”、“土地法”。

至于环境与资源保护法的概念，国内外法学理论界更是众说纷纭，莫衷一是。美国当代著名环境与资源保护法教授威廉·罗杰斯认为：“环境法可以被定义为行星家政法，它是旨在保护这颗行星和它的居民免受损害地球及其生命支持系统的活动所产生的危害的法律。”环境法教授约·瑟夫·萨克斯认为：“环境法由同污染、滥用和忽视空气、土地和水资源作斗争而设计的法律战略和程序组成。”威廉·戈德伐教授认为：“环境法是关于自然和人类免遭不明智的生产和发展的后果之危害的法规、行政条例、行政命令、司法判决以及公民和政府求助于这些‘法律’时所凭借的程序性规定。”在我国法学界，对环境资源保护法主要有三种说法：其一，“资源环境法是合理利用自然资源，保护和改善生活环境和生态环境，防止资源损失，防治污染和其他公害，使人类具有合适的生存和发展的法律规范的总称”。其二，“环境法是调整人们在开发利用、保护改善环境的活动中所产生的环境社会关系的法律规范的总和”。其三，环境法是“调整人类在开发利用和保护环境中所产生的各种社会关系的法律规范的总和”。所以，环境与资源保护法是由国家制定或认可，并由国家强制保证执行的关于保护与改善环境、合理开发利用与保护自然资源、防治污染和其他公害的法律规范的总称。

（二）环境与资源保护法规体系

环境与资源保护法体系简称环境法体系，是指由相互联系、相互补充、相互制约的各种环境与资源保护法律规范组成的统一法律整体。即在调整因开发、利用、保护、改善环境资源所发生的社会关系的法律规范和其他法律渊源所组成的体系。

1. 宪法

我国宪法中有许多关于合理开发、利用和保护、改善、治理环境的规定，宪法是国家的根本大法，宪法中有关环境资源保护的规定具有指导性、原则性和政策性，它构成我国环境与资源保护法制的宪法基础。

2. 综合性环境与资源保护法律或者具有较强综合性的法律

是指从全局出发，对整体环境以及合理开发、利用和保护、改善环境资源的重大问题作出规定的法律，在整个环境与资源保护法规体系中处于领头地位，如《中华人民共和国环境保护法》（1989 年 12 月）。到 1995 年已有七十多个国家制定了类似于或比我国《中华人民共和国环境保护法》更加综合的环境与资源保护法律。

3. 单行性专门环境与资源保护法规

是指专门对某种环境要素或对合理开发、利用和保护、改善环境资源的某个方面的问题作出规定的法规。从立法体制的角度看，单行性专门环境与资源保护法规包括：环境与资源保护法律、环境资源行政法规、环境资源行政规章、地方环境资源保护行政法规或基本法，如《污染防治法》；二级法，如《水污染防治法》；三级法，如《长江水污染防治条例》；四级法，如《湘江水污染防治条例》等。

4. 环境资源标准及其有关法律规定

这里的标准包括环境保护标准、环境卫生绿化标准、城乡建设标准、资源开发利用标准等。到目前为止，我国已颁布了四百多项各类国家环境标准，初步形成了我国的环境保护标准体系，如《环境空气质量标准》、《大气污染物综合排放标准》等。

5. 各种有关环境资源方面的计（规）划和有关法律规定

这里的计（规）划包括国家立法机关批准或国家经济社会发展计（规）划、全国国土规划；由国务院批准的城市规划、经济区和其他区域开发政策规划；各种环境与资源保护法律明确规定必须制定和实施的污染控制计划、资源开采计划等。如《全国土地利用总体规划纲要》、《全国造林绿化规划纲要》、《全国海洋开发规划纲要》、《全国水土保护规划纲要》等。

6. 我国缔结或者参加的国际环境资源条约

国际法是国内环境与资源保护法的一个重要渊源。目前，国际社会已经签订了数以百计的有效的公约、协定、约定书等条约文件，这些条约以不同的方式成为有关条约缔约方的国内法的一部分，即国内法的渊源。日本宪法承认国际条约和国际习惯在国内的法律效力。美国将国际条约分为自动执行的条约和非自动执行的条约。前一项必须通过国内立法才有效力。我国已签订、参加了六十多个与环境资源保护法有关的国际条约，除宣布予以保留的条款外，它们都构成中国环境与资源保护法体系的一个组成部分。当我国参加的国际环境条约与国内环境法规发生冲突时，除我国宣布保留的条款外，应执行国际环境条约的规定。

7. 其他法律部门的法律法规中有关环境资源的法律规定

如《民法通则》在物权关系、相邻关系、民事责任等章节中有关环境资源的规定，《刑法》中有关破坏环境和资源保护犯罪的规定等。

二、环境与资源保护法的基本原则和基本制度

（一）环境与资源保护法的基本原则

1. 协调发展原则

协调发展原则又称环境、经济、社会可持续发展和协调发展的原则，是指为了实现经济社会的可持续发展，必须做好环境保护与经济建设和社会发展统筹兼顾、有机结合、共同进行，以实现人类与自然的和谐共存，使经济和社会发展持续、健康地运行。

2. 公众参与原则

加强国家对环境的管理，维护环境质量，需要公众的广泛参与。在社会学

中，公众参与是指社会团体、组织或个人作为主体，在权利义务范围内代表社会公众利益而非私人利益从事有目的的社会活动的行为；在法学与哲学中，公众参与是民主政治的本质特征和根本需求，体现了民主的现代形式，是民主原则在环境保护领域中的延伸。一般认为，公众参与得以形成和发展的力量源泉有两个：一是“公共委托论”；二是“环境权”理论。

公共参与原则是指在环境与自然资源保护领域，公共有权通过一定的程序或途径参与一切与环境利益有关的决策活动，都有权受到相关法律的保护和救济，以防止决策的盲目性，使得该项决策符合广大公众的切身利益。我国是社会主义国家，人民是国家的主人，环境与资源保护的公众参与原则实质上是人民民主和党的群众路线在环境保护工作中的体现，其实质是依靠人民群众保护环境和依靠法制捍卫人民群众的环境利益，它是环境与资源保护法的公益性、社会性的体现。

3. 风险的预防原则

风险预防原则（预防为主、防治结合、综合治理的原则）是指对开发和利用环境行为所产生的环境质量下降或环境破坏等，应当事先采取预测、分析和防范措施，以避免由此可能带来的环境损害，而对已造成的环境污染和破坏要积极治理。

4. 环境责任原则

环境责任原则是指环境法律关系的主体在生产和其他活动中造成环境污染和破坏的，应当承担治理污染、恢复生态环境的责任，它和民主法中的“欠债还钱”、刑法中的“杀人偿命”等朴素的法律观念相一致，都是在追究肇事者的法律责任，体现了法律的“公平”理念。环境责任原则具体包括污染者付费、开发者保护、利用者补偿、破坏者恢复四项内容，它通过区分不同主体对环境的影响来界定各主体的不同责任。

（二）环境与资源保护法的基本制度

1. 土地利用规划制度

土地利用规划制度是指国家根据各地区的自然条件、资源状况和经济发展需要，通过规定土地利用的全面规划，对城镇建设、工农业布局、交通设施等进行总体安排，以保证社会经济的可持续发展，防止环境污染和生态破坏。

任何建设、开发和规划活动，都需要在一定空间和地区上进行，因而都要占用一定的土地。通过土地利用规划，特别是控制土地使用权，就能从总体上控制各项活动，做到全面规划、合理布局。西方国家总结环境污染被动治理的教训后认识到，通过国土利用规划来实现合理布局，是贯彻“预防为主”的方针改变被动治理的极好方法。对于环境管理来说，它是一种积极的、治本的措施，也是一项综合性的先进管理制度，20 世纪 70 年代以后迅速地被许多国家所采用。

2. 环境影响评价制度

环境评价影响制度是针对有关环境影响评价的范围、内容、程序、法律后果等事项所制定的法律规则系统。对开发建设项目进行环境影响评价，是为了在从事可能有害环境的活动前就分析该活动对环境的影响，以便采取有效措施尽可能地防止不利于环境影响的后果发生。与其他制度相比，环境影响评价制度是实现预防为主原则最有效的基本途径之一。

3. “三同时”制度

“三同时”制度，是指一切新建、改建和扩建的基本建设项目、技术改造项目、自然开发项目及可能对环境造成影响的工程建设，其中环境保护设施和防止其他公害的设施，必须与主体工程同时设计、同时施工、同时投产使用的法律制度。它是我国环境管理的基本制度之一，是我国独创的一项环境法律制度，同时也是控制新污染源的产生，实现预防为主原则的一条重要途径。

4. 许可证制度

许可证制度是指有关许可证的申请、审查、监督、处理等一系列管理活动的法律规定的总称。环境保护中的许可证制度，是有关环境污染行政许可的申请、审查、决定、监督、处理的法律规范的总称。

5. 排污收费制度

排污收费制度又叫征收排污费制度，是指国家环境管理机关依照法律规定对排污者征收一定费用的审查管理措施和制度。排污收费在行为性质上属于国家强制性征收，征收的排污费纳入国家财政预算，作为环境保护专项资金使用。

6. 经济刺激制度

经济刺激制度是指在环境保护领域，利用经济杠杆对人们的环境行为进行调控的一系列法律规范的总称。这种制度从其实质上探讨，是经济学中成本效益原理在环境管理中的一种应用。行为人所投放的进行环境治理和保护的费用是与其本身的经济利益、社会效益密切相关的。

7. 环境标准制度

所谓环境标准，是指为了防治环境污染、维护生态平衡、保护人体健康和社会物质财富，依据国家环境法的基本原则，对环境保护工作中需要统一的各项技术规范和技术要求依法定程序所制定的各项规定的总称，又称为环境保护标准。

第三节　环境标准

一、环境标准体系

目前，世界各国面临“两难”的局面，既要走强国富民之路，又要保护生态环境免遭破坏，使人们能持久地在地球上生存发展下去。如何通过立法或采取切实可行的手段来改善环境质量、恢复生态平衡、减少生存悲剧发生，为子孙后代保持一个洁净的生态环境，显然已成为21世纪的重要使命。制定切实可行的环境标准即可维护生态平衡保障人类的生存条件，又能在一定限度之内促进社会经济持久发展。环境标准是人类行为的准则，它可以为法律部门提供法律依据，为环境管理部门提供监督依据，它是环境质量评价的基础。

环境标准在以不危害人体健康和不破坏生态环境为准则的前提下，根据各国社会经济发展水平和环境状况而制定的。这个标准制定得太低对环境起不到保护作用，不仅会影响人体健康、破坏环境，也不利于经济发展；标准定得太高，会因投资过大限制国民经济的发展，或因技术问题而难以达到标准，高标准虽好但不切实际而被束之高阁。所以制定出一套可行的环境标准对保护环境、发展经济都具有现实和长远的意义。

(一) 环境标准

环境标准（environmental standards）是为了保护人体健康、发展经济及维护生态免遭破坏，根据国家的环境政策和有关法令，在综合分析环境特征、控制环境的技术水平、经济条件和社会要求的基础上，规定环境保护中的污染物或有害因素、污染源排放污染物的数量和浓度等所做的技术规范。

环境标准的作用如下：

(1) 环境标准既是环境保护和有关工作的目标，又是环境保护的手段。它是制定环境保护规划和计划的重要依据。

(2) 环境标准是判断环境质量和衡量环保工作优劣的准绳。评价一个地区环境质量的优劣，评价一个企业对环境的影响，只有与环境标准相比较才能有意义。

(3) 环境标准是执法的依据。不论是环境问题的诉讼、排污费的收取、污染治理的目标等，执法的依据都是环境标准。

(4) 环境标准是组织现代化生产的重要手段和条件。通过实施标准可以制止任意排污，促使企业对污染进行治理和管理；采用先进的无污染、少污染工艺；

促进设备更新，资源和能源的综合利用等。

总之，环境标准是环境管理的技术基础。

环境标准随着环境问题的出现而产生，它是由各国政府所制定的强制性或推荐性的环保技术法规。国际标准化组织从1972年开始制定一些基础标准和方法标准，以统一各国环保工作中所做的各种规定。由于环境科学的不断发展，保护环境、改善环境质量，有效控制污染排放的呼声越来越高，所控制的环境标准越来越少。这许许多多的标准构成了环境标准体系。如环境空气标准体系、水环境（地表水、地下水和海洋）标准体系、土壤环境标准体系、噪声标准等。

（二）环境标准的分级和分类

环境标准按照颁布环境标准的机构分类，可分为国家环境标准、地方环境标准两级。有些国家分三级，如美国有国家、州和市三级；我国有国家、地方和行业三级。国家标准是指导性标准，地方和行业是直接执行标准。国家标准适应于全国范围，凡是颁布了地方标准的地区执行地方标准，未做出地方规定的地区执行国家标准，地方标准一般严于国家标准。国家标准的地方标准分为强制性标准和推荐性标准。凡是环境保护法规、条例办法和标准化方法上规定强制执行的标准为强制性标准，如污染物排放标准、环境方法标准、环境基础标准、环境标准、环境质量标准中的警戒性标准等均属于强制性标准。

按照环境保护的目标和内容分类，环境标准可分成环境质量标准、污染物排放标准、环境方法标准、环境基础标准、环境标准物质标准及环境其他标准，也有的国家还制定污染物报警标准。

1. 环境质量标准

以人类和生态系统对环境质量的综合要求为目标而规定的，环境中各种污染物在一定时间和空间范围内的允许浓度，称环境质量标准。这一标准同时也反映了社会在控制污染上所能达到的技术高度和经济上的承受能力。它是环境质量评价的准则，是制定污染物排放标准的依据。环境质量标准包括空气质量标准、水环境质量标准、土壤环境质量标准、环境噪声标准。

2. 污染物排放标准

以实现环境质量标准为目标，并综合技术上的可靠性和经济上的合理性，而对污染物排放的污染物浓度或数量做出的限制性规定，称为污染物排放标准。污染物排放标准的作用是直接对污染源排除的污染物进行控制，从而达到防止污染、保护环境的目的。各国都根据自己国家的情况制定出不同的污染物排放标准，主要针对废气、废水和固体废物制定的标准。我国还制定了进口废物环境保护的一系列控制标准，以防止洋垃圾对我国环境造成污染。同时做出了污染物排放标准的辅助规定和污染物控制技术标准，它这一排放标准的要求，结合生产工艺特点，对必须采取的污染物控制措施加以明确规定。如对生产设备规定必须配备何等效率的净化装置，排气中有污染物是对排气筒或烟囱最低高度的限制规定，对生产过程所使用的燃料或原料作明确限定等。这种辅助标准是达到污染物排放标准在技术上的有力保障。

3. 环境基础标准

环境基础标准是对环保工作中有指导意义的各种符号、代号、因式、量纲、名词术语、标记方法、标准编排方法、原则等所做的规定，是制定其他标准的基础。

4. 环境方法标准

该标准是环境保护中对环境检查、监测、抽样分析、实验操作规程、误差分析、统计、计算等方法所做的规定。如《城市环境噪声测量方法》（GB/T 14263—93）、《水质分析方法标准》（GB 7466～7494—87）等。

5. 环境标（校）准物质标准

环境标准物质是环境测试中，用来标定仪器、验证测量方法、进行量值传递或质量控制的材料或物质，对这些标准所做的规定就是环境标准物质标准。

除此之外，国外还有一些国家有污染警报标准，它是当环境中污染物浓度达到可能出现污染事故时必须向社会公众发出警报的标准。我国也有环保行业标准（HJ），它是除国家标准外，在环保工作中对仪器设备、技术规模、管理方法等所做的规定。在众多的标准中以环境质量标准和污染物排放标准为核心，其他标准多为辅助标准。

二、环境标准制定原则

环境标准制定的宽与严，合理与不合理是至关重要的。那么在制定标准的过程中需要遵循哪些原则呢？以下就按照环境质量标准和污染物排放标准分别进行论述。

（一）制定环境质量标准的原则

1. 保障人体健康和保护生态平衡是制定环境质量标准的首要原则

制定环境质量标准的目的是为人类创造一个生活、工作的优良环境，使人的身体健康不受损害，整个生态系统免遭破坏。为此，首先通过毒理试验、流行病学研究和社会调查的方法，对环境中各种污染物的剂量或浓度进行综合研究，找出污染物对人体或生态不构成危害的最大剂量（无作用剂量）或浓度。在制定有关标准时，污染物浓度就应低于该值。

2. 以符合国家的经济条件和技术水平为原则

“标准制定者的责任，就是在满足环境基准要求与现实技术经济的可行性之间寻找最佳方案”。所以，标准的确定一定要符合国家技术的实际水平，过严与过宽都将失去它的实际意义。为此，需要进行经济损益分析，从而以付出最小的代价，获得较大的收益，达到环境、经济、社会效益的统一。

3. 制定环境质量标准要求考虑地区差异和实际污染水平，因地制宜，切实可行

由于各地的自然环境、地形、地貌、气候条件不同，人群的构成、数量以及生态系统的结构、功能差异很大，使得各地区的环境自净力和环境容量具有很大区别。虽然制定全国统一的标准是十分必要的，但是也要充分认识这一差距。要因地制宜地制定出各地区的环境质量标准。地方标准可根据实际情况略高于国家标准，如风景旅游区和自然保护区的标准应当较高；而对那些污染源集中、环境污染严重的城市中工业区，可根据实际污染水平制定近期标准、短期标准和远期标准，限期达到。

4. 环境质量标准有时间限制性

环境质量标准是为适应人类的需要而制定的，因此它不会是“一劳永逸”长久不变的。环境质量标准制定之后会在实践中受到检验，不断地进行调整和修正，以达到更科学、更完美和更切合实际的目的。如我国的《地面水环境质量标准》首次发布于 1983 年，1988 年第一次修订，1999 年 7 月又做了第二次修订，改成《地表水环境质量标准》于 2000 年 1 月 1 日起执行。

（二）制定污染物排放标准的原则和方法

1. 以环境质量标准为依据，以满足环境质量标准的要求为原则

控制污染物排放量的目的是减少对环境的污染，从而保护人体健康。因此制定污染物排放目标时必然以环境质量标准为参考的依据。

2. 考虑技术水平和经济条件

控制污染物的排放需要一定的经济投入及具有一定的治理技术和措施。因此制定环境质量标准一样，需要进行技术经济损益分析，以实现控制技术上的可行性和经济上的合理性。

3. 考虑地区和行业差异以及现实污染水平

各地区的范围内污染源分布不同，环境自净力和环境容量也不同，因此制定污染物的排放标准也应有所不同。同时，不同行业受生产工艺和净化装置效率的影响，使得污染物的排除量也存在差异。如果仅用一个排放标准去衡量，会出现宽、严不均的现象。因此，在制定污染物排放标准时，还应考虑地区及行业的差异及显示污染水平。

4. 污染物排放标准具有时间性

也就是说，既要保持相对稳定，又不可一成不变。它应随科学技术的进步、经济的发展和人们对环境的要求而适时地进行修改。

5. 制定污染物排放标准

为了排放标准的落实，还应制定单个设备的排放控制指标、单位产量（或产值）排污指标、原料消耗指标及所用原料的消耗限制等。在实际执行中，根据具体情况，为达到不同标准做出时间上的限制，以便逐步达到环境质量标准的要求。

三、我国主要的环境质量标准

1973 年以后，随着环境科学的发展和人们对环境问题认识的不断提高，颁布了一系列环境质量标准，使我国的环境质量标准形成了一套较完整的体系。同时，随着情况的变化和时间的推移还在不断修正、不断更新，使其更加完整、更加适合我国国情。

（一）环境空气质量标准

我国 1962 年颁布的《工业企业设计卫生标准》中首次对居民区大气中的 12 种有害物质规定了最高允许浓度。1982 年颁布的《大气环境质量标准》（GB 3095—82），1996 年又颁布了《环境空气质量标准》（GB 3095—1996）（表 7－1）代替了上述的 GB 3095—82。

表 7－1　环境空气质量标准（GB 3095—1996）

污染物名称	取值时间	浓度限值			浓度单位
		一级标准	二级标准	三级标准	
二氧化硫（SO_2）	年平均	0.02	0.06	0.10	mg/m^3（标准状态）
	日平均	0.05	0.15	0.25	
	一小时平均	0.15	0.50	0.70	
总悬浮颗粒物（TSP）	年平均	0.08	0.20	0.30	
	日平均	0.12	0.30	0.50	
可吸入颗粒物（PM_{10}）	年平均	0.04	0.10	0.15	
	日平均	0.05	0.15	0.25	
氮氧化物	年平均	0.05	0.05	0.10	
	日平均	0.10	0.10	0.15	
	一小时平均	0.15	0.15	0.30	
二氧化氮	年平均	0.04	0.04	0.08	
	日平均	0.08	0.08	0.12	
	一小时平均	0.12	0.12	0.24	
一氧化碳	日平均	4.00	4.00	6.00	
	一小时平均	10.00	10.00	20.00	
臭氧	一小时平均	0.12	0.16	0.20	

（续表）

污染物名称	取值时间	浓度限值			浓度单位
		一级标准	二级标准	三级标准	
铅	季平均	1.50			μg/m³（标准状态）
	年平均	1.00			
苯并［α］芘	日平均	0.01			
氟化物	日平均	7			
	一小时平均	20			
	月平均	1.8	3.0		μg/（dm²·d）
	植物生长季平均	1.2	2.0		

1．环境空气质量标准中有关功能区分类

一类区为自然保护区、风景名胜区和其他需要特殊保护的地区；二类为城镇规划中确定的居住区、商业交通居民混合区、文化区、一般工业区和农村地区；三类为特定工业区。

2．环境空气质量标准分级

一类区执行一级标准；二类区执行二级标准；三类区执行三级标准。

（二）水环境质量标准

我国水环境质量标准包括地表水、海水及地下水的质量标准系列。主要有《地表水环境质量标准》（GHZB 1—1999）、《海水水质量标准》（GB 3097—82）、《农田灌溉水质标准》（GB 5084—92）、《渔业水质标准》（GB 1607—89）、《地下水质标准》（GB/T 14848—93）。

地表水环境质量标准是所有水环境质量标准中最重要也是应用最普遍的一个。它适用于我国江河、湖泊、运河、渠道、水库等具有使用功能的地表水域。地表水环境质量标准基本项目限值见表 7-2 所列。

表 7-2　地表水环境质量标准基本项目标准限值（GB 3838—2002）

序号	分类 标准值项目	Ⅰ	Ⅱ	Ⅲ	Ⅳ	Ⅴ
1	水温/℃	人为造成的环境水温变化应限制在： 周平均最大温升≤1 周平均最大温降≤2				
2	pH 值	6～9				
3	溶解度≥	饱和率 90%（或 7.5）	6	5	3	2

（续表）

序号	分类 标准值项目	Ⅰ	Ⅱ	Ⅲ	Ⅳ	Ⅴ
4	高锰酸盐指数≤	2	4	6	10	15
5	化学需氧量（COD）≤	15	15	20	30	40
6	五日生化需氧量（BOD_5）≤	3	3	4	6	10
7	氨氮≤	0.15	0.5	1.0	1.5	2.0
8	总磷（以P计）≤	0.02	0.1	0.2	0.3	0.4
9	总氮（湖、库以N计）≤	0.2（湖、库0.01）	0.5（湖、库0.025）	1.0（湖、库0.05）	1.5（湖、库0.1）	2.0（湖、库0.2）
10	铜≤	0.01	1.0	1.0	1.0	1.0
11	锌≤	0.01	1.0	1.0	2.0	2.0
12	氟化物（以F^-计）≤	1.0	1.0	1.0	1.5	1.5
13	硒≤	0.01	0.01	0.01	0.02	0.02
14	砷≤	0.05	0.05	0.05	0.1	0.1
15	汞≤	0.00005	0.00005	0.0001	0.0001	0.0001
16	镉≤	0.001	0.005	0.005	0.005	0.01
17	铬（六价）≤	0.01	0.05	0.05	0.05	0.1
18	铅≤	0.01	0.01	0.05	0.05	0.1
19	氰化物≤	0.005	0.05	0.2	0.2	0.2
20	挥发酚≤	0.002	0.002	0.005	0.01	0.1
21	石油类≤	0.05	0.05	0.05	0.5	1.0
22	阴离子表面活性剂≤	0.2	0.2	0.2	0.3	0.3
23	硫化物≤	0.05	0.1	0.2	0.5	1.0
24	粪大肠菌群/（个/L）≤	200	2000	10000	20000	40000

根据地表水域使用目的和保护目标将水域功能划分为五类：Ⅰ类主要适用于源头水、国家自然保护区；Ⅱ类主要适用于集中式生活饮用水水源地区一级保护区、珍贵鱼类保护区、鱼虾产卵场等；Ⅲ类主要适用于集中式生活饮用水水源地区二级保护区、一般鱼类保护区及旅游区；Ⅳ类主要适用于一般工业区及人体非直接的娱乐用水区；Ⅴ类主要适用于农业用水区及一般景观要求水域。对同一水域兼有多种功能的依照最高类别功能划分。

（三）环境噪声标准

我国的环境噪声标准以《声环境质量标准》（GB 3096—2008）为主要的环境噪声标准。除此之外还对一些特殊环境区域制定了一系列的标准，如对飞机场周围，铁路、公路两侧，建筑施工场界，船舶，车辆等都制定了具体的噪声限制规定。下面以城市区域环境噪声标准为主，作具体介绍（表 7-3）。

表 7-3　城市区域环境噪声标准（GB 3096—2008）　（单位：dB）

类别		昼间	夜间
0		50	40
1		55	45
2		60	50
3		65	55
4	4a	70	55
	4b	70	60

该标准适用于城市区域，标准中规定了城市中五大类区域的区域噪声最高限值。

0 类声环境功能区：指康复疗养区等需要安静的区域；

1 类声环境功能区：指以居民住宅、医疗卫生、文化教育、科研设计、行政办公为主要功能，需要保持安静的区域；

2 类声环境功能区：指以商业金融、集市贸易为主要功能，或者居住、商业、工业混杂，需要维护住宅安静的区域；

3 类声环境功能区：指以工业生产、仓储物流为主要功能，需要防止工业噪声对周围环境产生严重影响的区域；

4 类声环境功能区：指以交通干线两侧一定距离之内，需要防止交通噪声对环境产生严重影响的区域。4a 类为高速公路、一级公路、二级公路、城市快速路、城市主干路、城市次干路、城市轨道交通（地面段）、内河航道两侧区域；4b 类为铁路干线两侧区域。

（四）土壤环境质量标准

1995 年为防止土壤污染，保护生态环境，制定《土壤环境质量标准》（GB 15618—1995）。该标准适用于农田、蔬菜、菜园、果园、牧场、林地和自然保护区等土地的土壤。

根据土壤应用功能和保护目标，土壤环境质量分为三类：Ⅰ类主要适用于国家的自然保护区（原有背景重金属含量高的除外）、集中式生活饮用水源地、茶园、牧场等土壤，土壤质量基本上保持自然背景水平；Ⅱ类主要适用于一般农田、蔬菜地、茶园、牧场等土壤，土壤质量基本上对植物和环境不造成危害和污染；Ⅲ类主要适用于林地土壤及污染物容量较大的高背景值土壤和矿厂附近的农田土壤（蔬菜地除外）。土壤质量基本上分三级：一级为保护区自然生态，维持自然背景的土壤质量的限制值，Ⅰ类土壤环境执行一级标准；二级为保障农业生产，维持身体健康的土壤限制，Ⅱ类土壤环境执行二级标准；三级为保障农业和植物正常生长的土壤临界值，Ⅲ类土壤环境执行三级标准。

复习思考题

1. 我国的环境管理的基本制度有哪些？

2. 确定我国环境与资源保护法基本原则的依据是什么？我国环境与资源保护法的基本原则有哪些？

3. 什么是“三同时”制度？为了有效地贯彻“三同时”制度，我国有关法规做了哪些主要规定？

4. 环境标准有哪几类？它们的作用和制定原则是什么？

拓展阅读材料

环境管理与环境管理学

环境管理通过损害环境质量的人为活动施加影响，以协调发展与环境的关系，达到既要发展经济、满足人类的基本需求，又不超过环境容许的研究环境管理最一般规律的科学，它研究寻求的是正确处理自然生态规律与社会经济规律对立统一的关系的理论和方法，以便为环境管理提供理论和方法的指导。

我国现行环境管理制度

1973 年 8 月我国召开第一次全国环境保护会，从此环境保护作为一项全民的事业提到了各级政府工作日程，开创了我国的环境保护事业。同年，国务院颁发了《关于保护和改善环境的若干规定》，提出了我国第一项环境管理制度，即新建、改善、扩建项目的防治污染的措施必须同主体工程同时设计、同时施工、同时投产的“三同时”制度。至此直到 1981 年我国又相继提出和实施了环境影响评估制度、超标排污收费制度，以上所述的三项制度即为俗称的“老三项”环境管理制度。

1982 年我国召开了第二次全国环境保护会议，确定了环境保护是我国的一项基本国策。1989 年 5 月我国召开了第三次全国环境保护会议，正式出台了“环境保护目标责任制，环境综合整治定量考核制，排放污染物许可制度，污染集中控制，限期治理”五项环境管理制度，即通常所说的“新五项”制度。

八届人大四次会议批准的《中华人民共和国国民经济和社会发展“九五”计划和 2010 年远景目标纲要》提出：“创造条件实施污染物排放总量控制。”1996 年 8 月 3 日《国务院关于环境保护若干问题的决定》提出：“要实施污染物排放总量控制，抓紧建立全国主要污染物排放总量指标体系和定期公布的制度。”

“老三项”、“新五项”和“总量控制”等环境管理制度构成了具有中国特色的环境管理体系制度。

第八章　环境监测与环境影响评价

本章要点

本章通过对环境现状的监测，分析环境质量现状或环境污染程度。并对规划和建设项目实施后可能造成的环境影响进行分析、预测和评估，提出预防或者减轻不良环境影响的对策和措施，并进行跟踪监测，使国民经济得到可持续发展。

第一节　环境监测

环境监测是环境科学的一个重要分支，是在环境分析的基础上发展起来的一门学科。环境监测是运用各种分析、测试手段，对影响环境质量的代表值进行测定，取得反映环境质量或环境污染程度的各种数据的过程。环境监测的目的是将环境监测比喻为环境保护工作的“耳目”。环境监测在人类防治环境污染，解决最终实现人类的可持续发展的活动中起着举足轻重的作用。

环境监测的过程一般分：现场调查——→监测计划设计——→优化布点——→样品采集——→运送保存——→分析测试——→数据处理——→综合评价等。环境监测的一般工作程序如图 8－1 所示。

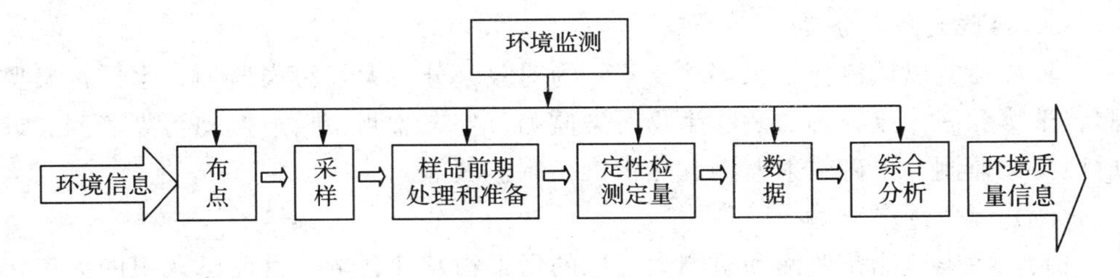

图 8－1　环境监测过程示意图

环境监测技术的发展受两方面因素的影响：①由于人类社会面临的环境问题日益复杂和严重，对环境监测不断提出新的要求。②随着科学技术的进步，环境监测技术不断得以迅速发展。这两方面的因素导致环境监测的概念不断深化，监测范围不断扩大。目前环境监测已从单一的环境分析发展到物理监测、生物监测、生态监测、遥感、卫星监测；从间断性监测逐步过渡到连续长期监测；从手动监测发展为在线自动监测；监测范围从一个点、一个面扩展到一个城市、一个区域乃至全球；监测项目也日益增多。环境监测技术已具备了实时性、连续性、完整性等特点，所涉及的学科范围遍及化学、物理、仪器仪表、自动化、传感、计算机、遥感遥测等。可以认为，现在环境监测技术是由多种学科和技术交汇渗透而形成的一门综合性监测技术。

一、环境监测的目的与分类

（一）环境监测的目的

环境监测的目的是准确、及时、全面地反映环境质量现状及发展趋势，为环境管理、污染源控制区、环境规划提供科学依据。具体归纳为：

（1）对污染物及其浓度（强度）作时间和空间方面的追踪，掌握污染物的来源、扩散、迁移、反应、转化，了解污染物对环境质量的影响程度，并在此基础上，对环境污染作出预测、预报和预防。

（2）了解和评价环境质量的过去、现在和将来，掌握其变化规律。

（3）收集环境背景数据、积累长期监测资料，为制订和修改各类环境标准、实施总量控制、目标管理提供依据。

（4）实施准确可靠的污染监测，为执法部门提供执法依据。

（5）在深入广泛开展环境监测的同时，结合环境状况的改变和监测理论及技术的发展，不断改革和更新监测方法与手段，为实现环境保护和可持续发展提供可靠的技术保障。

（二）环境监测的分类

环境监测可按监测介质和监测目的进行分类。

1. 按监测介质分类

环境监测以监测介质（环境要素）为对象，分为大气污染监测、水质污染监测、土壤和固体废弃物监测、生物污染监测、生态监测、噪声振动污染监测、放射性污染监测、电磁辐射监测、热污染控制监测等。

（1）大气污染监测

大气污染监测是监测和检测大气中的污染物及其含量，目前已认识的大气污染物 100 多种，这些污染以分子和粒子两种形式存在于大气中。分子状污染物 100 多种，这些污染物以分子和粒子两种形式存在于大气中。分子状污染的监测项目项目主要有 SO_2、NO_2、CO、O_3、总氧化剂、卤化氢以及碳氢化合物等。

粒子状污染物的监测项目有 TSP（总悬浮颗粒物）、PM_{10}（可吸入颗粒）、自然降尘量及尘粒的化学组成（如重金属和多环芳烃）等。此外，局部地区还可根据具体情况增加某些特有的监测项目（如酸雨和氟化物的监测）。

大气污染物的浓度与气象条件有着密切的关系，在监测大气污染的同时还需测定风向、风速、气温、气压等气象参数。

(2) 水质污染监测

水质污染监测对象包括未被污染和已受污染的天然水（江、河、湖、海、地下水）、各种各样的工业废水和生活污水等。主要监测项目大体可分为两类，一类是反映水质污染的综合指标，如温度、色度、浊度、pH 值、电导率、悬浮物、溶解氧（DO）、化学耗氧量（COD）和生化需氧量（BOD_5）等。另一类是一些有毒物质，如酚、氰、砷、铅、铬、镉、汞、镍和有机农药、苯并芘等。除上述监测项目外，还应测定水体的流速和流量。

(3) 土壤和固体废弃物监测

土壤污染主要由两方面因素所引起，一是工业废弃物，主要是废水和废渣浸出液污染；另一方面是化肥和农药污染。土壤污染的主要监测项目是对土壤、作物中有害的重金属如铬、铅、镉、汞及残留的有机农药进行监测。固体废弃物包括工业、农业废物和生活垃圾，主要监测项目是固体废弃物的危险特性监测和生活垃圾特性监测。

(4) 生物污染监测

地球上的生物，无论是动物或植物，都是从大气、水体、土壤、阳光中直接或间接地吸取各自所需的营养。在它们吸取营养的同时，某些有害的污染物也会进入生物体内，有些毒物在不同的生物体中还会被富集，从而使动植物生长和繁殖受到损坏，甚至死亡。环境污染物通过生物的富集和食物链的传递，最终危害人体健康。生物污染监测是对物体内环境污染物的监测，监测项目有重金属元素、有机农药、有毒的无机和有机化合物等。

(5) 生态监测

生态监测通过监测生物群落、生物种群的变化，观测与评价生态系统对自然变化及人为变化所作出的反应，是对各类生态系统结构和功能的时空格局的度量。生态监测是比生物监测更复杂、更综合的一种监测技术，是利用生命系统（无论哪一层次）为主进行环境监测的技术。

(6) 物理污染监测

包括噪声、振动、电磁辐射、放射性、热辐射等物理能量的环境污染监测。

噪声、振动、电磁辐射、放射性对人体的损害与化学污染物质不同，当环境中的这些物理量超过其阈值时会直接危害人的身心健康，尤其是放射性物质所放

射的 α、β 和 γ 射线对人体损坏更大。所以物理因素的污染监测也是环境监测的重要内容，其监测项目主要是环境中各种物理量的水平。

2. 按监测目的分类

按监测目的分类，可分为监视性监测、特定目的性监测和研究性监测。

(1) 监视性监测

监视性监测又称常规监测或例行监测。监视性监测是对各环境要素的污染状况及污染物的变化趋势进行长期跟踪监测，从而为污染控制效果的评价环境标准实施和环境改善情况的判断提供依据。所积累的环境质量监测数据，是确定一定区域内环境污染状况及发展趋势的重要基础。监视性监测包括两方面的工作：

① 环境质量监测

a. 大气环境质量监测　对大气环境中的主要污染物进行定期或连续的监测，积累大气环境质量的基础数据。据此定期强调编报环境空气质量状况的评价报告，为研究大气质量的变化规律及发展趋势，作好大气污染预测、预报提供依据。

b. 水环境质量监测　对江河、湖泊、水库以及海域的水体（包括底泥、水生生物）进行定期定位的常年性监测，适时地对地表水（或海水）质量现状及其污染形式作出评价，为水域环境管理提供可靠的数据和资料。

c. 环境噪声监测　对各功能区噪声、道路交通噪声、区域环境噪声进行经常性的定期监测。及时、准确地掌握城区噪声现状，分析其变化趋势和规律，为城镇噪声管理和治理提供系统的监测资料。

② 污染源监督监测

污染源监督监测是定期定点的常规性的监督监测，监视和检测主要污染源排放污染物的时间、空间变化。监测内容包括主要生产、生活设施排放的各种废水的监测；生产工艺废气监测；各种锅炉、窑炉排放的烟气、粉尘的监测；机动车辆尾气监测；噪声、热、电磁波、放射性污染的监测等。

污染源监督监测旨在掌握污染源排向环境的污染物种类浓度、数量。分析的判断污染物在时间、空间上分布、迁移、稀释、转化、自律规律，掌握污染物造成的影响和污染水平，确定污染控制和防治对策，为环境管理提供长期的、定期的技术支持和技术服务。

(2) 特定目的性监测

特定目的性监测又叫应急监测或特例监测，是不定期、不定点的监测。这类监测除一般的地面固定监测外，还有流动监测、低空监测、卫星遥感监测等形式。特定目的性监测是为完成某项特种任务而进行的应急性的监测，包括如下几方面：

① 污染事故监测

对各种污染事故进行现场追踪监测，摸清其事故的污染程度和范围、造成危害的大小等。如油船石油溢出事故造成的海洋污染，核动力厂泄漏事故引起放射性对周围空间的污染危害，工业污染源种类突发性的污染事故等均属此类。

② 纠纷仲裁监测

主要是解决执行环境法规过程中所发生的矛盾和纠纷而必须进行的监测，如排污收费、数据仲裁监测、调解处理污染事故纠纷时向司法部门提供的仲裁监测等。

③ 考核验证监测

主要是为环境管理制度和措施实施考核验证方面的各种监测。如排污许可、目标责任制、企业上等级的环保指标的考核。建设项目“三同时”竣工验收监测、治理项目竣工验收监测等。

④ 咨询服务监测

向社会各部门、各单位提供科研、生产、技术咨询，环境评价，资源开发保护等所需要进行的监测。

(3) 研究性监测

研究性监测又叫科研监测，属于高层次、高水平、技术比较复杂的一种监测。

① 标准方法、标准样品研制监测

为制订、统一监测分析方法和研制环境标准物质（包括标准水样、标准气、土壤、尘、植物等各种标准物质）所进行的监测。

② 污染规律研究监测

主要是研究确定污染物从污染源到受体的运动过程。监测研究环境中需要注意的污染物质及它们对人、生物和其他物体的影响。

③ 背景调查监测

专项调查监测某环境的原始背景值，监测环境中污染物质的本底含量。

④ 综合评价研究监测

针对某个环境工程、建设项目的开发影响评价进行的综合性监测。

研究性监测往往需要联合多个部门、多个学科协作共同完成。

二、环境监测对象的特点与选择

(一) 环境监测对象的特点

环境监测对象数量庞大、组成复杂、变化多端。其特点归纳如下：

1. *广泛性*

主要指各种污染因子的空间和时间污染影响范围。由于污染源强度、环境条件的不同，各种污染物质的分散性、扩散性、化学活动性的差异，污染的范围和影响也就不同。空间污染范围有局部的、区域的、全球的；时间污染影响有短期的、长期的、急性的、慢性的，等等。一个地区可以同时存在多种污染物质，一种污染物质可以同时分布在若干区域。

2. 复杂性

指影响环境质量的污染物种类繁多，成分结构、物理化学性质多种多样，毒性不一。监测对象的复杂性包括污染物的分类复杂性和污染物存在形态的复杂性。

3. 活动易变性

指监测对象在环境条件的作用下发生迁移、变化或转化的性质。迁移指污染物空间位置的相对移动，迁移可导致污染物的扩散稀释或富集等现象；转化指污染物形态的改变，如物理相态、化学化合态、价态的改变等。迁移和转化不是毫无联系的，污染物在环境中迁移常常伴随着形态的转化。

（二）监测对象的选择

环境污染物的数量庞大，人们无法对所有的污染物一一监测，监测对象的选择应根据以下四个方面权衡进行。

（1）根据不同的监测目的，按照优先监测原则选择最主要、最迫切、最有代表性的污染因子作为监测对象。优先监测原则如下：

① 影响程度和范围　危害严重、毒性大、影响范围大者应优先监测。

② 含量水平　在环境中已接近或者超过规定的浓度标准，其趋势还在上升者应优先监测。

③ 样品的代表性　对于那些有广泛代表性的样品应优先监测。所谓监测对象代表性指的是所选监测对象应能代表性地说明污染类别，是在特定目的之下的最重要、最迫切的污染物。同时还包含两层意思，一是所选监测因子具有特征代表性，二是时空代表性，监测对象在不同时空范围内的形态、性状、含量等均有差异，所以在选择监测对象时，不仅要多考虑其本身的代表性，还应用时空代表性来进行全面的衡量。

经过优先监测原则选择的污染物称为环境优先污染物，简称优先污染物。美国是最早开展优先监测的国家。早在20世纪70年代中期，就在“清洁水法”中明确规定了129种优先污染物，其后又提出了43种空气优先污染物名单。“中国环境优先监测研究”亦已完成，提出了“中国环境优先污染物黑名单”，包括14种化学类别共68种有毒化学物质，其中有机物占58种，见表8-1所列。表中标有“▲”符号者为推荐近期实施的名单。

（2）综合分析污染物的各种特征性质，选择可行性最好的污染因子作为监测对象。污染物的特征性质是：

表 8-1　中国环境优先污染物黑名单

化学类别	名　称
1. 卤代（烷烯）烃类	二氯甲烷、三氯甲烷▲、四氯甲烷▲、1，2-二氯乙烷▲、1，1，1-三氯乙烷、1，1，2-三氯乙烷、1，1，2，2-四氯乙烷、三氯乙烯▲、四氯乙烯▲、三溴甲烷▲
2. 苯系物	苯▲、甲苯▲、乙苯▲、邻-二甲苯、间-二甲苯、对-二甲苯
3. 氯代苯类	氯苯▲、邻-二氯苯▲、对-二氯苯▲、六氯苯▲
4. 多氯联苯类	多氯联苯▲
5. 酚类	苯酚▲、间-甲酚▲、2，4-二氯酚▲、2，4，6-三氯酚▲、五氯酚▲、对-硝基酚▲
6. 硝基苯类	硝基苯▲、对-硝基甲苯▲、2，4-二硝基甲苯、三硝基甲苯、对-硝基氯苯▲、2，4-三硝基氯苯▲
7. 苯胺类	苯胺▲、二硝基苯胺▲、对硝基苯胺▲、2，6-二氯硝基苯胺
8. 多环芳烃	萘、荧蒽、苯并［b］荧蒽、苯并［k］荧蒽、苯并［a］芘▲、茚并［1，2，3-cd］芘、苯并［ghi］芘
9. 酞酸酯类	酞酸二甲酯▲、酞酸二丁酯▲、酞酸二辛酯▲
10. 农药	六六六▲、滴滴涕▲、敌敌畏▲、乐果▲、对硫磷▲、甲基对硫磷▲、除草醚▲、敌百虫▲
11. 丙烯腈	丙烯腈
12. 亚硝胺类	N-亚硝基二丙胺、N-亚硝基二正丙胺
13. 氰化物	氰化物▲
14. 重金属及其化合物	砷及其化合物▲、铍及其化合物▲、镉及其化合物▲、铬及其化合物▲、铜及其化合物▲、铅及其化合物▲、汞及其化合物▲、镍及其化合物▲、铊及其化合物▲

① 自然性　许多污染物质不一定是人类活动产生的，而是自然界本身释放的，且释放程度既与自然条件变异有关，也与人类生产和生活活动有关。在判定污染水平和选择监测对象时应充分考虑这一特性。

② 扩散性　各种污染物质的扩散性强弱不一，其影响范围也就不同。在选择监测对象时，应考虑其扩散性强弱（强者可能造成大面积的污染，弱者则可能造成严重的局部污染）来提高监测的准确性。

③ 毒性　毒性是指污染物侵入人体或生物体后发生化学、物理性组织变化，达一定程度后产生病变（致病、致癌、致畸、致基因突变）。选择监测对象时，对于那些剧毒、强毒性污染物应优先进行监测。

④ 活性的持久性　主要指污染物在环境中的稳定程度和持续时间。这是监测可行性的重要依据。

⑤ 生物可降解性和累积性　有的污染物能被生物利用并降解成无害的物质，而有的则被生态系统吸收累积，大大提高其含量水平。所以生物残毒的测定不可忽视。

（3）选择的监测对象应有可靠的监测方法论并能保证获得准确的数据。

（4）可对监测获得的数据作出科学的解释。

三、环境监测技术

环境监测技术包括采样技术、测试技术和数据处理技术等。本节仅介绍污染物的常用分析测试技术。

（一）化学分析法

化学分析法是以化学反应为基础的分析方法，分为重量分析法和容量分析法（滴定分析法）两种。

1. 重量分析法

重量分析法是用适当方法先将试样中的待测组分与为其他组分分离，转化为一定的称量形式，用称量的方法测定该组分的含量。重量分析法主要用于环境空气中总悬浮颗粒物、PM_{10}、降尘、烟尘、生产性粉尘以及废水中悬浮固体、残渣、油类等项目的测定。

2. 容量分析法

容量分析法是将一种已知准确浓度的溶液（标准溶液），滴加到含有被测物质的溶液中，根据化学计算定量反应完全时消耗标准溶液的体积和浓度，计算出被测组分的含量。根据化学反应类型的不同，容量分析法分为酸碱滴定法、配位滴定法、沉淀滴定法和氧化还原反应滴定法 4 种。容量分析法主要用于水中酸碱度、氨氮、化学需氧量、生化需氧量、溶解氧、S^{2-}、Cr^{6+}、氰化物、氯化物、硬度、酚及废气中铅的测定。

（二）仪器分析法

仪器分析法是利用被测物质的物理或物理化学性质来进行分析的方法。例如，利用物质的光学性质、电化学性质进行分析。由于这类分析方法一般需要使用精密仪器，因此称为仪器分析法。

1. 光谱法

光谱法是根据物质发射、吸收辐射能，通过测定辐射能的变化，确定物质的组成和结构的分析方法。光谱法主要有以下几种：

(1) 可见和紫外吸收分光光度法

可见和紫外吸收分光光度法是根据具有某种颜色的溶液对特定波长的单色光(可见光或紫外光)具有选择性吸收，且溶液对该波长光的吸收能力(吸光度)与溶液的色泽深浅(待测物质的含量)成正比，即符合朗伯-比尔定律。在环境监测中可用可见和紫外吸收分光光度法测定许多污染物，如砷、铬、镉、铅、汞、锌、铜、酚、硒、氟化物、硫化物、氰化物、二氧化硫、二氧化氮等。尽管近年来各种新的分析方法不断出现，但可见和紫外吸收分光光度法仍与原子吸收分光光度法、气相色谱法和电化学分析法成为环境监测中的4大主要分析方法。

(2) 原子吸收分光光度法(AAS)

原子吸收分光光度法是利用处于基态待测物质原子的蒸气，对光源辐射出的特征谱线具有选择性吸收，其光强减弱的程度与待测物质的含量符合朗伯-比尔定律。该法能满足微量分析和痕量分析的要求，在环境空气、水、土壤、固体废物的监测中被广泛应用。到目前为止可以测定70多种元素，如工业废水和地表水中的镉、砷、铅、锰、钴、铬、铜、锌、铁、铝、锶、钒、镁等，大气粉尘中钒、铍、镉、铅、锰、汞、锌、铜等，土壤中的钾、钠、镁、铁、锌、铍等。

(3) 原子发射光谱法(AES)

原子发射光谱法是根据气态原子受激发时发射出该元素原子所固有的特征辐射光谱，根据测定的波长谱线和谱线的强度对元素进行定性和定量分析的一种方法。由于近年来等离子体新光源的应用，使等离子体发射光谱法(ICP - AES)发展很快，已用于清洁水、废水、底质、生物样品中多元素的同时测定。

(4) 原子荧光光谱法(AFS)

原子荧光光谱法是根据气态原子吸收辐射能，从基态跃迁至激发态，再返回基态时产生紫外、可见荧光，通过测量荧光强度对待测元素进行定性、定量分析的一种方法。原子荧光分析对锌、镉、镁等具有很高的灵敏度。

(5) 红外吸收光谱法

红外吸收光谱法是以物质对红外区域辐射的选择吸收，对物质进行定性、定量分析的方法。应用该原理已制成了CO、CO_2、油类等专用监测仪器。

(6) 分子荧光光谱法

分子荧光光谱法是根据物质的分子吸收紫外、可见光后所发射的荧光进行定性、定量分析的方法。通过测量荧光强度可以对许多痕量有机和无机组分进行定量测定。在环境分析中主要用于强致癌物质基础——苯并[a]芘、硒、铵、油类、沥青烟的测定。

2. 电化学分析方法

电化学分析方法利用物质的电化学性质，通过电极作为转换器，将被测物质的浓度转化成电化学参数（电导、电流、电位等）再加以测量的分析方法。

(1) 电导分析法

电导分析法是通过测量溶液的电导（电阻）来确定被测物质含量的方法，如水质监测电导率的测定。

(2) 电位分析法

电位分析法是将指示电极和参比电极与试液组成化学电池，通过测定电池电动势（或指示电极电位），利用能斯特公式直接求出待测物质浓（活）度。电位分析已广泛应用于水质中 pH 值、氟化物、氰化物、氨氮、溶解氧等项目的测定。

(3) 库仑分析法

库仑分析法是通过测定电解过程中消耗的电量（库仑数），求出被测物质含量的分析方法。可用于测定空气中二氧化硫、氮氧化物以及水质中化学耗氧量和生化需氧量。

(4) 伏安和极谱法

伏安和极谱法是用微电极电解被测物质的溶液，根据所得到的电流-电压（或电极电位）极化曲线来测定物质含量的方法。可用于测定水质中铜、锌、镉、铅等重金属离子。

3. 色谱分析法

色谱分析法是一种多组分混合物的分离、分析方法。它根据混合物在互不相溶的两相（固定相与流动相）中分配系数的不现，利用混合物中的各组分在两相中溶解-挥发、吸附脱附性能的差异，达到分离的目的。

(1) 气相色谱分析

气相色谱是采用气体作为流动相的色谱法。环境监测中常用于苯、二甲苯、多氯联苯、多环芳烃、酚类、有机氯农药、有机磷农药等有机污染物的分析。

(2) 液相色谱分析

液相色谱是采用液体作为流动相的色谱法。可用于高沸点、难气化、热不稳定的物质的分析，如多环芳烃、农药、苯并［a］芘等。

(3) 离子色谱分析

离子色谱分析是近年来发展起来的新技术。它是离子交换分离、洗提液消除干扰、电导法进行监测的联合分离分析方法。此法可用于大气、水等领域中多种物质的测定。一次进样可同时测定多种成分：阴离子如 F^-、Cl^-、Br^-、NO_2^-、N_3^-、SO_3^{2-}、SO_4^{2-}、$H_2PO_4^-$；阳离子如 K^+、Na^+、NH_4^+、Ca^{2+}、Mg^{2+} 等。

(三) 生物技术

生物监测技术是利用生物个体、种群或群落对环境污染及其随时间变化所产生的反应来显示环境污染状况。例如，根据指示植物叶片上出现的伤害症状，可对大气污染作出定性和定量的判断；利用水生生物受到污染物毒害所产生的生理机能（如鱼的血脂活力）变化、测试水质污染状况等，这是一种最直接也是一种综合的方法。生物监测包括生物体内污染物含量的测定；观察生物在环境中受伤害症状；生物的生理生化反应；生物群落结构和种类变化等技术。

四、环境监测网络与环境自动监测

(一) 环境监测网络

环境监测工作是按综合性科学技术工作与执法管理工作的有机结合体。环境监测网络既具有收集、传输质量信息的功能，又具有组织管理功能。目前，国内外关于监测网络的建立大致有两种类型。一是要素型，即按不同环境要素来建立监测网络，如美国国家环保局的监测网络即为此种类型。美国国家环保局设有三个国家级监测实验室（大气监测研究中心，水质监测研究中心，噪声、放射性、固体废弃物及新技术研究中心），分别负责全国各种环境要素的监测技术、数据收集处理工作。二是管理型，即按行政管理体系建立网络，我国环境保护系统的监测网络即为此种类型。监测站按行政层次设立，测点由地方环保部门控制。上述两种类型的监测网络分别如图 8－2、图 8－3 所示。

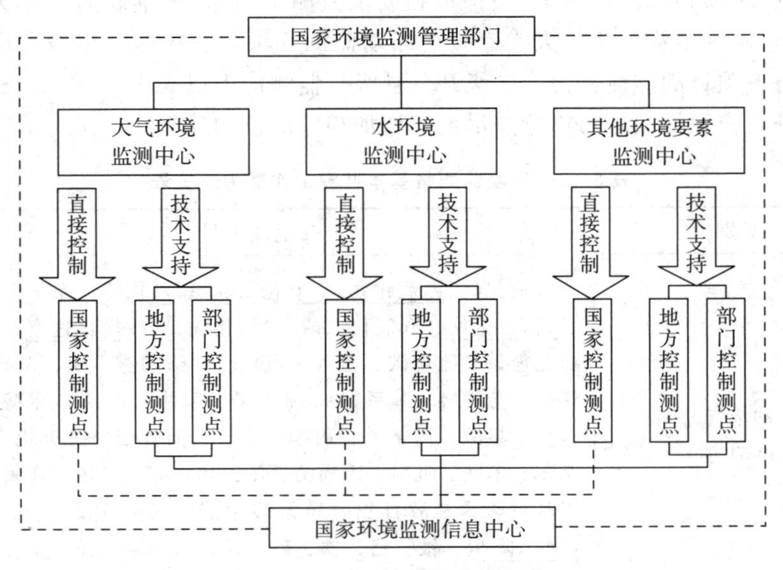

图 8－2 “要素型”监测网络

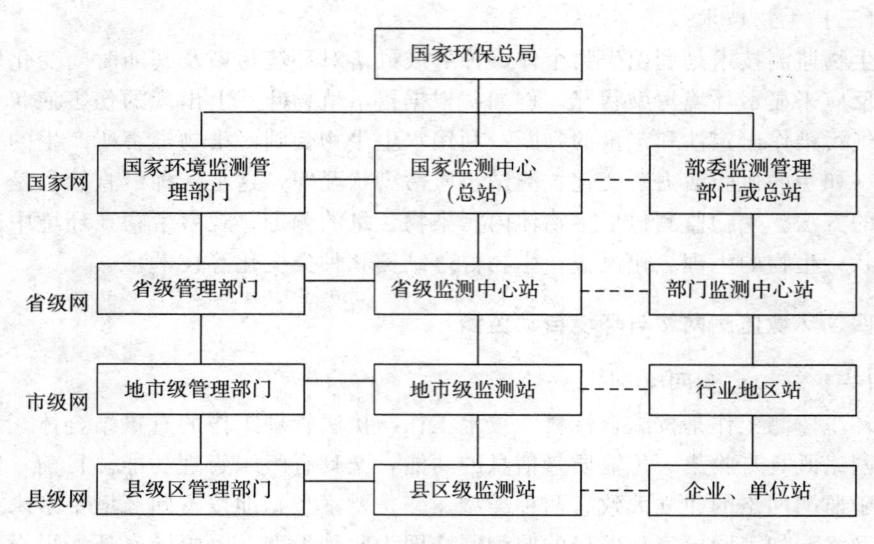

图 8－3 “管理型”监测网络

各级环境监测站基本监测工作能力列于表 8－2。监测站基本监测能力主要以能否开展现行的《空气和废气监测分析方法》、《水和废水监测分析方法》、《环境监测技术规范（噪声部分）》等各种监测技术规范中列举的监测项目来衡量。原则上一、二级站（国家级、省级）必须具备各项目监测分析能力，其中大气和废气监测共 61 项；降水监测 12 项；水和废水监测 71 项；土壤底质固体废弃物监测 12 项；水生生物监测三大类；噪声振动监测 6 项。三级站（市级）应尽可能全面具备各项目的监测能力。四级站（县级）监测能力以表中划“—”标记为必测项目外，应根据当地污染特点尽可能增加相应的监测项目。

表 8－2 环境监测站基本监测工作能力一览表

类别	监测项目
大气和废气监测（共 61 项）	一氧化碳、氮氧化物、二氧化氮、氨、氰化物、光化学氧化剂、臭氧、氟化物、五氧化二磷、二氧化硫、硫酸盐化速率、硫酸雾、硫化氢、二硫化碳、氯气、氯化氢、铬酸雾、汞、总烃及非甲烷烃、芳香烃（苯系物）、苯乙烯、苯并（a）芘、甲醇、甲醛、低分子量醛、丙烯醛、丙酮、光气、沥青烟、酚类化合物、硝基苯、苯胺、吡啶、丙烯腈、氯乙烯、氯丁二烯、环氧氯丙烷、甲基对硫磷、敌百虫、异氰酸甲脂、肼和偏二甲基肼、TSP、PM_{10}、降尘、铍、铬、铁、硒、锑、铅、铜、锌、铬、锰、镍、镉、砷、烟尘及工业粉尘、林格曼黑度

（续表）

类别	监测项目
降水监测（共 12 项）	电导率、pH 值、硫酸根、亚硝酸根、硝酸根、氯化物、氟化物、铵、钾、钠、钙、镁
水和废水监测（共 71 项）	水温、水流量、颜色、臭、浊度、透明度、pH 值、残渣、矿化度、电导率、氧化还原电位、银、砷、铍、镉、铬、铜、汞、铁、锰、镍、铅、锑、硒、钴、铀、锌、钾、钠、钙、镁、总硬度、酸度、碱度、二氧化碳、溶解氧、氨氮、亚硝酸盐氮、硝酸盐氮、凯氏氮、总氮、磷、氯化物、碘化物、氰化物、硫酸盐、硫化物、硼、二氧化硅（可溶性）、余氯、化学需氧量、高锰酸钾指数、五日生化需氧量、总有机碳、矿物油、苯系物、多环芳烃、苯并（a）芘、挥发性卤代烃、氯苯类化合物、六六六、滴滴涕、有机磷农药、有机磷、挥发性酚类、甲醛、三氯乙醛、苯胺类、硝基苯类、硝基苯类、阴离子合成洗涤剂、硒
土壤底质固体废弃物监测（共 12 项）	总汞、砷、铬、铜、锌、镍、铅、镉、硫化物、有机氯农药、有机质
水生生物监测（共三类）	水生生物群落、水的细菌学测定、水生生物毒性测定
噪声、振动监测（共 6 项）	区域环境噪声、交通噪声、噪声源、厂界噪声、建筑工地噪声、振动

环境问题是没有边界的，近二十年来我国组建了许多以环境要素为基础的跨部门、跨行政区的专业监测网络。如国家海洋环境监测网、长江暨三峡生态环境监测网、淮河等流域监测网、全国酸雨监测网等。

（二）环境自动监测

要控制污染，保护环境，必须掌握环境质量变化，进行定点、定时人工采样监测，月复一月、年复一年地积累各类监测数据，然后通过综合分析找出污染现状和变化规律。完成这项工作需要花费大量的人力、物力和财力。自 20 世纪 70 年代初，许多国家和地区相继建立了可连续工作的大气和水质污染自动监测系统，使环境监测工作向连续自动化方向发展。

环境自动监测系统的工作体系由一个中心监测站和若干个固定的监测分站（子站）组成，如图 8－4 所示。自动监测系统 24h 连续自动地在线工作。自动监测系统在正常运行时一般不需要人的参与，所有的监测活动包括采样、检测、数据采集处理、数据显示、数据打印、数据贮存等，都是在电脑的自动控制下完成的。

（1）子站的主要的工作任务：通过电脑按预定的监测时间、监测项目进行定时定点样品采集、仪器分析研究检测、检测数据处理、定时向中心监测站传送检测数据等。

（2）监测中心站主要工作任务：收集各子站的监测数据、数据处理、统计检验结果、打印污染指标统计表、绘制污染分布图、公布污染指数、发出污染警报等。

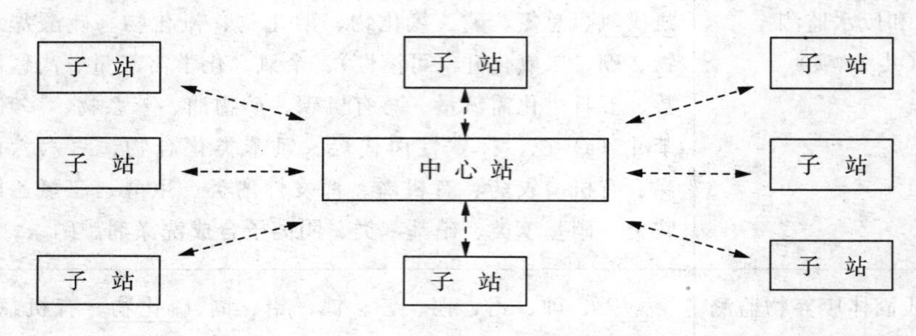

图 8-4　自动监测系统方框图

第二节　环境现状调查与评价

一、环境影响评价一般原则和要求

环境影响评价本身是一种科学方法和技术手段，并通过理论研究和实践检验不断改进、拓展和完善，同时环境影响评价又是必须履行的法律义务，是需要由环境保护行政主管部门审批的一项法律制度。因此，为了规范环境影响评价技术和指导开展环境影响评价工作，国家制定相应的环境影响评价技术导则。

（一）总则

1. 环境影响评价的工作程序

环境影响评价工作一般分三个阶段，即前期准备、调研和工作方案阶段，分析论证和预测评价阶段，环境影响评价文件编制阶段。具体流程如图 8-5 所示。

2. 环境影响评价原则

按照以人为本，建设资源节约型、环境友好型社会和科学发展的要求，遵循以下原则开展环境影响评价工作：

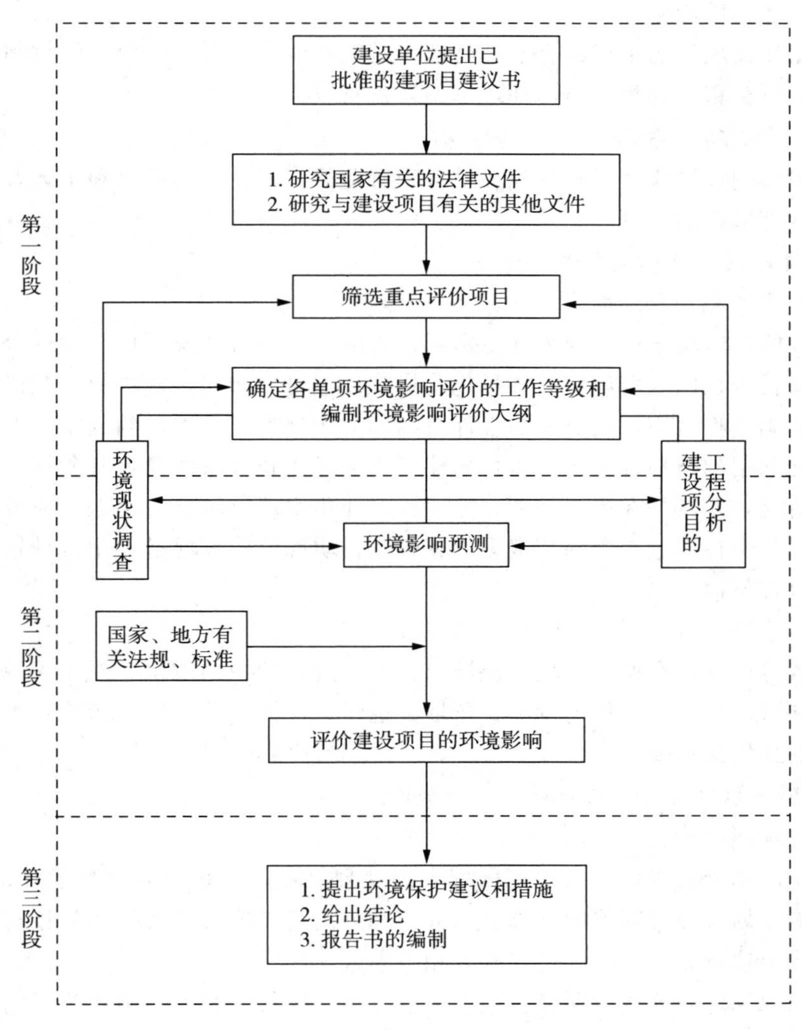

图 8－5　环境影响评价工作程序图

(1) 依法评价原则

环境影响评价过程中应贯彻执行我国环境保护相关的法律法规、标准、政策，分析建设项目与环境保护政策、资源能源利用政策、国家产业政策和技术政策等有关政策及相关规划的相符性，并关注国家或地方在法律法规、标准、政策、规划及相关主体功能区划等方面的新动向。

(2) 早期介入原则

环境影响评价应尽早介入工程前期工作中，重点关注选址（或选线）、工艺路线（或施工方案）的环境可行性。

(3) 完整性原则

根据建设项目的工程内容及其特征，对工程内容、影响时段、影响因子和作用因子进行分析、评价，突出环境影响评价重点。

(4) 广泛参与原则

环境影响评价应广泛吸收相关学科和行业的专家、有关单位和个人及当地环境保护管理部门的意见。

3. 资源利用及环境合理性分析

(1) 资源利用合理性分析

工程所在区域未开展规划环境影响评价的，需进行资源利用合理性分析。根据建设项目所在区域资源禀赋，量化分析建设项目与所在区域资源承载能力的相容性，明确工程占用区域资源的合理份额，分析项目建设的制约因素。如建设项目水资源利用的合理性分析，需根据建设项目耗用新鲜水情况及其所在区域水资源赋存情况，尤其是在用水量大、生态或农业用水严重缺乏的地区，应分析建设项目建设与所在区域水资源承载力的相容性，明确该建设项目占用区域水资源承载力的合理份额。

(2) 环境合理性分析

调查建设项目在所在区域、流域或行业发展规划中的地位，与相关规划和其他建设项目的关系，分析建设项目选址、选线、设计参数及环境影响是否符合相关规划的环境保护要求。

4. 环境影响因素识别与评价因子筛选

(1) 环境影响因素识别

在了解和分析建设项目所在区域发展规划、环境保护规划、环境功能区划、生态功能区划及环境现状的基础上，分析和列出建设项目的直接和间接行为，以及可能受上述行为影响的环境要素及相关参数。

影响识别应明确建设项目在施工过程、生产运行、服务期满后等不同阶段的各种行为与可能受影响的环境要素间的作用效应关系、影响性质、影响范围、影响程度等，定性分析建设项目对各环境要素可能产生的污染影响与生态影响，包括有利与不利影响、长期与短期影响、可逆与不可逆影响、直接与间接影响、累积与非累积影响等。对建设项目实施形成制约的关键环境因素或条件，应作为环境影响评价的重点内容。

环境影响因素识别方法可采用矩阵法、网络法、地理信息系统（GIS）支持下的叠加图法等。

(2) 评价因子筛选

依据环境影响因素识别结果，并结合区域环境功能要求或所确定的环境保护目标，筛选确定评价因子，应重点关注环境制约因素。评价因子须能够反映环境影响的主要特征、区域环境的基本状况及建设项目特点和排污特征。

5. 环境影响评价的工作等级

(1) 评价工作等级划分

建设项目各环境要素专项评价原则上应划分工作等级，一般可划分为三级。一级评价对环境影响进行全面、详细、深入评价，二级评价对环境影响进行较为详细、深入评价，三级评价可只进行环境影响分析。

建设项目其他专题评价可根据评价工作需要划分评价等级。

具体的评价工作等级内容要求或工作深度参阅专项环境影响评价技术导则、行业建设项目环境影响评价技术导则的相关规定。

(2) 评价工作等级划分的依据

各环境要素专项评价工作等级按建设项目特点、所在地区的环境特征、相关法律法规、标准及规划、环境功能区划等因素进行划分。其他专项评价工作等级划分可参照各环境要素评价工作等级划分依据。

(3) 评价工作等级的调整

专项评价的工作等级可根据建设项目所处区域环境敏感程度、工程污染或生态影响特征及其他特殊要求等情况进行适当调整，但调整的幅度不超过一级，并应说明调整的具体理由。

6. 环境影响评价范围的确定

按各专项环境影响评价技术导则的要求，确定各环境要素和专题的评价范围；未制定专项环境影响评价技术导则的，根据建设项目可能影响范围确定环境影响评价范围，当评价范围外有环境敏感区的，应适当外延。

7. 环境影响评价标准的确定

根据评价范围各环境要素的环境功能区划，确定各评价因子所采用的环境质量标准及相应的污染物排放标准。有地方污染物排放标准的，应优先选择地方污染物排放标准；国家污染物排放标准中没有限定的污染物，可采用国际通用标准；生产或服务过程的清洁生产分析采用国家发布的清洁生产规范性文件。

8. 环境影响评价方法的选取

环境影响评价采用定量评价与定性评价相结合的方法，应以量化评价为主。评价方法应优先选用成熟的技术方法，鼓励使用先进的技术方法，慎用争议或处于研究阶段尚没有定论的方法。选用非导则推荐的评价或预测分析方法的，应根据建设项目特征、评价范围、影响性质等分析其适用性。

(二) 工程分析

1. 基本要求

(1) 工程分析应突出重点。根据各类型建设项目的工程内容及其特征，对环境可能产生较大影响的主要因素要进行深入分析。

(2) 应用的数据资料要真实、准确、可信。对建设项目的规划、可行性研究和初步设计等技术文件中提供的资料、数据、图件等，应进行分析后引用；引用现有资料进行环境影响评价时，应分析其时效性；类比分析数据、资料应分析其相同性或者相似性。

(3) 结合建设项目工程组成、规模、工艺路线，对建设项目环境影响因素、方式、强度等进行详细分析与说明。

2. 工程分析的方法

主要有类比分析法、实测法、实验法、物料平衡计算法、查阅参考资料分析法等。

3. 工程分析的内容

(1) 工程基本数据

建设项目规模、主要生产设备和公用及贮运装置、平面布置，主要原辅材料及其他物料的理化性质、毒理特征及其消耗量，能源消耗数量、来源及其储运方式，原料及燃料的类别、构成与成分，产品及中间体的性质、数量，物料平衡，燃料平衡，水平衡，特征污染物平衡；工程占地类型及数量，土石方量，取弃土量；建设周期、运行参数及总投资等。

根据"清污分流、一水多用、节约用水"的原则做好水平衡，给出总用水量、新鲜用水量、废水产生量、循环使用量、处理量、回用量和最终外排量等，明确具体的回用部位；根据回用部位的水质、温度等工艺要求，分析废水回用的可行性。按照国家节约用水的要求，提出进一步节水的有效措施。

改扩建及异地搬迁建设项目需说明现有工程的基本情况、污染排放及达标情况、存在的环境保护问题及拟采取的整改措施等内容。

(2) 污染影响因素分析

绘制包含产污环节的生产工艺流程图，分析各种污染物产生、排放情况，列表给出污染物的种类、性质、产生量、产生浓度、削减量、排放量、排放浓度、排放方式、排放去向及达标情况；分析建设项目存在的具有致癌、致畸、致突变的物质及具有持久性影响的污染物的来源、转移途径和流向；给出噪声、振动、热、光、放射性及电磁辐射等污染的来源、特性及强度等；各种治理、回收、利用、减缓措施状况等。

(3) 生态影响因素分析

明确生态影响作用因子，结合建设项目所在区域的具体环境特征和工程内容，识别、分析建设项目实施过程中的影响性质、作用方式和影响后果，分析生态影响范围、性质、特点和程度。应特别关注特殊工程点段分析，如环境敏感区、长大隧道与桥梁、淹没区等，并关注间接性影响、区域性影响、累积性影响以及长期影响等特有影响因素的分析。

(4) 原辅材料、产品、废物的储运

通过对建设项目原辅材料、产品、废物等的装卸、搬运、储藏、预处理等环节的分析，核定各环节的污染来源、种类、性质、排放方式、强度、去向及达标情况等。

(5) 交通运输

给出运输方式（公路、铁路、航运等），分析由于建设项目的施工和运行，使当地及附近地区交通运输量增加所带来环境影响的类型、因子、性质及强度。

(6) 公用工程

给出水、电、气、燃料等辅助材料的来源、种类、性质、用途、消耗量等，并对来源及可靠性进行论述。

(7) 非正常工况分析

对建设项目生产运行阶段的开车、停车、检修等非正常排放时的污染物进行分析，找出非正常排放的来源，给出非正常排放污染物的种类、成分、数量、强度、产生环节、原因、发生频率及控制措施等。

(8) 环境保护措施和设施

按环境影响要素分别说明工程方案已采取的环境保护措施和设施，给出环境保护设施的工艺流程、处理规模、处理效果。

(9) 污染物排放统计汇总

对建设项目有组织与无组织、正常工况与非正常工况排放的各种污染物浓度、排放量、排放方式、排放条件与去向等进行统计汇总。

对改扩建项目的污染物排放总量统计，应分别按现有、在建、改扩建项目实施后汇总污染物产生量、排放量及其变化量，给出改扩建项目建成后最终的污染物排放总量。

二、环境现状调查的一般原则

(1) 根据建设项目污染源、影响因素及所在地区的环境特点，结合各单项环境影响评价的工作等级，确定各环境要素的现状调查范围，并筛选出应调查的有关参数，包括因素、项目及重点因子。

(2) 环境现场调查，首先应搜集现有的资料，当这些资料不能满足要求时，需进行现场调查和测试。搜集现有资料应注意其有效性。

(3) 环境现场调查时，对环境中与评价项目有密切关系的部分，如大气、地面水、地下水等，应进行全面、详细的调查，对这些部分的环境质量状况应有定量的数据并做出分析或评价；对一般自然环境与社会环境的调查，应根据评价地区的实际情况适当增减。

三、环境现状调查的方法及特点

环境现状调查的常见方法主要有三种，即收集资料法、现状调查法和遥感方法。

（1）收集资料法应用研究范围广、收效大，比较节省人力、物力和时间。环境现状调查时，应首先通过此方法获得现有的各种有关资料，但此方法只能获得第二手资料，而且往往不全面，不能完全符合要求，需要其他方法补充。

（2）现场调查法可以针对使用者的需要，直接获得第一手的数据和资料，以弥补收集资料法的不足。这种方法工作量大，需占用较多的人力、物力和时间，有时还可能受季节、仪器设备条件的限制。

（3）遥感方法可从整体上了解一个区域的环境特点，可以弄清人类无法到达地区的地表环境情况，如一些大面积的森林、草原、荒漠、海洋等。此方法调查精度较低，一般只用于辅助性调查。在环境现状调查中，使用此方法时，绝大多数情况不使用直接飞行拍摄的方法，只判断和分析已有的航空或卫星相片。

四、环境现状调查的内容

（一）地理位置

建设项目所处的经度、纬度，行政区位置和交通位置，并附区域平面图。

（二）地质环境

一般情况下，只需根据现有资料，概要说明当地的地质状况，如当地地层概况，地壳构造的基本形式如岩层、断层及断裂等以及与其相应的地貌表现，物理与化学风化情况，当地已探明或已开采的矿产资源情况。若建设项目规模较小且与地质条件无关时，地质环境现状可不叙述。

评价生态影响类建设项目如矿山及其他与地质条件密切相关的建设项目的环境影响时，对与建设项目有直接关系的地质构造，如断层、断裂、坍塌、地面沉陷等不良地质构造，要进行较为详细的叙述，一些特别有危害的地质现象，如地震，也须加以说明，必要时，应附图辅助说明。若没有现成的地质资料，应根据评价要求做一定的现场调查。

（三）地形地貌

一般情况，只需根据现有资料，简要说明建设项目所在地区海拔高度，地形特征、相对高差的起伏状况，周围的地貌类型如山地、平原、沟谷、丘陵、海岸等以及岩溶地貌、风成地貌等情况。崩塌、滑坡、泥石流、冻土等有危害的地貌现象及分布情况，若不直接或间接威胁到建设项目时，可概要说明其发展情况。若无可查资料，需做一些简单的现场调查。当地形地貌与建设项目密切相关时，除应比较详细地叙述上述全部或部分内容外，还应在建设项目周围地区的地形图，特别应详细说明可能直接对建设项目有危害或将被项目建设诱发的地貌现象的现状及发展趋势，必要时还应进行一定的现场调查。

（四）气候与气象

一般情况下，应根据现有资料概要说明大气环境状况，如建设项目所在地区的主要气候特征，年平均风速和主导风向，风玫瑰图，年平均气温，极端气温与最冷月和最热月的月平均气温，年平均相对湿度，平均降水量，降水天数，降水量极值，日照，主要的灾害性天气特征如梅雨、寒潮、雹和台风、飓风等。如需进行建设项目的大气环境影响评价，除应详细叙述上面全部或部分内容外，还应根据评价需要，对大气环境影响评价区的大气边界层和大气湍流等污染气象特征进行调查与必要的实际观测。

（五）地面水环境

应根据现有资料，概要说明地面水状况，如水系分布、水文特征、极端水情；地面水资源的分布及利用情况，主要取水口分布，地面水各部分如河、湖、库之间及其与河口、海湾、地下水的联系，地面水的水文特征及水质现状，以及地面水的污染来源等。如果建设项目建在海边时，应根据现有资料概要说明海湾环境状况，如海洋资源及利用情况，海湾的地理概况，海湾与当地地面水及地下水之间的联系，海湾的水文特征及水质现状，污染来源等。

如需进行建设项目的地面水或海湾环境影响评价，除应详细叙述上面的部分或全部内容外，还应增加水文、水质调查，水文测量及水利用状况调查等有关内容。地面水和海湾的环境质量，以确定的地面水环境质量标准或海水水质标准限值为基准，采用单因子指数法对选定的评价因子分别进行评价。

（六）地下水环境

根据现有资料简述下列内容：地下水资源的赋存及开采利用情况，地下潜水埋深或地下水水位，地下水与地面水的联系以及地下水水质状况与污染来源。

若需进行地下水环境影响评价，除要比较详细地叙述上述内容外，还应根据需要，对水质的物理、化学特性，污染源情况，水的储量与运动状态，水质的演变与趋势，水文地质方面的蓄水层特性，承压水状况，地下水开发利用现状与采补平衡分析，水源地及其保护区的划分，地下水开发利用规划等做进一步调查，若资料不足时应进行现场监测和采样分析。地下水环境质量，以确定的地下水质量标准限值为基准，采用单因子指数法对选定的评价因子分别进行评价。

（七）大气环境

应根据现有资料，简单说明建设项目周围地区大气环境中主要的污染物、污染来源及其污染物质、大气环境质量现状等。如需进行建设项目的大气环境影响评价，应对上述部分或全部内容提要进行详细调查。

对于大气环境质量现状调查，应收集评价区内及其界外区各例行大气环境监测点的近三年监测资料，统计分析各点主要污染物的浓度值、超标量、变化趋势等。同时根据建设项目特点、大气环境特征、大气功能区类别及评价等级，在评价区内按以环境功能区为主兼顾均布性的原则布点，开展现场监测工作。三级评价，可只利用评价区内已有的例行监测资料，无资料利用或一、二级评价时，应适当布点进行监测。监测应与气象观测同步进行，对于不需气象观测的三级评价项目应收集其附近有代表性的气象台站各监测时间的地面风向、风速资料。大气环境质量，以确定的环境空气质量标准限值为基准，采用单因子指数法对选定的评价因子分别进行评价。

(八) 土壤与水土流失

可根据现有资料简述建设项目周围地区的主要土壤类型及其分布，成土母质，土壤层厚度、肥力与使用情况，土壤污染的主要来源及其质量现状，建设项目周围地区的水土流失现状及原因等。当需要进行土壤环境影响评价时，除应详细叙述上面的部分或全部内容外，还应根据需要选择以下内容进行调查：土壤的物理、化学性质，土壤成分与结构，颗粒度，土壤容重，含水率与持水能力，土壤一次、二次污染状况，水土流失的原因、特点、面积、侵蚀模数元素及流失量等，同时要附土壤和水土流失现状图。

(九) 生态调查

应根据现有资料简述建设项目周围地区的植被情况如类型、主要组成、覆盖度、生长情况等，有无国家重点保护的或稀有的、特有的、受威胁危害的或作为资源的野生动、植物，当地的主要生态系统类型如森林、草原、沼泽、荒漠、湿地、水域、海洋、农业、城市生态等及现状。若建设项目规模较小，又不进行生态影响评价时，这一部分可不叙述。若建设项目规模较大，需要进行生态影响评价时，除应详细叙述上面的部分或全部内容外，还应根据需要选择以下内容进一步调查：生态系统的生产力、物质循环状况，生态系统与周围环境的关系以及影响生态系统的主要因素，重要生态环境情况，主要动植物分布，重要生境、生态功能区及其他生态环境敏感目标等。

(十) 声环境

需根据评价级别、敏感目标分布情况及环境影响预测评价需要等因素，确定声环境的调查范围、监测布点与污染源调查工作，如现有噪声源种类、数量及相应的噪声级，现有噪声敏感目标、噪声功能区划分情况，各声环境功能区的环境噪声现状、超标情况、边界噪声超标以及受噪声影响的人口分布。环境噪声现状调查的基本方法是：收集资料法、现场调查和测量法。应根据噪声评价工作等级相应的要求确定是采用收集资料法还是现场调查和测量法，或是两种方法相结合。如果需要，应选择有代表性点位进行现场监测。

（十一）社会经济

包括社会经济、人口、工业与能源、农业与土地利用、交通运输等。主要根据现有资料，结合必要的现场调查，简要叙述建设项目周围地区现有厂矿企业的分布状况，工业生产总产值及能源的供给与消耗方式等；公路、铁路或水路、航空方面的交通运输概况，以及与建设项目之间的关系；居民区的分布情况及分布特点，人口数量、人口密度、受教育水平、就业及人均收入等；可耕地面积，粮食作物与经济作物构成及产量，农业总产值以及土地利用现状，基本农田保护区分布，人均土地资源，农业基础设施等。若建设项目需进行土壤与生态环境影响评价，则应附土地利用图。

当建设项目规模较大，且拟排污染物毒性较大或项目建设期长、影响区域较广时，应进行一定的人群健康调查。调查时，应根据环境中现有污染物及建设项目将排放的污染物的特性选定相应评价指标。生态影响类建设项目如水电水利工程，需进行人群健康调查及影响评价。

（十二）人文遗迹、自然遗迹与“珍贵”景观

人文遗迹指遗存在地面上或埋藏在地下的历史文化遗物，一般包括具有纪念意义和历史价值的建筑物、纪念物或具有历史、艺术、科学价值的古文化遗址、古长城、古墓葬、古建筑、石窟、寺庙、石刻等。自然遗迹指自然形成的具有地质学、地理学、生态学意义的遗存物，如温泉、洞穴、火山口古化石、贝壳堤、特别地貌等。“珍贵”景观一般指具有生态学和美学及社会文化珍贵价值、必须保护的特定的地理区域或景物现象，如自然保护区、风景名胜游览区、疗养区、珍贵自然景观、奇特地貌景观、温泉以及重要的具有政治文化、纪念意义的建筑、设施和遗址等。需根据现有资料，概要说明建设项目周围有哪些重要遗迹与“珍贵”景观；重要遗迹与“珍贵”景观对于建设项目的相对位置和距离，其基本情况以及国家或当地政府的保护政策和规定等。

如建设项目需进行人文遗迹、自然遗迹或“珍贵”景观的影响评价，则除应较详细地叙述上述内容外，还应根据现有材料并结合必要的现场调查，进一步叙述人文遗迹、自然遗迹或“珍贵”景观对人类活动的敏感性。这些内容有：它们易于受哪些物理的、化学的或生物学的影响，目前有无已损坏的迹象及其原因，主要的污染或其他影响的来源；景观外貌特点，自然保护区或风景名胜区中珍贵的动、植物种类，以及人文遗迹、自然遗迹或“珍贵”景观的价值，包括经济的、政治的、美学的、历史的、艺术的和科学的价值等；有无保护规划及保护级

别，目前管理水平等。

（十三）人群健康状况

当建设项目规模较大，且拟排污染物毒性较大时，应进行一定的人群健康调查。调查时，应根据环境中现有污染物及建设项目将排放的污染物的特性选定指标。

（十四）其他

根据当地环境情况及建设项目特点，决定放射性、电磁辐射、振动、地面下沉及其他项目等是否列入调查。

五、环境质量和区域污染源调查与评价

（1）根据建设项目特点、可能产生的环境影响和当地环境特征选择环境要素进行调查与评价。

（2）调查评价范围内的环境功能区划和主要的环境敏感区，收集评价范围内各例行监测点、断面或站位的近期环境监测资料或背景值调查资料，以环境功能区为主兼顾均布性和代表性布设现状监测点位。

（3）确定污染源调查的主要对象。选择建设项目等排放量较大的污染因子、影响评价区环境质量的主要污染因子和特殊因子以及建设项目的特殊污染因子作为主要污染因子，注意点源与非点源的分类调查。

（4）采用单因子污染指数法或相关标准规定的评价方法对选定的评价因子及各环境要素的质量现状进行评价，并说明环境质量的变化趋势。

（5）根据调查和评价结果，分析存在的环境问题，并提出解决问题的方法或途径。

六、其他环境现状调查

根据当地环境状况及建设项目特点，决定是否进行放射性、光与电磁辐射、振动、地面下沉等环境状况的调查。

第三节　环境影响预测与评价

一、环境影响预测的原则

（1）对建设项目的环境影响进行预测，是指对能代表评价区环境质量的各种环境因子变化的预测，分析、预测和评价的范围、时段、内容及方法均应根据其

评价工作等级、工程与环境特性、当地的环境保护要求而定。

（2）预测和评价的环境因子应包括反映评价区一般质量状况的常规因子和反映建设项目特征的特性因子两类。

（3）须考虑环境质量背景与已建的和在建的建设项目同类污染物环境影响的叠加。

（4）对于环境质量不符合环境功能要求的，应结合当地环境整治计划进行环境质量变化预测。

二、环境影响预测的方法及特点

预测环境影响应尽量选用通用、成熟、简便并能满足准确度要求的方法。目前使用较多的预测方法有：数学模式法、物理模型法、类比分析法和专业判断法等。

（一）数学模式法

能给出定量的预测结果，但需一定的计算条件和输入必要的参数、数据。一般情况此方法比较简便，应首先考虑。选用数学模式时要注意模式的应用条件，如实际情况下不能很好满足模式的应用条件而又拟用时，要对模式进行修正并验证。

（二）物理模型法

定量化程度较高，再现性好，能反映比较复杂的环境特征，但需要有合适的试验条件和必要的基础数据，且制作复杂的环境模型需要较多的人力、物力和时间。在无法利用数学模式法预测而又要求预测结果定量精度较高时，应选用此方法。

（三）类比分析法

预测结果属于半定量性质。如由于评价工作时间较短等原因，无法取得足够的参数、数据，不能采用前述两种方法进行预测时，可选用此方法。生态环境影响评价中常用此方法。

（四）专业判断法

是定性地反映建设项目的环境影响。建设项目的某些环境影响很难定量估测，如对人文遗迹、自然遗迹或“珍贵”景观的环境影响等，或由于评价时间过短等无法采用以上三种方法时可选用此方法。生态影响预测采用的生态机理分析法、景观生态分析法等属此类方法。

三、环境影响时期划分及环境影响预测段

建设项目的环境影响，按项目实施的不同阶段，可以划分建设阶段的环境影

响、生产运行阶段的环境影响和服务期满后的环境影响三种。生产运行阶段可分为运行初期和运行中后期。

所有建设项目均应预测生产运行阶段，正常排放和不正常排放两种情况的环境影响。大型建设项目，当其建设附近噪声振动、地面水、大气、土壤等的影响程度较重，且影响时间较长时，应进行建设阶段的影响预测。矿山开发等建设项目应预测服务期满后的环境影响。

在进行环境影响预测时，应考虑环境对污染影响的承载能力。一般情况，应考虑两个时段，即污染影响到的承载能力最差的时段即对污染来说就是环境净化能力最低的时段和污染影响的承载能力一般的时段。如果评价时间较短，评价工作等级又较低时，可只预测环境对污染影响承载能力最差的时段。

四、环境影响预测的范围和内容

（一）环境影响预测的范围

环境影响预测范围的大小、形状等取决于评价工作的等级、工程特点和环境特性及敏感保护目标分布等情况，同时在预测范围内应布设适当的预测点或断面，通过预测这些点或断面所受的环境影响，由点及面反映该范围所受的环境影响。预测点的数量与布置，因工程和环境的特点、敏感保护区目标的保护要求、当地的环保要求及评价作的等级不同，具体的预测范围和预测点、断面设置，因环境要素的不同而不同。如大气环境的影响预测范围以边长和面积表示，预测点以相距污染源的方位和距离表示；河流水环境的影响预测范围以河流上下游距离和预测断面表示。具体规定在各单项的环境影响评价技术导则中确定。

（二）环境影响预测的内容

对建设项目环境影响进行的预测，是指对能代表评价区的各种环境质量参数变化的预测。环境质量参数包括两类：一类是常规参数，一类是特征参数。前者反映该评价项目的一般质量状况，后者反映该评价项目与建设项目有联系点的环境质量状况。各评价项目应预测的环境质量参数的类别和数目，应与评价工作等级、工程和环境特性及当地的环保要求有关，在各单项影响评价的技术导则中做出具体规定。

预测应给出具体结果，预测值未包括环境质量现状值即背景值时，评价时注意应叠加环境质量现状值。建设项目所造成的环境影响如不能满足环境质量要求，应在计算环境容量的基础上，对建设项目污染物排放量或区域削减量提出要求，并给出对建设项目进行环境影响控制、实施环保措施和区域削减计划后的预测结果。

如要进行多个厂址或选线方案时，应对每个厂址或选线方案进行影响预测。

生态环境影响预测一般包括生态系统整体性及其功能的变化预测和敏感生态问题预测，如野生生物物种及其生态环境影响预测，自然资源、农业生态、城市生态、海洋生态影响预测，区域生态环境问题预测，施工期环境影响预测，水土流失预测，移民影响预测等。

五、环境影响评价方法

评价建设项目的环境影响，一般采用两种主要方法即单项评价法和多项评价法。

（一）单项评价方法及其应用原则

单项评价方法是以国家、地方的有关法规、标准为依据，评定与估价各评价项目的单个质量参数的环境影响。预测值未包括环境质量现状值（即背景值）时，评价时注意应叠加环境质量现状值。在评价某个环境质量参数时，应对各预测点在不同情况下该参数的预测值均进行评价单项评价应有重点，对影响较重的环境质量参数，应尽量评定与估价影响的特性、范围、大小及重要程度不同。影响较轻的环境质量参数则可较为简略。

（二）多项评价方法及其应用原则

多项评价方法适用于各评价项目中多个质量参数的综合评价，所采用的方法分见有关各单项影响评价的技术导则。采用多项式评价方法时，不一定包括该项目已预测环境影响的所有质量参数，可以有重点地选择适当的质量参数进行评价。建设项目如需进行多个厂址优选时，要应用各评价项目（如大气环境、地面水环境卫生、地下水环境等）的综合评价进行分析研究、比较，其所用方法可参照各评价项目的多项评价方法。

六、社会环境影响评价

（1）包括征地拆迁、移民安置、人文景观、人群健康、文物古迹、基础设施（如交通、水利、通讯）等方面的影响评价。

（2）收集反映社会环境影响的基础数据和资料，筛选出社会环境影响评价因子，定量预测或定性描述评价因子的变化。

（3）分析正面和负面的社会环境影响，并对负面影响提出相应的对策与措施。

七、公众参与

（1）全过程参与，即公众参与应贯穿于环境影响评价工作的全过程。涉密的建设项目按国家相关规定执行。

（2）充分注意参与公众的广泛性和代表性，参与对象应包括可能受到建设项目直接影响和间接影响的有关企事业单位、社会团体、非政府组织、居民、专家和公众等。

（3）可根据实际需要和具体条件，采取包括问卷调查、座谈会、论证会、听证会及其他形式在内的一种或者多种形式，征求有关团体、专家和公众的意见。

（4）在公众知情的情况下开展，应告知公众建设项目的有关信息，包括建设项目概况、主要的环境影响、影响范围和程度、预计的环境风险和后果，以及拟采取的主要对策措施和效果等。

（5）按“有关团体、专家、公众”对所有的反馈意见进行归类与统计分析，并在归类分析的基础上进行综合评述；对每一类意见，均应进行认真分析、回答采纳或不采纳并说明理由。

八、环境保护措施及其经济、技术论证

（1）明确拟采取的具体环境保护措施；分析论证拟采取措施的技术可行性、经济合理性、长期稳定运行和达标排放的可靠性，满足环境质量与污染物排放总量控制要求的可行性，如不能满足要求应提出必要的补充环境保护措施要求；生态保护措施须落实到具体时段和具体位置上，并特别注意施工期的环境保护措施。

（2）结合国家对不同区域的相关要求，从保护、恢复、补偿、建设等方面提出和论证实施生态保护措施的基本框架；按工程实施不同时段，分别列出相应的环境保护工程内容，并分析合理性。

（3）给出各项环境保护措施及投资估算一览表和环境保护设施分阶段验收一览表。

九、环境管理与监测

（1）应按建设项目建设和运营的不同阶段，有针对性地提出具有可操作性的环境管理措施、监测计划及建设项目不同阶段的竣工环境保护验收目标。

（2）结合建设项目影响特征，制定相应的环境质量、污染源、生态以及社会环境影响等方面的跟踪监测计划。

（3）对于非正常排放和事故排放，特别是事故排放时可能出现的环境风险问题，应提出预防与应急处理预案；施工周期长、影响范围广的建设项目还应提出施工期环境监理的具体要求。

十、清洁生产分析和循环经济

（1）国家已发布行业清洁生产规范性文件和相关技术指南的建设项目，应按

所发布的规定内容和指标进行清洁生产水平分析，必要时提出进一步改进措施与建议。

（2）国家未发布行业清洁生产规范性文件和相关技术指南的建设项目，结合行业及工程特点，从资源能源利用、生产工艺与设备、生产过程、污染物产生、废物处理与综合利用、环境管理要求等方面确定清洁生产指标和开展评价。

（3）从企业、区域或行业等不同层次，进行循环经济分析，提高资源利用率和优化废物处置途径。

十一、污染物总量控制

（1）在建设项目正常运行、满足环境质量要求、污染物达标排放及清洁生产的前提下，按照节能减排的原则给出主要污染物排放量。

（2）根据国家实施主要污染物排放总量控制的有关要求和地方环境保护行政主管部门对污染物排放总量控制的具体指标，分析建设项目污染物排放是否满足污染物排放总量控制指标要求，并提出建设项目污染物排放总量控制指标建议。主要污染物排放总量必须纳入所在地区的污染物排放总量控制计划。

必要时提出具体可行的区域平衡方案或削减措施，确保区域环境质量满足功能区和目标管理要求。

十二、环境影响经济损益分析

（1）从建设项目产生的正负两方面环境影响，以定性与定量相结合的方式，估算建设项目所引起环境影响的经济价值，并将其纳入建设项目的费用效益分析中，作为判断建设项目环境可行性的依据之一。

（2）以建设项目实施后的影响预测与环境现状进行比较，从环境要素、资源类别、社会文化等方面筛选出需要或者可能进行经济评价的环境影响因子，对量化的环境影响进行货币化，并将货币化的环境影响价值纳入建设项目的经济分析。

十三、方案比选

（1）对于同一建设项目多个建设方案从环境保护角度进行比选。

（2）重点进行选址或选线、工艺、规模、环境影响、环境承载能力和环境制约因素等方面比选。

（3）对于不同比选方案，必要时应根据建设项目进展阶段进行同等深度的评价。

（4）给出推荐方案，并结合比选结果提出优化调整建议。

复习思考题

一、名词解释

环境监测　生态监测　容量分析　色谱分析　环境要素

二、问答题

1. 简述环境监测的定义、目的和分类。
2. 什么是环境优先监测原则？什么是环境优先监测污染物？
3. 分析环境现状调查的内容是什么？
4. 环境影响评价原则是什么？
5. 资源利用合理性怎样分析？
6. 简述环境影响评价工作等级划分的依据。
7. 简述环境影响预测的原则。
8. 简述分析公众参与的要求。

拓展阅读材料　生物监测

生物监测又称“生物测定”，也称“生物学监测”，利用生物个体、种群或群落对环境污染或变化所产生的反应阐明环境污染状况，以及利用生物在各种污染环境下所发出的各种信息，从生物学角度为环境质量的监测和评价提供依据。如利用敏感植物监测大气污染；应用指示生物群落结构、生物测试及残毒测定等方法，反映水体受污染的情况。

生物监测工作是20世纪初在一些国家开展起来的。70年代以来，水污染的生物监测成了活跃的研究领域。1977年美国试验和材料学会（ASTM）出版了《水和废水质量的生物监测会议论文集》，内容包括利用各类水生生物进行监测和生物测试技术，概括了这方面的成就和进展。同年非洲的尼日利亚科学技术学院用远距离电报记录甲壳动物的活动电位监测烃类、油类以及其他污染物的室内试验也取得初步结果。还有人提出了以鱼的呼吸和活动频度为指标的、设在厂内和河流中的自动监测系统。国外对于植物与大气污染的关系做了很多调查研究工作，已选出一批敏感的指示植物和抗性强的耐污植物。

1. 二氧化硫

症状主要出现在叶脉间，呈现大小不等的、无一定分布规律的点、块状伤斑，与正常组织之间界线明显，也有少数伤斑分布在叶片边缘，或全叶褪绿黄化。伤斑颜色多为土黄或红棕色，但伤斑的形状、分布和色泽因植物种类和受害条件的不同会有一定的变化，幼叶不易受害。例如单子叶植物伤斑常沿平行脉呈条状，分布在叶尖或叶片隆起部位；树的受害部位一般从叶尖开始向基部扩展，阔叶树通常在脉间出现不规则的大斑块或斑点，有时伤斑呈长条状。

2. 氟化氢

伤斑多半分布在叶尖和叶缘，与正常组织之间有一明显的暗红色界线，少数为脉间伤斑，幼叶易受害。另外，伤斑的分布与叶片的厚薄、叶脉的粗细和走向也有一定的关系，通常侧脉不明显或细弱叶片的受害斑多连成整块，位置也不固定；侧脉明显的叶片伤斑多分散在脉间；平行脉叶片的受害部位常在叶尖或叶片的隆起部位；叶质厚硬的叶片伤斑常分布在主脉两侧的隆起部位或叶缘；大而薄的叶片伤斑多分布在边缘，常连成大片。

3. 氯气

大多为脉间点块状伤斑，与正常组织之间界线模糊，或有过渡带，严重时全叶失绿漂白甚至脱落。

4. 氨气

大多为脉间点块状伤斑，伤斑褐色或褐黑色，与正常组织之间界线明显，症状一般出现较早，稳定得快。

中国近年来在环境污染调查中，也开展了生物监测工作。例如，对北京官厅水库、湖北鸭儿湖、辽宁浑河等水体的生物监测，利用鱼血酶活力的变化反映水体污染，用底栖动物监测农药污染等，都取得一定成果。在利用植物监测大气污染方面，也进行了大量研究。

第九章　清洁生产

本章要点

本章从清洁生产的背景入手，介绍了清洁生产的定义、目的、内容及重要性，阐述了清洁生产审核原则与阶段、清洁生产评价的要求与步骤，在清洁生产实施过程中，包括准备、审计、制订方案、实施方案和报告编制五个阶段。绿色技术是能减少污染、降低消耗、治理污染或改善生态的技术体系，介绍了绿色技术的特征与理论体系，对主要的绿色产品和化学产品进行了论述。

第一节　概　　述

一、清洁生产的产生背景

随着工业革命的不断进步，在给人类带来巨大财富的同时，也在高速消耗着地球上的资源，在向大自然无止境地排放危害人类健康和破坏生态环境的各类污染物。伴随着生产规模的不断扩大，工业污染、资源锐减、生态环境破坏日趋严重，20 世纪中期出现的“八大公害事件”就是有力的证据；从 20 世纪 70 年代开始，人类就广泛注意由于工业发展带来的一系列环境问题，并采取了一些治理措施。经过多年的发展，人们发现虽然投入了大量的人力、物力、财力，但是治理效果并不理想，20 世纪以来的“十大公害事件”，又一次给人类敲响了警钟。因此，发达国家的一些企业相继尝试运用如“污染预防”、“废物最小化”、“减废技术”、“源削减”、“零排放技术”、“零废物生产”和“环境友好技术”等方法和措施，来提高生产过程中的资源利用效率、削减污染物以减轻对环境和公众的危害。这些实践取得了良好的环境效益和经济效益，使人们认识到革新工艺过程及产品的重要性。在总结工业污染防治理论和实践的基础上，联合国环境规划署(UNEP) 于 1989 年提出了清洁生产的战略和推广计划。在联合国工业发展组织

(UNIDO)、联合国开发计划署（UNDP）的共同努力下，清洁生产正式走上了国际化的推行道路。

1998年10月，在汉城清洁生产会议上签署了《国际清洁生产宣言》，宣言认识到实现可持续发展是共同的责任，保护地球环境必须实施并不断改进可持续生产和消费的实践，相信清洁生产以及其他例如“生态效率”、“绿色生产力”及“污染预防”等预防性战略是更佳的选择；同时认识到清洁生产意味着将一个综合的预防战略，持续地应用于生产过程、产品及服务中，以实现经济、社会、健康、安全及环境的效益。

发达国家通过治理污染的实践，逐步认识到防治工业污染不能只依靠治理排污口（末端）的污染，要从根本上解决工业污染问题，必须“预防为主”，将污染物消除在生产过程之中，实行工业生产全过程控制。不少发达国家的政府和各大企业集团（公司）都纷纷研究开发和采用清洁工艺（少废无废技术），开辟污染预防的新途径，把推行清洁生产作为经济和环境协调发展的一项战略措施。清洁生产一经提出，在世界范围内就得到许多国家和组织的积极推进和实践，其最大的生命力在于可取得环境效益和经济效益的“双赢”，它是实现经济与环境协调发展的根本途径。

我国在清洁生产方面也进行了大量有益的探索和实践：早在20世纪70年代初就提出了“预防为主，防治结合”，“综合利用，化害为利”的环境保护方针，该方针充分体现和概括了清洁的基本内容，80年代，开始推行少废和无废的清洁生产过程，90年代提出了的《中国环境与发展十大对策》中强调了清洁生产的重要性，1994年将清洁生产明确写入《中国21世纪议程》，1999年3月，全国人大九届二次会议通过的朱镕基总理的《政府工作报告》提出“鼓励清洁生产”，这是国家最高级别会议首次提出清洁生产，再次充分表明我国政府已将实施污染预防，推行清洁生产提上国家议事日程。2003年1月1日，我国开始实施《中华人民共和国清洁生产促进法》，进一步表明清洁生产已成为我国工业污染防治工作战略转变的重要内容，成为我国实现可持发展战略的重要措施和手段。

2012年2月29日，第十一届全国人民代表大会常务委员会第25次会议通过了关于修改《中华人民共和国清洁生产促进法》的决定，自2012年7月1日起施行。

二、清洁生产的含义

不同国家、不同地区，对清洁生产有着不同的界定：

联合国环境规划署与环境规划中心（UNEP IE/PAC）综合各种说法，采用了“清洁生产”这一术语，来表征从原料、生产工艺到产品使用全过程的广义的污染防治途径，给出了以下定义：清洁生产是一种新的创造性的思想，该思想将整体预防的环境战略持续应用于生产过程、产品和服务中，以增加生态效率和减少人类及环境的风险。清洁生产包括清洁的生产过程和清洁的产品两方面的内容。对生产过程而言，清洁生产包括节约原材料，并在全部排放物离开生产过程以前就减少它们的数量，实现生产过程的无污染或少污染；对产品而言，清洁生产则是采用生命周期分析，使得从原料获得直至产品最终处置的一系列过程中，都尽可能对环境影响最小。

根据经济可持续发展对资源和环境的要求，清洁生产谋求达到两个目标：通过减少废物和污染物的排放，促进工业产品的生产、消耗过程与环境相容，降低工业活动对人类和环境的风险；通过资源的综合利用，短缺资源的代用，二次能源的利用，以及节能、降耗、节水，合理利用自然资源，减缓资源的耗竭。

我国在1994年，《中国21世纪议程》将清洁生产定义为：清洁生产是指既可满足人们的需要，又可合理使用自然资源和能源，并保护环境的生产方法和措施，其实质是一种物料和能源消耗最小的人类活动的规划和管理，将废物减量化、资源化和无害化，或消灭于生产过程之中。由此可见，清洁生产的概念不仅包括技术上的可行性，还包括经济上的可盈利性，体现了经济效益、环境效益和社会效益的统一。2003年，《中华人民共和国清洁生产促进法》中，把清洁生产界定为：清洁生产是指不断采取改进设计、使用清洁的能源和原料、采用先进的工艺技术与设备、改善管理、综合利用等措施，从源头削减污染，提高资源利用效率，减少或者避免生产、服务和产品使用过程中污染物的产生和排放，以减轻或者消除对人类健康和环境的危害。

虽然对清洁生产有不同的定义，但是本质是相同的，遵循四个方面的原则：减量化原则，即资源消耗最少、污染物产生和排放最小；资源化原则，即“三废”最大限度转化为产品；再利用原则，即对生产和流通中产生的废弃物，作为再生资源充分回收利用；无害化原则，尽最大可能减少有害原料的使用以及有害物质的产生和排放。

总之，清洁生产是时代的要求，是世界工业发展的一种大趋势，是相对于粗放的传统工业生产模式的一种方式，概括地说就是：低消耗、低污染、高产出，是实现经济效益、社会效益与环境效益相统一的工业生产的基本模式。

三、清洁生产的目的、内容与重要性

清洁生产是控制环境污染的有效手段，它彻底改变了过去被动的、滞后的污染控制手段，强调在污染产生之前就予以削减，经过多年来国内外实践证明，具有效率高，可获得一定的经济效益，同时大大降低末端处理负担，提高企业市场

竞争力。清洁生产的目的主要体现在两个方面，一方面，通过资源的综合利用，短缺资源的高效利用或代用，二次资源的利用及节能、降耗、节水，合理利用自然资源，减缓资源的耗竭；从短期来看，企业应改善工业生产过程管理，提高生产效率，减少资源和能源的浪费，减少污染物的产生量，推行原材料和能源的循环利用，替换和更新导致严重污染的落后的生产流程、技术和设备，开发清洁产品，鼓励绿色消费。另一方面，减少废物和污染物的生成和排放、促进工业产品的生产、消费过程与环境相容，降低整个工业活动对人类和环境的风险；从长期来看，应当根据可持续发展的原则来规划、设计和管理区域性工业生产，包括工业结构、增长率和工业布局等内容。

清洁生产的主要内容有以下三个方面：

1. 清洁的能源

包括常规能源的清洁利用，采用各种方法对常规的能源采取清洁利用的方法，如采用洁煤技术，逐步提高液体燃料、天然气的使用比例；可再生能源的利用，对沼气、水力资源等再生能源的利用；新能源的开发，如太阳能、风能、地热、潮汐能、燃料电池等；各种节能技术的开发利用，如在能耗大的化工冶金行业采用热电联产技术，提高能源利用率。

2. 清洁的生产过程

尽量少用和不用有毒有害的原料；采用无毒、无害的中间产品；选用少废、无废工艺和高效设备；尽量减少生产过程中的各种危险性因素，如高温、高压、低温、低压、易燃、易爆、强噪声、强振动等；采用可靠和简单的生产操作和控制方法；对物料进行内部循环利用；完善生产管理，不断提高科学管理水平。

3. 清洁的产品

产品设计应考虑节约原材料和能源，少用昂贵和稀缺的原料；产品在使用过程中以及使用后不含危害人体健康和破坏生态环境的因素；产品包装的合理设计；产品使用后易于回收、重复使用和再生；使用寿命和使用功能合理。

清洁生产的重要性在回顾和总结工业化的基础上，提出的关于产品和生产过程预防污染的一种全新战略，它综合考虑生产和消费过程的环境风险、成本和经济效益，是社会经济发展和环境保护对策演变到一定阶段的必然结果。

首先，清洁生产是实现可持续发展的必然选择和重要保障。清洁生产强调从源头抓起，着眼于全过程控制，不仅尽可能地提高资源能源利用率和原材料转化率，减少对资源的消耗和浪费，从而保障资源的利用，而且通过清洁生产，把污染消除在生产过程中，可以尽可能地减少污染物的产生量和排放量，大大减少对人类的危害和对环境的污染，改善环境质量。

其次，清洁生产是工业文明的重要过程和标志。清洁生产强调提高企业的管理水平，提高包括管理人员、工程技术人员、操作工人在内的所有员工的经济观念、环境意识、参与管理意识、技术水平、职业道德等方面的素质。同时，清洁生产还可有效改善操作工人的劳动环境和操作条件，减轻生产过程对员工健康的影响，为企业树立良好的社会形象，促使公众对其产品的支持。借助各种相关理论和技术，在产品的整个生命周期的各个环节采取“预防”措施，通过将生产技术、生产过程及经营管理等方面与物流、能量、信息等要素有机结合起来，并优化运行方式，从而实现最小的环境影响。

第三，开展清洁生产是促进环境保护产业发展的重要举措。在当前环境质量状况不断恶化，对环境改善的呼声日益增高的情况下，环境保护产业是当前一个重要的发展趋势，是未来我国新的经济增长点，而开展清洁生产活动可以大大提高对环境保护产业的需求，促进环境保护产业的发展。

第二节 清洁生产审核与评价

根据国家发展和改革委员会、国家环境保护总局 2004 年 8 月 16 日发布的《清洁生产审核暂行办法》，清洁生产审核的定义为：“本办法所称清洁生产审核，是指按照一定程序，对生产和服务过程进行调查和诊断，找出能耗高、物耗高、污染重的原因，提出减少有毒有害物料的使用、产生，降低能耗、物耗以及废物产生的方案，进而选定技术、经济及环境可行的清洁生产方案的过程。”根据清洁生产原理，企业为达到清洁生产的目的，可提出多个清洁生产技术方案，在决策前，须对各个方案进行科学、客观的评价，筛选出既有明显经济效益，又有显著环境效益的可行性方案，这个过程称为清洁生产评价。清洁生产评价是通过对企业的生产从原材料的选取、生产过程到产品服务的全过程进行综合评价，判断出企业清洁生产总体水平以及主要环节的清洁生产水平，并针对清洁生产水平较低的环节提出相应的措施。

清洁生产对策和措施。清洁生产审核是对企业现在的和计划进行的工业生产实行预防污染的分析和评估。其目的有两个：①判定企业中不符合清洁生产的地方和做法；②提出方案解决这些问题，从而实现清洁生产。通过对企业清洁生产审核，对企业生产全过程的重点（或优先）环节产生的污染进行定量检测，找出高物耗、高能耗、高污染的原因，然后有的放矢地提出对策、制订方案，减少和防止污染物的产生。

重点企业清洁生产审核的目的：

（1）促进各地实现“一控双达标”目标，稳定“一控双达标”成果。按惩前毖后治病救人的原则，改善环保局和不达标、被曝光、污染严重企业的对立关系。

（2）核实企业的排放情况，削减污染物排放总量，切实改变污染控制模式。

（3）通过清洁生产审核和实施清洁生产方案，削减企业物耗、能耗、污染物产生量和排放量，削减有毒有害物质的使用量和排放量，减少末端设施的压力，使企业高质量达标。

（4）确认企业达标的可能性和付出的成本。为政府按照法律程序对屡次不能达标者或达标无望企业实施关、停、并、转提供依据。

（5）通过强制性清洁生产审核，从正反两个方面促进和带动自愿性清洁生产审核工作的全面展开。

（6）分析识别影响资源能源有效利用，造成废物产生，以及制约企业生态效率的原因或“瓶颈”问题。

（7）产生并确定企业从产品、原材料、技术工艺、生产运行管理，以及废物循环利用等多途径进行综合污染预防的机会、方案与实施计划。

（8）不断提高企业管理者与广大职工清洁生产的意识与参与程度，促进清洁生产在企业的持续改进。

（9）发现一些环境隐患，尽可能减少可能造成的环境影响和事故。

一、清洁生产的审核

清洁生产审核是要判定出企业不符合清洁生产要求的地方和做法，并提出解决方案，达到节能、降耗、减污和增效的目的。

有效的清洁生产审核，可以系统地指导企业全面评价企业生产全过程及其各个过程单元或环节的运行管理现状，掌握生产过程的原材料、能源与产品、废物（污染物）的输入输出状况；分析识别影响资源能源有效利用，造成废物产生，以及制约企业生态效率的原因或“瓶颈”问题；产生并确定企业从产品、原材料、技术工艺、生产运行管理以及废物循环利用等多途径进行综合污染预防的机会、方案与实施计划；不断提高企业管理者与广大职工清洁生产的意识和参与程度，促进清洁生产在企业的持续改进。

清洁生产审核的原则是：

（1）以人为本，发动群众，依靠群众，进行清洁生产审核主要依靠本厂的领导、技术人员及全体工人；

（2）在清洁生产审核中边审边改，审核初期提出的无费、少费方案，应立即实施；

（3）注重实效，不图虚名，以取得经济实惠和改善环境为目标，不追求名誉和获奖；

（4）备选清洁生产方案的实施应循序渐进，量力而为，先易后难，贵在持久。

清洁生产审核的基本思路是以废物为切入点，以废物削减为主线。判明废物产生的部位；分析废物产生的原因；提出整改方案以减少或消除废物。

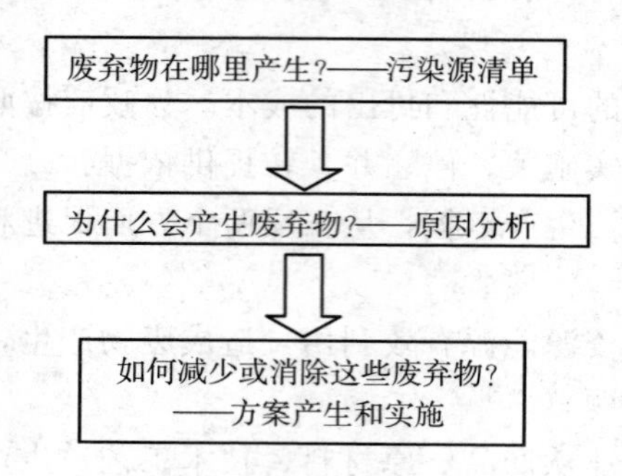

图 9-1　清洁生产审核思路

清洁生产审核遵循的原则：以企业为主体的原则；自愿审核与强制性审核结合的原则；企业自主审核与外部协助审核相结合的原则；因地制宜、注重实效、逐步开展的原则。清洁生产审核可以采用企业自我审核、外部专家指导审核和清洁生产审核咨询机构审核三种方式。企业自我审核是指在没有或很少有外部帮助的前提下，主要依靠企业（或其他法人实体）内部技术力量完成整个清洁生产审核过程；外部专家指导审核是指在外部清洁生产专家和行业专家指导下，依靠企业内部技术力量完成整个清洁生产审核过程；清洁生产审核咨询机构审核是指企业委托清洁生产审核咨询机构，完成整个清洁生产审核过程。

根据清洁生产审核的思路，整个审核过程可分为 7 个阶段。

第一阶段：筹划和组织。主要是进行立项、培训、发动和准备工作。第二阶段：预评估。主要是选择审核重点和设计清洁生产目标。第三阶段：评估。主要是进行审核重点的物料平衡，并对污染物产生的原因进行分析。第四阶段：方案产生和筛选。主要是针对废物产生的原因，汇总所有的方案并进行筛选，编写中期审核报告。第五阶段：可行性分析。主要是对第四阶段筛选出的中/高费方案进行可行性分析，从而确定出可实施的清洁生产方案。第六阶段：方案实施。实施方案并分析、跟踪验证方案的实施放果。第七阶段：持续清洁生产。制订计划和措施，在企业中持续推行清洁生产，最后编制企业清洁生产审核报告。

企业清洁生产审核程序如图 9-2 所示。

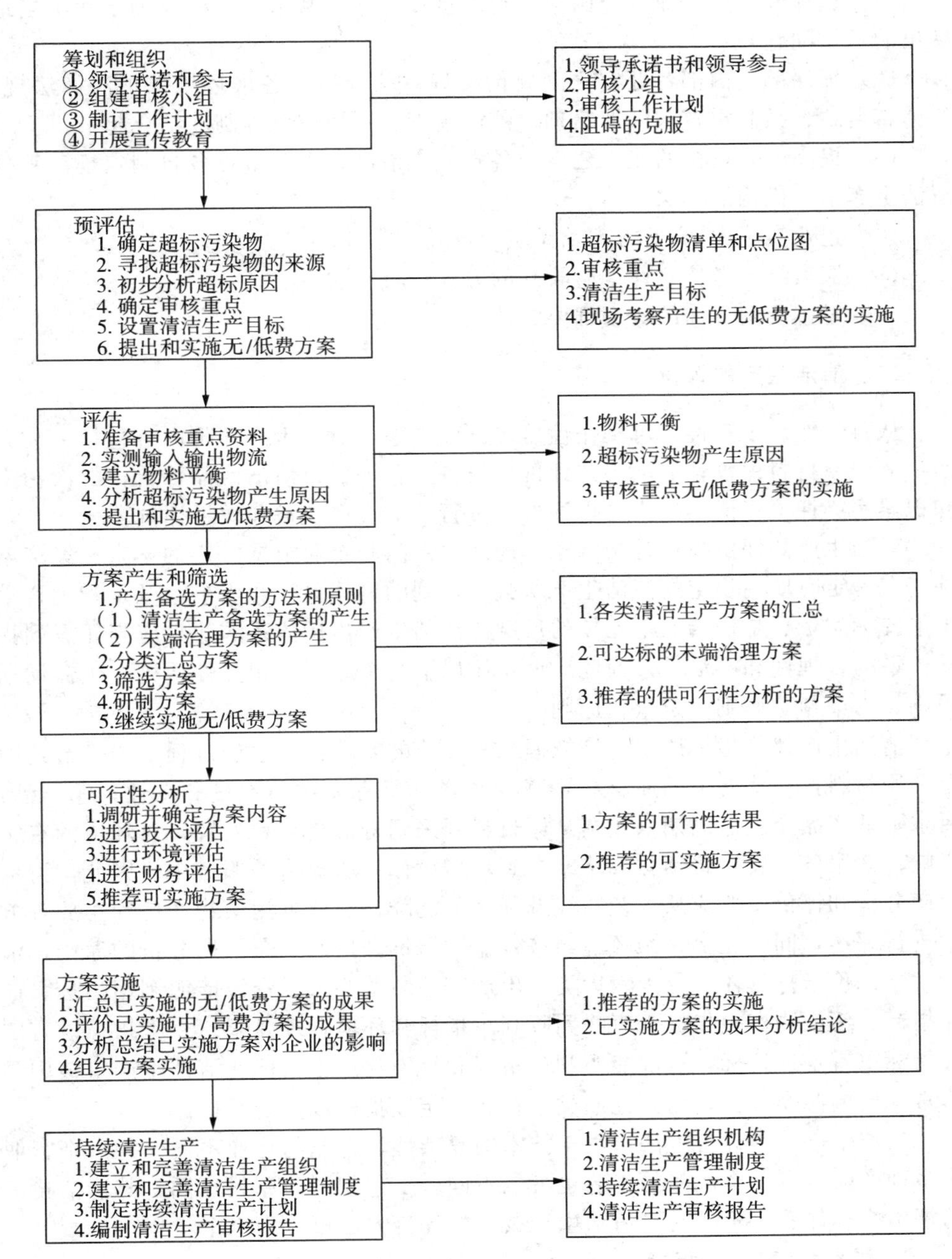

图 9－2　重点企业清洁生产审核工作流程

重点企业清洁生产审核工作应注意的几个问题：

(1) 选择好重点企业（与国家、当地重点工作紧密结合，要有助于解决当地突出的环境问题）；

(2) 环保部门内部各处室之间要衔接好，综合运用各项环境保护法律法规，把公布名单、强制审核与限期治理、停产治理、环境应急等制度结合起来；

(3) 提高中介机构的能力建设，各省、自治区、直辖市可各自制定规范管理清洁生产中介机构的办法；

(4) 企业实施中/高费方案给予资金支持；

(5) 探索绩效考核（评审验收）的方式；

(6) 对正反两方面的典型都要宣传。

二、清洁生产的评价

从科学性、工程性、可操作性等多方面考虑，清洁生产评价内容包括七大方面：清洁原材料评价；清洁工艺评价；设备配置评价；清洁产品评价；二次污染和积累污染评价；清洁生产管理评价；推行清洁生产效益和效果评价。

清洁生产的评价指标是指国家、地区、部门和企业根据一定的学术、经济条件，在一定时期内规定的清洁生产所必须达到的具体目标和水平，既是管理科学水平的标志，也是进行定量比较的尺度。清洁生产指标体系的建立应当注意到指标体系的合理性和简洁性。为此应该遵循以下几个原则：相对性原则、生命周期原则、污染预防原则、定量化原则。

清洁生产评价指标体系应该把握三个环节的要求：①生产过程中要求节约能源和原材料，淘汰有害的原材料，减少和降低所有废物的数量和毒性；②产品：要求降低产品全生命周期（包括从原材料开采到寿命终结和处置）对环境的有害影响；③服务：要求将预防战略结合到环境设计和所提供的服务中。因此，清洁生产分析和评价主要应从工艺路线选择、节能降耗、减少污染物产生和排放等方面进行评述，同时还要兼顾环境经济效益的评价。按照生命周期分析的原则，清洁生产评价指标具体可分为六大类：生产工艺装备要求、资源能源利用指标、产品指标、污染物产生指标、废物回收利用指标和环境管理要求。六类指标既有定性指标也有定量指标，资源能源利用指标和污染物产生指标在清洁生产审核中是非常重要的两类指标，而其他四类指标属于定性指标或半定量指标。

清洁生产技术评价方法：由于技术的复杂性，行业与行业不同，每一个行业有多种产品，每一个产品的工艺也可能不同。工艺相同而原料不同，其清洁技术的评价指标体系也不相同。清洁生产技术的评价方法可分为六个步骤：

1. 技术指标体系的设置

根据被评价技术所处的行业、生产的产品和所使用的原料确定其评价指标体系。虽然不同行业、不同产品的指标有较大差别，但都可以从原材料消耗、产品质量、环境污染源、综合利用及健康安全几个方面考虑。然后通过对被评价的工艺技术的调查甚至进行现场监测获取每一个指标的数值。

2. 技术指标权重的确定

由于技术的指标重要性的差别，因此对工艺技术的环境、经济和技术的每一个指标赋予权重数值，不同的指标具有不同的权重。指标的权重可由层次分析法确定，层次分析法可分5步求取指标权重：建立层次结构模型；构造判断矩阵；层次单可分为排序及其一致性检验；层次总排序；层次单排序一致性检验。

3. 技术指标最大值和最小值的确定

构建了清洁技术的指标后，对该指标体系中的各项因子数值与其标准数值进行评价。最优数值可能是最大数值，也可能是最小数值。

4. 清洁技术指标数据的标准化处理

根据确定的指标的最大数值和最小数值，对某一具体指标进行标准化无因次处理，采用线性插值，取最优值标准化处理后为1，最差数值处理后为0，优于最优数者，标准化处理后其数值为1，差于最差数值者，标准化处理后其数值为0。介于最优数值和最差数值之间者，按照相关公式计算。

5. 技术指标的求和

将每一个技术指标相加，即得出该技术的指数和。

6. 被评价工艺技术的分类

根据国内外工艺技术发展的现状，大致分成五种类型：清洁生产工艺；传统先进工艺；一般工艺；落后工艺；淘汰工艺。并赋予指标数值范围，将被评价技术指标之和与各技术数值比较，便得出该工艺技术的类型。

第三节　清洁生产的实施

实施清洁生产是一种新的环保战略，也是一种全新的思维方式，推行清洁生产是社会经济发展的必然趋势，必须对清洁生产有明确的认识。结合中国国情，参考国外实践，我国现阶段清洁生产的推动方式，要以行业中环境效益、经济效益和技术水平好的企业为龙头，由他们对其他企业产生直接影响，带动其他企业开展清洁生产。由于不同行业之间千差万别，同一行业不同企业的具体情况也不相同，因此企业在实施清洁生产过程中的侧重点各不相同，一般来说，企业实施清洁生产应遵循五项原则：环境影响最小化原则，资源消耗减量化原则，优先使用再生资源原则，循环利用原则，原料和产品无害化原则。

一、企业实行清洁生产的步骤

企业在实行清洁生产过程中，包括准备、审计、制订方案、实施方案和报告编写五个阶段：

1. 准备阶段

准备阶段是通过宣传教育使职工群众对清洁生产有一个初步的、比较正确的认识，消除思想上和观念上的一些障碍，使企业高层领导作出执行清洁生产的决定，同时组建清洁生产工作小组，制订工作计划，并作必要的物质准备。

2. 审计阶段

审计阶段是企业开展清洁生产的核心阶段。在对企业现状全面了解、分析的基础上，确定审计对象，并查清其能源、物料的使用量及损失量，污染物的排放量及产生的根源，以寻找清洁生产的基点并提出清洁生产的方案。很多企业的审计结果表明：对不同企业、不同的生产工艺和不同的产品，通过清洁生产审计，对削减其对环境污染的影响是非常有效的。

3. 制订方案

在能量平衡计算及能量、物料损失分析等前期工作的基础上，全厂职工群策群力，以国内外同行业先进技术为基础，加之专家咨询指导，提出清洁生产方案。将征集来的方案汇总，综合分析，初选，按不同类型划分、归类方案，再通过权重加以排序，优选出技术水平高和可实施性较强的重点方案供可行性分析。对优选的重点方案进行技术、环境、经济方面的综合分析，以便确定可实施的清洁生产方案。从企业角度，按照国内现行的市场价格，计算出方案实施后在财务上的获利能力和偿还能力。经济可行性分析是在技术、环境可行性方案通过后进行的，是从企业角度，将拟选各方案的实施成本与取得的效益比较，确定其盈利能力，再选出投资少、经济效益最佳的方案。

4. 实施方案

(1) 统筹安排，按计划实施，对所有可执行的方案，进行时间排序，量力制定切实可行的实施计划和进度安排。资金是执行清洁生产的必要条件，企业要广开财源，积极筹措，以充分的实力支持清洁生产，资金来源有：企业自有资金、贷款和滚动资金。清洁生产方案，必须认真、严格地实施，才能取得预期效果。

(2) 评估清洁生产方案实施效果：清洁生产方案实施后，要全面跟踪、评估、统计实施后的技术情况及经济、环境效益，为调整和制订后续方案积累可靠的经验。

(3) 持续清洁生产：清洁生产是一个相对的概念，企业预防污染也不可能做到一劳永逸。因此，应制订一个长期的预防污染计划，不断地开发研究新的清洁生产技术，同时，还要不断地对职工进行培训，以提高他们对清洁生产的认识，把清洁生产推向企业各个部门。制订持续的预防污染计划和削减废物的措施，研究与开发预防污染技术，不断对企业职工进行清洁生产的培训与教育，对已实施的清洁生产项目进行跟踪，进一步完善清洁生产的组织和管理制度。

5. 编写清洁生产报告

在实施清洁生产过程中，需随时汇总数据，评价实施效果，寻找新的清洁生产机会。阶段报告是企业开展清洁生产阶段性的工作报告，可按清洁生产实行过程和步骤顺序编写，这是清洁生产总结报告编制的依据和基础。清洁生产总结报告是对企业开展清洁生产的全面回顾和总结，是按实行清洁生产的步骤准备、审计、制订方案、实施方案四个阶段的工作成果，评估实施清洁生产取得的经济、环境和社会效益。

二、清洁生产实施的主要方法与途径

在实施清洁生产的过程中，企业占据着重要的地位，是清洁生产的主体。但是，清洁生产战略的实施并不只是某方面的事情，而且涉及政府、企业、公众和社会等多因素的综合性事件，是一项复杂的系统工程。主要有以下途径：

（一）改进生产工艺、更新落后设备

我国很多企业至今仍然在使用一些老工艺、老设备，工艺落后、设备陈旧，加上管理不善，布局不合理，物料利用率低下，能耗、水耗都很高，造成严重的资源浪费和环境污染。遵循清洁生产的原则和要求，采用资源利用率高、污染物产生量少的工艺和设备，替代资源利用率低、污染物产生量多的工艺和设备。在原料规格、生产路线、工艺条件、设备选型和操作控制等方面加以合理改革，积极创造条件。应用生物技术、机电一体化技术、高效催化技术、电子信息技术、树脂和膜分离技术等现代科学技术，创建新的生产工艺和开发新的流程，从而提高生产效率和效益，实现清洁生产，彻底根除在生产过程产生污染。在工艺技术改造中采用先进技术和大型装备，以期提高原材料利用率，发挥规模效益，在一定程度上可以帮助企业实现减污增效。废物的源削减应与工艺开发活动充分结合，从产品研发阶段起就应考虑到减少废物量，从而减少工艺改造中设备改进的投资。通过改善设备和管线或重新设计生产设备来提高生产效率，减少废物量。如优选设备材料，提高可靠性、耐用性；提高设备的密闭性，以减少泄漏，采用节能的泵、风机、搅拌装置等。在不改变生产工艺或设备的条件下进行操作参数的调整，优化操作条件常常是最容易而且最便宜的减废方法。大多数工艺设备都是采用最佳工艺参数，以取得最高的操作效率，因而在最佳工艺参数下操作，避免生产控制条件波动和非正常停车可以大大减少废物量。

(二) 改进原料、燃料和革新产品

优先选择使产品生产和使用过程不产或少产生污染物的物料作为生产原料，或是采用无毒、无害或者低毒、低害的原料，替代毒性大、危害严重的原料。如纯化物料，替代粗制原料，可以减少产品生产过程中引起的质量问题，提高产品合格率，减少废品的产率，同时也可以减少污染物的排放；加强物料的控制，在订货、贮存、运输、发放这些程序中，控制过量的、过期的和少量使用的原料；准确计量物料的使用量，保证原料在生产过程中有效的利用，避免成为废品。采用清洁燃料替代高污染、低热值的燃料，如采用天然气代替煤、重油等，减少硫化物、氮化物的产生，降低单位产品热值消耗，充分利用能源，减少环境污染。

在产品设计过程中，把环境因素纳入产品开发的全过程，使其在使用过程中效率高、污染少，在使用后易回收再利用，在废弃后对环境危害小。贯彻实施“绿色设计”、“生态设计”等理念，延长产品生命周期设计，加强产品的耐用性、适应性、可靠性等以利于长效使用以及易于维修和维护等；设计可回收性产品，也就是在设计时应考虑这种产品的未来回收及再利用问题，它包括：可回收材料及其标志、可回收工艺及方法等，并与可拆卸设计相关。如一些发达国家已开始执行“汽车拆卸回收计划”，即在制造汽车零件时，就在零件上标出材料的代号，以便在回收废旧汽车时，进行分类和再生利用。

(三) 资源循环利用及综合利用

实现清洁生产要求对生产过程中产生的固体废物、废水和废热等进行综合利用或者循环使用，流失的物料必须充分加以回收利用，返回生产工艺流程中或经适当处理后作为原料或副产品回收，建立从原料投入到废物循环回收利用的生产闭合系统，使工业生产不对环境构成任何危害。资源综合利用，增加了产品的生产，同时减少原料费用，减少了工业污染及其处置费用，降低了成本，提高了工业生产的经济效益，可见是全过程控制的关键；资源的综合利用，首先要对原料的每个组分列出清单，明确目前有用和将来有用的组分，制订利用的方案，对于目前有用的组分要考察它们的利用效益，对于目前无用的组分，显然在生产过程中将转化为废料，应将其列入科技开发的计划，以期尽早找到合适的用途，在原料的利用过程中应对每一个组分都建立物料平衡，掌握它们在生产过程中的流向；实现资源的综合利用，需要实行跨部门、跨行业的协作开发，可以采用的是建立原料开发区，组织以原料为中心的利用体系，按生态学原理，规划各种配套的工业，形成生产链，在区域范围内实现原料的物尽其用。

(四) 必要的末端治理

在实践中，要实现完全由原料转变为产品，是十分困难的，难免有废弃物的产生和排放，因此需要对它们进行必要的处理和处置，使其对环境的危害降至最低，因此往往需要进行一定程度的末端治理。末端治理，只能成为一种采取其他措施之后的最后措施，以保证排放物能够达到国家或者地方规定的污染物排放标准和污染物排放总量控制指标。企业内部的末端处理，常常是作为集中处理前的预处理措施，在这种情况下，它的目标不再是达标排放，而只需处理到集中处理设施可接纳的程度即可。因此，必须做到三个方面，首先必须清浊分流，减少处理量，有利于组织再循环；其次，必须开展综合利用，从排放物中回收有用物质；第三，必须进行适当的预处理和减量化处理，如脱水、浓缩、包装、焚烧等。为实现有效的末端处理，应该开发出一些技术先进、处理效果好、投资少、见效快、可回收有用物质、有利于组织物料再循环的实用环保技术。目前，我国已经开发了一批适合国情的实用环保技术，需要进一步推广，同时，还有一些环保难题未得到很好的解决，需要环保部门、有关企业和工程技术人员继续共同努力。

(五) 科学的管理

实践经验表明，目前的工业污染约有40%以上是由于生产过程中管理不善造成的。只要加强生产过程的科学管理、改进操作，不需花费很大的成本，便可获得明显减少废弃物和污染的效果。在企业管理中要建立一套健全的环境管理体系，使环境管理落实到企业中的各个层次，分解到生产过程的各个环节，贯穿于企业的全部经济活动中，与企业的计划管理、生产管理、财务管理、建设管理等专业管理紧密结合起来，使人为的资源浪费和污染物排放减到最小。主要内容包括：安装必要的高质量监测仪表，加强计量监督，及时发现问题；加强设备检查维护、维修，杜绝跑、冒、滴、漏，建立有环境考核指标的岗位责任制与管理职责，防止生产事故；完善可靠翔实的统计和审核；产品的全面质量管理，有效的生产调度，合理安排批量生产日程；改进操作方法，实现技术革新，节约用水、用电；原材料合理购进、储存与妥善保管；产成品的合理销售、储存与运输；加强人员培训，提高职工素质；建立激励机制和公平的奖惩制度；组织安全文明生产。

三、清洁生产与ISO14000

(一) ISO14000的内容、特点

ISO14000是一套一体化的国际标准，包括环境管理体系、环境审核、环境绩效评价、环境标志、产品生命周期等。

《ISO14001 环境管理体系——规范及使用指南》是系列标准的核心和基础标准，其余的标准为ISO14001提供了技术支持，为环境审核，特别是环境管理体系的审核提供了标准化、规范化程序，对环境审核员提出了具体要求，使环境审

核系统化、规范化，并具有客观性和公正性。

ISO14001标准用于对各类组织机构的环境管理体系的认证、注册和自我声明进行客观审核。其目的是向各类组织提供有效的环境管理体系要素，帮助组织实现环境目标和经济目标，推动环境保护工作。具体为防止环境污染，保护资源环境；推进环境管理现代化，建立一套系统的标准、规范的程序，使各类组织的环境管理成为一个自我约束、自我控制的体系；使末端治理为全过程控制，实行预防污染和持续改进；促进世界经济和国际贸易的发展。ISO14001标准由环境方针、体系策划、实施和运行、检查与纠正措施以及管理评审五大要素组成，五大要素有机地构成了持续改进的运行机制。

ISO14000系列标准是为促进全球环境质量的改善而制定的。它是通过一套环境管理的框架文件来加强组织（公司、企业）的环境意识、管理能力和保护措施，从而达到改善环境质量的目的。它目前是组织公司、企业自愿采用的标准，是（公司、企业）的自觉行为。在中国是采取第三方独立认证来验证组织（公司、企业）所生产的产品是否符合要求。其特点是：

（1）这套标准是以消费行为为根本动力，而不是以政府行为为动力。

（2）这是一个自愿性的标准，不带有任何强制性。

（3）这套标准没有绝对量的设置，而是按各国的环境法律、法规、标准执行。

（4）这套标准体系强调环境持续的改进，要求所涉及的组织不断改善其环境行为。

（5）这套标准要求管理过程程序化、文件化，强调管理行为和环境问题的可追溯性。

（6）这套标准体现出产品生命周期思想的应用。

（二）清洁生产与ISO14000的关系

ISO14000系列标准的实施，有利于环境与经济的协调发展，这与企业推行清洁生产的目的是一致的。在ISO14001标准的引言中明确提出："本标准的总目的是支持环境保护和预防污染，协调它们与社会需求和经济需求的关系。"ISO14001标准强调法律、法规的符合性，强调持续改进、污染预防和生命周期等基本内容。组织通过制定环境方针和目标指标，评价重要环境因素与持续改进达到节能、降耗、减污的目的。而清洁生产也是强调资源、能源的合理利用，鼓励企业在生产、产品和服务中最大限度地做到：节约能源，利用可再生能源和清洁能源，实现各种节能技术和措施，节约原材料，使用无毒、低毒和无害原料，循环利用物料等。在清洁生产方法上，以加强管理和依靠科技进步为手段，实现源头消减，改进生产工艺和现场回收利用；开发原材料替代品；改进生产工艺和流程，提高自动化生产水平，更新生产设备和设计新产品；开发新产品，提高产品寿命和回收利用率；合理安排生产进度，防止物料和能量消耗；总结生产经验，加强职工培训等。这些做法和措施，正是ISO14001标准中控制的重要环境因素，不断取得环境绩效的基本做法和要求，是实行污染预防和持续改进的重要手段。

ISO14000与清洁生产是两个不同的概念，具体表现在如下方面：

(1) 两者的侧重点不同：ISO14000系列标准侧重于管理，强调的是一个标准化的管理体系，为企业提供一种先进的环境管理模式；而清洁生产则着眼于生产全过程，以改进生产、减少污染为直接目标，尽管也强调管理，但技术含量高。

(2) 两者的实施手段不同：ISO14000系列标准是以国家的法律法规为依据，采用优良的管理，促进技术改进；清洁生产主要采用技术改造，辅之以加强管理，并且存在明显的行业特点。某一清洁生产技术成熟，即可在本行业推广。

(3) 审核方法不同：ISO14000环境管理体系标准的审核侧重于检查企业的环境管理状况，审核的对象由企业文件、记录及现场状况等具体内容；而清洁生产审核以分析工艺流程、进行物料衡算等方法，发现排污部位和原因，确定审核重点，实施审核方案。

(4) ISO14000系列标准的审核认证，必须由专门的审核人员和认证机构对企业的环境管理体系进行审核，企业达到标准即可取得认证证书；清洁生产审核是在现有的工艺、技术、设备、管理等基础上，尽可能地改进技术，提高资源、能源的利用水平，加强管理，改革产品体系，实现保护环境、提高经济效益的目的。

只有把环境管理体系与清洁生产有机地结合起来，改善环境管理，推行清洁生产，才有可能实现环境的可持续发展。

第四节 绿色技术

绿色技术是随着环境问题的产生而产生的。20世纪70年代中叶以来，殃及全球的温室效应、臭氧层破坏、酸雨为患、生态环境退化等给人类生存和发展带来了空前的威胁。环境问题日益受到各国的重视。1992年6月3日至14日全球首脑会议的联合国环境与发展大会推出了可持续发展的观念。可持续发展指“既满足当代的需求，又不危及后代满足其需要的能力”，它强调的是环境与经济的协调发展，追求的是人与自然的和谐。随着人们环境意识的逐步增强以及环境保护事业的深入发展，国际上兴起了一股“绿色浪潮”，科学技术领域中出现了“绿色技术”这一新名词。

一、绿色技术的含义与内容

绿色技术（green technology）是指能减少污染、降低消耗、治理污染或改善生态的技术体系，是指根据环境价值并利用现代科技的全部潜力的技术。简单地说，对环境友好的所有科学技术都可以称为绿色科技，绿色化学是绿色科技的重要组成部分。绿色科技的发展经历了漫长的历史，也是科技发展的必然趋势，正式提出绿色科技的概念是在 20 世纪 90 年代，客观地讲，是公害事件和环境问题使科学家认识到绿色科技的重要性。这是一种较为概括、抽出了共性的说法，但恰当与否尚需时间检验。

绿色技术的内容包括清洁生产技术、治理污染技术和改善生态技术。

（1）按联合国环境规划署的定义，清洁生产是关于生产过程的一种新的、创造性的思维方式。清洁生产意味着对生产过程、产品和服务持续运用整体预防的环境战略，以期增加生态效率并降低人类和环境的风险。无疑地，清洁生产技术属于绿色技术。但绿色技术不能等同于清洁生产技术。

假定在一个孤立、封闭的地理系统，生态平衡，没有污染。由于地理系统内部的居民一直使用清洁生产技术，从不使用任何污染技术，因此，地理系统中人与自然关系处于和谐状态。这时，清洁生产技术等同于绿色技术。但在今天的地球表面，不存在严格孤立、封闭的地理系统。不同地理系统之间存在着相互影响、相互制约的关系，任何地理系统的污染都会影响毗邻地理系统。并且，人类在工业化进程中，一开始使用的技术具有高排放、高消耗和污染性质，造成了环境问题。正因为出现了环境问题，作为一种反思，才提出清洁生产技术概念。在已出现污染和地理系统呈开放的条件下，即使今后都采用清洁生产技术，也只能部分解决环境问题。理由是，清洁生产技术只能防止未来的污染，而不能消除已存在的污染。从这个意义上讲，清洁生产技术只是绿色技术的一部分，而不是绿色技术的全部。

（2）在功能上，治理污染技术与清洁生产技术互补。治理污染技术是通过分解、回收等方式清除环境污染物，即解决存在的污染问题，而清洁生产技术是保证未来不发生污染问题。

（3）在没有人为干扰的情况下，局部自然生态也可能出现恶化，如沙漠化、泥石流、湖泊沼泽化等。自然生态恶化同样会影响人类的生存，因此，需要相应的技术来改善自然生态，如沙漠植草、土石工程、湖泊疏浚等。尽管这些技术属于常规技术，但在功能上应划入绿色技术。

各国国情不同，经济发展和环境保护的重点都不一样。所以，在不同的国家，或国家的不同地区，绿色技术的主要内容不同。首先要识别经济发展过程中环境受到的风险；然后针对这些风险，确定发展绿色经济的重点领域，研究相应的绿色技术。表 9-1 列出了美国环保局识别的环境风险重点。

表 9-1　美国环保局确定的主要环境风险

环境风险分类	环境风险	环境风险分类	环境风险
排序相对较高的风险	栖息地的变动与毁坏 物种灭绝和物种多样性的消失 平流层臭氧的损耗 全球气候变化	排序相对较低的风险	石油泄漏 地下水污染 放射性核素 酸性径流 热污染
排序相对居中的风险	除草剂和杀虫剂 地表水体中的有毒物、营养物、BOD、酸沉降、空气中的有毒物质	对人体健康的风险	大气中的污染物 化学品对工作人员的暴露 室内污染 饮用水中的污染物

我国面临着相当严峻的问题和困难，如庞大的人口基数、有限的人均资源、资源利用效率低、环境污染和生态破坏严重、技术水平低等。经济建设是可持续发展的中心，经济发展又必须与人口、资源、环境相协调。

为了促进可持续发展，我国必须大力发展绿色技术。在国家环保局 1996 年制定的《中国跨世纪绿色工程规划》中，确定的我国环境保护重点行业有：煤炭、石油、天然气、电力、冶金、有色金属、建材、化工、轻工、纺织、医药，这些行业的污染物排放量占全国工业污染物排放总量的 90% 以上，全国 3000 多家重点污染源也都集中在上述行业。我国要重点开发的绿色技术的主要内容包括：能源技术、材料技术、催化技术、分离技术、生物技术、资源回收技术等。

二、绿色技术的特征与体系

（一）绿色技术的特征

绿色技术的主要特征表现为它的动态性、层次性与复杂性。

1. 绿色技术的动态性

绿色技术的动态性是指在不同条件下有不同的内容，这是由于技术因素是环境变迁的主要原因。技术因素可分为污染增强型技术、污染减少型技术和中性技术三种类型。人们在主观上希望尽可能采用污染减少型技术或发展绿色技术，但是，技术因素的演变是客观条件作用的结果，包括经济、自然、社会、技术发展等各个方面。

绿色技术动态性与四大因素有关，即环境、人口、经济与技术。

污染物＝人口×（产量/人口）×（污染物/产量）

上面公式表示了污染物与人口数量、人均产量、生产技术水平之间的关系。如果采用增量方程，可表示为

污染物排放的增长率＝人口增长率×人均产量增长率
×单位产量污染物排放增长率

可见，环境质量与人口变迁、经济发展、技术水平三大因素相关。

从历史的长河看，自然环境一直处于不断变迁和自我演化的过程当中。技术因素是影响环境质量最积极、最活跃的可变因素，它既是污染物排放的引起者，又是污染防治的创造者，它决定了环境质量的变化状况及趋势。技术因素有三种类型：污染增加型技术：指污染物排放量增长率超过产值增长率。污染减少型技术：指污染物排放量增长率低于产值增长率。中性技术：指污染物排放量增长率等于产值增长率。

工业化国家的发展历程表明：随着经济的发展，污染增加型技术减少，污染减少型技术增加。各国政府都希望尽可能采用污染减少型技术，或发展绿色技术。技术因素的演变是客观条件作用的结果，包括经济、自然、社会、技术发展等各个方面。因此，在不同条件下，绿色技术有不同的内容，这就是绿色技术的动态性。我国绿色技术的发展重点要从当前的经济发展水平和环境保护重点出发：一方面应当结合重点污染行业，发展减废技术；另一方面应当积极面对新科技浪潮，利用信息、医药、生物与航天等技术提供的广阔前景，为发展污染减少型技术寻找新的契机。

2. 绿色技术的层次性

绿色技术的层次性是指绿色技术思想的产业规划、企业经营、生产工业三个层次，它们既互相区别，又紧密联系。要成功地实施绿色技术，三个层次的实践缺一不可，而且必须相互协调。

产业规划的行为主体是国家各级政府。体现绿色思想的产业规划应当从可持续发展原则和地区的实际情况出发，在产业布局、产业结构等方面充分考虑经济与环境协调发展。

企业经营行为的主体是企业，动力来自于企业的决策管理层，实施效果则取决于整个企业的企业文化。因此，绿色技术的思想应当渗透到企业发展的意识和谋略中去，引导企业把追求目标和减轻对周围环境不利影响的目标结合起来。具

体内容包括产品设计、原材料和能源选用、工艺改进、管理优化等方面。

绿色技术在生产工业层次中表现为工艺优化。从环境保护出发，不断进行工艺改进，提高资源能源利用率，减少废弃物排放，积极进行清洁生产，即对工艺和产品不断运用一种一体化的预防性环境战略，减轻其对人体和环境的风险。

3. 绿色技术的复杂性

绿色技术的复杂性主要表现在两个方面：

广度上，绿色技术改进往往会引发多种效应，如环境效应、经济效应、社会效应，产业的综合影响是复杂的。如电动汽车采用蓄电池代替汽油或柴油作为动力源，行驶中不排放NO、CO等有害气体，从这方面来说是一项绿色技术。但是把评价的范围扩大一些，发现在蓄电池的生产过程中，要耗用石油或煤炭等初级能源，生产过程排放出大量废水废气，显然存在污染转移的问题，把发生在行驶过程中的污染集中到了生产过程中。此外还存在废旧蓄电池的处置问题。国外学者还研究发现，电动汽车启动性能弱于汽油车，容易造成路口交通堵塞。

深度上，绿色技术改进与环境效应之间的联系不能只看表面，需要进行深入研究。例如，含磷洗衣粉“禁磷”以后，相关水域的磷浓度显著降低并保持在稳定水平。在一些湖泊中，生物多样性指数提高，藻类构成发生了有利于水质改善的变化。然而，随着对富营养化研究的深入，人们对“禁磷”有效性和科学性提出质疑。绿色和平运动委员会主席琼斯采用生命周期法评估认为，含磷洗衣粉与无磷洗衣粉对环境的负面影响大体相当，甚至后者大于前者。

（二）绿色技术的理论体系

绿色技术的理论体系包括绿色观念、绿色生产力、绿色设计、绿色生产、绿色化管理、合理处置等一系列相互联系的概念。

1. 绿色观念

应当体现绿色技术思想，同时又具体指导实践生产。宏观的绿色观念包括环境的全球性观念、持续发展的观念、人民群众参与的观念、国情的观念。

2. 绿色生产力

是指国家和社会以耗用最少的资源的方式来设计、制造与消费可以回收循环再利用的产品能力或活动的过程。发展绿色生产力，必须是在绿色观念的指导下，即在社会生产和生活领域中体现绿色观念。具体内容包括以绿色设计为本质、绿色制造为精神、绿色包装为体现、绿色行销为手段、绿色消费为目的，来全面协调和改革生产与消费的传统行为和习性，从根本上解决环境污染问题。

3. 绿色设计

也称为生态设计或为环境而设计，它是指设计时，对产品的生命周期进行综合考虑；少用材料，尽量选用可再生的原材料。产品生产和使用过程中的能耗低，不污染环境；产品使用后易于拆解、回收、再利用；使用方便、安全、寿命长。

4. 绿色生产

也称为清洁生产，即在产品的生产过程中，将综合预防的环境策略持续地用于生产过程和产品中，减少对人类和环境的风险。清洁生产是绿色技术思想在生产过程中的反映，两者在指导思想上是一样的，都体现了社会经济活动，特别是生产过程中体现环境保护的要求。两者涉及的范围也相当，都涵盖了产品生命周期的各个环节。绿色技术更多地表现为科学发展和环境价值观相结合而形成的理论体系，而清洁生产则是绿色科技理论体系在产品生产，尤其是在工业生产中的具体落实。

5. 绿色标准

是由国际标准化组织制定的 ISO 14000 体系，该体系的全称是环境管理工具及体系标准。内容包括：环境管理体系标准（EMS），环境审核标准（EA），环境标志标准（EL），环境行为标准（EPE），生命周期评估标准（LCA），术语和定义，产品标准中的环境指标（EAPSO）。

6. 深绿色技术

随着经济发展和人们生活水平的提高，人均废弃物生产量在不断增加。因此，尽管废物减量化工作取得很大进展，废物的最终处置（深绿色技术）仍具有重要意义。深绿色技术包括资源回收利用，以合理的方式处理废物两个方面。

7. 绿色标志

即环境标志。它的作用是表明符合环保要求和对生态环境无害，经专家委员会鉴定后由政府部门授予。环境标志是以市场调节实现环境保护目标的举措，公众有意识地选择购买环境标识产品，就可以促使企业在生产过程中注意保护环境，减少对环境的污染和破坏，促使企业和生产环境标识产品作为获取经济利益的途径，从而达到预防污染的目的。

联邦德国（前西德）是世界上第一个推行环境标志计划的国家，从 1978 年至今，该国已对国内市场上的 75 类 4500 种以上的产品颁发了环境标志，德国的环境标志成为蓝色天使。1988 年加拿大、日本和美国也开始对产品进行环境论证并颁发类似的标志，加拿大称之为环境的选择，日本则称之为生态标志。绿色标志风靡全球，它提醒消费者，购买商品时不仅要考虑商品的价格和质量，还应当考虑有关的环境问题。

我国自 1993 年 10 月 23 日实行环境标识制度，1994 年 5 月中国环境标识产品认证委员会正式成立，这是我国政府对环境产品实施认证的唯一合法机构。到 1996 年 3 月 20 日，经过严格的检测、认证，中国环境标识产品认证委员会宣布

11 个厂家的 6 类 18 种产品为我国第一批环境标识产品，其中有低氟氯烃的家用制冷器和无铅车用汽油，还有水性涂料，卫生纸，真丝绸和无汞镉铅充电电池等。如青岛海尔集团电冰箱厂于 1990 年推出了一种新型的绿色冰箱，氟氯烃的用量减少了一半。这种冰箱很快就荣获“欧洲生态标志”，打开了销往欧洲的道路。到目前为止，我国有 140 多个企业的 400 余种产品获得了国家环保标志认证。

三、绿色产品

绿色象征着自然、生命、健康、舒适和活力，绿色使人感到如同回归自然。面对环境污染，人们选择绿色作为无污染、无公害和环境保护的代名词，它的自身含义是指无污染、无公害和有助于环境保护的产品，这就是绿色产品的概念。现实意义在于：人们对有益于环境和健康产品的呼吁和欢迎，对于以环境和健康效益为目标，积极利用科学技术的新成果，通过产品设计、生产技术、管理现代化等手段发展绿色产品。

绿色产品包括绿色科技产品和绿色化学产品，或者说包括绿色化学在内的、对环境友好的绿色科技产品都可以称为绿色产品，绿色化学产品是绿色科技产品的重要组成部分。

（一）绿色科技产品

绿色科技产品包括绿色汽车、绿色能源、绿色建筑、绿色冰箱等。

1. 绿色汽车

目前国际上与绿色汽车相类似的叫法有很多，如称之为“环保汽车”或“清洁汽车”等。通常是指那些开发过程无污染，使用健康且安全，不会破坏环境和生态，在特定的技术标准下生产出来的汽车产品。它对汽车生产基地，汽车能源，汽车尾气的要求，对汽车从生产、销售到废品回收的整个过程的要求，以及对环境、生产技术、安全等方面的要求，都有一定的国际标准。虽然叫法不同，但实质上差别不大，都是要求生产健康无污染的汽车，这是一种既追求保护环境，提高汽车安全性，又容易被广大消费者接受的产品。

对绿色汽车的研究主要是动力源的改进，集中表现在对蓄电池电动汽车、燃料电池汽车、太阳能电池的研究。代用燃料汽车开发的基本设想是，使用汽油和柴油以外的燃料，如天然气、醇类、氢等。目前出现的绿色汽车大致分为以下几种。

电动汽车：低耗，低污染，高效率的优势使其在人们面前展现了良好的发展前景，美国把开发电动汽车作为振兴汽车工业的着力点。

天然气汽车：排放大大低于以汽油为燃料的汽车，成本也比较低。这是一种理想的清洁能源汽车。

氢能源汽车：采用氢作为燃料。氢能源电池的原理是利用电分解水时的逆反应，使氢气和空气中的氧气产生的化学反应，产生水和电，从而实现高效率的低温发电，且余热的回收与再利用也简单易行。

甲醇汽车：在煤少、油少的地区值得推广。

太阳能汽车：节约能源，无污染，是最典型的绿色汽车。目前我国太阳能汽车的储备电能、电压等数据和设计水平，已接近或超过了发达国家水平，是一种有望普及推广的新型交通工具。

对环境污染小的新型汽油：壳牌石油公司开发出一种新型汽油，其中含有一种化学物质，使汽油能够充分燃烧，大大减少了有害气体的排放。

当今世界汽车工业的特点是竞争激烈，国际化集约生产趋势明显，少数几家公司正演变为国际性大集团。通用、福特、丰田全球三大汽车公司的汽车产量（轿车）约占世界汽车总量的37%左右，而全球十大汽车公司的轿车产量约占世界汽车总产量的75%。他们实力雄厚，技术先进，代表了世界汽车工业发展方向。一个共同特点是在汽车环境保护方面，做了大量的研究工作，投入了大量人力、物力和财力进行绿色汽车的开发研究。世界上实力雄厚的汽车集团公司如美国的通用、福特、克莱斯勒，日本的丰田、本田、三菱，德国的大众、奔驰，法国的雷诺、雪铁龙，韩国的现代、大宇，意大利的菲亚特和瑞典的沃尔沃等，这些大的汽车公司从汽车使用的能源和资源方面，开发电动汽车（EV）和代用燃料汽车（SFV），改善汽车对环境的污染，提倡使用零污染汽车。在汽车材料和车身结构方面进行全面优化，改善汽车发动机燃烧状况，广泛应用燃油电喷系统，极大地降低了汽车尾气排放。雷诺公司在汽车回收方面也不落人后，在1999年，雷诺公司就建立了“绿色网络”来回收它在欧洲的商业机构产生的废弃汽车。回收再利用、汽车材料可回收性、汽车安全性、降低成本、减轻质量、限制排放跟改善外观一样，都是主要优先考虑的问题，该公司初步回收目标达85%。菲亚特汽车与沃尔沃汽车公司都非常重视汽车回收再利用，并且做了大量工作。绿色汽车就其目前开发而言，大多在汽车所用能源上想了很多办法，如开发天然气汽车（CNGV）、液化石油气汽车（LPGV）以及电动汽车（EV）等，并且在汽车发动机燃烧、汽车尾气排放治理方面开展一些工作，带来很好的经济效益和社会效益。

由于绿色汽车本身具有的优越性，它有着潜在而巨大的汽车市场。绿色汽车的开发是汽车工业新的经济增长点，可使汽车工业真正得到可持续发展。绿色汽车将给人类带来更加灿烂的文明，21世纪将是绿色汽车的世界。

2. 绿色能源

绿色能源也称清洁能源，是环境保护和良好生态系统的象征和代名词。它可分为狭义和广义两种概念。狭义的绿色能源是指可再生能源，如水能、生物能、太阳能、风能、地热能和海洋能。这些能源消耗之后可以恢复补充，很少产生污染。广义的绿色能源则包括在能源的生产及其消费过程中，选用对生态环境低污染或无污染的能源，如天然气、清洁煤和核能等。

大规模地开发利用可再生能源，大力鼓励可再生能源进入能源市场，已成为世界各国能源战略的重要组成部分。

欧盟自 20 世纪 90 年代初开始，就高度重视能源战略。按照欧盟的要求，到 2010 年，其成员国实现可再生能源的消费比例要达到 12%，可再生能源生产的电力提高到发电总量的 22.1%。目前，可再生能源已分别占北欧国家挪威和瑞典能源供应的 45% 和 25%。法国政府多年来一直重视生物能源的开发和利用。法国农业部的公告显示，按照目前的生物能源发展的态势，到 2010 年，法国可再生能源消费能够增加 50%，可再生能源生产的电力达到 21%。

日本在 1973 年第一次石油危机以后，开始推行摆脱对石油依赖的政策，引进天然气和核能。在多样化方面，除了依靠大量采用核能发电取得成效外，风力发电和太阳能发电 2000 年以后在日本被加快普及。

对于能源极度匮乏、所有原油都需要进口的韩国来说，可再生能源的研发更显得重要。韩国能源部此前宣布，在未来 3 年里，韩国公用事业部门将在可再生能源开发领域投入 11 亿美元，用于对抗不断飙升的石油价格和全球变暖带来的影响。

美国的能源政策一直都将促进可再生能源的开发利用以及充分合理利用现有资源作为核心内容。为了扩大可再生能源市场，美国已经要求其联邦机构使用可再生能源的比例，在 2011 年达到总能耗的 7.5%。

中国绿色能源资源丰富，开发利用潜力很大。据测算，在今后二三十年内，具备开发利用条件的可再生能源预计每年可达 8 亿 t 标准煤。

在绿色能源中，太阳能资源取之不尽、清洁安全，是最理想的可再生能源。目前，国际上对太阳能的开发十分重视。到 2003 年底，全国已安装光伏电池约 5 万 kW，我国太阳能热水器使用量和生产量均居世界前列，2003 年使用量为 5200 万 m^2，约占世界 40%，年产量达 1200 万 m^2。据测算，中国拥有可开发太阳能达 1700 亿 t 标准煤。

风能是地球“与生俱来”的丰富资源，加快开发利用风能已成为全球能源界的共识。风能的利用主要是发电，目前风电在全球已发展为年产值超过 50 亿美元的大产业，50 多个国家正积极促进风能事业的发展。中国风力资源十分丰富，国家气象局提供资料显示，我国陆地上 10m 高度可供利用的风能资源为 2.53 亿 kW，陆上 50m 高度可利用的风力资源为 5 亿多 kW。世界公认，海上的风力资源是陆地上的3～5倍，即使按1倍计算，我国海上风力资源也超过5亿kW。我国2003年已建成并网风力发电装机容量57万kW。风电设备制造技术已形成了批量生产能力，全国各地正在建设一批风力发电场。

此外，中国生物质能利用也已起步。目前，中国农村地区拥有户用沼气池1300多万口、年产沼气约33亿m^3，大型沼气场200多处，年产沼气约12亿m^3。生物质能发电装机容量200多万kW，主要以蔗渣、稻壳等农业、林业废物和沼气、垃圾等发电。中国正进行从生物质能制取固体、液体燃料的研究和试验。

我国的"绿色能源"已开始在我国的能源供应中发挥作用，在未来能源构成中更将发挥举足轻重的作用。"绿色能源"领域发展前景广阔，投资潜力巨大。同时更能有效地保护生态环境，功在当代、利在千秋，因此也必将是企业可持续发展的必然选择。

3. 绿色建筑

绿色建筑是指为人们提供健康、舒适、安全的居住、工作和活动空间，同时在建筑全生命周期中（物料生产、建筑规划、设计、施工、运营维护和拆除、回用过程）实现高效率地利用资源（节能、节地、节水、节材），最低限度地影响环境的建筑物。

绿色建筑的基本内涵可归纳为：减轻建筑对环境的负荷，即节约能源及资源；提供安全、健康、舒适性良好的生活空间；与自然环境亲和，做到人及建筑与环境的和谐共处、永续发展。由此可见，绿色建筑是追求自然、建筑和人三者之间和谐统一，并且符合可持续发展要求的建筑。其核心内容是从材料的开采运输、项目选址、规划、设计、施工、运营到建筑拆除后垃圾的自然降解或回收再利用这一全过程，尽量减少能源、资源消耗，减少对环境的破坏；尽可能采用有利于提高居住品质的新技术、新材料。要有合理的选址与规划，尽量保护原有的生态系统，减少对周边环境的影响，并且充分考虑自然通风、日照、交通等因素；要实现资源的高效循环利用，尽量使用再生资源，尽可能采用太阳能、风能、地热、生物能等自然能源；尽量减少废水、废气、固体废弃物的排放，采用生态技术实现废物的无害化和资源化处理；控制室内空气中各种化学污染物质的含量，保证室内通风、日照条件好。

绿色建筑设计理念包括以下几个方面：

（1）节能能源：充分利用太阳能，采用节能的建筑围护结构以及采暖和空调，减少采暖和空调的使用。根据自然通风的原理设置风冷系统，使建筑能够有效地利用夏季的主导风向。建筑采用适应当地气候条件的平面形式及总体布局。

（2）节约资源：在建筑设计、建造和建筑材料的选择中，均考虑资源的合理使用和处置。要减少资源的使用，力求使资源可再生利用。节约水资源，包括绿化的节约用水。

（3）回归自然：绿色建筑外部要强调与周边环境相融合，和谐一致、动静互补，做到保护自然生态环境。

（4）舒适和健康的生活环境：建筑内部不使用对人体有害的建筑材料和装修材料。室内空气清新，温、湿度适当，使居住者感觉良好，身心健康。

绿色建筑的建造特点包括：对建筑的地理条件有明确的要求，土壤中不存在有毒、有害物质，地温适宜，地下水纯净，地磁适中。

绿色建筑应尽量采用天然材料。建筑中采用的木材、树皮、竹材、石块、石灰、油漆等，要经过检验处理，确保对人体无害。

绿色建筑还要根据地理条件，设置太阳能采暖、热水、发电及风力发电装置，以充分利用环境提供的天然可再生能源。

随着全球气候的变暖，世界各国对建筑节能的关注程度正日益增加。人们越来越认识到，建筑使用能源所产生的 CO_2 是造成气候变暖的主要来源。节能建筑成为建筑发展的必然趋势，绿色建筑也应运而生。

4. 绿色冰箱

绿色冰箱是指不使用氟利昂作制冷剂的冰箱。

电冰箱的氟利昂（CFC）发泡剂和制冷剂是破坏臭氧层的有害气体，研制绿色冰箱正成为世界各国关注的问题。隔热材料是指冰箱（钢板）和内箱（ABS树脂）之间箱体夹层的一种保温材料，最常用的是采用隔热性能好的发泡剂制作的泡沫材料。CFC－11 易于发泡，热传导率小，隔热效果好，每台冰箱平均需 1kg 发泡剂 CFC－11。1985 年科学家们首次在南极上空观测到臭氧层空洞，大量使用 CFC 物质，破坏大气臭氧层是对全球环境最严重的威胁之一，全世界发起了对 CFC 的禁用。发达国家已从 1996 年 1 月 1 日起停止使用 CFC－11，发展中国家也将在 2000 年左右停止使用这种物质。目前对 CFC－11 的替代主要有两种方案，即 HCFC－141b 方案和环戊烷方案。HCFC－141b 的 ODP（Ozone Depletion Potential 即臭氧破坏潜能值）小，GWP（即全球升温潜能值）也小，但是，HCFC－141b 中仍含有氯原子，不能够成为 CFC－11 的最终替代物。环戊烷不属于 CFC，对臭氧层没有破坏，但导热系数比 HCFC－141b 高，隔热性能略差。

CFC－12 分子式为 CF_2Cl_2，作为一种安全高效的制冷剂用于电冰箱已有 60 多年历史，每台冰箱平均需要制冷剂约 0.2kg。由于 CFC－12 属于臭氧消耗物质和温室效应气体（CFC－12 的 GWP 为 CO_2 的 7500 倍），同样受到禁用，目前的主要替代物质是 CFC－134a。欧洲从 1992 年开始使用 CFC－134a，采用

CFC－134a后冰箱能耗会增加；欧洲一些企业认识到 CFC－134a 方案带来的麻烦，纷纷转向 R600 替代方案。R600 即异丁烷，分子式为 C_4H_{10}，ODP 和 GWP 均为零，无毒无污染，运行压力低，噪声小，能耗降低 5%～10%，与水不发生化学反应，异丁烷的主要缺点是它的易燃易爆性。

最好的办法是另辟蹊径，干脆将制冷剂和压缩机、冷凝器、蒸发器等统统不要，应用半导体制冷器来制造电冰箱。应用半导体制冷器的绿色电冰箱，不但彻底根治了氟利昂破坏臭氧层的源头，而且它还具有制冷快、体积小、没有机械和管道、无噪声、可靠性高等优点，能方便地实现制冷和制热，有着十分广阔的发展前景。

5. 绿色材料

新材料技术、电子信息技术与生物技术被视为未来的三大高新技术领域，可见材料科学在新技术革命中的地位日趋重要。第一次材料革命，人类开始用岩石制作刀具，将树木削成各种形状制成农具；第二次材料革命，人类从焙烧黏土制成各种容器开始，到 19 世纪末金属材料的大规模工业化生产；第三次材料革命，以 1909 年贝克兰成功地合成酚醛树脂为标志；第四次材料革命，20 世纪 40 年代玻璃纤维的问世，标志着新材料进入可设计阶段。

即将到来的第五次材料革命：目前科学家们正在谋略开发能根据环境变化而改变自身特性的材料——智能材料。材料是技术进步的物质基础，新材料的开发已成为以信息为核心的新技术革命成功与否的关键。谁能最先研究开发具有特定功能的新材料谁就占领了技术、经济、军事的制高点。

现在要发展的是绿色材料，如可降解型材料、超导材料、纳米材料等。

(1) 可降解型材料

有生物降解型和光降解型。生物降解型塑料一般指具有一定机械强度并能在自然环境中全部或部分被微生物或细菌、霉类和藻类分解而不造成环境污染的新型塑料。生物降解的机理主要由细菌或其他水解酶将高分子量的聚合物分解成小分子量的碎片，然后进一步细菌分解为二氧化碳和水等物质。光降解型塑料是指在日光照射或暴露于其他强光源下时，发生裂化反应，从而失去机械强度并分解的塑料材料。制备光降解塑料是在高分子材料中加入可促进光降解的结构或基团，目前有共聚法和添加剂法两种。

(2) 超导材料

是指具有在一定的低温条件下呈现出电阻等于零以及排斥磁力线的性质的材料。现已发现有 28 种元素和几千种合金和化合物可以成为超导体。超导材料具有的优异特性使它从被发现之日起，就向人类展示了诱人的应用前景。但要实际应用超导材料又受到一系列因素的制约，这首先是它的临界参量，其次还有材料制作的工艺等问题。

(3) 纳米材料

根据欧盟委员会的定义，纳米材料是一种由基本颗粒组成的粉状或团块状天然或人工材料，这一基本颗粒的一个或多个三维尺寸在1～100nm之间，并且这一基本颗粒的总数量在整个材料的所有颗粒总数中占50%以上。

(二) 绿色化学产品

绿色化学是指在制造和应用化学产品时应有效利用（最好可再生）原料，消除废物和避免使用有毒的和危险的试剂和溶剂。而今天的绿色化学是指能够保护环境的化学技术，它可通过使用自然能源，避免给环境造成负担、避免排放有害物质。利用太阳能为目的的光触媒和氢能源的制造和储藏技术的开发，并考虑节能、节省资源、减少废弃物排放量。

传统的化学工业给环境带来的污染已十分严重，目前全世界每年产生的有害废物达3亿～4亿t，给环境造成危害，并威胁着人类的生存。严峻的现实使得各国必须寻找一条不破坏环境，不危害人类生存的可持续发展的道路。化学工业能否生产出对环境无害的化学品？甚至开发出不产生废物的工艺？绿色化学的口号最早产生于化学工业非常发达的美国。1990年，美国通过了一个“防止污染行动”的法令。1991年后，“绿色化学”由美国化学会（ACS）提出并成为美国环保署（EPA）的中心口号，并立即得到了全世界的积极响应。

绿色化学产品的起始原料应来自可再生的原料，如农业废弃物，而产品本身必须不会引起环境或健康问题，包括不会对野生生物、有益昆虫或植物造成损害；当产品被使用后，应能循环再生或易于在环境中降解为无害物质。现介绍几种重要的绿色化学产品。

(1) 绿色溶剂

超临界二氧化碳（CO_2）正成为一种“绿色”的化学替代物，是环保上可以接受的有机溶剂的替代物，它已在咖啡胶、咖啡因、废水处理和化学分析等方面得到应用，并正被考虑用于生产高聚物、生产药品和土壤污染治理等方面。超临界是一种更快速、更具选择性的溶剂萃取，是指在30～45min内萃取各种目的化合物的一整套方法。超临界CO_2萃取物较干净，溶剂用量少，如惠普公司生产的两种超临界液相萃取仪，就具有此特点。

(2) 新型绿色燃料

生物柴油把植物油加工成高脂酸甲烷，成功地开发了与各种型号的柴油具有同等性能的“生物柴油燃料”。生物柴油燃料是用菜油或油脚加工而成。根据化学成分分析，生物柴油燃料是一种高脂酸甲烷，它是以不饱和油酸C18为主要成分的甘油分解而成的，其生产工艺主要分为三个阶段：产生酒精、中和、洗涤干燥，其中甲醇作为一种原料在生产过程中不断再生，使之得到充分利用，生产过程中可产生10%的副产品（甘油）。

生物柴油具有以下优势：用农产品来保证能源供应，可摆脱对石油的单纯依赖；种植油菜，土地可轮作，有利于改善土质；生产过程中的各种副产品，如卵磷脂、甘油、油酸等均可进一步利用，有重要的环保和保健意义。生产生物柴油时，平均1t脱胶菜籽油或油脚可产出960kg生物柴油。

(3) 绿色肥料

燃煤电厂排放的粉煤灰逐年增多，目前年排放量已达1.6亿t，粉煤灰不仅严重污染环境，而且灰场占用土地也日益增加，灰渣处理费用已日益成为燃煤厂的沉重负担。对粉煤灰加以研究利用、扬长避短是解决粉煤灰处理处置的重要途径。粉煤灰中含有一定的铁磁物质和矿物质，如果再加入一定比例的营养物质（如N、P、K等），经过磁化处理，就可以制成一种优质高效的农用肥料——磁性化肥。

我国磁性肥料的年产量已经达到70万t以上。按每亩施肥50kg，增产粮食15%计算，一座年产4万t的磁性肥料工厂，可解决80万亩耕地一季农作物对化肥的需求量，并可增产粮食1.6亿斤，创造社会效益8000多万元。

(4) 新型材料

甲壳素及其衍生物又称甲壳质，在自然界约有1000亿t，资源之丰富仅次于纤维素，主要原料是水产品加工废弃的蟹壳和虾壳。21世纪将是甲壳质的时代，采用甲壳质作为原料，将之用作食品添加剂具有爽口的甜味，随着聚合度的增大，甜味、吸湿性、溶解度降低，可调节食品的保水性和水分活性。在医学上，用甲壳质制作的手术线强度好、不过敏、能被人体吸收，解除拆线造成的痛苦；甲壳质还可用作人造皮肤，可与创伤贴服良好，具有柔软舒适、止痛止血功能；在化学与环保中，利用壳聚糖的螯合作用可有效地吸附或捕集溶液中的重金属离子。壳聚糖还可用作絮凝剂，处理城市污水及工业废水，有助于处理后剩余污泥的脱水，用壳聚糖絮凝剂沉淀的污泥脱水性能良好，是一种很有发展前景的污水处理剂。甲壳质粉末是制作干洗发剂的理想物质，甲壳质地膜具有伸缩性小、湿润状态下有足够的强度、在土壤中能分解的性能，是很有发展前途的地膜材料。壳聚糖制成的膜分离材料可以透过尿素、氨基酸等有机低分子，是一种理想的人工肾用膜。

(5) 催化剂开发

催化剂可分为生物催化剂和化学催化剂等多种大类。催化剂的发展与开发趋势是从有害到低害或无害，在复杂聚合物的合成和改性方面，生物催化剂——酶的优点特别明显，酶催化可用于制作聚酯、聚丙烯酸、多糖、聚酚等其他多聚物。

总之，绿色化学的研究已成为国外企业、政府和学术界的重要研究与开发方向。这对我国既是严峻的挑战，也是难得的发展机遇。

复习思考题

一、名词解释

清洁生产　清洁生产的审核　绿色技术　ISO14000　绿色能源　绿色建筑

二、问答题

1. 叙述清洁生产主要内容所包含的三个方面。
2. 清洁生产审核的原则是什么？
3. 清洁生产评价方法是如何进行的？
4. 清洁生产实施的五个阶段是怎样的？实施途径又是怎样的？
5. 清洁生产与ISO14000的关系是怎样的？
6. 绿色技术的内容有哪些？
7. 绿色技术的特征与理论体系包括哪些？
8. 举例说明绿色科技产品是如何体现绿色的。

拓展阅读材料　卡伦堡模式

丹麦的卡伦堡生态园是世界生态工业园建设的创始者，它自20世纪70年代开始建立，已经稳定运行了30多年。卡伦堡生态园已成为世界生态工业园建设的典范。

卡伦堡是一个仅有两万居民的小工业城市。最初，这里建造了一座火力发电厂和一座炼油厂，数年之后，卡伦堡的主要企业开始相互间交换“废料”：蒸汽、（不同温度和不同纯净度的）水以及各种副产品，逐渐自发地创造了一种“工业共生体系”，成为生态工业园的早期雏形。

在卡伦堡工业共生体系中主要有五家企业、单位：阿斯耐斯瓦尔盖（Asnaesvaerket）发电厂，这是丹麦最大的火力发电厂，发电能力为150万kW，最初使用燃油发电，第一次石油危机后改用煤炭，雇佣600名职工；斯塔朵尔（Statoil）炼油厂，丹麦最大的炼油厂，年产量超过300万t，消耗原油500多万t，有职工290人；挪伏·挪尔迪斯克（Novo Nordisk）公司，丹麦最大的生物工程公司，也是世界上最大的工业酶和胰岛素生产厂家之一，设在卡伦堡的工厂是该公司最大的分厂，有1200名员工；吉普洛克（Gyproc）石膏材料公司，这是一家瑞典公司，年产1400万m^2的石膏建筑板材，拥有175名员工；卡伦堡市政府，它使用发电厂出售的蒸汽给全市供暖。这五家企业、单位相互间的距离不超过数百米，由专门的管道体系连接在一起。此外，工业园内还有硫酸厂、水泥厂、农场等企业参与到了工业共生体系中。

由于进行了合理的链接，能源和副产品在这些企业中得以多级重复利用。这些企业以能源、水和废物的形式进行物质交易，一家企业的废弃物成为另一家企业的原料：发电厂建造了一个25万m^3的回用水塘，回用自己的废水，同时收集地表径流，减少了60%的用水量。自1987年起，炼油厂的废水经过生物净化处理，通过管道向发电厂输送，作为发电厂冷却发电机组的冷却水。发电厂产生的蒸汽供给炼油厂和制药厂（发酵池），同时，发电厂也把蒸汽出售给石膏厂和市政府，它甚至还给一家养殖场提供热水。发电厂一年产生的7万t飞灰，被水泥厂用来生产水泥。

1990年，发电厂在一个机组上安装了脱硫装置，燃烧气体中的硫与石灰发生反应，生成石膏（硫酸钙）。这样，发电厂每年可多生产10万t石膏，由卡车送往邻近的吉普洛克石膏材料厂，石膏厂因此可以不再进口从西班牙矿区开采来的天然石膏。

炼油厂生产的多余燃气，作为燃料供给发电厂，部分替代煤和石油，每年能够使发电厂节约煤3万t，节约石油1.9万t。同时这些燃气还供应给石膏材料厂用于石膏板生产的干燥之用。

制药厂利用玉米淀粉和土豆粉发酵生产酶，发酵过程中产生富含氮、磷和钙质的固体、液体生物质，采用管道运输或罐装运送到农场作为肥料。

据了解，卡伦堡16个废料交换工程投资计6000万美元，而由此产生的效益每年超过1000万美元，取得了巨大的环境效益和经济效益。

第十章　可持续发展战略

本章要点

可持续发展是科学发展观的基本要求之一。本章主要介绍了可持续发展的理论的形成、可持续发展战略的内涵与指标体系、我国可持续发展战略等。通过本章的学习，要求重点掌握可持续发展的基本理论内涵并能够理解我国实施可持续发展战略的发展思路。

第一节　可持续发展理论的形成

一、可持续发展概念的提出

可持续发展概念的提出，是对人类几千年发展经验教训的反思，特别是对工业革命以来发展道路的总结。

1972 年 6 月在瑞典首都斯德哥尔摩召开了有 114 个国家代表参加的人类环境大会。这次会议通过了著名的《人类环境宣言》，也称《斯德哥尔摩宣言》，它标志着人类开始正视环境问题。《人类环境宣言》强调保护环境、保护资源的迫切性，也认同发展经济的重要性。虽然人们在当时对环境与发展的关系的认识还不是很成熟，但这份宣言标志着人类已经开始正视发展中的环境问题。

1980 年，由国际自然资源保护联合会、联合国环境规划署和世界自然基金会共同出版了《世界自然保护战略：为了可持续发展的生存资源保护》一书。该书第一次明确将可持续发展作为术语提出。该书指出："持续发展依赖于对地球的关心，除非地球上的土壤和生产力得到保护，否则人类的未来是危险的。"

1983 年 12 月，联合国授权挪威首相布伦特兰夫人为主席，成立了世界环境与发展委员会，负责制定世界实现可持续发展长期环境政策，以及将对环境的关心变为在发展中国家间进行广泛合作的方法。该委员会于 1987 年 2 月在日本东京召开的第八次委员会上通过了一份报告《我们共同的未来》，即布伦特兰报告。该报告明确指出，环境问题只有在经济和社会持续发展之中才能得到真正的解决。该报告首次给出了可持续发展的定义："是能够满足当前的需要又不危及下一代满足其需要的能力的发展。"

1991年，国际自然联合会等三家机构又联合推出了一份题为《关心地球：一项持续生存的战略》的报告。该报告从保护环境和环境与发展之间关系角度，对建立可持续发展的社会的主要原则和行动做了详细的分析与论述。

1992年巴西里约地球问题首脑会议上，国际社会通过了《21世纪议程》，这是第一份可持续发展全球行动计划。《21世纪议程》确立了2500多条各式各样的行动建议，包括如何减少浪费性消费、消除贫穷、保护大气层、海洋和生物多样性以及促进可持续农业的详细建议。

整个国际社会在1992年里约地球问题首脑会议上通过了《21世纪议程》，这是一个前所未有的全球可持续发展计划，国际社会也商定了《关于环境与发展的里约宣言》，是一个界定国家权利和义务的原则，并议定了《森林原则声明》、《生物多样性公约》、《气候变化框架公约》。《21世纪议程》是将环境、经济和社会关注事项纳入一个单一政策框架的具有划时代意义的成就。其中载有2500余项囊括领域极广的行动建议，包括如何减少浪费和消费形态、扶贫、保护大气、海洋和生活多样化，以及促进可持续农业的详细提议。后又经联合国关于人口、社会发展、妇女、城市和粮食安全的各次重要会议予以扩充并加强。

2000年联合国千年首脑会议上，大约150名世界领导人签署协议，确定了一系列有时效的指标，包括把全世界收入少于一天一美元的人数减半，以及把无法取得安全饮水的人数比率减半。

2002年的南非约翰内斯堡可持续发展会议是里约会议以来最重要的一次会议。2001—2002年间，全球筹备委员会为制定这次会议的议程及为其成果形成共识，先后举办了四次会议，第四次是在印尼巴里的部长级会议。2001年世界每个区域都举行了政府间分区域的区域筹备委员会会议。约翰内斯堡首脑会议是一个重要的机会，它将要求各国采取具体步骤，并更好地执行《21世纪议程》的量化指标。

二、可持续发展的科学定义

由于可持续发展涉及自然、环境、社会、经济、科技、政治等诸多方面，所以，由于研究者所站的角度不同，对可持续发展所作的定义也就不同。

（一）侧重于自然方面的定义

"持续性"一词首先是由生态学家提出来的，即所谓"生态持续性"

(ecoldgical sustainability)，意在说明自然资源及其开发利用程序间的平衡。1991年11月，国际生态学联合会（INTECOL）和国际生物科学联合会（IUBS）联合举行了关于可持续发展问题的专题研讨会。该研讨会的成果发展并深化了可持续发展概念的自然属性，将可持续发展定义为："保护和加强环境系统的生产和更新能力"，其含义为可持续发展是不超越环境系统更新能力的发展。

（二）侧重于社会方面的定义

1991年，由世界自然保护同盟（INCN）、联合国环境规划署（UN-EP）和世界野生生物基金会（WWF）共同发表《保护地球——可持续生存战略》(Caring for the Earth：A Strategy for Sustainable Living)，将可持续发展定义为"在生存于不超出维持生态系统涵容能力之情况下，改善人类的生活品质"，并提出了人类可持续生存的九条基本原则。

（三）侧重于经济方面的定义

爱德华-B·巴比尔（Edivard B. Barbier）在其著作《经济、自然资源：不足和发展》中，把可持续发展定义为"在保持自然资源的质量及其所提供服务的前提下，使经济发展的净利益增加到最大限度"。皮尔斯（D-Pearce）认为："可持续发展是今天的使用不应减少未来的实际收入"，"当发展能够保持当代人的福利增加时，也不会使后代的福利减少"。

（四）侧重于科技方面的定义

斯帕思（Jamm Gustare Spath）认为 ：" 可持续发展就是转向更清洁、更有效的技术——尽可能接近'零排放'或'密封式'工艺方法——尽可能减少能源和其他自然资源的消耗。"

（五）综合性定义

《我们共同的未来》中对"可持续发展"定义为："既满足当代人的需求，又不对后代人满足其自身需求的能力构成危害的发展"。与此定义相近的还有："所谓可持续发展，就是既要考虑当前发展的需要，又要考虑未来发展的需要，不要以牺牲后代人的利益为代价来满足当代人的利益。"

1989年"联合国环境发展会议"（UNEP）专门为"可持续发展"的定义和战略通过了《关于可持续发展的声明》，认为可持续发展的定义和战略主要包括四个方面的含义：①走向国家和国际平等；②要有一种支援性的国际经济环境；③维护、合理使用并提高自然资源基础；④在发展计划和政策中纳入对环境的关注和考虑。

总之，可持续发展就是建立在社会、经济、人口、资源、环境相互协调和共同发展的基础上的一种发展，其宗旨是既能相对满足当代人的需求，又不能对后代人的发展构成危害。

可持续发展注重社会、经济、文化、资源、环境、生活等各方面协调“发展”，要求这些方面的各项指标组成的向量的变化呈现单调增态势（强可持续性发展），至少其总的变化趋势不是单调减态势（弱可持续性发展）。

三、可持续发展的基本原则

（一）公平性原则

公平性原则是指各种主体在使用资源与环境的需求上具有平等的权利。然而，在人类需求方面存在很多不公平因素。可持续发展的公平性原则包括两方面的内容：本代人之间的公平性；代际之间的公平性。

可持续发展满足全体人民的基本需求和给全体人民机会以满足他们要求较好生活的愿望。要给世界以公平的分配和公平的发展权，要把消除贫困作为可持续发展进程特别重要的问题来考虑。富裕发达的国家或地区不应当利用自己的技术优势和经济优势，通过不平等的方式掠夺贫困国家的资源，从而达到更多地占有和使用资源的目的，否则将会加大国家或地区之间的贫富差异。

环境不仅是当代人的，也是未来人的，未来人与当代人具有同等的环境使用权。所以当代人对未来人能否拥有与当代人基本相同或更好的环境条件，拥有重要的责任。这一代不要为自己的发展与需求而损害后代人为满足其需求而需要的环境条件。

有一种说法是，“如果连当代人的温饱都解决不了，还谈什么子孙后代的生存与发展?”这是人类在处理自身代际公平和代内公平问题时经常遇到的问题，是一种表面上看起来具有合理逻辑的观点。但是，其致命的错误是，把当代人温饱问题的解决简单地理解为对自然的无偿占有（对透支后代人的资产来说是无偿的，对向自然索取而不给予自然补偿的行为来说也是无偿的），以为不发挥人统治自然的主观能动性，就不能实现当代人的温饱。而且，这种观点也为人类无止境的贪欲的满足提供了借口。

（二）持续性原则

持续性原则指资源的永续利用和生态环境的可持续性。布伦特兰夫人在论述可持续发展“需求”内涵的同时，还论述了可持续发展的“限制”因素，可持续发展不应损害支持地球生命的自然系统：大气、水、土不能超越资源与环境的承载能力。

为了未来人能够拥有可以满足其基本利益的资源，当代人应当对资源（不可再生资源和再生资源）的开发利用采取节约的原则。在生产上，当代人应通过改进或改革生产工艺等途径提高资源的利用率；在生活上，当代人应节俭简朴，防止铺张浪费，尽可能地使用环保产品。这一原则本质上是道义的，但在现实社会必须经济化或法制化才可以实行。

（三）共同性原则

共同性原则指的是人类要共同促进自身之间和自身与自然之间的协调。可持续发展作为全球发展的总目标，所体现的公平性和持续性原则是共同的。并且，实现这一总目标，必须采取全球共同的联合行动。布伦特兰夫人在《我们共同的未来》的前言中写道："今天我们最紧迫的任务也许是要说服各国认识回到多边主义的必要性"，"进一步发展共同的认识和共同的责任感，这是这个分裂的世界十分需要的"。

第二节　可持续发展战略的内涵与指标体系

一、可持续发展的实质

可持续发展的实质为：

（1）可持续发展鼓励经济增长，因为它体现国家实力和社会财富。可持续发展不仅重视增长数量，更追求改善质量、提高效益、节约能源、减少废物，改变传统的生产和消费模式，实施清洁生产和文明消费。

（2）可持续发展要以保护自然为基础，与资源和环境的承载能力相协调。因此，发展的同时必须保护环境，包括控制环境污染，改善环境质量，保护生命支持系统，保护生物多样性，保持地球生态的完整性，保证以持续的方式使用可再生资源，使人类的发展保持在地球承载能力之内。

（3）可持续发展要以改善和提高生活质量为目的，与社会进步相适应。可持续发展的内涵均应包括改善人类生活质量，提高人类健康水平，并创造一个保障人们享有平等、自由、教育、人权和免受暴力的社会环境。可持续可总结为三个特征：生态持续、经济持续和社会持续，它们之间互相关联而不可分割。孤立追求经济持续必然导致经济崩溃；孤立追求生态持续不能遏制全球环境的衰退。生态持续是基础，经济持续是条件，社会持续是目的。人类共同追求的应该是自然经济社会复合系统的持续、稳定、健康发展。

从环境与发展的角度看，可持续发展的实质可简单归纳为：对可更新的资源的开发利用速度不超过其更新速度；对不可更新的资源的开发利用速度不超出其可更新替代物的开发速度；污染物的排放总量（包括累积量）不超过环境容量。

从可持续发展的产生及其基本内容中，不难引申出可持续发展的伦理内涵，不管是适度开发、代内与代际公平，还是公众参与环境保护，等等，不难发现，可持续发展的核心伦理内涵仍然是指向人与人之间的，仍然是一种基于调整人与人之间关系的人际伦理，同传统的人类中心主义相比，是一种认识或意识上的进步，但它仍然是一种弱化的人类中心主义。可以这样说，可持续发展是为了明智而有效地利用自然资源，它的目标仅仅是为了人类的长远利益而控制自然并让其为人类提供永久的物质利益的保障。

二、可持续发展的基本理论内涵

可持续发展的概念，从理论上结束了长期以来把发展经济和保护资源相对立起来的错误观点，并明确指出二者应是相互联系和互为因果。发展经济和提高生活质量是人类追求的目标，它需要自然资源和良好的生态环境为依托。忽视了对资源的保护，经济发展就会受到限制，没有经济的发展和人民生活质量的改善，特别是最基本的生活需要的满足，也就无从谈起资源和环境的保护，因为一个持续发展的社会不可能建立在贫困、饥饿和生产停滞的基础上。因此，一个资源管理系统所追求的，应该包括生态效益、经济效益和社会效益的综合并把系统的整体效益放在首位。

可持续发展是新千年全世界最重要的话题之一，并成为国家最高决策层思考的不可或缺的重要议程，因为这直接关系到人类文明的延续。然而，迄今为止，我们所拥有的全部理论和方法，还远不能恰当反映和解释我们面对的重大问题。这一方面反映了可持续发展问题复杂性；另一方面也意味着我们这一代人所肩负的责任重大。

1. 传统国民生产总值（GNP）的修正

在传统的 GNP 核算中，并未将自然资源和环境损耗计入经济发展的成本，环境影响通常没有相应的市场表现形式。按照可持续发展的观点，应该将所发生的任何环境损失进行价值评估并从 GNP 中扣除。

2. 建立自然资源账户

建立一个国家或一个地区的自然资源账户，主要目的是摸清当前的自然资源情况，为自然资源的增减变化的计算提供基础数据。

3. 引入可持续收入的概念

衡量一个国家和地区的可持续发展水平和能力，必须考虑其全部资本存量的大小及其变化，只有当全部的资本存量随时间保持不变或增长时，这种发展才是可持续的。

可持续收入＝GNP－生产资本－人力资本－自然资本－各种资本的折旧

4. 产品价格与投资的评估

为了全面反映环境资本的价值，产品价格必须完整地反映三部分成本：资源开发成本、与资源使用有关的环境成本和当代人造成对后代人的效益损失。

可持续发展的基本理论，尚处于探索和形成之中。目前已具雏形的流派大致可分为以下几种：资源永续利用理论、外部性理论、财富代际公平分配理论和三种生产理论。

（一）资源永续利用理论

资源永续利用理论流派的认识论基础在于：认为人类社会能否可持续发展决定于人类社会赖以生存发展的自然资源可否被永远地利用下去。基于这一认识，该流派致力于探讨使自然资源得到永续利用的理论和方法。

资源可持续利用的两个概念：

1. 最低安全标准

1952年美国经济学家西里阿希-旺特卢普在《资源保护：经济学与政策》一书中提出了自然保护的最低安全标准的概念。1978年毕晓普发表的《濒危物种与确定性：最低安全标准经济学》中发展了这一概念。1989年世界银行资深经济学家赫尔曼-戴利将最低安全标准规定为三条：社会使用可再生资源的速度，不得超过再生资源的更新速度；社会使用不可再生资源的速度，不得超过作为其替代品的开发速度；社会排放污染物的速度，不得超过环境对污染物的吸收能力。

2. 代际公平

代际公平的概念最早是佩基提出的，得到了社会的普遍接受。他认为：必须对传给下一代人的资源基础予以保护，尚未出身的子孙后代没有发言权，保持资源基础的完整无缺是我们这代人的伦理标准。

（二）外部性理论

外部性理论流派的认识论基础在于：认为环境日益恶化和人类社会出现不可持续发展现象和趋势的根源，是人类迄今为止一直把自然（资源和环境）视为可以免费享用的公共物品，不承认自然资源具有经济学意义上的价值，并在经济生活中把自然的投入排除在经济核算体系之外。基于这一认识，该流派致力于从经济学的角度探讨把自然资源纳入经济核算体系的理论和方法。

（三）财富代际公平分配理论

财富代际公平分配理论流派的认识论基础在于：认为人类社会出现不可持续发展现象和趋势的根源是当代人过多地占有和使用本应该属于后代人的财富，特别是自然财富。基于这一认识，该流派致力于探讨财富在代际之间能够得到公平分配的理论和方法。

（四）三种生产理论

三种生产理论流派的认识论基础在于：人类社会可持续发展的物质基础在于

人类社会和自然环境组成的世界系统中物质的流动是否畅通并构成良性循环。他们把人与自然组成的世界系统的物质运动分为三大“生产”活动，即人的生产、物资生产和环境生产。基于这一认识该流派致力于探讨三大生产活动之间和谐运行的理论和方法。

发展本来就应该是可持续的，否则就不能称之为“发展”。只是过去人们把发展一词局限于经济领域，所以今天才必须在发展一词前加以“可持续”字样，以示与传统发展概念的区别。虽然世界环境和发展委员会（WECD）对可持续发展的定义作了明确阐述，但在操作上有些困难。这种定义似乎是更多反映了人类对美好理想的追求和表达。

人和环境组成的世界系统，在基本的物质运动的层次上，可以抽象为三种“生产活动”——物资生产、人的生产和环境生产——呈环状联接在一起的结构（图 10－1）。

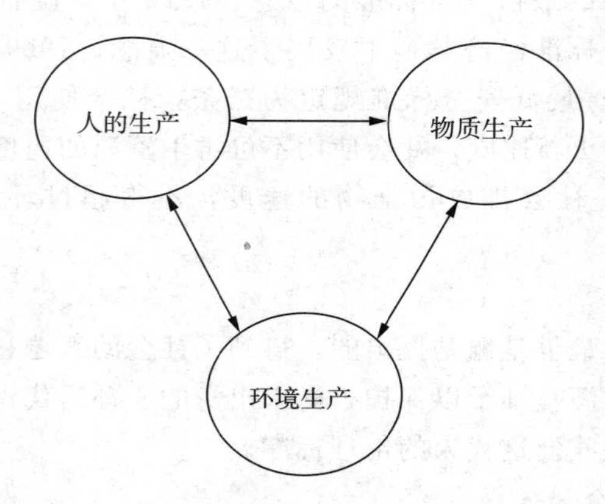

图 10－1　三种生产之间的关系示意图

三种生产理论认为，这三种生产活动构成一个整体，物质在这个环状结构中循环运动。如果任何一种物质在这个系统中的流动受阻，都会危害世界系统和谐运动与持续发展。反过来或者可以说，人与环境的和谐程度取决于物质在这三种生产之间流动的畅通程度。

三、可持续发展的指标体系

（一）指标的定义和特征

指标是一个词语，指的是衡量目标的单位或方法。所有指标都必须具有两个要素：一是要尽可能地把信息定量化，使信息清楚明了；二是要能够简化那些反映复杂现象的信息，即使所表征的信息具有代表性，又便于人们了解和掌握。

数量指标：用于反映总体单位数目和标志，统称为数量指标。总量指标用绝对数表示，并且要有数量单位。

质量指标：把相应的数量指标进行对比，可以得到一定的派生指标，以反映现象达到的平均水平或相对水平，这就是质量指标。质量指标是总量指标派生指标，用相对数或平均数表示，以反应现象之间的内在联系和对比关系。

质量指标指数编制原理与数量指标的编制原理相同，只是同度量因素的固定时期不同。

（二）建立可持续发展指标体系的目标与原则

1. 建立指标体系的目标

通过建立指标体系，构建评估系统，监测和揭示区域发展过程中的社会问题和环境问题，分析各种结果的原因，评价可持续发展水平，引导政府更好地贯彻可持续发展战略，同时为区域发展趋势的研究和分析，为发展战略和发展规划的制定提供科学依据。

2. 建立指标体系的原则

可持续发展水平的实际测度是一个多侧面、多层次的复杂问题，因而，可持续发展指标体系也必然是一个由多方面、具有不同性质、特性的指标组成的复杂体系，它们之间相互关联，从而使整个指标具有多方面的评价和分析功能。为了确保指标体系的科学性和合理性，在制定过程中必须遵守一些基本原则，以区别于一般的经济指标。

国内外专家学者对建立可持续发展的指标体系的原则有不同的说法，归纳起来比较典型的有：

（1）科学性原则

可持续发展指标体系必须遵守可持续发展的原理，采用科学的方法和手段，确立的指标必须是能够通过观察、测试、评议等方式得出明确结论的定性或定量指标，同时所设指标应客观地表述可持续发展的实际。

（2）层次性原则

层次性是指指标体系自身的多重性。由于可持续发展涵盖的多层次性，指标体系也是由多层次结构组成，反映出各层次的特征。一是指标体系应选择一些指标从整体层次上把握评价目标的协调程序，以保证评价的全面性和可信度。二是在指标设置上按照指标间的层次递进关系，尽可能体现层次分明，通过一定的梯度，能准确反映指标间的支配关系。

（3）相关性原则

可持续指标应综合性表述资源、经济、社会和环境各要素可持续发展的关联性。这些要素之间有着多种结构联系、领域交叉、跨学科综合，所以，可持续发展指标体系要考虑周全、统筹兼顾，通过多参数、多标准、多尺度分析，衡量、确立出指标体系。

（4）简明性原则

指标的信息量及语言表达应该具体、简明，可操作性强。首先，指标要简化，方法要简便。评价指标体系要繁简适中，计算评价方法简便易行。其次，数据要易于获取。评价指标所需的数据易于采集，无论是定性评价指标还是定量评价指标，其信息来源渠道必须可靠，并且容易取得。否则，评价工作难以进行或代价太大。

（三）可持续发展指标体系框架

1. 驱动力—状态—响应框架的概念

驱动力指标：反映的是对可持续发展有影响的人类活动、进程和方式，即表明环境问题的原因。

状况指标：衡量由于人类行为而导致的环境质量或环境状态的变化，即描述可持续发展的状况。

响应指标：是对可持续发展状况变化所做的选择和反应，即社会及其制度机制为减轻诸如资源破坏所做的努力。

2. 可持续发展指标体系框架的设计

可持续发展指标体系的功能：能够描述和表征出某一时刻发展的各个方面的状况；能够描述和反映出某一时刻发展的各个方面的变化趋势；能够描述和体现发展的各个方面的协调程度。

可持续发展的指标体系反映的是社会—经济—环境之间的相互作用关系，即三者之间的驱动力—状态—响应关系。

可持续发展指标体系应该包括全球、国家、地区以及社会四个层次，他们分别涵盖以下几个方面：

社会系统：主要有科学、文化、人群福利水平或生活质量等社会发展指标，包括食物、住房、居住环境、基础设施、就业、卫生、教育、培训、社会安全等。

经济系统：包括经济发展水平、经济结构、规模、效益等。

环境系统：包括资源存量、消耗、环境质量等。

制度安排：包括政策、规划、计划等。

（四）联合国可持续发展指标体系

联合国可持续发展指标体系由以下几点构成：

（1）驱动力指标

主要包括就业率、人口净增长率、成人识字率、可安全饮水的人口占总人口的比率、运输燃料的人均消费量、人均实际 GDP 增长率、GDP 用于投资的份额、矿藏储量的消耗、人均能源消费量、人均水消费量、排入海域的氮、磷量、土地利用的变化、农药和化肥的使用、人均可耕地面积、温室气体等大气污染物排放量等。

(2) 状态指标

主要包括贫困度、人口密度、人均居住面积、已探明矿产资源储量、原材料使用强度、水中的BOD和COD含量、土地条件的变化、植被指数、受荒漠化、盐碱和洪涝灾害影响的土地面积、森林面积、濒危物种占本国全部物种的比率、二氧化硫等主要大气污染物浓度、人均垃圾处理量、每百万人中拥有的科学家和工程师人数、每百户居民拥有电话数量等。

(3) 响应指标

主要包括人口出生率、教育投资占GDP的比率、再生能源的消费量与非再生能源消费量的比率、环保投资占GDP的比率、污染处理范围、垃圾处理的支出、科学研究费用占GDP的比率等。

第三节　我国可持续发展战略

一、我国可持续发展历程

我国可持续发展的思想源远流长，但由于人口的增长、经济的发展等原因，这种思想并没有很好地贯彻落实，才使环境逐渐恶化。现在，我们必须吸取历史的教训，重视环境保护，并落实到实际行动中。可持续发展是20世纪80年代提出的一个新的发展观。它的提出是应时代的变迁、社会经济发展的需要而产生的。我国十分重视通过国家发展计划实施可持续发展战略。1981年10月，国务院批准了《国家建委关于开展国土整治工作的报告》(1981年8月)，这是我国第一个全面、系统考虑环境资源开发、利用、保护、治理的相互关系，并将这几个方面结合起来的国家级政策文件。1994年7月4日，我国政府发布了我国的第一个国家级可持续发展战略——《中国21世纪议程——中国21世纪人口、环境与发展白皮书》，系统地论述了我国经济、社会与环境的相互关系，构筑了一个综合性的、长期的、渐进的实施可持续发展战略的框架。1995年9月28日党的十四届五中全会通过的《中共中央关于制定国民经济和社会发展“九五”计划和2010年远景目标的建议》和其后八届人大四次会议通过的《国民经济和社会发展“九五”计划和2010年远景目标纲要》中，可持续发展战略作为重要目标的内容，得到了具体体现。“九五”计划明确提出可持续发展是中国推进现代化建设的重大战略，生态建设与环境保护投资达到3800亿元，比上一个五年计划期间增长了1.75倍。"十五"计划具体提出了可持续发展各领域的阶段目标，并专门编制和组织实施了生态建设和环境保护重点专项规划。除此之外，在社会和经济的其他领域也都全面地体现了可持续发展战略的要求。通过实施可持续发展战略，促进了国民经济的持续、快速、健康发展。产业结构调整取得了积极进展；人口过快增长的势头得到了控制；单位GDP的资源消耗和污染物排放量降低。我国的社会经济发展虽然取得了巨大成就，但我国仍然是发展中国家，经济发展还没有摆脱粗放型增长方式，人口、资源、环境的压力始终存在。因此，我们要继续坚持以人为本，以人与自然和谐为主线，以发展经济为核心，以提高人民群众生活质量为根本出发点，以科技和体制创新为突破口，不断提高综合国力和竞争力，全面推进经济、社会与人口、资源、环境的持续协调发展，为在本世纪中叶基本实现现代化奠定坚实的基础。

二、我国实施可持续发展战略的发展思路

我们进行可持续发展研究或提出解决实际问题的对策，都需要对相关的诸因素进行考察和综合分析，找出诸因素的本质联系，以经济、社会、科技与人口、资源、环境的协调发展为目标，在保持经济快速增长的前提下，实现资源的综合利用和可持续发展，改善生态和环境质量，大力发展清洁工业和生态农业，探索地方可持续发展模式，建立资源节约型可持续发展的经济体制，推动可持续发展进程，从中得出诸因素相结合的最佳结论（联系点、侧重点、结合途径等），用以指导经济实践，促进国民经济走向整体优化。为了达到国民经济整体优化、不断提高综合经济效益、协调人口、资源、环境协调发展，最终实现经济可持续发展的目标，当前应着重抓好以下几点。

1. 坚持可持续发展的新观念，正确处理经济建设与人口、资源、生态、环境的关系

2002年8月26日至9月4日，联合国可持续发展世界首脑会议在南非约翰内斯堡举行，这次会议通过了10年前巴西里约热内卢宣言的《执行计划》和作为本次大会政治宣言的《约翰内斯堡可持续发展承诺》，与会各国首脑重申了对于实施可持续发展的郑重承诺，并为实现全球可持续发展注入新的活力。《中国国民经济和社会发展第十一个五年计划纲要》中再一次强调"坚持经济和社会协调发展"是一条重要的基本指导方针，明确"要高度重视人口、资源、生态环境问题，抓紧解决好粮食、水、石油等战略资源问题，把贯彻可持续发展战略提高到一个新的水平。"这就是说，这个"新阶段"或"新的水平"要以经济繁荣、内外开放、结构优化、布局合理、资源节约、环境优美、人口适度、效益良好、

持续发展为目标。观念是行动的先导，更新观念不仅是领导者的需要，更是全体国民的需要。没有全社会新的共识和协调行动，经济的可持续发展只能是一句空话。人类社会的进步，要求人们科学地认识“发展”这一永恒的范畴。首先，明确“发展”是一个全面性的范畴。当代的发展绝不是唯经济的发展，而是包括经济、社会、人口、文化、科技、教育、环境等全面而协调的发展。第二，明确“发展”是一个持续性的范畴。当代的发展绝不是一代人、几代人的发展，而是指在保持对资源和环境持续利用基础上使当代人和子孙后代能够永续下去的发展。我们亟须唤起全社会自觉地爱护自然、保护环境的理念，在行动上时时刻刻都关注自然、经济、社会的协调发展。

第十届全国人民代表大会第五次会议于2007年3月5日至16日在北京隆重举行，国务院总理温家宝向大会作政府工作报告。政府工作报告中明确指出“在现代化建设中必须坚持走可持续发展道路”，要求“正确处理经济发展同人口、资源、环境的关系，使社会发展从片面的经济增长向经济、社会、自然协调发展过渡，迈向经济、社会可持续发展的新阶段。”按照经济、社会可持续发展的要求，中国必须将经济效益、社会效益、生态效益、环境效益统一起来，把目前经济效益和长远经济效益统一起来，做到既造福当代，又泽及子孙。因此，我们必须切实地把控制人口、节约资源、爱护生态、保护环境放到重要位置上。根据我国的国情，继续采取有效的计划生育措施，不断增强人口意识，资源意识、环境意识，继续实施人口强国战略；选择有利于节约资源和保护环境的产业结构，大力倡导和发展节水型、节地型经济；保护生态环境和自然环境，反对破坏生态和浪费资源，选择有利于节约资源和保护环境的消费方式，大力倡导和推动节水型、节地型消费；不断强化对生态破坏和环境污染的治理，制订科学的产业政策，严格控制重污染产业，限制轻污染企业，鼓励和促进无污染企业发展；加强生态环境评价和资源资产化研究，将资源和环境成本反映到市场价格之中。

综上所述，通过合理的开发和节约使用资源，有效防治多种污染，保护和改善环境，维护生态系统平衡，控制人口规模，制定和实施切实可行的政策，使人口增长与社会生产力发展相适应。

2. 推进经济结构调整，全面提高企业素质

发展是硬道理，是解决我国所有问题的关键，必须使国民经济保持较快的发展速度，发展必须有新思想、新方法、有市场、有效益，才能健康的发展。现在，我国已经进入必须通过结构调整才能促进经济持续、健康发展的阶段。所以我们必须按照“十一五”计划和远景规划的要求，坚持调整产业结构、地区结构和城乡结构，着力抓好产业结构这个关键，以提高经济效益为中心，以提高国民经济的整体素质和国际竞争力，实现可持续发展目标，全方位地对经济结构进行

战略性调整。这个战略性经济结构调整的主要内容包括：加强农业基础地位，促进农村经济全面发展；优化工业结构，增强国际竞争力；发展服务业，提高供给能力和水平；加速发展信息产业，大力推进信息化；加强基础设施建设，改善布局和结构；实施西部大开发战略，促进地区协调发展；集中力量支持粮食主产区发展粮食产业，提高种粮农民收入；继续推进农业结构调整，挖掘农业内部增收潜力；发展农村二、三产业，拓宽农民增收渠道；实施城镇化战略，促进城乡共同进步等。

在市场经济发展中，企业处于主体地位，因而它理所当然也就是经济可持续发展的主体。企业怎样才能提高综合经济效益，走上速度与效益、经济与环境高度统一的道路呢？关键是全面提高企业的素质。为此需要做到：深化企业改革，进行企业制度创新，逐步实现企业制度现代化；积极采用新技术、新设备、新工艺，提高工作效率，逐步实现技术现代化；认真改善企业的生产环境，深化企业内部制度改革；认真改善企业的经营管理，实施绿色经营战略，提高企业管理的素质，逐步实现管理现代化；加强职工队伍的培训和教育，增加高档次人才的输入，不断提高劳动者的素质，逐步实现人才的现代化。当然，为了促进企业素质的全面提高，除了企业本身的因素以外，还需要外部环境相配套。如转变政府职能，形成有利于市场公平竞争和资源优化配置的经济运行机制，建立和健全社会保障制度，建立和健全规范的法规体系等。可见，企业素质的全面提高，靠单一的措施是解决不好的，必须通过综合性的配套措施，才能有效地达到预期的目的。

3. 搞好综合整治，加快生态修复

治理环境变化，提高林草植被的覆盖率，发展我国林草业不仅是一个技术性问题，更是一个包含观念、资金、人才、管理、机遇、政策、法规在内的综合性问题。为此：①更新观念，以国家生态安全的高度来认识林草建设的重要性。抓紧实施好退耕还林（草）等六大生态工程，加大退耕还林还牧，落实目标责任制，宣传退耕政策，加强工程管理，搞好苗木供应，注重科技支撑，确保退耕工程质量，强化配套措施，巩固退耕成果。重现绿色植物的生机，更好地恢复生态系统功能。②保护好现有的林草资源。没有保护，也就谈不上林草资源的开发利用，只能是对林草植被的破坏。因此造成的生态环境问题就会不可逆转地摧毁人类的生存基础，林草栽植后应实行乡村或个人承包制，谁种树（草），谁收益，对地方官员政绩考核一定要进行生态核算，要将生态效益作为考核干部的重要指标。运用经济手段，除了收费这种惩罚性措施外，还应增加环保补贴这种奖励性措施。加强自然资源的管理，提高人们的环保意识，进一步加强生态学知识的普及与教育，大力发展生态农业，建立无公害产品生产基地。推进生态家园的富民计划。③贯彻可持续经营的科学理念是生态重建的支撑点。一是加强干旱地区用水的管理；二是科学管理“生态公共产品”的付费问题；三是加强调整农林草结构的管理；四是规范林草苗木市场；五是严格执行《退耕还林（草）条例》。④建立生态示范区。我国从1995年以来，分七批建立了314个生态建设试点，生态示范区的建设，对解决许多环境问题探索了道路、积累了经验，对基层可持续发展产生了很大的影响，取得明显的环境效益，而且一些生态环境区结合环境整治，进行农村结构调整，设计了符合当地实际的生态经济产业。⑤健全生态治理建设稳定的投入机制，利用国家加大对环境恢复与整治投入的机遇，推进并鼓励企业的承包、购买、股份制、股份合作制等形式参与建设，还要争取国内社会各界有识之士的赞助，争取国外友人的支持，从而实现投资经营的多元化、社会化。在建设中推行招标制、承包制、监理制、报账制、审计制，通过GPS卫星定位系统、计算机网络管理和监测等科技手段，提高工程建设水平。⑥缓解环境脆弱区的人口压力，人口的数量与质量直接关系到人类与自然界之间是否能够协调发展最基本的问题，必须做到人类社会自身的协调，从数量上控制人口出生率，掌握好人口增长与物质资料增长的协调关系，从质量上提高人口的综合素质，尤其是要把握好人口生育质量，加快人口与环境的立法，合理开发利用自然资源，求得人类自我发展的协调，最终协调好人类与自然的和谐发展关系。⑦转变放牧方式，必须进行休牧、禁牧。推行先进的实用技术，建设“草库仓”，兴建一批生态牧业基地，逐步扭转生态环境恶化的趋势，应采取引种入牧，大力发展人工草地和高产饲料地，依靠人工草地和农田系统中的秸秆及饲料粮的办法来减轻缺草临界期的放牧压力。⑧抵御外来物种入侵。紧急启动并积极开展相关的基础与应用研究，查清我国目前入侵的种类、数量和分布区域、成灾潜势对当前生态系统的影响。建立国家防生物入侵协调机制，把农业、林业、环保、海洋、贸易、卫生、国防、司法、教育、科研等有关部门联系在一起，协同攻关。防患于未然，根除于立足未稳，控制于扩散前沿，治理科学得当。迅速建立反国际贸易技术壁垒机制，以阻止有害生物的入侵危害。

4. 加强计划生育，提高农民素质

人口多是我国的基本国情，也是长期困扰我国经济社会发展的突出矛盾。控制人口增长，提高人口素质，是我国长期的战略性任务。由于人口增长的惯性作用，在未来较长时期内，全国人口仍将呈继续增长趋势。鉴于目前全国未来人口增长势头，控制人口增长仍然是全国当务之急。首先，培养计划生育队伍，增加对计划生育事业的投入。坚持计划生育的基本国策，党政一把手对计划生育工作亲自抓、负总责，继续实行目标管理，严格奖惩。把计划生育与发展经济，帮助群众劳动致富和建立幸福文明家庭相结合。各级政府要解决好计划生育事业经费，多方筹集资金，兑现独生子女保健费，落实“养老保险”，逐步建立农村计划生育社会保障机制；稳定计划生育队伍，减少计划生育工作的难度。其次，积极探索和建立人口宏观调控体系，提高计划生育服务水平。综合运用人口与经济社会发展政策，保持现行计划生育政策的稳定性和连续性。大力提倡优生优育，全面提高出生人口素质。全面实施出生人口缺陷干预工程，普遍开展婚前检查，提高计划生育、优生优育和生殖健康技术水平。加强农村基础医疗保健，支持贫困地区开展生殖健康和计划生育优质服务。再次，坚持避孕节育为主，强化服务功能，培养一支能吃苦耐劳作风过硬的计划生育队伍，加强岗位培训，重视发挥计划生育协会以及群众团体在计划生育工作中的作用。建立健全各级计划生育技术服务网络，达到人员、技术、房舍、设备四落实。开展优生优育宣传，定期为独生子女进行健康检查等，拓宽服务项目，减少病残儿的出生，重视计划生育新技术、新药品的开发、研究和推广应用。坚持经常性工作为主，实行规范化管理。提高管理水平，认真落实生育证发放、出生统计上报、单月孕检等专项制度；及时兑现奖罚政策；流动人口的计划生育管理实行综合治理，相关部门互相配合，齐抓共管。

农村教育在全面建设小康社会中具有基础性、先导性、全局性的重要作用。我国是一个农业大国，70％以上的人口在农村，农村教育在全国经济社会发展中占有举足轻重的地位。没有农村教育的健康发展，就没有农民素质的提高，就没有农村经济社会的快速发展。目前，农村教育的整体水平明显落后于城市，而且城乡教育差距还有进一步拉大的趋势，直接影响“三农”问题的解决，制约经济社会的发展。教育发展、人力资本积累和经济社会发展是密切相连的。只有加速发展农村教育，大力开发人力资源，提高劳动者素质，才能将沉重的人口负担转化为人力资源优势，才能从根本上解决“三农”问题，促进城乡经济社会协调发展。①要加大政府投入力度，建立长期、稳定的农村教育经费保障体制，确保财政依法增加对义务教育的投入，确保义务教育经费不低于农村税费改革前的水平，确保农村中小学财政预算公用经费基本满足需要，真正做到“保工资、保安全、保运转”。②要大力推进“三教统筹”、“农科教结合”，实施强县富民和促进农村劳动力的转移两大工程，推进农村经济结构调整、农业产业化经营、农业先进实用技术推广和农村富余劳动力转移，更好地为“三农”服务。③要突出抓好教育体制改革，完善“以县为主”的农村义务教育管理体制，务实各级政府特别是县级政府的责任，明确“以县为主”不是县级唯一，省、市政府和乡、村都有办好农村教育的责任。要坚持为农服务的方向，深化农村教育教学改革，紧密结合农村实际，以课程改革为突破口，全面推进素质教育，努力提高教育质量和办学效益。④各级政府要把发展农村教育作为实践"三个代表"重要思想的"民心工程"来抓，将农村教育列入政府重要议事日程，与经济工作并重齐抓，认真研究农村教育存在的矛盾和困难。各级政府一把手要担负起农村教育工作第一责任人的重任，精心规划本辖区的农村教育发展和改革，建立健全表彰奖励和责任追究制度。

5. 牢固树立"三性"发展思想，加强和完善环境保护的法制建设

中国是一个人口大国、环境大国和资源大国，也是一个存在人口膨胀问题、环境污染问题和资源紧缺问题的国家。进入20世纪70年代以后，中国的人口膨胀、环境污染和资源紧缺已经不再是孤立的人口问题、环境问题和资源问题，而是名副其实的"人口、环境、资源综合征"，并且这种深层次的"人口、环境、资源问题综合征"已经成为中华民族振兴和经济可持续发展的制约因素。各级领导要牢固树立全面性、综合性和战略性的"三性"经济指导思想，把握时代脉搏，紧跟时代步伐，突出发展主题，牢固树立"发展是硬道理"，在实际工作中，我们要始终坚持"三性"和"三效并重"的原则。中华人民共和国成立以后，经过60多年的发展，我国经济、社会发展虽然取得了辉煌的成就，但至今仍未走出资源型的经济发展模式。经济发展面临人口、资源、生态和环境的巨大压力，速度、效益和结构很不协调，仍然是一种"高投入、高消耗、低产出、低效益"的粗放型发展的经济。在新世纪里，我们必须走出这个死胡同，才有可能开创中华民族的新辉煌。为此，在经济指导思想上，我们需要遵循可持续发展的基本理论和方法，充分考虑综合经济统一体中的每个子系统，注意把方方面面综合起来进行分析，着眼于全局和长远，作出正确的决策。

鉴于我国生态破坏、环境污染的严重性，借鉴环保先进国家的基本经验，我们必须通过强化法制建设，使环境得到有效的保护。为达到此目的，首先，立法要全。环境法律法规的内容，既要体现在宪法和环保基本法律中，又要体现在专门性环保法律法规和环保行政法规中，还要体现在我国政府缔结或参加的国际环保公约中，争取在较短的时期内，形成一个完整的环保法律体系。开展对现行政策和法规的全面评价，制定可持续发展法律、政策体系，突出经济、社会与环境之间的联系与协调。通过法规约束、政策引导和调控，推进经济与社会和环境的协调发展。建立可持续发展法律体系，并注意与国际法的衔接；在进行政府机构改革和经济体制改革中，把强化自然资源和环境保护工作作为各级政府的一项基本职能。第二，执法要严。严格执行有关法律，包括《环境法》、《土地法》、《森林法》、《草原法》、《水土保持法》、《水法》等，对于违反环保法律法规的行为，必须做到严格执法。对违法者决不能心慈手软，绝不能姑息迁就，绝不允许"以情代法"、"以言代法"，切实保证环保法律法规产生应有的良好效果。加强环境保护机构的建设，组织业务培训，提高决策

管理者的素质；广泛深入地开发环境保护的宣传教育活动，普及环境科学知识，提高全民族的环境意识。第三，监督要公。完善人大代表、政协委员的监督对环境执法的检查制度，加强环保制度，实施政务公开，吸收公众代表作为人民法院的环境陪审员，建立环境侵权公益诉讼制度。

三、我国相关领域的可持续发展之路

（一）中国人口的可持续发展

1. 中国人口发展中的问题

（1）人口数量过多，仍是可持续发展的首要问题

人口问题一直是制约我国经济和社会发展的主要因素。预计到21世纪40年代，人口将达到总量为15亿以上的峰值。在今后相当长的时期内，庞大的人口规模与资源、环境不相适应的矛盾将日益尖锐。目前的低生育水平还很不稳定，各地发展不平衡，实行计划生育仍有相当的难度，造成人口增长过快的主要压力来自中西部地区。

（2）城乡就业矛盾依然突出，结构性失业更加严峻

“十二五”时期，我国劳动者技能与岗位需求不相适应、劳动力供给与企业用工需求不相匹配的结构性矛盾将更加突出，就业任务更加繁重。一是劳动力供大于求的总量压力持续加大，城镇需就业的劳动力年均2500万人，还有相当数量的农业富余劳动力需要转移就业。二是就业的结构性矛盾更加突出，随着技术进步加快和产业优化升级，技能人才短缺问题将更加凸显；部分地区、企业用工需求与劳动力供给存在结构性失衡，造成企业“招工难”与劳动者“就业难”并存；以高校毕业生为重点的青年就业、农业富余劳动力转移就业、失业人员再就业，以及就业困难群体实现就业难度依然很大。

（3）劳动力市场机制尚不完善

劳动力资源不能得到有效的开发和合理配置，我国劳动力的市场竞争就业机制尚未完全形成，城乡之间、地区之间以及部门之间就业政策不协调、不配套而导致的市场分割现象严重。户籍制度和人口迁移政策限制太多，劳动力市场价格机制不健全，社会保障制度不完善等，阻碍了劳动力的合理流动，影响了劳动力资源的有效开发利用。

（4）社会保障体系不健全，人口老龄化、体制改革和经济结构调整对社会保障的压力迅速增大

2000年，我国已进入人口老龄化社会。这一趋势将加速发展，2009年60岁以上的老年人口达到12.5％，2050年将上升到28％以上。人口老龄化对社会保障，特别是对基本养老保险和基本医疗保险的压力迅速增大。目前我国各类社会

保障事业发展不协调，滞后于经济和社会发展的需要。一是对社会弱势群体的保障程度低；二是保障体系建设相对滞后；三是农村基本保障工作薄弱，农村养老、医疗和贫困人口救济问题突出。

(5) 社会保障资金缺口较大，社会保险基金管理不规范

在社会保险体制转换过程中，单独依靠征缴的基本养老保险费已难以满足日益增长的基本养老金支付需求。主要问题是：基本养老保险基金当期收不抵支，社会统筹基金占用个人账户基金，直接影响了个人账户的积累；社会保险基金的互济功能没有充分体现，省级统筹没有严格实施，社会保险基金没有资金积累，中央调剂能力有限；社会保险基金运营手段和保值增值机制尚未建立；基金征缴困难，企业欠费问题严重，等等。

2. 中国人口可持续发展

其一，控制人口数量、提高人口质量。为了有效地控制人口数量、提高人口质量，党的十二大把计划生育确定为我国长期实施的基本国策。十四大又提出：党的基本路线 100 年不动摇，我国的人口问题在整个社会主义初级阶段都将是一个突出的问题。因此控制人口增长，实行计划生育，是一项长期的战略任务。1989 年我国重新颁布实施的《中华人民共和国环境保护法》第 16 条，明确提出要制定出正确的人口政策及相关的政策，采取各种有效的措施，坚持控制人口的增长。比如通过法律法规，限制早婚、多育；引导乡镇企业健康发展，加快农村的城镇化建设，提高农民的生活水平和教育水平；改善和完善社会保障体系，为人们提供代替多子女的社会保障形式，通过养老保险等解除群众的后顾之忧；继续大力开发各种计划生育服务，不断增加该项活动的广度和深度；多年来人口增长得到了有效的控制，人口自然增长率逐年下降，由 2005 年的 5.89‰降至 2009 年的 5.05‰，实现了人口再生产类型从高出生增长到低出生、低死亡、低增长的历史性转变，在有效控制人口数量的同时，人口素质不断提高，我国人均预期寿命已经由 1990 年的 68.6 岁增长到 2000 年的 71.4 岁。

其二，大力发展教育事业。党的十三届四中全会以来，我国教育事业进入了最好的发展时期。教育事业持续健康发展，教育改革全面推进，国民受教育程度和科学文化素质有了较大的提高。如：2000 年，我国如期实现了基本普及九年除青壮年文盲的宏伟目标，“普九”人口覆盖率达到 85%，青壮年文盲率下降到 5%以下，青壮年文盲比 1990 年减少了 4100 万人；专业门类齐全的职业、成人教育体系基本建成。2001 年，中等职业学校在校生达 1164 万人，是 1988 年的 2 倍。从 1989 年到 2001 年，我国中等职业教育培养了 4500 多万名毕业生。高等职业教育发展加快，在校生 72 万人，比 1985 年增长 11 倍。

高等教育从1989年到2001年，共培养了1200多万名本专科毕业生、30多万研究生；高校重点学科建设和人才培养结构调整力度加大，办学水平进一步提高；科研实力增强，已成为知识创新的生力军；高校在高新技术产业化和哲学社会科学成果应用方面已做出了突出贡献。以2001年为例，高校签订技术转让合同5540项、创办科技型企业1993家；同时，加强了教师队伍的建设，提高教师的待遇和社会地位。

中国人口政策实施以来，在人口可持续发展方面，已取得了巨大的成效，具体体现在：

(1) 有效控制人口规模，稳定低生育水平，提高出生人口素质。"十一五"期末，全国总人口控制在13.6亿以内，到2020年人口总量力争控制在14.5亿人左右。人口年平均自然增长率不超过9‰。出生人口素质明显提高。

(2) 努力保持就业规模稳定增长，进一步改善就业结构，抑制失业率上升，基本形成市场导向的就业机制。"十二五"期间，全国新增城镇就业4500万人，转移农业劳动力4500万人，城镇登记失业率控制在5%以内。到"十五"期末，三次产业就业结构调整为44∶23∶33，劳动者素质得到进一步提高，建立起机制灵活、基本完善的劳动力市场体系。

(3) 加速推进社会保障体系建设。加快城镇社会保障制度建设，基本建成独立于用人单位之外、资金来源多元化、保障方式多层次、保障制度规范化、管理服务社会化的有中国特色的社会保障体系。在农村，以多种医疗保障办法建设为先导，积极探索与社会主义市场经济体制和经济发展水平相适应的基本保障体系。城镇各类社会劳动者逐步纳入社会保障体系。"十五"期末基本养老保险、基本医疗保险和失业保险覆盖法规规定的所有用人单位和劳动者。社区服务中心数达到9600个，社会福利床位数达到180万张。

(二) 我国能源的可持续发展

1. 中国能源的特点

中国水力资源居世界第1位；煤炭探明储量居第3位；石油探明储量居世界第10位；天然气探明储量居第18位。

但是我国能源的生产与消费呈反向分布，总的特点是："多煤缺油少气，望水兴叹"，"北多南少，西丰东缺"。中国各地能源资源的分布见表10-1所列。所以国家不得不实施一系列重大工程来弥补和消除这些特点带来的影响，前提是我们必须付出巨大的代价和基本建设投资。北煤南运、西气东输、西电东送都是中国能源战略的一部分。

表 10-1 中国各地能源资源的分布（%）

地区	煤炭	水力	石油、天然气	合计
华北	64.0	1.8	14.4	43.9
东北	3.1	1.8	48.3	3.8
华东	6.5	4.4	18.2	6.0
中南	3.7	9.5	2.5	5.6
西南	10.7	70.0	2.5	28.6
西北	12.0	12.5	14.1	12.1

2. 中国能源可持续发展

中国能源要实现可持续发展，应同时考虑国内与国外两个市场。

(1) 国内市场

① 调整能源结构，减少煤炭消耗，增加清洁能源比重。大力开发水电、风电，适宜开发核电。全面启动天然气的勘探、开发、输送、销售系统工程。只有降低煤炭消耗，我国的大气环境质量可望上一个台阶。煤炭工业要大力发展清洁煤技术，发展汽化、液化技术；电力工业要实行“厂网分开，竞争上网，打破垄断”。

② 重视农村能源的开发利用。尽量采用可再生能源、生物能，减少柴薪能，使生态环境免遭进一步破坏。

③ 开发转化石油。我们已启动乙醇汽油工程，初见成效；煤变油工程正在试验之中。转化石油可弥补一部分汽油缺口，具有重要的战略意义。

④ 全面勘探我国石油资源。我国的老油田现在只能靠注水开采，勉强维持，采出的石油含水率已高达 80%。目前新油田的增产正好弥补老油田的减产，几年来尚能稳定在年产 1.5 亿吨左右。所以全面勘探我国石油资源势在必行，只有摸清了自己的家底，才能制订正确的能源政策。

(2) 国外市场

① 立足国内，面向世界。不但要合理开发国内的石油资源，更要把眼光紧盯世界石油市场，使之成为我们的盘中餐。

② 推行“走出去”战略。利用我们现有的技术与资金优势，与外国合作，共同开发国外石油资源，争取更多的“份额油”。

③ 与国际市场接轨。国内石油产品的价格、税收与国外接轨，顺应国际石油市场规律。

④ 保障我国能源安全。石油供应关系到国家的安全，我国应尽快建立国家石油战略贮备体系，以防各种危机。美国已从三个月的石油战略贮备增加到了六

个月。

复习思考题

一、名词解释

可持续发展　公平性原则　持续性原则　共同性原则　代际公平

二、填空题

1. 可持续发展的基本原则是__________，__________，__________。

2. 可持续可总结为三个特征：______持续、______持续和______持续，它们之间互相关联而不可分割。

3. 可持续发展的基本理论，尚处于探索和形成之中。目前已具雏形的流派大致可分为以下几种__________、__________、__________和__________。

4. 三种生成理论把人与自然组成的世界系统的物质运动分为三大“生产”活动，即__________、__________和__________。

5. 可持续发展的指标体系反映的是______—______—______之间的相互作用关系，即三者之间的驱动力—状态—响应关系。

三、问答题

1. 可持续发展的实质是什么？
2. 简述“三种生产理论”中三种生产之间的关系。
3. 建立可持续发展指标体系的目标与原则是什么。
4. 论述中国经济、社会、资源环境的可持续发展之路及主要对策。
5. 试述中国人口发展过程中存在的问题有哪些。
6. 谈谈我国人口可持续发展的对策。
7. 简述我国能源的总的特点是什么。
8. 为了保证我国能源的可持续发展，应该采取哪些措施？
9. 根据我国的资源国情，说明为什么要强调节约用电？
10. 结合我国的人口和资源的状况，谈谈在我国还有没有必要实行计划生育政策。

拓展阅读材料

一、有关可持续发展战略的大事记

18世纪　西方工业革命

19世纪　林木的“可持续产量”研究

1872年　英国Smith在工业城市发现酸雨

20世纪初　渔业的“可持续产量”研究

20世纪30年代　氯氟烃（CFCS）开始合成

20世纪30年代～60年代　公害事件不断在欧、美、日出现

1962年　美国R·卡逊《寂静的春天》出版

1970年4月22日　美国2000多万人上街游行要求保护环境

1971年　罗马俱乐部《增长的极限》出版

联合国人类环境会议在斯德哥尔摩举行

联合国环境署（UNEP）成立

1974 年　联合国人类住宅会议在温哥华举行

1980 年　IUCN/WWF 发表《世界自然资源保护大纲》

美国政府《公元 2000 年的地球》出版

1981 年　美国布郎《建设一个可持续发展的社会》出版

1984 年　联合国成立“世界环境与发展委员会”（WCED）

1985 年　UNEP 缔结保护臭氧层的《维也纳公约》

1987 年　WCED 公布《我们共同的未来》，提出可持续发展的定义和一系列以此为中心的建议

UNEP 通过关于臭氧层的《蒙特利尔议定书》

1988 年　UNEP 及世界气象组织（WMO）设置“政府间气候变化委员会”（IPCC），在学术上统一认识，研究对策

1989 年　69 个国家的环境部长聚集荷兰，就大气污染和气候变化问题发表《诺德威克宣言》

第 44 届联合国大会通过第 228 号决议，决定筹备联合国环境与发展会议（UNCED）

UNEP 通过《控制危险废物越境转移及其处置的巴塞尔公约》（1992 年生效）

1990 年　UNCED 第一次实质性筹备会议在内罗毕召开（第二、三次在日内瓦，第四次在纽约）

1991 年　世界银行、UNEP、UNDP 设立“全球环境基金”（GEF）

《气候变化框架公约》、《生物多样性公约》开始第一次谈判

在北京召开的发展中国家环境与发展部长级会议，通过《北京宣言》

1992 年　UNCED 在巴西里约热内卢召开，通过《里约宣言》、《21 世纪议程》和《森林问题原则声明》，《气候变化框架公约》和《生物多样性公约》开放签字

1993 年　《巴塞尔公约》第一次缔约方会议

中国环境与发展国际委员会成立

《中国环境与发展十大对策》发表

联合国可持续发展委员会（UNCSD）第一次年会，分批评议《21 世纪议程》有关领域的进展

1994 年　《中国 21 世纪议程》发表

《生物多样性公约》第一次缔约方会议

《蒙特利尔议定书》第六次缔约方会议，确定中国为 1995 年多边基金执委会正式成员

1995 年　《气候变化框架公约》第一次缔约方会议

《荒漠化公约》谈判结束，开放签字

1996 年　联合国第二次人类住宅会议在伊斯坦布尔召开

《巴塞尔公约》、《生物多样性公约》、《气候变化框架公约》、《蒙特利尔议定书》、UNCSD 等继续召开会议

1997 年　UNCSD 第五次年会

联大特别会议将对《21世纪议程》5年来的进展作“综合评议”

2002年，联合国可持续发展世界首脑会议（也称“地球峰会”）在南非约翰内斯堡召开，《执行计划草案》的磋商取得了重要进展

二、《联合国人类环境宣言》

1972年6月5日在斯德哥尔摩的“联合国人类环境会议”上通过了《联合国人类环境宣言》。该《宣言》呼吁各国政府和人民，为了保护和改善人类环境，造福全体人民和子孙后代而共同努力。为了鼓励和引导世界各国人民保护和改善人类环境，《宣言》提出了7个共同的观点和26条共同的原则。

（一）共同的观点

（1）由于科学技术的迅速发展，人类能空前规模改造和利用环境。人类环境的两个方面，即天然和人为的两个方面，对于人类的幸福和对于享受基本人权，甚至生存权利本身，都是必不可少的。

（2）保护和改善人类环境是关系到全世界各国人民的幸福和经济发展的重要问题，也是全世界各国人民的迫切希望和各国政府的责任。

（3）在现代，如果人类明智地改造环境，可以给各国人民带来利益和提高生活质量；如果使用不当，就会给人类和人类环境造成无法估量的损害。

（4）在发展中国家，环境问题大半是由于发展不足造成的，因此，必须致力于发展工作；在工业化的国家里，环境问题一般是同工业化和技术发展有关。

（5）人口的自然增长不断给保护环境带来一些问题，但采用适当的政策和措施，可以解决。

（6）我们在解决世界各地的行动时，必须更审慎地考虑它们对环境产生的后果。为现代人和子孙后代保护和改善人类环境，已成为人类一个紧迫的目标。这个目标将同争取和平和全世界的经济与社会发展两个基本目标共同和协调实现。

（7）为实现这一环境目标，要求人民和团体以及企业和各级机关承担责任，大家平等地从事共同的努力。各级政府应承担最大的责任。国与国之间应进行广泛合作，国际组织应采取行动，以谋求共同的利益。会议呼吁各国政府和人民为全体人民和他们的子孙后代的利益而作出共同的努力。

（二）共同的原则

《宣言》在宣布上述共同观点的基础上，提出了26条原则。主要有以下几点：

（1）人类有权在一种能够过尊严和福利的生活环境中，享有自由、平等和充足的生活条件的基本权利，并且负有保护和改善这一代和将来的世世代代的环境的庄严责任。在这方面，促进或维护种族隔离、种族分离与歧视、殖民主义和其他形式的压迫及外国同志的政策，应该受到谴责和必须消除。

（2）为了这一代和将来的世世代代的利益，地球上的自然资源，其中包括空气、水、土地、植物和动物，特别是自然生态类中具有代表性的标本，必须通过周密计划或适当管理加以保护。

（3）地球生产非常重要的再生资源的能力必须得到保护，而且在实际可能的情况下加以恢复或改善。

(4) 人类负有特殊的责任保护和妥善管理由于各种不利的因素而现在受到严重危害的野生动物后嗣及其产地。因此，在计划发展经济时必须注意保护自然界，其中包括野生动物。

(5) 在使用地球上不能再生的资源时，必须防范将来把它们耗尽的危险，并且必须确保整个人类能够分享从这样的使用中获得的好处。

(6) 为了保证不使生态环境遭到严重的或不可挽回的损害，必须制止在排除有毒物质或其他物质以及散热时其数量或集中程度超过环境能使之无害的能力。应该支持各国人民反对污染的正义斗争。

(7) 各国应该采取一切可能的步骤来防止海洋受到那些会对人类健康造成危害的、损害生物资源和破坏海洋生物舒适环境的或妨害对海洋进行其他合法利用的物质的污染。

(8) 为了保证人类有一个良好的生活和工作环境，为了在地球上创造那些对改善生活质量所必要的条件，经济和发展是非常必要的。

(9) 由于不发达和自然灾害的原因而导致环境破坏造成了严重的问题。克服这些问题的最好办法，是移用大量的财政和技术援助以支持发展中国家本国的努力，并且提供可能需要的及时援助，以加速发展工作。

(10) 对于发展中的国家来说，由于必须考虑经济因素和生态进程，因此，使初级产品和原料有稳定的价格和适当的收入是必要的。

(11) 所有国家的环境政策应该提高，而不应该损及发展中国家现有或将来发展潜力，也不应该妨碍大家生活条件的改善。各国和各国际组织应当采取适当步骤，以便应付因实施环境措施所可能引起的国内或国际的经济后果达成协议。

(12) 应筹集基金来维护和改善环境，其中要照顾到发展中国家的实际情况和特殊性，照顾他们由于在发展计划中列入环境保护项目的任何费用，以及应他们的请求而供给额外的国际技术和财政援助的需要。

(13) 为了实现更合理的资源管理从而改善环境，各国应该对他们的发展计划采取统一和谐的做法，以保证为了人民的利益，使发展同保护和改善人类环境的需要相一致。

(14) 合理的计划是协调发展的需要和保护与改善环境的需要相一致的。

(15) 人的定居和城市化工作必须加以规划，以避免对环境的不良影响，并为大家取得社会、经济和环境三方面的最大利益。在这方面，必须停止为殖民主义和种族主义统治而制订的项目。

(16) 在人口增长率或人口过分集中可能对环境或发展产生不良影响的地区，或在人口密度过低可能妨碍人类环境改善和阻碍发展的地区，都应采取不损害基本人权和有关政府认为适当的人口政策。

(17) 必须委托适当的国家机关对国家的环境资源进行规划、管理或监督，以期提高环境质量。

(18) 为了人类的共同利益，必须应用科学和技术以鉴定、避免和控制环境恶化并解决环境问题，从而促进经济和社会发展。

(19) 为了广泛地扩大个人、企业和基层社会在保护和改善人类各种环境方面提出开明舆论和采取负责行为的基础，必须对年轻一代和成人进行环境问题的教育，同时应该考虑到对不能享受正当权益的人进行这方面的教育。

（20）必须促进各国，特别是发展中国家的国内和国际范围内从事有关环境问题的科学研究及其发展。在这方面，必须支持和促使最新科学情报和经验的自由交流以便解决环境问题；应该使发展中的国家得到环境工艺，其条件是鼓励这种工艺的广泛传播，而不成为发展中国家的经济负担。

（21）按照联合国宪章和国际法原则，各国有自己的环境政策开发自己资源的主权；并且有责任保证在他们管辖或控制之内活动，不致损害其他国家的或在国家管辖范围以外地区的环境。

（22）各国应进行合作，以进一步发展有关他们管辖或控制之内的活动对他们管辖以外的环境造成的污染和其他环境损害的受害者承担责任和赔偿问题的国际法。

（23）在不损害国际大家庭可能达成的规定和不损害必须由一个国家决定的标准的情况下，必须考虑各国的价值制度和考虑对最先进的国家有效，但是对发展中国家不适合或具有不值得的社会代价的标准可行程度。

（24）有关保护和改善环境的国际问题应当由所有的国家，不论其大小，在平等的基础上本着合作精神来加以处理，必须通过多边或双边的安排或其他合适途径的合作，在正当地考虑所有国家的主权和利益的情况下，防止、消灭或减少和有效地控制各方面的行动所造成的对环境的有害影响。

（25）各国应保证国际组织在保护和改善环境方面起协调的、有效的和能动的作用。

（26）人类及其环境必须免受核武器和其他一切大规模毁灭性手段的影响。各国必须努力在有关的国际机构内就消除和彻底销毁这些种武器迅速达成协议。

第十一章　循环经济、低碳经济面临的机遇与挑战

本章要点

当前，低碳经济和循环经济方兴未艾。循环经济、低碳经济、生态经济、环境经济之间有着紧密的内在联系，都是实现可持续发展的经济形态。本章主要讲述循环经济和低碳经济的概念、特征、原则、意义以及循环经济和低碳经济之间的关系。提出要坚持开发节约并重、节约优先，按照减量化、再利用、资源化的原则，在资源开采、生产消耗、废物产生、消费等环节，逐步建立全社会的资源循环利用体系，以及发展低碳经济的途径和实施方法。

在国际金融危机和全球气候变化的双重挑战下，世界经济开始步入到了一个前所未有的大转型时期，无论是全球层面还是区域层面，也无论是发达国家还是新兴经济体及发展中国家。此次转型与以往历次的经济转型不同，带有鲜明的绿色、低碳特征，因此，在可预见的未来，必将对世界经济的未来走向和整个人类社会的发展产生广泛而深刻的影响。

第一节　循环经济、低碳经济的基本概念及基础理论

一、循环经济的基本概念、特征及原则

循环经济是人们对“大规模生产、大规模消费、大规模废弃”的传统经济发展模式深刻反思的产物，是一种试图有效平衡经济、社会与资源环境之间关系的新型发展模式。目前，循环经济模式已被国际社会普遍认同为从根本上消解长期以来环境与发展之间尖锐冲突、实现可持续发展战略的途径。

（一）循环经济的概念

在我国循环经济目前已经成为使用率最高的词汇之一。我国学者在对循环经

济进行界定时，大都将“物质闭环流动型经济”作为关键词，但在进一步解释时，由于其各自立场和认知的差别，所给出的定义也不尽相同。迄今为止，还没有为大家普遍接受的循环经济概念。因此学术界对于循环经济的概念表述比较有代表性的至少有以下几种：

解振华先生认为，循环经济的核心是以物质闭环流动为特征，运用生态学规律把经济活动重构组织成一个“资源—产品—再生资源”的反馈式流程和“低开采、高利用、低排放”的循环利用模式，使得经济系统和谐地纳入到自然生态系统的物质循环过程中，从而实现经济活动的生态化。

曲格乎先生认为，所谓循环经济，就是把清洁生产和废弃物的综合利用融为一体的经济，本质上是一种生态经济，它要求运用生态学规律而不是机械论规律来指导人类社会的经济活动，倡导在物质不断循环利用的基础上发展经济。

吴季松先生认为，循环经济是指在人、自然资源和科学技术的大系统内，在资源投入、企业生产、产品消费及其废弃的全过程中，不断提高资源利用效率，把传统的依赖资源消耗的线形增长的经济，转变为依靠生态型资源循环来发展的经济。

冯之浚先生认为，所谓循环经济，就是按照自然生态物质循环方式进行的经济模式，它要求用生态学规律来指导人类社会的经济活动。循环经济以资源节约和循环利用为特征，也可称为资源循环型经济。

中国科学院可持续发展战略研究员认为，循环经济是一种运用生态学规律来指导人类社会的经济活动，建立在物质不断循环利用基础上的新型经济发展模式，是减量化、资源化和无害化回收废弃物；还有学者认为，循环经济是指模拟自然生态系统的运行方式和规律要求，实现特定资源的可持续利用和总体资源的永续利用，实现经济活动的生态化。

上述几种概念表述的角度不同，侧重点不同。它们分别从性质、内容、特征、原则和形态等方面对循环经济的概念进行了界定。从性质方面表述，循环经济是一种生态友好型经济，是运用生态学规律来指导人类社会的经济活动，遵循自然生态系统的物质循环和能量流动规律重新构造的经济系统，是相对于传统发展模式的新发展模式。从内容方面表述，循环经济是一种以物质的高效利用和充分循环利用为核心的经济发展模式。从特征方面表述，循环经济是一种低消耗、低排放、高效率的经济发展模式，是对“大量生产、大量消费、大量废弃”的传统发展模式的根本变革。从原则方面表述，循环经济是以“减量化、再利用、资源化”为原则的经济发展模式。从形态方面表述，循环经济是物质闭环流动型经济，它把传统的依赖资源消耗的线形增长的经济，转变为“资源—产品—消费—再生资源”的物质反复循环流动的经济。

综上所述，循环经济概念比较全面的表述应该是：循环经济是相对于传统发展模式的可持续的新经济发展模式；是回归人类社会经济系统与自然生态系统之间循环运动的本质属性，运用生态学规律重新构造经济系统，实现整个人类社会经济活动的生态化和绿色化转向的经济；是以物质的高效利用和充分循环利用为核心，以“减量化、再利用、资源化”为原则，以低消耗、低排放、高效率为基本特征，实现资源—产品—消费—再生资源的物质和能量梯次、闭环流动型经济。

（二）循环经济的特征

循环经济是追求更大经济效益、更少资源消耗、更低环境污染和更多劳动就业的先进经济模式。循环经济从观念、物质流动方式、环境保护方式、技术范式等方面，都充分体现出资源节约、环境友好，与自然相和谐的可持续发展特征，具体概括为以下特征：

（1）循环经济抛弃传统经济模式以人类为中心，征服自然、改造自然、追求单纯经济增长的发展观，倡导适应自然，追求人与自然相和谐的可持续发展观。它反对传统经济模式将人类社会经济系统与自然生态系统割裂开来的系统观，要求恢复经济、社会与自然生态系统作为一个大系统的完整性；它抛弃了传统经济模式片面追求经济价值而忽略其所造成的社会价值和生态环境价值的损失、将三者孤立起来的价值观，树立自然生态系统是人类最主要的价值源泉、发展活动所创造的经济价值必须与其社会价值和生态环境价值相统一的新的价值观。

（2）循环经济是将经济与社会、自然生态系统联结起来的全新的经济范畴。循环经济把经济活动的中心从单纯的以价值流循环为核心，转变为以价值流和物质流循环为双核心。在关注价值流循环和价值增值的基础上，更加关注物质流循环，即物质（特别是自然资源）的投入、产出、利用效率和流动模式。因此，循环经济的范围比较宽泛，不仅包括能够创造价值、带来价值增值的社会再生产的各个环节（生产、流通、分配、消费），而且包括全部有物质、能源消耗和废弃物产生的基本单位。因此，循环经济的内涵超越了传统的经济范畴，将经济与社会、自然生态系统联结起来的全新的更加广义的经济范畴。

（3）循环经济是资源环境低负荷的全新的可持续发展模式

循环经济与传统经济最根本的区别在于：从物质流向看，传统经济发展模式是一个从资源到废弃物的线形开环系统。而循环经济模式则克服了经济系统与自然生态系统相互割裂的弊端，要求将经济系统组织成“资源—产品—再生资源”的反馈式流程，强调构筑“经济食物链”和修复循环链，在社会生产、流通、消费和产生废物的各个环节循环利用资源，对废弃物进行回收利用、无害化及再资源化，以提高资源的利用率，使所有的物质和能源在这个不断进行的经济循环中得到合理和持久的利用，把人类的经济活动和社会活动等对自然环境的影响降低到尽可能小的程度。

(4) 循环经济是全新的资源节约环境友好型技术范式

相对于传统经济高开发、高消耗、高排放、低利用，循环经济的技术经济特征是低开发、低消耗、低排放、高利用。即用尽量少的物质投入量来达到既定的生产和消费目的；延长和拓宽生产技术链，将污染尽可能地在企业内进行处理，减少生产过程的污染排放；要求产品和包装能以初始的形式被多次使用，对生产和生活用过的废旧产品全面回收，可重复利用的通过技术处理进行无限次的循环利用，最大限度地减少初次资源的开采，最大限度地利用不可再生资源，最大限度地减少造成污染的废弃物排放；对生产企业无法处理的废弃物集中回收、处理；对国民经济各部门以及社会生活各个领域产生的废弃物集中回收、处理。

(5) 循环经济是动脉产业和静脉产业相结合的全新的产业链条

循环经济根据物质流向的不同，将物质流动分为两个不同的过程：即从原料开采到生产、流通、消费的过程；从生产或消费后的废弃物排放到废弃物的收集运输、分解分类及资源化或最终废弃处置的过程。仿照生物体内血液循环的概念，前者可称为动脉过程，后者称为静脉过程。相应地，承担动脉过程的产业称为动脉产业，承担静脉过程的产业称为静脉产业。

如果说传统经济的产业概念主要是指的动脉产业，即以“资源—产品—废物排放”为特征的单向流动的线形产业的话，那么，循环经济的产业概念则不仅包括动脉产业，而且还包括静脉产业，即以“废物—再生—产品”为特征，将废弃物转换为再生资源的反馈式产业。因此，循环经济是把动脉产业和静脉产业有机结合起来的一个完整的、全新的产业体系。

(三) 循环经济的三个原则

1. 减量化原则

减量化原则属于输入端控制原则，旨在用较少的原料和能源投入来达到预定的生产目的，在经济活动的源头就注重节约资源和减少污染。它要求在生产过程中通过管理技术的改进，减少进入生产和消费过程的物质和能量流量，因而也称之为减物质化。换言之，减量化原则要求在经济增长的过程中为使这种增长具有持续的和与环境相容的特性，人们必须学会在生产源头的输入端就充分考虑节省资源、提高资源的利用率、预防废物的产生。

在生产中，减量化原则要求制造商通过优化设计制造工艺等方法来减少产品的物质使用量，最终节约资源和减少污染排放。企业可以通过技术改造、采用先进的生产工艺或实施清洁生产，减少单位产品生产的原材料使用量和污染物的排放量。如制造轻型汽车代替重型汽车，既可节省资源，又可节省能源；采用替代动力能源代替石油作为汽车的燃料，则可减少甚至消除有害的尾气排放，更可降低尾气的治理费用和控制或缓解全球性“温室效应”；光纤技术能大幅度减少电话传轴线中对铜线的使用；改革产品的包装、淘汰一次性物品不仅可节省对资源的浪费，同时也可消减废弃物的排放，等等。在消费中，减量化原则提倡人们选择包装物较少的物品，购买耐用的可循环使用的物品而不是一次性物品，来减少垃圾的产生；减少对物品的过度需求，改变消费至上的生活方式，由过度消费向适度消费和绿色消费转变；在消费后注重对垃圾的分类处置，促进其资源化等。

2. 再利用原则

再利用原则属于过程性控制原则，目的是通过尽可能多次以及尽可能多种方式地使用产品，延长产品的服务寿命，来减少资源的使用量和污染物的排放量。

在生产中，再利用原则要求制造商提供的商品便于更换零部件，提倡拆解、修理和组装旧的或破损的物品。制造商可以进行标准化设计实现部分优化替代的技术，以防止因产品局部损坏而导致整个产品的报废。例如，标准化设计能使计算机、电视机和其他电子装置中的电路非常容易和便捷地更换，而不必更换整个产品。人们还需要鼓励重新制造工业的发展，以便拆解、修理和组装使用过的和破损物品。

在消费中，再利用原则要求人们对消费品进行修理而不是频繁更换，提倡二手货市场化；人们可以将尚可维修和尚可使用的物品返回市场体系供别人使用或捐献自己不再需要的物品。例如，在发达国家，一些消费者常常喜欢从慈善组织购买二手或稍有损坏但并不影响使用的产品。纸板箱、玻璃瓶、塑料袋等包装物，可以通过修整、消毒后多次循环再利用，以节约能源和材料。

3. 再循环（资源化）原则

资源化原则是输出端控制原则，是指废弃物的资源化，使废弃物转化为再生原材料，重新生产出原产品或次级产品，如果不能被作为原材料重复利用，就应该对其进行回收，旨在通过把废弃物作为原材料转变为资源的方法来减少资源的使用量和污染物的排放量。这样做能够减轻垃圾处理的压力，而且可以节约新资源的使用。将废弃物中可转化为资源的物质（即可循环物质）分离出来是资源化过程的重要环节。

资源化可分为两种，一种是原级资源化，即将消费者遗弃的物品资源化后形成与原来相同的新产品。例如，将皮纸生产出再生纸，废玻璃生产玻璃，废钢铁生产钢铁等。这是最理想的资源化方式。这种资源化途径由于其生产过程所涉及的原料及生产工艺物耗和能耗均较低而具有良好的环境、经济效益。另一种是次级资源化，其资源化的效果略为逊色，它是废弃物被用来生产与其性质不同的其他产品原料的资源化途径。由于形成了生产原料的生态化，因而不仅可实现资源充分共享的目的，同时可实现变环境污染负效益为节省资源、减少污染的正效益之双赢效果。与资源化过程相适应，消费者和生产者应该通过积极购买和使用再生资源制成的产品，使得循环经济的整个过程实现闭合。

循环经济的基本理论不仅包括对其概念的界定、特征的提炼和原则的分析，而且更重要的是从经济学的视角，构建起一套基于循环经济这种新经济模式的理论体系框架。循环经济在继承传统经济学和资源、环境、生态经济学理论的基础上，进一步扩大了研究视野，把人类社会经济系统看作是更大的自然生态系统的大系统；丰富了研究维度，从“经济—社会—自然”三维系统考虑发展问题；修正了研究假设，以自然资源的稀缺性作为理论起点；将自然资源和生态环境纳入经济学的研究视野，从而对传统经济学的资源、成本、效率、价值、价格、供需均衡等理论实现了一系列的突破与创新，初步形成了自己的理论体系。

二、低碳经济的概念、目的、意义及与循环经济的关系

（一）低碳经济的概念、目的、意义

英国政府2003年发布能源白皮书《我们能源的未来：创建低碳经济》，提出发展低碳经济。低碳经济，是指在可持续发展理念指导下，通过技术创新、制度创新、产业转型、新能源开发等多种手段，尽可能地减少煤炭、石油等高碳能源消耗，减少温室气体排放，达到经济社会发展与生态环境保护双赢的一种经济发展形态。

低碳经济的特征是以减少温室气体排放为目标，构筑低能耗、低污染为基础的经济发展体系，包括低碳能源系统、低碳技术和低碳产业体系。低碳能源系统是指通过发展清洁能源，包括风能、太阳能、核能、地热能和生物能等替代煤、石油等化石能源以减少二氧化碳排放。低碳技术包括清洁煤技术（IGCC）和二氧化碳捕捉及储存技术（CCS），等等。低碳产业体系包括火电减排、新能源汽车、节能建筑、工业节能与减排、循环经济、资源回收、环保设备、节能材料，等等。

低碳经济的起点是统计碳源和碳足迹。二氧化碳有三个重要的来源，其中，最主要的碳源是火电排放，占二氧化碳排放总量的41%；增长最快的则是汽车尾气排放，占25%，特别是在我国汽车销量开始超越美国的情况下，这个问题越来越严重；建筑排放占27%，随着房屋数量的增加而稳定地增加。低碳经济是一种从生产、流通到消费和废物回收这一系列社会活动中实现低碳化发展的经济模式，具体来讲，低碳经济是指可持续发展理念指导下，通过理念创新、技术创新、制度创新、产业结构创新、经营创新、新能源开发利用等多种手段，提高能源生产和使用的效率以及增加低碳或非碳燃料的生产和利用的比例，尽可能地

减少对煤炭、石油等高碳能源的消耗，同时积极探索碳封存技术的研发和利用途径，从而实现减缓大气中 CO_2 浓度增长的目标，最终达到经济社会发展与生态环境保护双赢局面的一种经济发展模式。

在转向低碳经济这场革命时，我们需要系统性地从理念创新、技术变革、制度变革三个方面去把握和理解。

1. 理念创新

(1) 低碳经济革命的实质，是从传统的劳动生产率时代进入未来的资源生产率时代。在工业革命的开始，经济发展的主要稀缺因素是劳动和资本，由此绿增长需要通过机器对劳动力的替代，大幅度地提高劳动生产率。今天，制约人类经济发展的稀缺资源已经从劳动力转移到自然资本，如化工能源、大气容量等，因此，大幅度提高化工石油能源和碳的生产率，将是未来几十年经济创新的主要任务。

(2) 低碳经济发展不是要单一地考虑气候变化，而是要同时促进经济增长，大幅度提高碳生产率。著名咨询机构麦肯锡于 2008 年 10 月发布了一份题为《碳生产率挑战：遏制全球变化、保持经济增长》的报告，其中提出任何成功的气候变化减缓技术必须支持两个目标——既能稳定大气中的温室气体含量，又能保持经济的增长，而将这两个目标结合起来的正是“碳生产率”，即“单位二氧化碳排放的 GDP 产出水平”。一方面，低碳经济是要减少分子中的二氧化碳排放；另一方面低碳经济是要增加分母中经济产出。

(3) 低碳经济创新的关键在于经济意义的变革，是要从传统的产品拥有型社会（重视交换价值）转向未来的产品服务使用型社会（重视使用价值）。工业经济社会的特点是以高能耗产品的生产和销售为中心，在强调向服务业转型的讨论中，较多关注发展生产性服务业；低碳经济社会的特点是以低能耗的服务的提供和享受为中心，强调产品服务的问题。基于经济、社会和环境的考虑，产品服务使用型系统能够为制造者创造增量的经济价值、为消费者提供好的效用、为生态环境减少物质消耗。

2. 技术创新

以低能耗、低污染为基础的“低碳经济”，一个重要的支撑就是“低碳技术”。技术的创新是低碳经济发展的源泉和动力。低碳经济革命的技术创新，是要在能源流的整个过程中提高能源生产率和降低二氧化碳的排放，一般来说，低碳经济需要三个环节的系统行动。

(1) 在能源流的进口环节，加大技术研发力度，用太阳能、风能、生物能等可再生能源或其他清洁能源替代传统的高碳的化石能源。

(2) 在能源流的转化环节，通过建立兼容并包括各种能源的能源互联网和智能电网，提高工业、建筑、交通系统中的能源利用效率，更大限度地使用可再生能源。

（3）在能源流的出口环节，通过开发利用碳捕集与封存技术以及提供森林等自然生态系统的等碳汇能力，吸收经济排放的二氧化碳。

3. 制度创新

低碳经济制度创新的关键，是通过提高化石能源使用和二氧化碳消费的价格等，为生产和消费的低碳化转型提供激励机制。目前，提高二氧化碳价格的制度设计有两种模式：一种是碳税机制，一种是总量控制和排放交易机制。碳税机制，即由政府确定二氧化碳排放的上涨价格，然后通过市场机制控制二氧化碳排放的数量；总量控制和排放交易机制，即由政府确定可以允许的二氧化碳排放总量，然后通过市场交易提高碳生产和消费活动的效率。

发展低碳经济，一方面是积极承担环境保护责任，完成国家节能降耗指标的要求；另一方面是调整经济结构，提高能源利用效率，发展新兴工业，建设生态文明。这是摒弃以往先污染后治理、先低端后高端、先粗放后集约的发展模式的现实途径，是实现经济发展与资源环境保护双赢的必然选择。

（二）与循环经济的关系

循环经济、低碳经济这些概念既有相互关联，又各有侧重。

低碳经济又称为化石能源消耗少的经济，在这种经济发展中向生物圈排放更少的二氧化碳等温室气体，可以认为是一种以低能耗、低碳排放为特征的发展模式。发展低碳经济基础要在市场经济条件下，通过制度安排、政策措施的制定和实施，推动提高能效、可再生能源和温室气体减排等技术水平的开发利用，促进整个社会经济朝着高能效、低能耗和低排放的模式转型，形成低碳的生产方式和生活方式，核心是提高能源效率和可再生能源比例，减少温室气体排放。简单说，低碳经济是从保护全球环境的角度评价经济发展的环境代价。

循环经济是在生产、流通和消费等过程中进行的减量化、再利用、资源化活动的总称。发展循环经济，我国从理念到行动已经做了大量的工作；在立法、标准、政策、技术、宣传教育等方面早就起步，2005 年国务院出台《关于促进循环经济发展的若干意见》，“十一五”规划纲要对循环经济进行总体部署；在企业、行业、园区、社会等领域，以及钢铁、煤炭、电力、再生资源等行业，进行了两批国家试点，并取得初步成效。循环经济的核心是资源的循环利用和高效利用，理念是物尽其用、变废为宝、化害为利，目的是提高资源的利用效率和效益，其统计和考核指标主要是资源生产率。简单说，循环经济是从资源利用效率的角度评价经济发展的资源成本。

低碳经济是要解决高能耗、高污染、高排放的问题；循环经济是要解决资源有限和需求无限的矛盾、经济发展和环境保护的矛盾。两者的目标是一致的。

循环经济是追求更大经济效益，更少资源消耗，更低环境污染和更多劳动就业的先进经济模式。这“四个更”是循环经济原理的精神实质，是推行循环经济的出发点和落脚点，符合科学发展观的本质要求。

从高碳经济转向低碳经济，既是发展低碳经济的关键所在，又是循环经济要解决的突出难题，还能促进循环经济向纵深加快发展；发展低碳经济有利于循环经济产业链的完善和延伸。循环经济的“3R”原则（减量化、再循环、再利用）完全可以成为发展低碳经济的重要工具。所以，低碳经济是循环经济的重要组成部分和深化。

第二节　循环经济和低碳经济的实施途径

一、发展循环经济的主要途径

发展循环经济的主要途径，从资源流动的组织层面来看，主要是从企业小循环、区域中循环和社会大循环三个层面来展开；从资源利用的技术层面来看，主要是从资源的高效利用、循环利用和废弃物的无害化处理三条技术路径去实现。

（一）从资源流动的组织层面，循环经济可以从企业、生产基地等经济实体内部的小循环，产业集中区域内企业之间、产业之间的中循环，包括生产、生活领域的整个社会的大循环三个层面来展开。

（1）以企业内部的物质循环为基础，构筑企业、生产基地等经济实体内部的小循环。企业、生产基地等经济实体是经济发展的微观主体，是经济活动的最小细胞。依靠科技进步，充分发挥企业的能动性和创造性，以提高资源能源的利用效率、减少废物排放为主要目的，构建循环经济微观建设体系。

（2）以产业集中区内的物质循环为载体，构筑企业之间、产业之间、生产区域之间的中循环。以生态园区在一定地域范围内的推广和应用为主要形式，通过产业的合理组织，在产业的纵向、横向上建立企业间能流、物流的集成和资源的循环利用，重点在废物交换、资源综合利用，以实现园区内生产的污染物低排放甚至“零排放”，形成循环型产业集群或是循环经济区，实现资源在不同企业之间和不同产业之间的充分利用，建立以二次资源的再利用和再循环为重要组成部分的循环经济产业体系。

（3）以整个社会的物质循环为着眼点，构筑包括生产、生活领域的整个社会的大循环。统筹城乡发展、统筹生产生活，通过建立城镇、城乡之间、人类社会与自然环境之间循环经济圈，在整个社会内部建立生产与消费的物质能量大循环，包括了生产、消费和回收利用，构筑符合循环经济的社会体系，建设资源节约型、环境友好型社会，实现经济效益、社会效益和生态效益的最大化。

（二）从资源利用的技术层面来看，循环经济的发展主要是从资源的高效利用、循环利用和无害化生产三条技术路径来实现。

1. 资源的高效利用

依靠科技进步和制度创新，提高资源的利用水平和单位要素的产出率。在农业生产领域，一是通过探索高效的生产方式，节约利用土地、节约利用水资源和能源等。通过优化多种水源利用方案，改善沟渠等输水系统，改进灌溉方式和挖掘农艺节水等措施，实现种植节水。通过发展集约化节水型养殖，实现养殖业节水。二是改善土地、水体等资源的品质，提高农业资源的持续力和承载力。通过秸秆还田、测土配方科学施肥等先进实用手段，改善土壤有机质以及氮、磷、钾元素等农作物高效生长所需条件，改良土壤肥力。利用酸碱中和原理和先进技术改造沿海的盐碱地，或种植特效作物对盐碱地进行长期土壤改良，提高盐碱地的可种植性。控制农药用量，严禁高毒农药，合理使用化肥和农膜，推广可降解农膜，减少其对土壤的侵蚀；畜禽养殖排泄物采取生态化处理，减少其对水体污染。适时调整放养密度和品种、合理投饵与施肥，防止养殖水域和滩涂的水质与涂质恶化。减少使用抗生素等药物，保证农作物产品和畜禽产品满足健康标准。在工业生产领域，资源利用效率提高主要体现在节能、节水、节材、节地和资源的综合利用等方面，是通过一系列的“高”与“低”、“新”与“旧”的替代、替换来实现的，围绕工业技术水平的提高，主要是通过高效管理和生产技术替代低效管理和生产技术、高质能源替代低质能源、高性能设备替代低性能设备、高功能材料替代低功能材料、高层工业建筑替代低层工业建筑等来促进资源的利用效率提高。另一方面，围绕资源的合理利用，在一些生产环节用余热利用、中水回用，零部件和设备修理和再制造，以及废金属、废塑料、废纸张、废橡胶等可再生资源替代原生资源、再生材料替代原生材料等资源化利用等以“低”替“高”、“旧”代“新”的合理替代，实现资源的使用效率提高。在生活消费领域，提倡节约资源的生活方式，推广节能、节水用具。节约资源的生活方式不是要削减必要的生活消费，而是要克服浪费资源的不良行为，减少不必要的资源消耗。

2. 资源的循环利用

通过构筑资源循环利用产业链，建立起生产和生活中可再生利用资源的循环利用通道，达到资源的有效利用，减少向自然资源的索取，在与自然和谐循环中促进经济社会的发展。在农业生产领域，农作物的种植和畜禽、水产养殖本身就要符合自然生态规律，通过先进技术实现有机耦合农业循环产业链，是遵循自然规律并按照经济规律来组织有效的生产。包括：一是种植——饲料——养殖产业链。根据草本动物食性，充分发挥作物秸秆在养殖业中的天然饲料功能，构建种养链条。二是养殖——废弃物——种植产业链。通过畜禽粪便的有机肥生产，将猪粪等养殖废弃物加工成有机肥和沼液，可向农田、果园、茶园等地的种植作物提供清洁高效的有机肥料；畜禽粪便发酵后的沼渣还可以用于蘑菇等特色蔬菜种植。三是养殖——废弃物——养殖产业链。开展桑蚕粪便养鱼、鸡粪养贝类和鱼类、猪粪发酵沼渣养蚯蚓等实用技术开发推广，实现养殖业内部循环，有利于体现治污与资源节约双重功效。四是生态兼容型种植——养殖产业链。在控制放养密度前提下，利用开放式种植空间，散养一些对作物无危害甚至有正面作用的畜禽或水产动物，有条件地构筑"稻鸭共育"、"稻蟹共生"、放山鸡等种养兼容型产业链，可以促进种养兼得。五是废弃物——能源或病虫害防治产业链。畜禽粪便经过沼气发酵，产生的沼气可向农户提供清洁的生活用能，用于照明、取暖、烧饭、储粮保鲜、孵鸡等方面，还可用于为农业生产提供二氧化碳气肥、开展灯光诱虫等用途。农作物废弃秸秆也是形成生物能源的重要原料，可以加以挖掘利用。在工业生产领域，以生产集中区域为重点区域，以工业副产品、废弃物、余热余能、废水等资源为载体，加强不同产业之间建立纵向、横向产业链接，促进资源的循环利用、再生利用。如围绕能源，实施热电联产、区域集中供热工程，开发余热余能利用、有机废弃物的能量回收，形成多种方式的能源梯级利用产业链；围绕废水，建设再生水制造和供水网络工程，合理组织废水的串级使用，形成水资源的重复利用产业链；围绕废旧物质和副产品，建立延伸产业链条，可再生资源的再生加工链条、废弃物综合利用链条以及设备和零部件的修复翻新加工链条，构筑可再生、可利用资源的综合利用链。在生活和服务业领域，重点是构建生活废旧物质回收网络，充分发挥商贸服务业的流通功能，对生产生活中的二手产品、废旧物资或废弃物进行收集和回收，提高这些资源再回到生产环节的概率，促进资源的再利用或资源化。

3. *废弃物的无害化排放*

通过对废弃物的无害化处理，减少生产和生活活动对生态环境的影响。在农业生产领域，主要是通过推广生态养殖方式，实行清洁养殖。运用沼气发酵技术，对畜禽养殖产生的粪便进行处理，化害为利，生产制造沼气和有机农肥；控制水产养殖用药，推广科学投饵，减少水产养殖造成的水体污染。探索生态互补型水产品养殖，加强畜禽饲料的无害化处理、疫情检验与防治；实施农业清洁生产，采取生物、物理等病虫害综合防治，减少农药的使用量，降低农作物的农药残留和土壤的农药毒素的积累；采用可降解农用薄膜和实施农用薄膜回收，减少土地中的残留。在工业生产领域，推广废弃物排放减量化和清洁生产技术，应用燃煤锅炉的除尘脱硫脱硝技术，工业废油、废水及有机固体的分解、生化处理、焚烧处理等无害化处理，大力降低工业生产过程中的废气、废液和固体废弃物的产生量。扩大清洁能源的应用比例，降低能源生产和使用的有害物质排放。在生活消费领域，提倡减少一次性用品的消费方式，培养垃圾分类的生活习惯。

二、循环经济实施途径

（一）大力推进“减量化”的实施

我国《循环经济促进法》所确立的主要原则是减量化、再利用与资源化。其中，减量化是循环经济的核心。采取下列措施来实现减量化。

（1）提高资源利用的技术水平，减少资源的消耗。资源从开采、运输到利用的过程都需要技术的支撑，技术的进步可以减少资源的浪费和消耗，从而实现资源减量的效果。

（2）调整产业结构。大力发展第三产业、高新技术产业等低资源消耗产业，限制高耗能、高耗材产业的无序发展，可以促进减量化目标的实现。此外，扩大企业经济规模、关闭资源利用效率低的小企业也是实现上述目标的有效手段。

（3）强化企业管理，减少跑冒滴漏。企业内部可以通过清洁生产审核、能效指标等手段找出存在的问题，并通过强化管理措施，减少资源的浪费。

（4）通过财政、税收、金融等措施实现减量化。可以对相关企业的减量化行动提供财政支持，提供税收优惠等。也可以通过资源税等手段激励企业更高效地利用资源。

（5）通过价格杠杆推进减量化。价格杠杆是符合市场机制的有效手段，资源价格的提高使得企业的运行成本上升，因此企业必然会千方百计地去提高资源利用效率，从而实现减量化的目标。

（6）严格环境标准，形成倒逼机制。资源消耗的增加必然导致废物产生量的增加，从而环境污染可能增加。因此，严格环境标准及其实施会形成非常有效的倒逼机制，使得排污者提高资源利用效率，以减少废物的产生和排放。

（7）大力推进环境友好设计，通过环境友好产品的设计，实现原材料和能源的减量，同时可以实现产品消费过程的环境友好。

（8）实施减量化，还需在一些基础性工作方面下大力气，包括建立良好的资源利用指标体系和统计体系，建立相关的标准、标识、规范等。

（9）有必要建立减量化的国家目标，如资源产出率等。这一目标还可以把国家的节能减排、碳强度降低等目标协调起来，并实施相关的责任制，以推动减量化工作的开展。

（10）循环经济的减量化、再利用和资源化是一个整体，因此实施减量化要与再利用、资源化协调起来，形成完整的循环经济体系，这有助于出台更加完整、协调的循环经济政策。

(二) 发展生态工业园区，推动产业链建设的实施

生态工业园区有利于土地的集约使用，也有利于能源和资源的高效利用和废弃物的循环利用，因此，建设生态工业园区是构建生态工业体系，促进城市可持续发展的重要形式，要大力推动。在园区建设中，要考虑城市发展以及工业企业本身的调整：

(1) 我国地域广大，不同城市的工业现状及发展前景均不相同。在近期，不能强求所有工业园区建设都强调高新技术产业和现代制造业。各城市要根据自己的实际情况，确定工业园区建设和调整的方向。

(2) 从长远来说，各城市、各工业园区的发展仍要避免趋同化，但无论是重化工、高新技术产业还是其他类型的产业，都要通过技术和管理手段，实现资源的高效利用和污染排放的最小化。

(3) 由于有些城市及其工业园区要承接其他城市因土地、资源和环境因素而转移的产业，因此，城市工业规划和城市生态工业园区建设规划的制订不能只考虑本城市的情况，应从区域角度入手，进行产业的合理配置和资金、技术的相互补偿。

(4) 特大型城市，其产业发展必须与较为广泛的周边区域衔接起来。由于成本因素的制约，产业的区域转移不能在很短时间内一蹴而就。但应建立中长期的产业调整时间表，逐步实现调整。对于那些能够彻底解决环境污染问题，而搬迁成本又十分巨大的工业企业，可以考虑保留在城市内部。

(5) 城市和园区产业的发展和调整要综合考虑搬迁成本、土地成本、环境成本、劳动力成本等要素。

(三) 农业循环经济实施

农业循环经济涉及领域十分广泛，推进农业循环经济，需要构建具有中国特色的农业循环经济体系，需要从多个角度加以推动。

(1) 要实施农业生产减量化活动。通过科学使用化肥、农药和其他农用资料，或者用新型生产资料、技术来替代常规生产资料和技术，以达到减少化肥、农药、农膜等农资的使用量，降低污染排放的目的。此外，要大力推进节水型农业建设，提高农业资源利用效率和农业可持续发展能力。

(2) 要加强农业废弃物利用职权，尤其是要强化对秸秆等资源的综合利用。

(3) 要推动农业产业链的延伸，包括农业体系内部的产业链构建以及农业与食品加工等其他产业的衔接。农业循环经济的一个很大特点就是可以形成闭合的循环链，从而使资源利用效率得以良好发挥，并减少污染物的排放，提高农民

收入。

（4）要建立循环经济技术支撑体系，通过各级政府财政支持，依托各种研究机构，积极开发绿色农业生产技术、农业资源高效利用技术、农业废弃物无害化利用和处理技术，研发和推广无害或低害利用工艺，用循环经济技术改造传统农业，加大对农业循环经济技术成果的转化和推广力度。

（5）政府要强化对农业循环经济活动政策和资金支持。对农业循环经济发展，要从税收、财政、金融等方面制定和实施优惠政策，大力支持农业循环经济试点范区建设，大力推进农业循环经济模式的形成和推广。建立农业循环经济标准，把发展农业循环经济纳入规范化和法制化轨道。

（四）流通流域循环经济实施

流通是连接生产与消费的桥梁和纽带，是社会再生产过程的一个重要环节。推动流通行业的循环经济，应通过政策推进、标准化等多种手段，从以下几个方面入手：①推进绿色营销，包括鼓励高效节能的办公设备、电器、照明产品以及绿色产品、有机食品的经营，鼓励和支持商业企业注重垃圾的规范化处置，提倡绿色包装，抵制过度包装；②推动绿色物流，鼓励企业建立绿色流通渠道；③加快发展再生资源回收利用体系，完善再生资源回收站点、分拣中心的建设和服务标准，推进再生资源回收体系产业化。

（五）再生资源回收利用实施

再生资源回收利用的核心是回收体系的建设。应通过合理规划，形成布局完整、规范合理的再生资源回收网点、分拣中心和集散市场。规范和改造现有的散兵游勇式回收方式。

要加快再生资源回收利用园区的建设。统筹规划，合理布局，完善园区的仓储、分拣加工、回收利用等方面的功能。在园区内要建设完备的环保等基础设施，提供各种保障性服务和信息服务，实现从源头分类、回收利用到最终处置的全过程循环。要提高再生资源回收利用的技术装备水平，通过政策推动、产学研一体化等多种手段，加快废旧商品分拣、加工、无害化处理技术和设备的研发及制造。

（六）生产者责任延伸制度的实施

生产者责任延伸制度通常是指产品的制造商和进口商应承担其产品在整个产品生命周期中环境影响责任的主要部分，包括材料选择、生产工艺、使用和弃置过程造成的影响。生产者承担责任的方式是多样化的。就废旧商品而言，可以是生产者自己回收废旧产品，也可以委托其他机构回收；还可以是通过征税的方式收取费用，由政府或政府委托的部门进行回收。在具体的实施中采取哪种方式，要根据具体的实施对象、相关管理成本、企业竞争力、环境效果、产品价格等多个方面的综合考虑来确定。在具体工作中，应根据具体的规范对象，明确生产者、消费者、政府的独立责任和联合责任。

根据生产者责任延伸制度的实施强度和政府参与程度，还可以通过多种途径实施生产者责任延伸制度。如自愿方式（即生产者自愿采取措施解决他们的产品在整个生命周期中对环境的影响，而不是在政府强制的要求下进行，如企业自愿回收产品计划）、强制方式（即通过立法或强制性政府命令来实施，如政府强制企业回收废弃产品等）、经济手段（如征收产品费、预付处置费、押金返还等）。

（七）政策建议

为了推动上述循环经济战略实施，提出以下政策建议：

（1）完善法规、政策体系。我国近年来在立法和政策研究方面已经取得了一些进展，但总的来看，系统性和可操作性仍较差，《循环经济促进法》配套法规和标准的制定尤为紧迫。

（2）统筹制定循环经济发展规划。合理的规划是推动循环经济的重要手段，《循环经济促进法》第十二条规定“国务院循环经济发展综合管理部门会同国务院环境保护等有关主管部门编制全国循环经济发展规划，报国务院批准后公布施行。设区的市级以上地方人民政府循环经济发展综合管理部门会同本级人民政府环境保护等有关主管部门编制本行政区域循环经济发展规划，报本级人民政府批准后公布施行。循环经济发展规划应当包括规划目标、适用范围、主要内容、重点内容、重点任务和保障措施等，并规定资源产出率、废物再利用和资源化率等指标。”应按照《循环经济促进法》的要求，制定从国家到地方各个层级的循环经济推进规划，以指导循环经济工作的开展。

（3）促进政府与市场力量的结合，更好地发挥市场机制的作用。在实施层面，目前我国推动循环经济工作主要是靠政府的推动，从长远看，应促进循环经济市场机制的形成，逐步形成市场经济推动为主，政府引导和推动为辅的机制。考虑到国家财政力量的日益增强，利用财政、金融、税收等各项激励手段推动循环经济工作仍应是未来相当长一段时间内循环经济的重要推动力量，应认真加以研究，并逐项落实。加大对高新技术、环保技术、节能技术、节材技术的开发支持力度，建立起一套从支持科技投入、产品研制开发到促进科技成果转化的科技税收优惠政策体系。

（4）建立有利于循环经济发展的成本与价格机制。成本价格形成机制不完善、资源和能源价格不合理、废物低代价排放是制约工业企业资源效率提高和污染排放下降的根本性问题。在市场经济条件下，价格的作用极为关键，经济政策只有通过成本价格机制发生作用才会产生长期效果。通过制度创新和政策调整，可以构建有利于资源、能源节约和环境保护的成本—价格体系，提高资源和能源成本在企业产品成本中的比重，促使企业主动节约资源和节能。

（5）开展理论研究，识别循环经济与节能减排、综合利用、清洁生产、低碳经济等概念的区别和共同点，明确确定循环经济的内涵和外延，并通过指标体系来改进加以规范。形成包括资源产出率、资源循环利用率等指标在内的循环经济指标体系，这有助于使循环经济激励政策的实施得到落实，有助于建立和实施循环经济评价考核体系和责任体系，有助于通过循环经济这个杠杆，推动节能减排目标的实现。

（6）选择若干具有重大效果的标志性循环经济技术，组织企业、科研院所、学校等，集中力量实行攻关，这些技术的突破将大大推动国家循环经济工作的作用。

（7）形成技术可行、成本有效的循环经济产业链，循环经济工作的一个重要标志是形成必要的产业链，例如，开展循环经济活动可能涉及不同企业之间的废弃物交换和利用，这就可能遇到一系列问题，废弃物的价格波动问题等，如有毒废弃物运输的安全和责任问题、废弃物的数量、质量及其稳定供应问题、废弃物的价格波动问题等，这些问题如果不能得到很好解决，将阻碍循环经济工作的开展。为此，应开展必要的研究，并推动相关部门，包括保险机构、各种中介组织等的积极介入，以推动循环经济产业链的形成。

（8）逐步建设废弃物回收体系。回收体系的建设是我国循环经济工作面临的一个重要问题。目前的回收体系存在一系列问题，亟待解决。从长远看，由于回收体系的分散、不健全和抗风险能力低，在经济波动期间问题将会更为突出。此外，随着经济的发展，劳动力成本必将逐步上升，未来废弃物回收体系还将发生更深刻的变化，这些都需要未雨绸缪，加以研究、实践、总结，以便采取相应的措施进行应对。

（9）推进国际再生资源循环体系的构建。我国是资源消耗量巨大而资源储备又比较匮乏的国家，有必要在保护环境质量的前提下尽可能利用国际资源，开展国际大循环。因此，需要分析我国参与国际再生资源大循环的制约因素，以及我国可持续发展不同阶段对国际资源的需求，预测国际再生资源大循环对我国可持续发展的影响，形成适合我国国情的参与国际再生资源大循环的推进机制，以及有利于我国深化参与国际再生资源大循环的战略对策和政策取向，建立国际再生资源大循环技术政策支持体系。

（10）加强循环经济基础能力建设。循环经济工作的开展有赖于良好的统计、计量和具有相关资质的人员的支持，国家应加大扶持力度，可以将经济、节能、环保、清洁生产和循环经济等的统计和计量工作衔接起来，形成一个较为完整的体系。此外，目前对循环经济产业链的物质、能量、经济和环境等四大过程缺乏规范的研究方法。因此，应在城市、区域、园区、企业等多个层次开展深入研究，建立规范的评估方法，包括物质流、能量流、经济和环境效果的评估方法。

二、发展低碳经济的主要途径

（一）节能优先，提高能源利用效率

我国经济发展速度的不断提高是以资源的大量浪费和生态的巨大破坏为代价的。研究表明，我国的能源系统效率为33.4%，比国际先进水平低10个百分点，电力、钢铁、有色、石化、建材、化工、轻工、纺织8个行业主要产品单位能耗平均比国际先进水平高40%，机动车油耗水平比欧洲高25%，比日本高20%，单位建筑面积采暖能耗相当于气候条件相近发达国家的2～3倍。这说明我国能源利用比较浪费，提高能源利用效率的潜力是巨大的。因此，提高经济活动过程中能源利用效率是控制碳排放量的重要战略措施。从生态文明的角度来看，更有效地利用每一度电、每一桶石油和每一方天然气比开采更多的煤、石油和天然气更具经济价值和生态意义。在提高能源利用效率的前提下，必须坚持节能优先的发展战略。一方面，淘汰高耗能的产业和生产工艺，另一方面，在照明设备、家用电器、工业电动机和工业锅炉等领域进行技术改进，提高热的有效利用和提高能源转换效率。只有不断提高节能水平，才能有利于能源供应安全、环境保护和遏制温室气体排放等多重目标的实现。

（二）化石能源低碳化，大力发展可再生能源

我国化石能源的“富煤、贫油、少气”的资源结构特征决定了煤炭是能源消费的主体。当前，煤炭在能源消费总量中的比重接近70%，比国际平均水平高41个百分点。虽然石油的比重有所上升，但只能以满足国内基本需求为目标，不可能用来替代煤炭。因此，以煤炭为主的能源消费结构难以在近10年得到根本改变。这就需要碳中和技术，在消费前对煤炭进行低碳化和无碳化处理，减少燃烧过程中碳的排放。在此格局下，加速发展天然气，适当发展核电，积极发展水电，深入开发风能、太阳能、水能、地热能和生物能等可再生能源，减少煤炭在能源消费结构中的比重，将是发展低碳经济的主要方向。

（三）设立碳基金，激励低碳技术的研究和开发

碳基金主要有政府基金和民间基金两种形式，前者主要依靠政府出资，后者主要依靠社会捐赠形式筹集资金。目前中国设立了清洁发展机制基金（政府基金）和中国绿色碳基金（民间基金），满足应对气候变化的资金需求。但是，现有的这两个基金主要资助碳汇的项目，还未将基金用于低碳技术研发的支持和激励上。碳基金的目标应该除了关注碳汇的增加外，还需要更加关注通过帮助商业和公共部门减少二氧化碳的排放，并从中寻求低碳技术的商业机会，从而帮助我

国实现低碳经济社会。碳基金的资金用于投资方面主要有三个目标，一是促进低碳技术的研究与开发，二是加快技术商业化，三是投资孵化器。我国碳基金模式应以政府投资为主，多渠道筹集资金，按企业模式运作。碳基金公司通过多种方式找出碳中和技术，评估其减排潜力和技术成熟度，鼓励技术创新，开拓和培育低碳技术市场，以促进长期减排。

(四) 确立国家碳交易机制

在我国的不同功能区，一些区域是生态屏障区，一些地区是生态受益区，依照国际通用的“碳源—碳汇”平衡规则，生态受益区应当在享受生态效益的同时，拿出享用“外部效益”溢出的合理份额，对生态保护区实施补偿。补偿原则是碳源大于碳汇的省份按照一定的价格协商或国家定价向碳源小于碳汇的省份购买碳排放额，以此保证各省经济利益和生态利益总和的相对平衡。

三、低碳经济的实施途径

低碳经济是当前及未来国际社会的潮流与方向，是降低温室气体排放和减缓气候变化的根本途径。我国目前正在积极探索低碳经济发展问题，开展相关战略、政策和技术研究。把重点放在生产模式、消费模式以及城市化模式的低碳转型上。

(一) 生产模式的低碳转型

生产模式的低碳转型是要大力发展低碳型、循环型的物质经济来减少碳排放，即通过调整产业结构、提高生态效率以及改变补贴机制来提高碳生产率，从而实现人力资本最大化、物质资本足够化、自然资本最小化。

1. 以创新就业为导向，调整产业结构

首先是要调整三次产业间的比重。当前我国的三次产业结构中，仍然是以工业为主导，今后要大力发展第三产业，实现向“三、二、一”产业融合的方向转变。其次是要调整各个产业内部的结构。在第一产业中，要提高有机农业的比例，增加对有机农业生产基础设施的投资。有机农业既是劳动密集型产业，也是知识密集型产业，发展有机农业有利于增加绿色食品供给，同时也可能吸纳大批农村剩余劳动力。在第二产业中，应该从单纯的生产性或制造性创造就业，转向服务性与绩效性相结合创造就业的道路上来。特别要借助产品服务系统来实现从产品经济到功能经济的转型，这样既可以提高资源生产率，又可以通过生产环节前端（研发）与后端（服务与培训）大大延伸对劳动力和智力的需求。在第三产业中，要大力发展经济附加值高的文化创意产业。

2. 降低消耗规模，提高生态效率

按照资源消耗规模和资源生产率的结合可以形成提高生态效率的三种模式。

第一种是强调处理效率最大化的环境经济或末端模式。这种模式在经济过程的末端治理污染，不可能在人口增长和消耗增长的情况下实现绝对意义的减物质化。第二种是强调生产效率最大化的资源经济或清洁技术模式。这种模式只是简单地提高单位物品的资源效率，而不可能解决反弹效应问题。第三种是强调服务效率最大化的可持续经济或系统改进模式。这种模式以规模为导向，主张从生产物品的制造经济转向为销售服务经济，真正能够将价值流的增长与物质流的减少统一起来，提高碳生产率。

可持续经济模式要求从物质流和能源流两个方面加以改进：一是在物质流方面实现产业的生态化转型。主要途径有在单个企业内实现生态化、在企业之间发展生态产业园区、在全社会层面发展静脉产业；由废物的循环到产品的循环，进而发展到服务的循环。二是在能源流的各个环节实现低碳化，即在能源流的进口环节，利用太阳能、风能、地热能等低碳的新能源替代传统化石能源；在能源流的转化环节，通过建立“能源互联网”、“智能电网”等，提高能源利用效率；在能源流的出口环节，通过开发利用碳捕集与封存技术以及提高森林等碳汇的能力，吸收经济过程中排放的二氧化碳。

3. 兼顾效率与公平，改变补贴机制

由于我国经济社会发展不平衡，能源提价可能会影响低收入人群体的生活质量。考虑我国的实际情况，政府在制度设计时，必须制定两种相辅相成的政策，即在实行提高价格的效率政策的同时实行补贴低收入消费群体的公平政策。当前政府通常采取的减排措施主要有碳税机制以及总量控制与排放交易机制。

(二) 消费模式的低碳转型

消费模式的低碳转型是要大力发展公共型、服务型的消费来减少碳排放，即要求从关注物质的占有转移到更多地关注物质的功能，通过从拥有型社会向使用型社会的变革，使得在福利提高的同时二氧化碳的排放量最少。从拥有型社会向使用型社会的变革，主要有如下三条途径：一是延长方式。对于复印机、电脑、电视机等家用电器的消费，首先要提高整机的可维修性以便延长服务时间，其次要提高部件拆卸性以便减少物质的消耗，最后要提高材料的可回收性。二是租赁方式。对于那些经常使用的耐用品，则需要发展社区性或者会员制性的租赁制度。前者是偶尔的租赁，后者是会员制式的租赁。三是共享方式。这种方式最典型的例子是瑞典哈马比的生态社区、美国波士顿的会员租车服务、波特兰的共享汽车模式。采用共享汽车模式人均二氧化碳排放量最高能够减少50%。社会效益是使用方便，不需要自己维护与保养，同时减少了汽车闲置的时间，在便利性上一点不逊色于私家车。

(三) 城市化模式的低碳转型

是指通过大力发展紧凑型、组团型的城市空间和区域空间来减少碳排放，即在实现经济增长的同时，满足居民各方面需求，并能为整个城市的生态环境、资源可持续发展提供科学规划与保障。城市化模式的低碳转型需要我们从目标、动力、理念、空间、设施以及管理六个层面更新传统思维。

（1）在目标层面上，城市化的发展归根结底是要服务于人的发展，即以人为本。人们对城市的需求主要是居住、投资和旅游。要从可旅游性、可投资性以及可居住性三个维度来提升城市的竞争力。

（2）在动力层面上，要结合政府发动和民众推动两种力量来推进城市化发展，政府应对城市化的速度和规模做宏观上的引导；民众则应根据自身的专业和偏好选择就业岗位，达到微观上的资源配置效率最优。

（3）在理念层面上，城市化应走城乡一体化而非城乡一样化道路。城乡一体化旨在让城市居民和农村居民都享受到同样的福利，具有大致相同的幸福感。城乡一样化是希望把广大的农村建设得像城市一样繁荣发达，与城市没有差别。长此以往的结果是城市不像城市，农村不像农村，人们欣赏不到多样化的生态景观，这与城市化的初衷是背道而驰的。

（4）在空间层面上，庞大的人口基数与相对较少的土地资源之间的矛盾是当前中国城市发展面临的突出问题。为了保证城市发展的规模与效率，应该走一条节约土地的城市区域化发展道路：在一个较紧凑的区域内，集中多个大城市以及不同层级、规模的几十个甚至上百个中小城市、城镇。城市应由追求数量的“粗放增长”向追求质量的“精明增长”转变。通过促进城市规划和土地利用规划相结合，优化用地结构，提高城市建筑密度和容积率，达到输入端建设用地投入的减量化；通过建设紧凑型社区和提高存量建筑交易率来实现城市循环过程中土地再利用的最大化；通过产业结构升级，发展创意产业以促进城市更新，从而保证城市输出端用途荒废土地的最小化。

（5）在设施层面上，充分利用太阳能，选用隔热保温的建筑材料，合理设计通风和采光系统，选用节能型取暖和制冷系统。建筑运行过程中要避免居住地的过度装饰，推广使用节能灯和节能家用电器，鼓励使用高效节能厨房系统，有效降低每个住户的碳排放量。在城市公共交通系统中，大力发展快速轨道交通系统，同时发展以步行和自行车为主的慢速交通系统。加强多种交通方式的衔接，建设现代物流信息系统，减少运输工具空驶率；完善智能管理系统，实行现代化、智能化、科学化管理。此外，要倡导发展混合燃料汽车、电动汽车、太阳能汽车等低碳排放的交通工具，实现城市运行的低碳化目标。

（6）在管理层面上，要通过制度建设切实保障政府、市场、社会三方力量都能介入整个城市的决策、规划与管理过程中。积极沟通、通力合作，最大限度保障不同群体的利益，服务于城市总体生活质量的提高，使社会各阶层在最大限度上共享城市发展的成果。

四、为更好地规范“低碳经济”、使“低碳经济”真正成为促进社会可持续发展的推进器

（一）将减排目标纳入“十二五”规划

到2020年实现我国单位国内生产总值二氧化碳排放比2005年下降40%～45%。一方面，它标志着我国必须转变经济增长方式、调整经济结构，向低碳经济转型；另一方面，它标志着从政府到民间组织、从企业到个人都必须成为这一场革命的当事人、参与者、奉献者和受益者。

（二）抓好试点，树立典型

目前，深圳成为国家住房和城乡建设部批准的第一个国家低碳生态示范市，就是一个很好的范例。住建部支持将国家低碳生态城市建设的最新政策和技术标准优先在深圳试验，引导相关项目优先落户深圳，并及时总结经验向全国推广；深圳负责承接国家低碳生态城市建设的政策技术标准和示范任务。同时，住建部支持深圳市将每年一次的“光明论坛”提升规格，使其成为国内外具有重要影响力的低碳生态城市理论与实践的交流平台。在条件具备的省市、地区、行业中，都应有目的地选择试点和典型，扎实推进，建之有效，确保我国经济在低碳经济促进下又好又快发展。

（三）成立专门机构指导“低碳经济”

推行低碳经济是一项系统工程，需要全社会通力合作。要改善环境，形成一个资源节约、环境友好的经济发展模式，需要行政、法律、经济手段并重。行政手段是引导，法律手段是规则，经济手段是平衡。因为环境问题的本质是发展问题，最终是要靠经济规律和市场机制来解决。为确保全社会都步调一致、齐心协力使“低碳经济”沿着正确的轨道前行，并顺利完成这一艰巨而伟大的彻底改变人类社会经济秩序和生存方式的革命，国家完全有必要成立“低碳经济指导机构”。

（四）加强法制建设

我国已颁布《节约能源法》、《清洁生产促进法》、《循环经济促进法》，最近又修订了《可再生能源法》。建议加大普法力度，做到有法皆知，有法必依；各级地方人大开展严格的执法检查，各级地方政府加强行政督察；在制定和修改相关地方性法规时，增加发展低碳经济的规定。制定出台相关政策，保证“低碳经济”健康发展。吸纳国际先进经验，制定出台产业导入政策、土地使用配套政策、资金配套政策、完整的技术理论、系统的产业、产品认证及检测标准以及加速人才培训。

（五）大力发展“低碳产业”

为了实现低碳，停止发展与低速发展都不可取，唯有加速发展，同时提高我

国在低碳经济与技术方面的竞争力。因此，在转变经济增长方式、调整经济结构、向低碳经济转型的同时，大力发展低碳产业。低碳经济不仅仅是需要去郑重承担起来的一份责任，它同时也意味着一种新的发展机会，必须在转型、转变中培育和创新更多的新的经济增长点。

（六）处理好“一抓”、“三防”关系

“一抓”就是抓低碳经济建设；“三防”就是防一哄而起、防乱上项目、防浪费。这是历史的经验教训。必须在开始时就让各级政府、行业、社会头脑清醒、思路明确、认识一致、步调统一。

（七）认真做好宣传教育普及及舆论监督工作

各级政府应利用各种方式宣传低碳经济的重要性、必要性及利害关系，经常向社会通报减排进展、成效与不足，同时要组织媒体配合政府号令及时进行相关报道和揭露。开通低碳经济网络专线，搭建老百姓与政府沟通的桥梁，发挥人民群众“低碳经济”主人翁作用。

（八）充分发挥人大、政协在低碳经济运行中的作用

各级政府在新上项目、投资方向、减排成效等工作中，充分尊重人大、政协的审批、监督权力和作用。除经常组织代表、委员视察新上低碳经济项目外，在每年两会上都应由政府向代表、委员通报“低碳经济”运行情况、“低碳经济”在 GDP 中的比重及“低碳经济”对人民幸福度的贡献率。

（九）将“低碳经济”绩效纳入政府、公务员政绩考核核心内容

第三节　我国发展循环经济和低碳经济的机遇与挑战

一、我国发展循环经济所面临的机遇与挑战

循环经济是近年来兴起的一种新的发展思路，是在传统的粗放型增长模式难以持续的基础上形成的。目前，我国经济结构不尽合理，能源资源短缺以及生态环境脆弱等问题十分突出，如果不改变这种高消耗、高排放、低效益的增长方式，发展将难以为继。发展循环经济，就是要通过减量化、再利用和资源化等手段，大大减少社会经济活动的资源和能源消耗，大大提高废弃物的回收利用率，从而为实现经济社会的可持续发展提供支撑。

（一）发展循环经济所面临的问题

1. 立法和政策体系尚未健全

《循环经济促进法》于 2009 年实施，但该法的配套法规制定和实施的进展并

不够快。例如，该法中提到的“强制回收的产品和包装物的名录及管理办法”等，至今尚未建立起来。推动循环经济的政策，特别是税收、价格等方面的改革还需要进一步加大力度。

2. 循环经济技术还比较落后，自主创新体系尚未建立起来

循环经济的减量化、再利用和资源化活动都要技术的推动。特别需要说明的是，循环经济产业和产品的发展需要市场的推动，但这一市场是比较独特的，它需要政策法规的推动。尽管在一些特定领域已经取得了一些创新性技术成果，但总体而言，我国的循环经济技术还比较落后，一些较好的技术由于成本较高和政策不落实，也难以得到良好的推广。特别是目前尚未全面形成以企业为主体、企业、科研院所等共同形成的循环经济自主创新体系。

3. 工作进展不均衡，部分地区和领域循环经济工作开展得不够好

目前我国循环经济工作的区域进展不平衡问题仍十分突出，一些地区的循环经济工作抓得紧，进展较快。例如，餐厨垃圾回收处理方面，已经有浙江宁波和青海西宁等地制定了地方性法规，大大推动了工作的开展。但也有很多地区由于重视不够或基础薄弱等原因，循环型产业链构建以及再生资源循环利用工作存在着许多问题。

从行业角度着，目前诸如钢铁、水泥等一些行业的循环经济工作开展和较好，但有一些行业的循环经济工作有待提高。

在循环经济产业园区建设方面，虽然通过试点已经积累了一定的经验，但还存在着许多问题，许多地方工业园区遍地开花，缺乏合理的规划，土地利用效率低，缺乏产业链衔接，污染比较严重。

4. 循环经济工作与经济发展、环境保护的协调尚需改进

从经济学角度看，任何经济活动都要付出成本，循环经济也不例外。国家之所以鼓励循环经济活动，是因为在很多情况下，循环经济活动会产生较大的经济、环境和社会效益。成本和效益综合考虑的结果是循环经济活动在很多情况下是合理的。但各地在循环经济实践中，也出现了一些“循环不经济”、“循环不节约”或“循环不环保”的现象，更出现了一些打着循环经济的幌子，违反国家的产业政策上一些不符合政策要求而又污染严重的化工项目。对于这类项目，不但不能将其列为循环经济项目而提供支持，反而应该严格加以限制。

5. 再生资源回收体系有待于进一步改进

目前，我国再生资源回收利用体系还存在着许多问题。一是家庭垃圾分类回收虽然在一些地方搞了试点，但大都因为种种原因而并不成功。缺乏良好的源头分类为后期的分类回收带来了困难。二是再生资源回收利用的的渠道比较混乱，大量废旧物资流向污染严重的小作坊进行低层次的加工利用，不但浪费资源，也

造成严重的环境污染。与之相对应的是，规范化、有良好环保设施的再生资源循环利用企业由于运转成本较高而面临吃不饱的困境。三是很多地区回收利用的相关硬件和软件设施建设还比较落后，分拣中心、运输、拆解、利用以及相关的环境设施建设都不够完善，相关的物流信息系统建设也比较滞后。

6. 具有重大资源意义的国际大循环尚未全面形成，环保等问题也比较突出

近年来，我国再生资源进口工作取得很大成绩，进口总量逐年增长，年均增长率约为8.8%。1991—2008年，我国共进口再生资源大约2.9亿t，为工业生产提供2亿多t的优质工业原料，在一定程度上弥补了我国原生资源的不足。2008年，废钢铁、废有色金属、废塑料、废纸、报废船舶等5个类别的再生资源共进口4240.44万t，比2007年的4032.67万t增加了5.2%，为我国的工业生产提供了近4000万t的优质工业原料。

但总体来看，由于进口方面的政策限制，再生资源进口尚存在很大的障碍。此外，非法进口、低水平和非环保方式的拆解利用也给这项工作带来了很大的问题。

7. 循环经济的基础指标体系、统计体系、标准标识体系等尚未全面建立

目前我国已经建立了比较系统的能源、环境指标体系和统计体系，但在资源消费和循环利用方面，还十分欠缺。如果要逐步建立以资源产出率和循环利用率为代表的循环经济指标体系和考核体系，必须将基础的统计体系等建立起来。

(二) 发展循环经济的实践活动

2005年以来，通过立法、政策支持、试点示范、技术创新以及宣传教育等多种手段的推动，循环经济已经逐步渗透到国民经济和社会发展的各个领域，日益引起各方面的重视，循环经济的实践活动也已经在各地广泛开展，取得了显著的经济、社会和环境效益。

1. 循环经济试点和示范基地建设

近年来，我国在循环经济领域的一个工作重点是循环经济试点工作。自2005年以来，我国启动了两期循环经济试点工作。第一批循环经济试点工作的目标是在钢铁、有色、化工、建材等重点行业探索循环经济发展模式，树立一批循环经济的典型企业；在重点领域完善再生资源回收利用体系，建立资源循环利用机制；在开发区和产业园区试点，提出按循环经济模式规划、建设、改造产业园区的思路，形成一批循环经济产业示范园区；探索城市发展循环经济的思路，形成若干发展循环经济的示范城市。试点工作选择了钢铁、有色、煤炭、电力、化工、建材、轻工等行业，再生资源回收利用体系建设、废旧金属再生利用、废旧家电回收利用、再制造等领域，不同类型的工业和农业园区，以及不同类型的

省市，开展全面的试点工作。

2007年又启动了第二批循环经济试点工作，扩大了试点范围。通过循环经济试点工作，涌现了一大批有重要推广价值的循环经济发展模式，为进一步开展循环经济推广和示范工作奠定了基础。

近期以来，国家发改委等有关部门又推动了一些其他方面的循环经济试点和示范基地建设，包括城市餐厨废弃物资源化利用和无害化处理试点工作以及“城市矿产”示范基地建设等。

2. 广泛开展循环经济规划，推进地方循环经济工作

根据相关法律法规的要求，“十一五”期间各地广泛制定地方性循环经济发展规划，提出了循环经济发展目标、主要领域、主要任务和重点工程，大大推动了地方循环经济工作的开展。

2009年12月，国务院正式批复了《甘肃省循环经济总体规划》，这是我国第一个由国家批复的区域循环经济发展规划。《甘肃省循环经济总体规划》围绕循环型工业、循环型农业和循环型社会建设，提出了着力构建循环型工业体系，探索循环型农业模式，推进循环型社会建设，实施重点项目和研发推广支撑技术，努力闯出一条资源型省份通过发展循环经济，实现科学发展的新路子。

2010年，国务院正式批复了由国家发改委和青海省人民政府编制的《青海省柴达木循环经济试验区总体规划》，将对柴达木循环经济试验区的发展产生深远影响，对于资源赋存丰富、生态环境脆弱地区走出一条通过发展循环经济、实现科学发展的可持续的道路，具有很重要的示范意义。

除以上两个国务院批复的地方循环经济规划之外，其他许多地方也制定了地方性循环经济发展规划，对地方发展循环经济起到了重要作用。

3. 工业循环经济建设

工业是循环经济的重点领域。工业循环经济取得成效的一个最显著特征是大量循环经济园区的快速发展。长期以来，我国工业经济发展缺乏良好的布局，工业企业与城市居住和商业区相互交错，既造成严重的环境污染，又对交通运输等形成压力。更严重的是，难以形成良好的产业链衔接。近年来，随着循环经济概念逐步被接受，循环经济园区建设逐步推进，特别是两期循环经济试点工作为园区建设提供了巨大的推动力。

产业链构建和延伸是工业循环经济的重要内容，许多地区在循环经济实践中，特别注重各种产业链的构建和延伸，包括企业内部产业链以及企业之间产业链的构建和延伸。通过产业链的构建和延伸，提高资源的利用效率，减少环境污染，提高产品附加值。

废弃物综合利用也是工业循环经济的核心内容之一。工业废弃物的综合利用不但具有重要的资源意义，而且具有十分重要的节能和环保意义。在我国有色金属行业，50%以上的钒、10%以上的黄金、80%的白银、50%以上的钯、锑、镓、铟、锗等稀有金属，还有铂族等产品几乎全部来源于冶炼过程中的综合回收利用。有色金属工业综合回收的金属量占同期金属产量的15%以上。此外，全国近1/3的硫酸产品也来自于冶炼过程的综合回收利用。

4. 农业循环经济建设

早在循环经济思想引入之前，我国广大农村地区就广泛开展了生态农业实践，形成了大量经济、社会和环境效益良好的生态农业模式。近年来，循环经济思想的引入为我国农业循环经济发展提供了更有力的思路和工具，农业循环经济发展十分迅速，成效也更为显著。

农业循环经济涉及的方面十分广泛，从循环链的角度看，可以包括以沼气为核心的循环，以节约型农业为核心的循环等。

农业循环经济有很强的地域性，不同地区由于气候、地理、农业传统等方面的不同，其农业循环经济特征可能有很大差异。

5. 循环型社会建设

在大力推动工业、农业领域循环经济工作的同时，循环型社会建设也日益为各级政府及公众所重视。循环经济的最终目标是建成有利于可持续发展的资源节约型、环境友好型社会，而建设循环型社会是两型社会的重要组成部分，它包括将循环经济理念运用到城乡发展的各个领域，促进城乡居民从传统的生产、生活方式和价值观念向环境友好、系统和谐、资源节约、社会包容的生态文明转变。具体来说，它包括形成绿色的商贸活动，推进绿色的消费模式，促进绿色行政，建设绿色社区，发展绿色建材、绿色建筑和绿色交通系统，完善再生资源回收利用体系等。

在建设循环型社会方面，很重要的一点是要与农业和工业循环经济有机结合起来，形成互补的态势。例如，武汉市青山区是武汉市钢铁、石油化工、环保产业聚集的重化工业区，是典型的重化工企业高度集中的城区，资源、能源消耗总量和“三废”排放量在武汉市占有很大比重，人口也十分密集，该区将城区分为生态产业区、生态宜居区和生态保护区三大生态功能区，并按照三大功能区分别赋予特定的功能，开展城市和区域层次上的循环。在经济不断增长的同时，资源、能源产出率和资源综合利用率呈现逐年下降趋势，环境质量不断改善。

6. 再生资源循环利用

再生资源循环利用是循环经济的重要组成部分。再生资源循环利用可以使已经失去全部或部分使用价值的废物重新获得使用价值，从而减少对原生资源的消耗，降低能耗和生产成本，减少污染排放。

我国有再生资源循环利用的传统，公众的循环利用意识非常强，加之再生资源回收的成本比较低，有一只庞大的回收利用队伍，因而再生资源回收利用率一直比较高。近年来，我国出台了一系列支持再生资源回收利用的政策措施，如2006年商务部联合国家发改委等五部门颁布的《再生资源回收管理办法》、建设部于2007年颁布实施的《城市生活垃圾管理办法》、国务院于2009年颁布的《废弃电器电子产品回收处理管理条例》等。财政和税务等部门也制定了一系列支持再生资源行业发展的财税政策。

与此同时，为了解决再生资源回收利用过程中所造成的环境污染问题，各部门也强化了相关技术规范的制订工作，并出台了相关措施。例如，有关部门近年来出台的有关废电池污染防治技术开发、废塑料回收与再生利用污染控制、报废机动车拆解环境保护方面的政策措施和技术规范，对于推动这个行业的健康发展起到了重要作用。

目前，我国再生资源循环利用行业取得了长足发展，2008年总产值超过7800亿元，就业人员近1800万人，创造了巨大的经济、社会和环境效益。

二、我国发展低碳经济的机遇与挑战

作为一个经济快速增长的国家，中国未来的能源需求和温室气体排放将明显增加，到2030年将比2005年增加一倍以上。同时，我国已经在走低碳发展的道路，并提出了到2020年单位国内生产总值（GDP）二氧化碳排放比2005年下降40%～45%的宏伟目标。对于发展低碳经济来说，技术进步是决定因素之一，因为碳生产率是由技术水平决定的。技术领域包括能源供应水平、交通节能、建筑节能以及工业节能。我国的低碳技术面临着巨大的自主创新压力，大量核心技术亟待突破。在创新路径的选择上，应当根据国内进行技术创新的优势和劣势，考虑到市场需求的变化，扬长避短，选择合适的技术创新路径。未来，低碳技术将成为国家核心竞争力的一个标志。低碳技术创新可以为实现节能减排和低碳发展的目标提供强有力的支撑。

（一）发展低碳经济是我国结构调整的重要手段

我国应该抓住低碳经济的发展机遇，加快结构调整和升级，切实转变增长方式，以尽可能少的资源能源消耗和废弃物排放支撑我国经济社会的可持续发展。

发展低碳经济，是我国科学发展的必然要求。这是因为，我们不能再以资源能源高消耗和环境重污染来换取一时的经济增长了。如果还把GDP作为发展的全部，还以廉价资源或出口退税换取GDP，如果口袋的钱多了，但生存的环境恶化了，空气变脏了，水变黑了，那么就与发展的本意背离了，就与科学发展观的本质要求相悖了，发展低碳经济更多的是转变发展方式，减少单位 GDP 消耗的资源量和付出的环境代价，通过向自然资源投资来恢复和扩大资源存量，运用生态学原理设计工艺与产业流程来提高资源能源效率，使发展的成果更好地为人民所共享。

发展低碳经济，是调整产业结构的重要途径。在我国产业结构中，工业比重偏高，低能耗的服务业比重偏低；在工业结构中，高碳的重化工业占工业比重的70%左右。我国处于快速工业化和城市化阶段，大规模的基础设施建设需要钢材、水泥、电力等的供应保证。但是，如果这些产业长期粗放地发展下去，那么我国的资源支撑不了，环境容纳不了。发展低碳经济，降低经济的碳强度，是促进我国经济结构和工业结构优化升级的重要途径。

发展低碳经济，是我国优化能源结构的可行措施。虽然我国能源结构在不断优化，但一次能源生产的2/3仍然是煤炭，燃煤发电约占电力结构的80%。煤多油少气不足的资源条件，决定了我国在未来相当长一段时间内主要使用的一次能源仍将是煤炭。煤炭属于"高碳"能源，我国又缺少廉价利用国际石油、天然气等"低碳"能源的条件；资源和能源密度集型产品大量出口，又增加了我国单位 GDP 的碳强度。因此，发展低碳经济，提高可再生能源比重，可以有效地避免一次能源以煤炭为主的弊端，降低能源消费的碳排放。

发展低碳经济，是我国实现跨越式发展的可能路径。我国技术水平参差不齐，研发和创新能力有限，是我们不得不面对的现实。改革开放以来，我国的"以市场换技术"政策，并没有得到多少核心技术和知识产权。"拿钱买不到核心技术"、我国要自主开发技术等，已经成为有识之士的共识。发展低碳能源技术、二氧化碳捕集与封存技术等已纳入我国"973"计划、"863"计划等科技支撑计划。近年来，我国新能源，可再生能源开发利用产业呈快速增长之势。如果加大投入，大力发展低碳经济，我国可以实现这个领域的跨越式发展。

发展低碳经济，是我国开展国际合作、参与国际"游戏规则"制定的途径。虽然我国工业化享有全球化、制度安排、产业结构、技术革命等后发优势，但我们不得不接受发达国家主导的国际规则，不得不在国际分工体系中处于利润"曲线"下端，不得不在技术上处于依附地位，甚至被发达国家转移的资源密集型、污染密集型和劳动力密集型的产业"锁定"。发展低碳经济，不仅可以与发达国家共同开发相关技术，还可以直接参与新的国际游戏规则的讨论和制定，以利于我国的中长期发展和长治久安。

总之，从能源资源条件、目前的发展阶段、产业结构和技术水平以及可能面临的减排国际压力等角度考虑，我国都要大力发展绿色经济、循环经济和低碳经济，并将其作为战略性新兴产业的发展导向，成为我国立足当前调整结构、着眼长远上的重大战略选择，成为我国当前经济发展的新增长点，更成为引领未来经济社会可持续发展的战略方向。

（二）低碳经济面临的挑战

在全球气候变暖的背景下，以低能耗、低污染为基础的“低碳经济”已成为全球热点。欧美发达国家大力推进以高能效、低排放为核心的“低碳革命”，着力发展“低碳技术”，并对产业、能源、技术、贸易等政策进行重大调整，以抢占先机和产业制高点。低碳经济的争夺战，已在全球悄然打响。这对中国，是压力，也是挑战。

挑战之一：工业化、城市化、现代化加快推进的中国，正处在能源需求快速增长阶段，大规模基础设施建设不可能停止；长期贫穷落后的中国，以全面小康为追求，致力于改善和提高 13 亿人民的生活水平和生活质量，带来能源消费的持续增长。“高碳”特征突出的“发展排放”，成为中国可持续发展的一大制约。怎样既确保人民生活水平不断提升，又不重复西方发达国家以牺牲环境为代价谋发展的老路，是中国必须面对的难题。

挑战之二：“富煤、少气、缺油”的资源条件，决定了中国能源结构以煤为主，低碳能源资源的选择有限。电力中，水电占比只有 20%左右，火电占比达 77%以上，“高碳”占绝对的统治地位。据计算，每燃烧一吨煤炭会产生 4.12t 的二氧化碳气体，比石油和天然气每吨多 30%和 70%，而据估算，未来 20 年中国能源部门电力投资将达 1.8 万亿美元。火电的大规模发展对环境的威胁，不可忽视。

挑战之三：中国经济的主体是第二产业，这决定了能源消费的主要部门是工业，而工业生产技术水平落后，又加重了中国经济的高碳特征。资料显示，1993—2005 年，中国工业能源消费年均增长 5.8%，工业能源消费占能源消费总量约 70%。采掘、钢铁、建材、水泥、电力等高耗能工业行业，2005 年能源消费量占了工业能源消费的 64.4%。调整经济结构，提升工业生产技术和能源利用水平，是一个重大课题。

挑战之四：作为发展中国家，中国经济由“高碳”向“低碳”转变的最大制约，是整体科技水平落后，技术研发能力有限。尽管《联合国气候变化框架公约》规定，发达国家有义务向发展中国家提供技术转让，但实际情况与之相去甚远，中国不得不主要依靠商业渠道引进。据估计，以 2006 年的 GDP 计算，中国由高碳经济向低碳经济转变，年需资金 250 亿美元。这样一个巨额投入，显然是尚不富裕的中国的沉重负担。

复习思考题

1. 简述循环经济和低碳经济的概念。
2. 简述循环经济的特征及原则。

3. 简述循环经济和低碳经济的异同。

4. 简述发展循环经济面临的问题。

5. 请选择一个行业，描绘出循环经济体系及其中的主要链条。

6. 简述低碳经济的实现途径。

拓展阅读材料1　工业循环经济案例

同煤塔山循环经济园区按照“减量化、再利用、资源化”的原则，充分利用煤炭及其伴生资源和各种生产废弃物进行深加工，将传统的从资源到产品再到废弃物的直线式经济发展模式，变为由资源到产品到废弃物，再到再生资源的反馈式经济发展模式。园区有“煤—电—建材”和“煤—电—化工”两条循环经济产业链。其循环方式为：原煤开采出来，全部进入选煤厂洗选后，洗精煤直接装车外运外销；在洗选过程中产生的中煤、煤泥以及排放的部分煤矸石分别输送到两座电厂发电，用发电产生的热能取代燃煤锅炉对居民供暖；将煤矸石中的伴生物高岭岩输送到加工厂进行深加工；将煤矸石和电厂排出的粉煤灰作为水泥厂的原料；水泥厂排出的废渣用于生产新型砌体材料；将井下排水和洗煤厂污水经过处理后返回到厂区循环利用。同煤集团对塔山循环经济园区制订了包括资源产出、资源消耗、资源综合利用、废弃物排放等30项指标的园区循环经济指标体系，2008年园区能源产出率为0.613万元/tce；原煤生产能耗为0.002tce/t，工业固体废物综合利用率为100%；二氧化硫排放量1099t，COD实现了零排放，废弃物全部无害化处理，工业废水全部经过处理循环使用。

[资料来源：王有明，李德忠，黄琼 2009－12－08　黑色产业的绿色蓝图——大同煤矿集团公司发展循环经济纪实　中国经济导报]

拓展阅读材料2　循环型社会建设案例

贵阳市针对生态环境脆弱、经济基础薄弱的问题，提出了发展循环经济，建设生态城市的决定。2004年，贵阳市发布实施了《贵阳市建设循环经济生态城市条例》，以整个城市作为发展循环经济的主体，统筹产业发展和城乡建设；以融入循环经济理念的生态城市建设规划为指导，从生产、消费、资源再生体系三个层面发展循环经济。在生产环节，通过科技创新，积极推进各类园区建设和产业集聚发展，通过产业共生耦合，延伸产业链，提高资源附加值和循环利用率。在消费环节，大力倡导绿色消费，推行城市公交和出租车清洁燃料工程；实施公共照明、景观照明和公共机构节能工程，构建建筑节能体系；大力实施水资源综合利用，建设节水型城市；推进农村环境保护，大力推动农村生产生活污染治理，减轻农村面源污染。在再生资源回收利用环节，积极发展资源再利用技术，建筑固体废弃物处置中心，加大对工业固体废物的开发利用和城市污水处理厂污泥的综合利用；开展城市资源绿色回收体系建设，升级改造再生资源加工利用企业；加强农村生物能源建设，实施“四改一气”沼气工程，大力推广沼气池；开展秸秆种植食用菌、生产沼气和燃料、饲料等秸秆综合利用工程。通过努力，贵阳市实现了经济增长、社会发展和生态环境改善的多赢。

附录一 中华人民共和国环境保护法

（1989年12月26日第七届全国人民代表大会常务委员会第十一次会议通过，1989年12月26日中华人民共和国主席令第二十二号公布）

第一章 总 则

第一条 为保护和改善生活环境与生态环境，防治污染和其他公害，保障人体健康，促进社会主义现代化建设的发展，制定本法。

第二条 本法所称环境，是指影响人类生存和发展的各种天然的和经过人工改造的自然因素的总体，包括大气、水、海洋、土地、矿藏、森林、草原、野生生物、自然遗迹、人文遗迹、自然保护区、风景名胜区、城市和乡村等。

第三条 本法适用于中华人民共和国领域和中华人民共和国管辖的其他海域。

第四条 国家制定的环境保护规划必须纳入国民经济和社会发展计划，国家采取有利于环境保护的经济、技术政策和措施，使环境保护工作同经济建设和社会发展相协调。

第五条 国家鼓励环境保护科学教育事业的发展，加强环境保护科学技术的研究和开发，提高环境保护科学技术水平，普及环境保护的科学知识。

第六条 一切单位和个人都有保护环境的义务，并有权对污染和破坏环境的单位和个人进行检举和控告。

第七条 国务院环境保护行政主管部门，对全国环境保护工作实施统一监督管理。

县级以上地方人民政府环境保护行政主管部门，对本辖区的环境保护工作实施统一监督管理。

国家海洋行政主管部门、港务监督、渔政渔港监督、军队环境保护部门和各级公安、交通、铁道、民航管理部门，依照有关法律的规定对环境污染防治实施监督管理。

县级以上人民政府的土地、矿产、林业、农业、水利行政主管部门，依照有关法律的规定对资源的保护实施监督管理。

第八条 对保护和改善环境有显著成绩的单位和个人，由人民政府给予奖励。

第二章 环境监督管理

第九条 国务院环境保护行政主管部门制定国家环境质量标准

省、自治区、直辖市人民政府对国家环境质量标准中未作规定的项目，可以制定地方环境质量标准，并报国务院环境保护行政主管部门备案。

第十条 国务院环境保护行政主管部门根据国家环境质量标准和国家经济、技术条件，制定国家污染物排放标准。

省、自治区、直辖市人民政府对国家污染物排放标准中未作规定的项目，可以制定地方污染物排放标准；对国家污染物排放标准中已作规定的项目，可以制定严于国家污染物排放标准的地方污染物排放标准。地方污染物排放标准须报国务院环境保护行政主管部门备案。

凡是向已有地方污染物排放标准的区域排放污染物的，应当执行地方污染物排放标准。

第十一条 国务院环境保护行政主管部门建立监测制度，制定监测规范，会同有关部门组织监测网络，加强对环境监测的管理。

国务院和省、自治区、直辖市人民政府的环境保护行政主管部门，应当定期发布环境状况公报。

第十二条 县级以上人民政府环境保护行政主管部门，应当会同有关部门对管辖范围内的环境状况进行调查和评价，拟订环境保护规划，经计划部门综合平衡后，报同级人民政府批准实施。

第十三条 建设污染环境的项目，必须遵守国家有关建设项目环境保护管理的规定。

建设项目的环境影响报告书，必须对建设项目产生的污染和对环境的影响作出评价，规定防治措施，经项目主管部门预审并依照规定的程序报环境保护行政主管部门批准。环境影响报告书经批准后，计划部门方可批准建设项目设计任务书。

第十四条 县级以上人民政府环境保护行政主管部门或者其他依照法律规定行使环境监督管理权的部门，有权对管辖范围内的排污单位进行现场检查。被检查的单位应当如实反映情况，提供必要的资料。检查机关应当为被检查的单位保守技术秘密和业务秘密。

第十五条　跨行政区的环境污染和环境破坏的防治工作，由有关地方人民政府协商解决，或者由上级人民政府协调解决，作出决定。

第三章　保护和改善环境

第十六条　地方各级人民政府，应当对本辖区的环境质量负责，采取措施改善环境质量。

第十七条　各级人民政府对具有代表性的各种类型的自然生态系统区域，珍稀、濒危的野生动植物自然分布区域，重要的水源涵养区域，具有重大科学文化价值的地质构造、著名溶洞和化石分布区、冰川、火山、温泉等自然遗迹，以及人文遗迹、古树名木，应当采取措施加以保护，严禁破坏。

第十八条　在国务院、国务院有关主管部门和省、自治区、直辖市人民政府划定的风景名胜区、自然保护区和其他需要特别保护的区域内，不得建设污染环境的工业生产设施；建设其他设施，其污染物排放不得超过规定的排放标准。已经建成的设施，其污染物排放超过规定的排放标准的，限期治理。

第十九条　开发利用自然资源，必须采取措施保护生态环境。

第二十条　各级人民政府应当加强对农业环境的保护，防治土壤污染、土地沙化、盐渍化、贫瘠化、沼泽化、地面沉降化和防治植被破坏、水土流失、水源枯竭、种源灭绝以及其他生态失调现象的发生和发展，推广植物病虫害的综合防治，合理使用化肥、农药及植物生产激素。

第二十一条　国务院和沿海地方各级人民政府应当加强对海洋环境的保护。向海洋排放污染物、倾倒废弃物，进行海岸工程建设和海洋石油勘探开发，必须依照法律的规定，防止对海洋环境的污染损害。

第二十二条　制定城市规划，应当确定保护和改善环境的目标和任务。

第二十三条　城乡建设应当结合当地自然环境的特点，保护植被、水域和自然景观，加强城市园林、绿地和风景名胜区的建设。

第四章　防治环境污染和其他公害

第二十四条　产生环境污染和其他公害的单位，必须把环境保护工作纳入计划，建立环境保护责任制度；采取有效措施，防治在生产建设或者其他活动中产生的废气、废水、废渣、粉尘、恶臭气体、放射性物质以及噪声、振动、电磁波辐射等对环境的污染和危害。

第二十五条 新建工业企业和现有工业企业的技术改造，应当采取资源利用率高、污染物排放量少的设备和工艺，采用经济合理的废弃物综合利用技术和污染物处理技术。

第二十六条 建设项目中防治污染的设施，必须与主体工程同时设计、同时施工、同时投产使用。防治污染的设施必须经原审批环境影响报告书的环境保护行政主管部门验收合格后，该建设项目方可投入生产或者使用。

防治污染的设施不得擅自拆除或者闲置，确有必要拆除或者闲置的，必须征得所在地的环境保护行政主管部门同意。

第二十七条 排放污染物的企业事业单位，必须依照国务院环境保护行政主管部门的规定申报登记。

第二十八条 排放污染物超过国家或者地方规定的污染物排放标准的企业事业单位，依照国家规定缴纳超标准排污费，并负责治理。水污染防治法另有规定的，依照水污染防治法的规定执行。

征收的超标准排污费必须用于污染的防治，不得挪作他用，具体使用办法由国务院规定。

第二十九条 对造成环境严重污染的企业事业单位，限期治理。中央或者省、自治区、直辖市人民政府直接管辖的企业事业单位的限期治理，由省、自治区、直辖市人民政府决定。市、县或者市、县以下人民政府管辖的企业事业单位的限期治理，由市、县人民政府决定。被限期治理的企业事业单位必须如期完成治理任务。

第三十条 禁止引进不符合我国环境保护规定要求的技术和设备。

第三十一条 因发生事故或者其他突然性事件，造成或者可能造成污染事故的单位，必须立即采取措施处理，及时通报可能受到污染危害的单位和居民，并向当地环境保护行政主管部门和有关部门报告，接受调查处理。

可能发生重大污染事故的企业事业单位，应当采取措施，加强防范。

第三十二条 县级以上地方人民政府环境保护行政主管部门，在环境受到严重污染威胁居民生命财产安全时，必须立即向当地人民政府报告，由人民政府采取有效措施，解除或者减轻危害。

第三十三条 生产、储存、运输、销售、使用有毒化学物品和含有放射性物质的物品，必须遵守国家有关规定，防止污染环境。

第三十四条 任何单位不得将产生严重污染的生产设备转移给没有污染防治

能力的单位使用。

第五章　法律责任

第三十五条　违反本法规定，有下列行为之一的，环境保护行政主管部门或者其他依照法律规定行使环境监督管理权的部门可以根据不同情节，给予警告或者处以罚款：

（一）拒绝环境保护行政主管部门或者其他依照法律规定行使环境监督管理权的部门现场检查或者在被检查时弄虚作假的；

（二）拒报或者谎报国务院环境保护行政主管部门规定的有关污染物排放申报事项的；

（三）不按国家规定缴纳超标准排污费的；

（四）引进不符合我国环境保护规定要求的技术和设备的；

（五）将产生严重污染的生产设备转移给没有污染防治能力的单位使用的。

第三十六条　建设项目的防治污染设施没有建成或者没有达到国家规定的要求，投入生产或者使用的，由批准该建设项目的环境影响报告书的环境保护行政主管部门责令停止生产或者使用，可以并处罚款。

第三十七条　未经环境保护行政主管部门同意，擅自拆除或者闲置防治污染的设施，污染物排放超过规定的排放标准的，由环境保护行政主管部门责令重新安装使用，并处罚款。

第三十八条　对违反本法规定，造成环境污染事故的企业事业单位，由环境保护行政主管部门或者其他依照法律规定行使环境监督管理权的部门根据所造成的危害后果处以罚款；情节较重的，对有关责任人员由其所在单位或者政府主管机关给予行政处分。

第三十九条　对经限期治理逾期未完成治理任务的企业事业单位，除依照国家规定加收超标准排污费外，可以根据所造成的危害后果处以罚款，或者责令停业、关闭。

前款规定的罚款由环境保护行政主管部门决定。责令停业、关闭，由作出限期治理决定的人民政府决定；责令中央直接管辖的企业事业单位停业、关闭，须报国务院批准。

第四十条　当事人对行政处罚决定不服的，可以在接到处罚通知之日起十五日内，向作出处罚决定的机关的上一级机关申请复议；对复议决定不服的，可以在接到复议决定之日起十五日内，向人民法院起诉。当事人也可以在接到处罚通知之日起十五日内，直接向人民法院起诉。当事人逾期不申请复议、也不向人民法院起诉、又不履行处罚决定的，由作出处罚决定的机关申请人民法院强制执行。

第四十一条 造成环境污染危害的，有责任排除危害，并对直接受到损害的单位或者个人赔偿损失。

赔偿责任或赔偿金额的纠纷，可以根据当事人的请求，由环境保护行政主管部门或者其他依照法律规定行使环境监督管理权的部门处理；当事人对处理决定不服的，可以向人民法院起诉。当事人也可以直接向人民法院起诉。

完全由于不可抗拒的自然灾害，并经及时采取合理措施，仍然不能避免造成环境污染损害的，免予承担责任。

第四十二条 因环境污染损害赔偿提起诉讼的时效期间为三年，从当事人知道或者应当知道受到污染损害时起计算。

第四十三条 违反本法规定，造成重大环境污染事故，导致公私财产重大损失或者人身伤亡的严重后果的，对直接责任人员依法追究刑事责任。

第四十四条 违反本法规定，造成土地、森林、草原、水、矿产、渔业、野生动植物等资源的破坏的，依照有关法律的规定承担法律责任。

第四十五条 环境保护监督管理人员滥用职权、玩忽职守、徇私舞弊的，由其所在单位或者上级主管机关给予行政处分；构成犯罪的，依法追究刑事责任。

第六章　附　　则

第四十六条 中华人民共和国缔结或者参加的与环境保护有关的国际条约，同中华人民共和国的法律有不同规定的，适用国际条约的规定，但中华人民共和国声明保留的条款除外。

第四十七条 本法自公布之日起施行。《中华人民共和国环境保护法（试行）》同时废止。

附录二　环境空气质量标准
(GB 3095—1996)

环境空气质量功能区分类：

一类区为自然保护区、风景名胜区和其他需要特殊保护的地区。

二类区为城镇规划中确定的居住区、商业交通居民混合区、文化区、一般工业区和农村地区。

三类区为特定工业区。

环境空气质量标准分级：环境空气质量标准分为三级。

一类区执行一级标准；二类区执行二级标准。

污染物名称	取值时间	浓度限值			浓度单位
		一级标准	二级标准	三级标准	
二氧化硫 CO_2	年平均 日平均 1小时平均	0.02 0.05 0.15	0.06 0.15 0.50	0.10 0.25 0.70	mg/m^3 (标准状态)
总悬浮颗粒物 TSP	年平均 日平均	0.08 0.12	0.20 0.30	0.30 0.50	
可吸入颗粒物 PM_{10}	年平均 日平均	0.04 0.05	0.10 0.15	0.15 0.25	
氮氧化物 NO_x	年平均 日平均 1小时平均	0.05 0.10 0.15	0.05 0.10 0.15	0.10 0.15 0.30	
二氧化硫 SO_2	年平均 日平均 1小时平均	0.04 0.08 0.12	0.04 0.08 0.12	0.08 0.12 0.24	
一氧化碳 CO	日平均 1小时平均	4.00 10.00	4.00 10.00	6.00 20.00	
臭氧 O_3	1小时平均	0.12	0.16	0.20	

（续表）

污染物名称	取值时间	浓度限值			浓度单位
		一级标准	二级标准	三级标准	
铅 Pb	季平均 年平均	1.50 1.00			μg/m³ （标准状态）
苯并［a］芘 B［a］P	日平均	0.01			
氟化物 F	日平均 1 小时平均	7① 20①			
	月平均 植物生长季平均	1.8② 1.2②	3.0③ 2.0③		μg/（dm²·d）

注：①适用于城市地区；②适用于牧业区和以牧业为主的半农半牧区，蚕桑区；③适用于农业和林业区。

附录三　污水综合排放标准

(GB 8978—1996)

表 1　第一类污染物最高允许排放浓度　　(单位：mg/L)

序号	污染物	最高允许排放浓度	序号	污染物	最高允许排放浓度
1	总汞	0.05	8	总镍	1.0
2	烷基汞	不得检出	9	苯并［a］芘	0.00003
3	总镉	0.1	10	总铍	0.005
4	总铬	1.5	11	总银	0.5
5	六价铬	0.5	12	总 α 放射性	1Bq/L
6	总砷	0.5	13	总 β 放射性	10Bq/L
7	总铅	1.0			

注：第一类污染物，不分行业和污水排放方式，也不分受纳水体的功能类别，一律在车间或车间处理设施排放口采样，其最高允许排放浓度必须达到本标准要求（采矿行业的尾矿坝出水口不得视为车间排放口）。

表 2　第二类污染物最高允许排放浓度

（1997 年 12 月 31 日之前建设的单位）　　(单位：ng/L)

序号	污染物	适用范围	一级标准	二级标准	三级标准
1	pH 值	一切排污单位	6～9	6～9	6～9
2	色度（稀释倍数）	染料工业	50	180	—
		其他排污单位	50	80	—
3	悬浮物（SS）	采矿、选矿、选煤工业	100	300	—
		脉金选矿	100	500	—
		边远地区砂金选矿	100	800	—
		城镇二级污水处理厂	20	30	—
		其他排污单位	70	200	400

（续表）

序号	污染物	适用范围	一级标准	二级标准	三级标准
4	五日生化需氧量（BOD_5）	甘蔗制糖、苎麻脱胶、湿法纤维板工业	30	100	600
		甜菜制糖、酒精、味精、皮革、化纤浆粕工业	30	150	600
		城镇二级污水处理厂	20	30	—
		其他排污单位	30	60	300
5	化学需氧量（COD）	甜菜制糖、焦化、合成脂肪酸、湿法纤维板、染料、洗毛、有机磷农药工业	100	200	1000
		味精、酒精、医药原料药、生物制药、苎麻脱胶、皮革、化纤浆粕工业	100	300	1000
		石油化工工业（包括石油炼制）	100	150	500
		城镇二级污水处理厂	60	120	—
		其他排污单位	100	150	500
6	石油类	一切排污单位	10	10	30
7	动植物油	一切排污单位	20	20	100
8	挥发酚	一切排污单位	0.5	0.5	2.0
9	总氰化合物	电影洗片（铁氰化合物）	0.5	5.0	5.0
		其他排污单位	0.5	0.5	1.0
10	硫化物	一切排污单位	1.0	1.0	2.0
11	氨氮	医药原料药、染料、石油化工工业	15	50	—
		其他排污单位	15	25	—
12	氟化物	黄磷工业	10	20	20
		低氟地区（水体含氟量＜0.5mg/L）	10	20	30
		其他排污单位	10	10	20
13	磷酸盐（以P计）	一切排污单位	0.5	1.0	—
14	甲醛	一切排污单位	1.0	2.0	5.0
15	苯胺类	一切排污单位	1.0	2.0	5.0

（续表）

序号	污染物	适用范围	一级标准	二级标准	三级标准
16	硝基苯类	一切排污单位	2.0	3.0	5.0
17	阴离子表面活性剂（LAS）	合成洗涤剂工业	5.0	15	20
		其他排污单位	5.0	10	20
18	总铜	一切排污单位	0.5	1.0	2.0
19	总锌	一切排污单位	2.0	5.0	5.0
20	总锰	合成脂肪酸工业	2.0	5.0	5.0
		其他排污单位	2.0	2.0	5.0
21	彩色显影剂	电影洗片	2.0	3.0	5.0
22	显影剂及氧化物总量	电影洗片	3.0	6.0	6.0
23	元素磷	一切排污单位	0.1	0.3	0.3
24	有机磷农药（以P计）	一切排污单位	不得检出	0.5	0.5
25	粪大肠菌群数	医院[①]、兽医院及医疗机构含病原体污水	500个/L	1000个/L	5000个/L
		传染病、结核病医院污水	100个/L	500个/L	1000个/L
26	总余氯（采用氯化消毒的医院污水）	医院[①]、兽医院及医疗机构含病原体污水	<0.5[②]	>3（接触时间≥1h）	>2（接触时间≥1h）
		传染病结核病医院污水	<0.5[②]	>6.5（接触时间≥1.5h）	>5（接触时间≥1.5h）

注：①指50个床位以上的医院。

②加氯消毒后须进行脱氯处理，达到本标准。

附录四　噪声标准

（一）城市区域环境噪声标准

以保护听力而言，一般认为每天8h在80dB以下听力不会损失，而在声级分别为85dB和90dB环境中工作30年，根据国际标准化组织（ISO）的调查，耳聋的可能性分别为8%和18%。在声级70dB环境中，谈话感到困难。干扰睡眠和休息的噪声级阈值白天为50dB，夜间为45dB，我国提出的环境噪声允许范围见表1。

环境噪声制订标准的依据是环境基本噪声。各国大都参考ISO推荐的基数(例如睡眠为30dB)，根据不同时间、不同地区和室内噪声受室外噪声影响的修正值以及本国具体情况来制订。见表2、表3和表4。

我国根据《中华人民共和国环境保护法》，在进行大量的调查研究基础上，于1982年颁布了《城市区域环境噪声标准》(GB 3096—82)，将城市按不同社会功能划分为六类区域，规定各类区域的环境噪声标准。在总结十年的执行情况后，1993年该标准经修改后重新颁布（GB 3096—93)，见表5。

该标准还规定，位于城郊和乡村的疗养院、高级别墅区、高级宾馆区等严于0类标准5dB（A）执行；乡村居住环境可参照1类标准执行；穿越城区的内河航道两侧区域，穿越城区的铁路主次干线两侧的背景噪声（指不通过列车时的噪声水平）限值按4类标准执行；夜间突发的噪声，其最大值不超过标准值的15dB（A)。

表1　我国环境噪声允许范围　　(单位：dB)

人的活动	最高值	理想值
体力劳动（保护听力）	90	70
脑力劳动（保证语言清晰度）	60	40
睡眠	50	30
人的活动	最高值	理想值
体力劳动（保护听力）	90	70
脑力劳动（保证语言清晰度）	60	40

（续表）

人的活动	最高值	理想值
睡眠	50	30

表 2　一天不同时间对基数的修正值　（单位：dB）

时间	修正值
白天	0
晚上	－5
夜间	－10～－15

表 3　不同地区对基数的修正值　（单位：dB）

地区	修正值
农村、医院、休养区	0
市郊、交通量很小的地区	＋5
城市居住区	＋10
居住、工商业、交通混合区	＋15
城市中心（商业区）	＋20
工业区（重工业）	＋25

表 4　室内噪声受室外噪声影响的修正值　（单位：dB）

窗户状况	修正值
开窗	－10
关闭的单层窗	－15
关闭的双层窗或不能开的窗	－20

表 5　我国城市区域环境噪声标准　（单位：dB）

类别	适用区域	昼间	夜间
0	特殊安静区（疗养院、高级别墅区）	50	40
1	居住、文教机关区	55	45
2	居住、商业、工业混杂区	60	50
3	工业区	65	55
4	交通干线道路两侧	70	55

(二) 工业企业噪声标准

我国工业企业噪声标准见表 6 和表 7。

由于接触噪声时间与允许声级相联系，故定义实际噪声暴露时间（$T_{实}$）除以容许暴露时间（T）之比为噪声剂量（D）：

$$D=T_{实}/T$$

如果噪声剂量大于 1，则在场工作人员所接受的噪声已超过安全标准。通常每天所接触的噪声往往不是某一固定声级，这时噪声剂量应按具体声级和响应的暴露时间进行计算，即

$$D=T_{实1}/T_1+T_{实2}/T_2+T_{实3}/T_3+\cdots\cdots$$

表 6　新建、扩建、改建企业标准　　（单位：dB）

每个工作日接触噪声时间/h	允许标准
8	85
4	88
2	91
1	94
	最高不得超过 115

表 7　现有企业暂行标准　　（单位：dB）

每个工作日接触噪声时间/h	允许标准
8	90
4	93
2	96
1	99
	最高不得超过 115

我国机动车辆允许噪声标准见表 8。

表 8　机动车辆允许噪声标准　　（单位：dB）

车辆种类		1985 年以前生产的车辆	1985 年以后生产的车辆
载重汽车	8t＜载重量＜15t	92	89
	3.5t＜载重量＜8t	90	86
	载重量＜3.5t	89	84

（续表）

车辆种类		1985 年以前生产的车辆	1985 年以后生产的车辆
公共汽车	总重量 4t 以上	89	86
	总重量 4t 以下	88	83
轿车		84	82
摩托车		90	84
轮式拖拉机		91	86

注：1. 各类机动车辆加速行驶外最大噪声级应不超过表中的标准。

2. 表中所列各类机动车辆的改型车也应符合标准，轻型越野车按其公路载重量适用标准。

附录五　中华人民共和国清洁生产促进法

（2002 年 6 月 29 日第九届全国人民代表大会常务委员会第二十八次会议通过　根据 2012 年 2 月 29 日第十一届全国人民代表大会常务委员会第二十五次会议《关于修改〈中华人民共和国清洁生产促进法〉的决定》修正）

目录

第一章　总则

第二章　清洁生产的推行

第三章　清洁生产的实施

第四章　鼓励措施

第五章　法律责任

第六章　附则

第一章　总则

第一条　为了促进清洁生产，提高资源利用效率，减少和避免污染物的产生，保护和改善环境，保障人体健康，促进经济与社会可持续发展，制定本法。

第二条　本法所称清洁生产，是指不断采取改进设计、使用清洁的能源和原料、采用先进的工艺技术与设备、改善管理、综合利用等措施，从源头削减污染，提高资源利用效率，减少或者避免生产、服务和产品使用过程中污染物的产生和排放，以减轻或者消除对人类健康和环境的危害。

第三条　在中华人民共和国领域内，从事生产和服务活动的单位以及从事相关管理活动的部门依照本法规定，组织、实施清洁生产。

第四条　国家鼓励和促进清洁生产。国务院和县级以上地方人民政府，应当将清洁生产促进工作纳入国民经济和社会发展规划、年度计划以及环境保护、资源利用、产业发展、区域开发等规划。

第五条　国务院清洁生产综合协调部门负责组织、协调全国的清洁生产促进工作。国务院环境保护、工业、科学技术、财政部门和其他有关部门，按照各自的职责，负责有关的清洁生产促进工作。

县级以上地方人民政府负责领导本行政区域内的清洁生产促进工作。县级以上地方人民政府确定的清洁生产综合协调部门负责组织、协调本行政区域内的清洁生产促进工作。县级以上地方人民政府其他有关部门，按照各自的职责，负责有关的清洁生产促进工作。

第六条　国家鼓励开展有关清洁生产的科学研究、技术开发和国际合作，组织宣传、普及清洁生产知识，推广清洁生产技术。

国家鼓励社会团体和公众参与清洁生产的宣传、教育、推广、实施及监督。

第二章　清洁生产的推行

第七条　国务院应当制定有利于实施清洁生产的财政税收政策。

国务院及其有关部门和省、自治区、直辖市人民政府，应当制定有利于实施清洁生产的产业政策、技术开发和推广政策。

第八条　国务院清洁生产综合协调部门会同国务院环境保护、工业、科学技术部门和其他有关部门，根据国民经济和社会发展规划及国家节约资源、降低能源消耗、减少重点污染物排放的要求，编制国家清洁生产推行规划，报经国务院批准后及时公布。

国家清洁生产推行规划应当包括：推行清洁生产的目标、主要任务和保障措施，按照资源能源消耗、污染物排放水平确定开展清洁生产的重点领域、重点行业和重点工程。

国务院有关行业主管部门根据国家清洁生产推行规划确定本行业清洁生产的重点项目，制定行业专项清洁生产推行规划并组织实施。

县级以上地方人民政府根据国家清洁生产推行规划、有关行业专项清洁生产推行规划，按照本地区节约资源、降低能源消耗、减少重点污染物排放的要求，确定本地区清洁生产的重点项目，制定推行清洁生产的实施规划并组织落实。

第九条　中央预算应当加强对清洁生产促进工作的资金投入，包括中央财政清洁生产专项资金和中央预算安排的其他清洁生产资金，用于支持国家清洁生产推行规划确定的重点领域、重点行业、重点工程实施清洁生产及其技术推广工作，以及生态脆弱地区实施清洁生产的项目。中央预算用于支持清洁生产促进工作的资金使用的具体办法，由国务院财政部门、清洁生产综合协调部门会同国务院有关部门制定。

县级以上地方人民政府应当统筹地方财政安排的清洁生产促进工作的资金，

引导社会资金，支持清洁生产重点项目。

第十条 国务院和省、自治区、直辖市人民政府的有关部门，应当组织和支持建立促进清洁生产信息系统和技术咨询服务体系，向社会提供有关清洁生产方法和技术、可再生利用的废物供求以及清洁生产政策等方面的信息和服务。

第十一条 国务院清洁生产综合协调部门会同国务院环境保护、工业、科学技术、建设、农业等有关部门定期发布清洁生产技术、工艺、设备和产品导向目录。

国务院清洁生产综合协调部门、环境保护部门和省、自治区、直辖市人民政府负责清洁生产综合协调的部门、环境保护部门会同同级有关部门，组织编制重点行业或者地区的清洁生产指南，指导实施清洁生产。

第十二条 国家对浪费资源和严重污染环境的落后生产技术、工艺、设备和产品实行限期淘汰制度。国务院有关部门按照职责分工，制定并发布限期淘汰的生产技术、工艺、设备以及产品的名录。

第十三条 国务院有关部门可以根据需要批准设立节能、节水、废物再生利用等环境与资源保护方面的产品标志，并按照国家规定制定相应标准。

第十四条 县级以上人民政府科学技术部门和其他有关部门，应当指导和支持清洁生产技术和有利于环境与资源保护的产品的研究、开发以及清洁生产技术的示范和推广工作。

第十五条 国务院教育部门，应当将清洁生产技术和管理课程纳入有关高等教育、职业教育和技术培训体系。

县级以上人民政府有关部门组织开展清洁生产的宣传和培训，提高国家工作人员、企业经营管理者和公众的清洁生产意识，培养清洁生产管理和技术人员。

新闻出版、广播影视、文化等单位和有关社会团体，应当发挥各自优势做好清洁生产宣传工作。

第十六条 各级人民政府应当优先采购节能、节水、废物再生利用等有利于环境与资源保护的产品。

各级人民政府应当通过宣传、教育等措施，鼓励公众购买和使用节能、节水、废物再生利用等有利于环境与资源保护的产品。

第十七条 省、自治区、直辖市人民政府负责清洁生产综合协调的部门、环境保护部门，根据促进清洁生产工作的需要，在本地区主要媒体上公布未达到能源消耗控制指标、重点污染物排放控制指标的企业的名单，为公众监督企业实施清洁生产提供依据。

列入前款规定名单的企业，应当按照国务院清洁生产综合协调部门、环境保护部门的规定公布能源消耗或者重点污染物产生、排放情况，接受公众监督。

第三章　清洁生产的实施

第十八条　新建、改建和扩建项目应当进行环境影响评价，对原料使用、资源消耗、资源综合利用以及污染物产生与处置等进行分析论证，优先采用资源利用率高以及污染物产生量少的清洁生产技术、工艺和设备。

第十九条　企业在进行技术改造过程中，应当采取以下清洁生产措施：

（一）采用无毒、无害或者低毒、低害的原料，替代毒性大、危害严重的原料；

（二）采用资源利用率高、污染物产生量少的工艺和设备，替代资源利用率低、污染物产生量多的工艺和设备；

（三）对生产过程中产生的废物、废水和余热等进行综合利用或者循环使用；

（四）采用能够达到国家或者地方规定的污染物排放标准和污染物排放总量控制指标的污染防治技术。

第二十条　产品和包装物的设计，应当考虑其在生命周期中对人类健康和环境的影响，优先选择无毒、无害、易于降解或者便于回收利用的方案。

企业对产品的包装应当合理，包装的材质、结构和成本应当与内装产品的质量、规格和成本相适应，减少包装性废物的产生，不得进行过度包装。

第二十一条　生产大型机电设备、机动运输工具以及国务院工业部门指定的其他产品的企业，应当按照国务院标准化部门或者其授权机构制定的技术规范，在产品的主体构件上注明材料成分的标准牌号。

第二十二条　农业生产者应当科学地使用化肥、农药、农用薄膜和饲料添加剂，改进种植和养殖技术，实现农产品的优质、无害和农业生产废物的资源化，防止农业环境污染。

禁止将有毒、有害废物用作肥料或者用于造田。

第二十三条　餐饮、娱乐、宾馆等服务性企业，应当采用节能、节水和其他有利于环境保护的技术和设备，减少使用或者不使用浪费资源、污染环境的消费品。

第二十四条　建筑工程应当采用节能、节水等有利于环境与资源保护的建筑设计方案、建筑和装修材料、建筑构配件及设备。

建筑和装修材料必须符合国家标准。禁止生产、销售和使用有毒、有害物质超过国家标准的建筑和装修材料。

第二十五条　矿产资源的勘查、开采，应当采用有利于合理利用资源、保护环境和防止污染的勘查、开采方法和工艺技术，提高资源利用水平。

第二十六条 企业应当在经济技术可行的条件下对生产和服务过程中产生的废物、余热等自行回收利用或者转让给有条件的其他企业和个人利用。

第二十七条 企业应当对生产和服务过程中的资源消耗以及废物的产生情况进行监测，并根据需要对生产和服务实施清洁生产审核。

有下列情形之一的企业，应当实施强制性清洁生产审核：

（一）污染物排放超过国家或者地方规定的排放标准，或者虽未超过国家或者地方规定的排放标准，但超过重点污染物排放总量控制指标的；

（二）超过单位产品能源消耗限额标准构成高耗能的；

（三）使用有毒、有害原料进行生产或者在生产中排放有毒、有害物质的。

污染物排放超过国家或者地方规定的排放标准的企业，应当按照环境保护相关法律的规定治理。

实施强制性清洁生产审核的企业，应当将审核结果向所在地县级以上地方人民政府负责清洁生产综合协调的部门、环境保护部门报告，并在本地区主要媒体上公布，接受公众监督，但涉及商业秘密的除外。

县级以上地方人民政府有关部门应当对企业实施强制性清洁生产审核的情况进行监督，必要时可以组织对企业实施清洁生产的效果进行评估验收，所需费用纳入同级政府预算。承担评估验收工作的部门或者单位不得向被评估验收企业收取费用。

实施清洁生产审核的具体办法，由国务院清洁生产综合协调部门、环境保护部门会同国务院有关部门制定。

第二十八条 本法第二十七条第二款规定以外的企业，可以自愿与清洁生产综合协调部门和环境保护部门签订进一步节约资源、削减污染物排放量的协议。该清洁生产综合协调部门和环境保护部门应当在本地区主要媒体上公布该企业的名称以及节约资源、防治污染的成果。

第二十九条 企业可以根据自愿原则，按照国家有关环境管理体系等认证的规定，委托经国务院认证认可监督管理部门认可的认证机构进行认证，提高清洁生产水平。

第四章 鼓励措施

第三十条 国家建立清洁生产表彰奖励制度。对在清洁生产工作中做出显著成绩的单位和个人，由人民政府给予表彰和奖励。

第三十一条　对从事清洁生产研究、示范和培训，实施国家清洁生产重点技术改造项目和本法第二十八条规定的自愿节约资源、削减污染物排放量协议中载明的技术改造项目，由县级以上人民政府给予资金支持。

第三十二条　在依照国家规定设立的中小企业发展基金中，应当根据需要安排适当数额用于支持中小企业实施清洁生产。

第三十三条　依法利用废物和从废物中回收原料生产产品的，按照国家规定享受税收优惠。

第三十四条　企业用于清洁生产审核和培训的费用，可以列入企业经营成本。

第五章　法律责任

第三十五条　清洁生产综合协调部门或者其他有关部门未依照本法规定履行职责的，对直接负责的主管人员和其他直接责任人员依法给予处分。

第三十六条　违反本法第十七条第二款规定，未按照规定公布能源消耗或者重点污染物产生、排放情况的，由县级以上地方人民政府负责清洁生产综合协调的部门、环境保护部门按照职责分工责令公布，可以处十万元以下的罚款。

第三十七条　违反本法第二十一条规定，未标注产品材料的成分或者不如实标注的，由县级以上地方人民政府质量技术监督部门责令限期改正；拒不改正的，处以五万元以下的罚款。

第三十八条　违反本法第二十四条第二款规定，生产、销售有毒、有害物质超过国家标准的建筑和装修材料的，依照产品质量法和有关民事、刑事法律的规定，追究行政、民事、刑事法律责任。

第三十九条　违反本法第二十七条第二款、第四款规定，不实施强制性清洁生产审核或者在清洁生产审核中弄虚作假的，或者实施强制性清洁生产审核的企业不报告或者不如实报告审核结果的，由县级以上地方人民政府负责清洁生产综合协调的部门、环境保护部门按照职责分工责令限期改正；拒不改正的，处以五万元以上五十万元以下的罚款。

违反本法第二十七条第五款规定，承担评估验收工作的部门或者单位及其工作人员向被评估验收企业收取费用的，不如实评估验收或者在评估验收中弄虚作假的，或者利用职务上的便利谋取利益的，对直接负责的主管人员和其他直接责任人员依法给予处分；构成犯罪的，依法追究刑事责任。

参考文献

1. 何强，井文涌．环境学导论（第 3 版）．北京：清华大学出版社，2004

2. 汪劲．环境法学．北京：北京大学出版社，2006

3. 国家环境保护总局行政体制与人事司．环境保护基础教程．北京：中国环境科学出版社，2004

4. 胡筱敏．环境学概论．武汉：华中科技大学出版社，2010

5. 国家环境保护“十二五”规划

6. 李克强副总理在第七次全国环境保护大会上的讲话（2011 年 12 月 20 日）

7. 盛连喜．现代环境科学导论（第 2 版）．北京：化学工业出版社，2011

8. 左玉辉．环境学（第 2 版）．北京：高等教育出版社，2010

9. 林肇信．环境保护概论（修订版）．北京：高等教育出版社，1999

10. 杨志峰．环境科学概论．北京：高等教育出版社，2004

11. 关伯仁．环境科学基础教程．北京：中国环境科学出版社，1997

12. 赵景联．环境科学导论．北京：机械工业出版社，2007

13. 孙儒泳，李庆芬．基础生态学．北京：高等教育出版社，2002

14. 段昌群．生态科学进展（第一卷）．北京：高等教育出版社，2004.

15. 杨持．生态学（第 2 版）．北京：高等教育出版社，2008

16. 张坤民，潘家华，崔大鹏．低碳经济论．北京：中国环境科学出版社，2008

17. 黄玉源，钟晓青．生态经济学．北京：中国水利水电出版社，2009

18. 唐建荣．生态经济学．北京：化学工业出版社，2005

19. 郝吉明，马广大，王书肖．大气污染控制工程（第 3 版）．北京：高等教育出版社，2010

20. 方德明，陈冰冰．大气污染控制技术及设备．北京：化学工业出版社，2005

21. 李连山．大气污染治理技术（第 2 版）．北京：武汉理工大学出版社，2009

22. 李广超，傅梅绮．大气污染控制技术（第 2 版）．北京：化学工业出版社，2011

23. 李定龙，常杰云．环境保护概论．北京：中国石化出版社，2006
24. 战友．环境保护概论．北京：化学工业出版社，2010
25. 高廷耀，顾国维．水污染控制工程．北京：高等教育出版社，1999
26. 胡亨魁．水污染控制工程。武汉：武汉理工大学出版社，2003
27. 赵广超．环境保护概论．芜湖：安徽师范大学出版社，2011
28. 中国科学院可持续发展战略研究组．中国可持续发展战略报告——实现绿色的经济转型．北京：科学出版社，2011
29. 中国科学院可持续发展战略研究组．中国可持续发展战略报告——绿色发展与创新．北京：科学出版社，2010
30. 李峰，吕业清．经济转型与低碳经济崛起．北京：国家行政学院出版社，2011
31. 李训贵．环境与可持续发展．北京：高等教育出版社，2004
32. 钱易，唐孝炎．环境保护与可持续发展．北京：高等教育出版社，2000
33. 芈振明．固体废物的处理与处置．北京：高等教育出版社，1993
34. 杨建设．固体废物处理处置与资源化工程．北京：清华大学出版社，2007
35. 宁平．固体废物处理与处置．北京：高等教育出版社，2008
36. 蒋建国．固体废物处理处置工程．北京：化学工业出版社，2005
37. 李金惠主译．危险废物管理（第 2 版）．北京：清华大学出版社，2010
38. 庄伟强．固体废物处理与处置．北京：化学工业出版社，2009
39. 沈伯雄．固体废物处理与处置．北京：化学工业出版社，2010
40. 牛冬杰．工业固体废物处理与资源化．北京：冶金工业出版社，2007
41. 韩宝平．固体废物处理与利用．武汉：华中科技大学出版社，2010
42. 杨宏毅．城市生活垃圾的处理和处置．北京：中国环境科学，2006
43. 朱蓓丽．环境环境工程概论（第二版）．北京：科学出版社，2005
44. 王新．环境工程学基础．北京：化学工业出版社，2011
45. 孙桂娟，殷晓彦，孙相云．低碳经济概论．济南：山东人民出版社，2010
46. 程发良，常慧．环境保护基础．北京：清华大学出版社，2002
47. 雷鹏．低碳经济发展模式论．上海：上海交通大学出版社，2011
48. 金瑞林．环境与资源保护法学．北京：北京大学出版，1999
49. 于宏兵．清洁生产教程．北京：化学工业出版社，2012
50. 徐小力，杨申仲，刘鹏，等．循环经济与清洁生产．北京：机械工业出版社
51. 曲向荣．清洁生产与循环经济．北京：清华大学出版社，2011
52. 郭斌，刘恩志．清洁生产概论．北京：化学工业出版社，2010

53. 王丽萍．清洁生产理论与工艺．北京：中国矿业大学出版社，2010
54. 彭晓春，谢武明．清洁生产与循环经济．北京：化学工业出版社，2009
55. 奚旦立．清洁生产与循环经济．北京：化学工业出版社，2009
56. 于秀玲．循环经济简明读本．北京：中国环境科学出版社，2008
57. 杨永杰．环境保护与清洁生产（第 2 版）．北京：化学工业出版社，2008
58. 马建立等．绿色冶金与清洁生产．北京：冶金工业出版社，2007
59. 张天柱，石磊，贾小平．清洁生产导论．北京：高等教育出版社，2006
60. 魏立安．清洁生产审核与评价．北京：中国环境科学出版社，2005
61. 史永纯．环境监测．上海：华东理工大学出版社，2011
62. 王怀宇．环境监测．北京：科学出版社，2011
63. 陈玲．环境监测．北京：化学工业出版社，2011
64. 奚旦立，孙裕生．环境监测（第 4 版）．北京：高等教育出版社，2010
65. 王英健，杨永红．环境监测（第 2 版）．北京：化学工业出版社，2009
66. 肖长来，梁秀娟．水环境监测与评价．北京：清华大学出版社，2008
67. 王怀宇，姚运先．环境监测．高等教育出版社，2007
68. 但德忠．环境监测．北京：高等教育出版社，2006
69. 王罗春．环境影响评价．北京：冶金工业出版社，2012
70. 田子贵，顾玲．环境影响评价（第 2 版）．北京：化学工业出版社，2011
71. 李淑芹，孟宪林．环境影响评价．北京：化学工业出版社，2011
72. 徐新阳．环境评价教程（第 2 版）．北京：化学工业出版社，2010
73. 李海波，赵锦慧．环境影响评价实用教程．北京：中国地质大学出版社，2010
74. 马太玲，张江山．环境影响评价．武汉：华中科技大学出版社，2009
75. 何德文，李铌，柴立元．环境影响评价．北京：科学出版社，2008
76. 严立冬，刘加林，郭晓川．循环经济的生态创新．北京：中国财政经济出版社，2011
77. 薛进军，赵忠秀．中国低碳经济发展报告（2012 版）．北京：社会科学文献出版社，2011
78. 穆献中．中国低碳经济与产业化发展．北京：石油工业出版社，2011
79. 薛进军．低碳经济学．北京：社会科学文献出版社，2011
80. 宋晓华．中国绿色低碳经济区域布局研究．北京：煤炭工业出版社，2011
81. 徐玖平，卢毅．低碳经济引论．北京：科学出版社，2011
82. 钱家忠．地下水污染控制．合肥：合肥工业大学出版社，2009
83. 郑西来．地下水污染控制．上海：华中科技大学出版社，2009